MOLECULAR SCIENCES

化学前瞻性基础研究·分子科学前沿丛书

丛书编委会

国家出版基金项目
NATIONAL PUBLICATION FOUNDATION

"十四五"时期国家重点
出版物出版专项规划项目

化学前瞻性基础研究
分子科学前沿丛书
总主编 席振峰 张德清

Frontiers in Chemical Biology

化学生物学前沿

陈 鹏 吴海臣 主编

华东理工大学出版社
EAST CHINA UNIVERSITY OF SCIENCE AND TECHNOLOGY PRESS
·上海·

图书在版编目(CIP)数据

化学生物学前沿 / 陈鹏,吴海臣主编. —上海:
华东理工大学出版社,2023.8
ISBN 978 - 7 - 5628 - 6745 - 6

Ⅰ.①化… Ⅱ.①陈… ②吴… Ⅲ.①生物化学-研
究 Ⅳ.①Q5

中国国家版本馆 CIP 数据核字(2023)第 133225 号

内容提要

从 20 多年前化学生物学概念首次出现以来,这一交叉学科已经在全球范围内蓬勃发展起来,并成为前沿交叉学科建设的成功范例。化学生物学的兴起与发展突破了传统学科的研究局限,形成了以科学问题为中心的多学科合作融合新模式,促进了生命科学的进步,也推动了化学自身的发展。本书系统介绍了生物正交反应及其应用、基于化学探针的功能蛋白质组学、针对程序性细胞死亡通路的小分子探针、DNA 编码化合物库、核酸修饰及其组学检测技术研究、RNA 表观遗传通路的靶标发现、脑神经信号转导过程活体分析方法、核酸 G -四链体结构及功能、核酸适配体的化学与生物学研究、金属抗肿瘤药物化学生物学、单分子化学生物学、生物催化去对称化反应。

项目统筹 / 马夫娇　韩　婷
责任编辑 / 韩　婷
责任校对 / 陈婉毓
装帧设计 / 周伟伟
出版发行 / 华东理工大学出版社有限公司
　　　　　地址:上海市梅陇路 130 号,200237
　　　　　电话:021 - 64250306
　　　　　网址:www.ecustpress.cn
　　　　　邮箱:zongbianban@ecustpress.cn
印　　刷 / 上海雅昌艺术印刷有限公司
开　　本 / 710 mm×1000 mm　1/16
印　　张 / 28.25
字　　数 / 530 千字
版　　次 / 2023 年 8 月第 1 版
印　　次 / 2023 年 8 月第 1 次
定　　价 / 298.00 元

MOLECULAR SCIENCES

总序一

分子科学是化学科学的基础和核心,是与材料、生命、信息、环境、能源等密切交叉和相互渗透的中心科学。当前,分子科学一方面攻坚惰性化学键的选择性活化和精准转化、多层次分子的可控组装、功能体系的精准构筑等重大科学问题,催生新领域和新方向,推动物质科学的跨越发展;另一方面,通过发展物质和能量的绿色转化新方法不断创造新分子和新物质等,为解决卡脖子技术提供创新概念和关键技术,助力解决粮食、资源和环境问题,支撑碳达峰、碳中和国家战略,保障人民生命健康,在满足国家重大战略需求、推动产业变革方面发挥源头发动机的作用。因此,持续加强对分子科学研究的支持,是建设创新型国家的重大战略需求,具有重大战略意义。

2017 年 11 月,科技部发布"关于批准组建北京分子科学等 6 个国家研究中心"的通知,依托北京大学和中国科学院化学研究所的北京分子科学国家研究中心就是其中之一。北京分子科学国家研究中心成立以来,围绕分子科学领域的重大科学问题,开展了系列创新性研究,在资源分子高效转化、低维碳材料、稀土功能分子、共轭分子材料与光电器件、可控组装软物质、活体分子探针与化学修饰等重要领域上形成了国际领先的集群优势,极大地推动了我国分子科学领域的发展。同时,该中心发挥基础研究的优势,积极面向国家重大战略需求,加强研究成果的转移转化,为相关产业变革提供了重要的支撑。

北京分子科学国家研究中心主任、北京大学席振峰院士和中国科学院化学研究所张德清研究员组织中心及兄弟高校、科研院所多位专家学者策划、撰写了"分子科学前沿丛书"。丛书紧密围绕分子体系的精准合成与制备、分子的可控组装、分子功能体系的构筑与应用三大领域方向,共 9 分册,其中"分子科学前沿"部分有 5 分册,"学科交叉前沿"部分有 4 分册。丛书系统总结了北京分子科学国家研究中心在分子科学前沿交叉领域取得的系列创新研究成果,内容系统、全面,代表了国内分子科学前沿交叉研究领域最高水平,具有很高的学术价值。丛书各分册负责人以严谨的治学精神梳理总结研究成果,积极总结和提炼科学规律,极大提升了丛书的学术水平和科学意义。该套丛书被列入"十四五"时期国家重点出版物出版专项规划项目,并得到了国家出版基金的大力支持。

我相信,这套丛书的出版必将促进我国分子科学研究取得更多引领性原创研究成果。

包信和

中国科学院院士
中国科学技术大学

总序二

化学是创造新物质的科学，是自然科学的中心学科。作为化学科学发展的新形式与新阶段，分子科学是研究分子的结构、合成、转化与功能的科学。分子科学打破化学二级学科壁垒，促进化学学科内的融合发展，更加强调和促进与材料、生命、能源、环境等学科的深度交叉。

分子科学研究正处于世界科技发展的前沿。近二十年的诺贝尔化学奖既涵盖了催化合成、理论计算、实验表征等化学的核心内容，又涉及生命、能源、材料等领域中的分子科学问题。这充分说明作为传统的基础学科，化学正通过分子科学的形式，从深度上攻坚重大共性基础科学问题，从广度上不断催生新领域和新方向。

分子科学研究直接面向国家重大需求。分子科学通过创造新分子和新物质，为社会可持续发展提供新知识、新技术、新保障，在解决能源与资源的有效开发利用、环境保护与治理、生命健康、国防安全等一系列重大问题中发挥着不可替代的关键作用，助力实现碳达峰碳中和目标。多年来的实践表明，分子科学更是新材料的源泉，是信息技术的物质基础，是人类解决赖以生存的粮食和生活资源问题的重要学科之一，为根本解决环境问题提供方法和手段。

分子科学是我国基础研究的优势领域，而依托北京大学和中国科学院化学研究所的北京分子科学国家研究中心（下文简称"中心"）是我国分子科学研究的中坚力量。近年来，中心围绕分子科学领域的重大科学问题，开展基础性、前瞻性、多学科交叉融合的创新研究，组织和承担了一批国家重要科研任务，面向分子科学国际前沿，取得了一批具有原创性意义的研究成果，创新引领作用凸显。

北京分子科学国家研究中心主任、北京大学席振峰院士和中国科学院化学研究所张德清研究员组织编写了这套"分子科学前沿丛书"。丛书紧密围绕分子体系的精准合成与制备、分子的可控组装、分子功能体系的构筑与应用三大领域方向,立足分子科学及其学科交叉前沿,包括9个分册:《物质结构与分子动态学研究进展》《分子合成与组装前沿》《无机稀土功能材料进展》《高分子科学前沿》《纳米碳材料前沿》《化学生物学前沿》《有机固体功能材料前沿与进展》《环境放射化学前沿》《化学测量学进展》。该套丛书梳理总结了北京分子科学国家研究中心自成立以来取得的重大创新研究成果,阐述了分子科学及其交叉领域的发展趋势,是国内第一套系统总结分子科学领域最新进展的专业丛书。

该套丛书依托高水平的编写团队,成员均为国内分子科学领域各专业方向上的一流专家,他们以严谨的治学精神,对研究成果进行了系统整理、归纳与总结,保证了编写质量和内容水平。相信该套丛书将对我国分子科学和相关领域的发展起到积极的推动作用,成为分子科学及相关领域的广大科技工作者和学生获取相关知识的重要参考书。

得益于参与丛书编写工作的所有同仁和华东理工大学出版社的共同努力,这套丛书被列入“十四五”时期国家重点出版物出版专项规划项目,并得到了国家出版基金的大力支持。正是有了大家在各自专业领域中的倾情奉献和互相配合,才使得这套高水准的学术专著能够顺利出版问世。在此,我向广大读者推荐这套前沿精品著作“分子科学前沿丛书”。

中国科学院院士

上海交通大学/中国科学院上海有机化学研究所

丛书前言

作为化学科学的核心,分子科学是研究分子的结构、合成、转化与功能的科学,是化学科学发展的新形式与新阶段。可以说,20世纪末期化学的主旋律是在分子层次上展开的,化学也开启了以分子科学为核心的发展时代。分子科学为物质科学、生命科学、材料科学等提供了研究对象、理论基础和研究方法,与其他学科密切交叉、相互渗透,极大地促进了其他学科领域的发展。分子科学同时具有显著的应用特征,在满足国家重大需求、推动产业变革等方面发挥源头发动机的作用。分子科学创造的功能分子是新一代材料、信息、能源的物质基础,在航空、航天等领域关键核心技术中不可或缺;分子科学发展高效、绿色物质转化方法,助力解决粮食、资源和环境问题,支撑碳达峰、碳中和国家战略;分子科学为生命过程调控、疾病诊疗提供关键技术和工具,保障人民生命健康。当前,分子科学研究呈现出精准化、多尺度、功能化、绿色化、新范式等特点,从深度上攻坚重大科学问题,从广度上催生新领域和新方向,孕育着推动物质科学跨越发展的重大机遇。

北京大学和中国科学院化学研究所均是我国化学科学研究的优势单位,共同为我国化学事业的发展做出过重要贡献,双方研究领域互补性强,具有多年合作交流的历史渊源,校园和研究所园区仅一墙之隔,具备"天时、地利、人和"的独特合作优势。本世纪初,双方前瞻性、战略性地将研究聚焦于分子科学这一前沿领域,共同筹建了北京分子科学国家实验室。在此基础上,2017年11月科技部批准双方组建北京分子科学国家研究中心。该中心瞄准分子科学前沿交叉领域的重大科学问题,汇聚了众多分子科学研究的杰出和优秀人才,充分发挥综合性和多学科的优势,不断优化校所合作机制,取得了一批创新研究成果,并有力促进了材料、能源、健康、环境等相关领域关键核心技术中的重大科学问题突破和新兴产业发展。

基于上述研究背景，我们组织中心及兄弟高校、科研院所多位专家学者撰写了"分子科学前沿丛书"。丛书从分子体系的合成与制备、分子体系的可控组装和分子体系的功能与应用三个方面，梳理总结中心取得的研究成果，分析分子科学相关领域的发展趋势，计划出版9个分册，包括《物质结构与分子动态学研究进展》《分子合成与组装前沿》《无机稀土功能材料进展》《高分子科学前沿》《纳米碳材料前沿》《化学生物学前沿》《有机固体功能材料前沿与进展》《环境放射化学前沿》《化学测量学进展》。我们希望该套丛书的出版将有力促进我国分子科学领域和相关交叉领域的发展，充分体现北京分子科学国家研究中心在科学理论和知识传播方面的国家功能。

本套丛书是"十四五"时期国家重点出版物出版专项规划项目"化学前瞻性基础研究丛书"的系列之一。丛书既涵盖了分子科学领域的基本原理、方法和技术，也总结了分子科学领域的最新研究进展和成果，具有系统性、引领性、前沿性等特点，希望能为分子科学及相关领域的广大科技工作者和学生，以及企业界和政府管理部门提供参考，有力推动我国分子科学及相关交叉领域的发展。

最后，我们衷心感谢积极支持并参加本套丛书编审工作的专家学者、华东理工大学出版社各级领导和编辑，正是大家的认真负责、无私奉献保证了丛书的顺利出版。由于时间、水平等因素限制，丛书难免存在诸多不足，恳请广大读者批评指正！

北京分子科学国家研究中心

前　言

从 20 多年前化学生物学概念首次出现以来，这一交叉学科已经在全球范围内蓬勃发展起来，并成为前沿交叉学科建设的成功范例。化学生物学的兴起与发展突破了传统学科的研究局限，形成了以科学问题为中心的多学科合作融合新模式，促进了生命科学的进步，也推动了化学自身的发展。

以新世纪之交的人类基因组绘制为代表，生命科学领域的知识和数据呈现几何式增长，也由此提出了很多新的生物学问题，为化学生物学的快速发展提供了前所未有的契机。很多原本在传统领域，如化学合成、反应方法学、分析化学、物理化学及无机化学等的化学家，开始关注利用化学手段研究和解释这些问题，并成为了最早一批专注于化学生物学研究的科学家。如今，化学生物学的研究领域已经从理解生理过程的分子机制到揭示癌症、神经退行性疾病、代谢紊乱与器官功能障碍以及病毒、病原菌感染等重大疾病的发病机理。在学术界，活体成像、高通量筛选、基因组与表观组测序、化学蛋白质组学、定向进化以及生物正交反应技术等在内的一系列新颖而独特的化学生物学工具都受到了高度重视和应用。同时，化学生物学在药物发现、医学诊断和治疗等领域也发挥了越来越重要的作用。如今，化学生物学的快速发展，顺应了化学与生命科学交叉前沿的不断演进，在基础科学知识和研究工具的产生、疾病机制的研究以及预防与治疗方案的制定等方面实现了跨越式发展，在"生命过程的机制解析"与"疾病诊疗的技术创新"之间建立起一座"分子桥梁"。

北京分子科学国家研究中心向来重视化学生物学这一新兴领域的发展，本书邀请了在该中心工作的从事化学与生命科学交叉研究的优秀学者，以化学工具开发驱动的生命问题解答为主线,分专题介绍了化学生物学的前沿领域与发展趋势,希望能启发本领域的科学家进一步推动科学前沿的交叉融合、促进学术研究的原创探索,继续推进甚至改变生命科学、医学的研究模式。由于作者水平所限,书中难免存在诸多不足,恳请广大读者批评指正。

陈　鹏　吴海臣

2023 年 7 月

目 录

Chapter 3

第 3 章
针对程序性细胞死亡通路的小分子探针

雷晓光等

Chapter 4

第 4 章
DNA 编码化合物库

李笑宇   周瑜   李亦舟   赵鹏

Chapter 5

第 5 章
核酸修饰及其组学检测技术研究

彭金英   伊成器

Chapter 9

第 9 章
核酸适配体的化学
与生物学研究

郏涛　张振　方晓红　上官棣华

Chapter 10

第 10 章
金属抗肿瘤药物
化学生物学

房田田　戚鲁豫　侯垠竹
汪福意

Chapter 11

第 11 章
单分子化学生物学

徐家超　刘维凤　袁景和
方晓红

Chapter 12

第 12 章
生物催化去对称化
反应

敖宇飞　王德先

Index

索引

Chapter 1

生物正交反应及其应用

葛韵　成波　陈兴　陈鹏

1.1 引言

　　生命体中每时每刻都在发生一系列的生化反应和生理过程,了解这些反应和过程是如何发生的,有哪些角色参与,它们又发挥了什么功能和作用,对于研究生命的本质尤为重要。长期以来,科学家们致力于开发新的工具或方法来追踪生命过程参与者的动态变化,揭示其工作机理,进而调控操纵这些生理过程,以期增进对生命体系的了解。

　　蛋白质是生命活动的主要执行者,而绿色荧光蛋白的发现和后续一系列具有丰富特点的荧光蛋白的改造与开发,极大地促进了蛋白质标记和示踪相关的研究。结合荧光显微成像技术,荧光蛋白使得复杂的生命过程变得可视化。通过基因编码技术将荧光蛋白与目标蛋白融合,结合荧光显微镜或流式细胞仪,不仅可以帮助分析目标蛋白的含量、定位或相互作用,甚至可以反映转录层面的信息。然而荧光蛋白也不可避免地存在一些局限性,其本身的大体积和理化性质可能会对所标记的目标蛋白带来结构和功能上的干扰,甚至影响其表达和定位。此外,其他众多的生物大分子,例如脂类、糖、核酸和数以千计的小分子在生命过程中也极其重要,却不能类似地用基因编码荧光蛋白的方法来标记。研究者们还尝试用特异性的抗体来对生物大分子进行示踪。然而,并非所有的生物分子都能够获得对应的抗体,且大多数抗体难以穿透细胞膜,这些因素在一定程度上限制了抗体的使用范围和功能发挥。因此,开发更为通用的工具和方法对与生命过程相关的分子进行标记和示踪尤为重要。小分子化合物具有较强的穿透性,在细胞层面,甚至组织和活体动物层面都可以使用。这些小分子化合物结构丰富,功能繁多,它们既可以包含荧光或富集基团,也可以含有特定反应官能团,能通过共价化学反应与各种其他生物大分子或小分子连接,或作为代谢过程中的组成单元。基于上述多方面的优势,研究者们致力于将小分子化合物拓展成可应用于生物体系研究的化学工具。

　　2003 年,著名化学生物学家 Carolyn R. Bertozzi 教授首次明确提出了"生物正交反应"这一概念[1]。生物正交反应[2]指一类能够在活体环境下进行且不与生命过程相互干扰的化学反应。该反应最早在 2000 年应用于活细胞聚糖的标记,以解决聚糖无法利用基因编码的荧光蛋白进行标记的难题。生物正交反应具有宽泛的内涵和外延,但是基本上需要满足如下几个条件:(1) 生物正交反应官能团仅能与其正交反应对发生化学反应,而不与生命体中天然存在的其他官能团进行交叉反应,即符合"正交性";(2) 反应条件与生理环境兼容,即能够在中性 pH、合适的温度和天然氧化还原条件下进行,并具有较快的反应速率;

(3) 正交反应对及其产物对生命体无毒无害。在过去二十年中,伴随着化学生物学交叉领域的出现和蓬勃发展,化学生物学家们开发和改造了一系列可在生理条件下进行的高选择性化学反应,不断地丰富生物正交反应工具箱,为解决相关生物学问题提供了多种方法。

与此同时,K. Barry Sharpless 在 2001 年提出了"点击化学"(Click 反应)的概念,其是指一类模块化、高选择性、条件温和、高产率的偶联反应,以实现功能分子的高效快速合成[3]。2002 年,Sharpless 和 Meldal 分别独立发展了一价铜催化的叠氮－炔基环加成反应,成为了最为广泛应用的"点击化学"。此后,为了克服铜毒性而衍生出的一价铜配体和无铜点击化学促进了"生物正交反应"和"点击化学"两个概念的交叉融合。Carolyn R. Bertozzi、Morten Meldal 和 K. Barry Sharpless 三位科学家也因开创了这两个领域而获得 2022 年诺贝尔化学奖。基于生物正交反应的定义,化学生物学家们有目的地挑选和设计特殊的反应官能团,尝试将众多经典的有机化学反应转化为生物正交反应。为了满足多样的应用需求,优化和提高此类反应在复杂生物体系中的正交性,提高反应物和产物的稳定性,提高反应速率和转化率,减少反应对生物体系的毒副作用,不断发展和开发新型生物正交反应,一直是这一领域的重要的方向之一。

拓展生物正交反应在不同生物分子和研究体系中的应用,是该领域另一个重要的方向。其中,糖类和蛋白质是两类核心生物大分子,同时也分别是北京大学陈兴和陈鹏课题组的主要研究对象,生物正交反应在糖类和蛋白质研究中的应用将在本章中被当作代表做详细的讨论。糖基化修饰广泛存在于所有细胞的表面,其产物被形象地称为"糖被",它们由糖蛋白、糖脂以及糖胺聚糖等多种聚糖分子构成。细胞表面的聚糖参与多种生理病理过程,比如免疫细胞之间的信息传递、致病微生物的入侵、癌细胞的迁移和细胞表面信号的转导等。聚糖合成过程中不受模板驱动,它们的结构复杂,且具有微观不均一性,在活细胞中对糖进行分析极具挑战性。早期的糖生物学研究中往往利用抗体或凝聚素对聚糖进行识别和标记,但是这些大分子特异性有限,难以跨过细胞膜,极少在组织和活体中使用,凝聚素甚至有一定的细胞毒性。而在化学生物学中兴起的代谢聚糖标记技术,则通过在糖代谢的前体分子上引入正交基团,利用生命体自身的糖基化路径,将特定的正交基团引入活细胞的聚糖链中。利用生物正交连接反应,就能检测糖链中引入的正交基团。和传统基于抗体和凝聚素的标记方法相比,这项标记聚糖的新技术特异性好,且能在活体中使用。生命体中的多种糖基化修饰,比如唾液酸化、岩藻糖化、黏蛋白 O－氮乙酰半乳糖胺(O－GalNAc)修饰和细胞内蛋白质的 O－氮乙酰葡糖胺(O－GlcNAc)修饰,都能利用该策略实现标记。利用代谢聚糖标记技术和生物正交连接反应,能在活细胞的表面引入荧光染料、生物素或其他功能标签,实现聚糖的标记和富集。这一技术大大加速了糖生物学的发展,比如活细胞表面聚糖的荧光成像可用于糖缀合物的动态研究,聚糖上的标签探针可用于糖蛋白质谱组学研究等。

除糖之外,生物正交反应和化学报告基团一起,也被广泛地应用于其他生物大分子的标记,例如蛋白质、脂质、核酸等。为了实现蛋白质的标记,将生物正交反应官能团引入蛋白质是开展后续工作的前提。在早期研究当中,利用位点选择性的化学反应可以在某类特定氨基酸的侧链上引入不同种类的正交官能团,这些化学反应甚至可以拓展到全蛋白质组层面,该策略在活性依赖的蛋白质图谱鉴定中得到广泛应用。而遗传密码子拓展技术的发展,则为在目标蛋白上定点引入生物正交反应基团提供了极大的帮助。结合该技术,通过设计并合成侧链含有正交反应基团的非天然氨基酸,就可以在活细胞中目标蛋白的特定位点引入正交官能团。通过生物正交反应在目标蛋白上引入合适的探针分子,可以实现对其功能和定位的观察。该技术的另一个优势是它既可以在单个蛋白上完成标记,还可以利用多种生物正交反应的正交性和非天然氨基酸定点插入的正交性来实现对多个蛋白同时或串联标记[4]。除此之外,生物正交反应还能够帮助实现对目标蛋白的操纵或调控,从而回答了蛋白质是如何参与复杂的生命过程的这一重要问题。除了直接在基因层面的改造,最常见的操控蛋白质的方法是使用小分子抑制剂。然而,抑制蛋白质活性是一种功能缺失型的研究方法,所获信息比较有限,且并不是所有蛋白质都可以获得高效特异的小分子抑制剂。相比较而言,通过功能获得型的方式研究蛋白质的作用机制则显得更加直接和有效。鉴于小分子激活剂的获得需要高通量的筛选或偶然性,化学生物学家设计了多种蛋白质激活的策略:包括小分子化合物诱导别构效应激活蛋白质、基于化学补救策略的蛋白质激活方法、基于化学诱导二聚化的小分子激活剂、基于光控构象变化的小分子激活剂,等等。但以上方法都存在普适性不够、工程化过程复杂等局限性,因此发展新的蛋白质激活策略显得十分必要。生物正交反应领域的不断丰富为该问题提供了新的解决思路。通过对多种反应进行开发和改造,一类新型"点击-释放"反应进一步地拓宽了生物正交反应的外延。陈鹏课题组在国际上率先提出了"生物正交剪切反应(bioorthogonal cleavage reactions)"的概念,并基于这样一类生物正交断键反应,开展了蛋白质特异激活、细胞响应调控以及蛋白质"前药"等应用研究,展示了这类新型生物正交反应的巨大潜力和优势。

作为化学生物学领域至关重要的一个方向,首先本章将介绍并对比目前已报道的众多生物正交反应类型。其次,本章将阐述在生物大分子特别是糖类的标记上所开展的生物学应用研究工作,尤其是陈兴课题组在细胞选择性的聚糖标记和活细胞蛋白质特异性糖基化标记方面取得的进展。随后,本章将重点介绍目前快速发展的生物正交剪切反应,以及包括陈鹏课题组在内所发展的在蛋白质激活、生理过程调控和临床治疗等方面的应用。在本章的最后对该领域相关的发展方向进行了展望。

1.2　研究进展与成果

1.2.1　生物正交连接反应的开发

醛和酮由于其高反应活性,是一类最早被广泛用作标记的反应基团。在弱酸性条件下,醛或酮被质子化从而与氨基反应并最终生成腙或肟类加成产物。尽管醛和酮易于被引入生物分子中,但需要在偏酸性的环境中才能发生有效的正交反应,且生物体内源含羰基小分子也会干扰该类反应的正交性。Dawson 及其同事发现[5]用苯胺作为催化剂可以让该反应在中性 pH 环境下发生。苯甲醛与肼或羟胺修饰的多肽链的反应速率可分别达到 170(mol/L)/s 和 8.2(mol/L)/s。

不同于醛和酮,叠氮基团体积小、化学性质稳定,而且在生物体内不是天然存在的,因此与绝大多数的官能团具有广泛的正交性。叠氮基团的诸多优势使得与它相关的生物正交反应对逐渐发展起来。2003 年,Bertozzi 课题组将经典的施陶丁格还原反应改造成基于叠氮基团和三芳基膦的施陶丁格连接反应,应用于对细胞表面的非天然糖的标记和成像[1],并首次用"生物正交反应"这一专有名词描述该连接反应。之后,施陶丁格连接反应又升级成"无痕的施陶丁格连接反应"(traceless Staudinger ligation)[6],在连接反应发生后能够进一步发生重排,使得最终标记产物与芳基膦基团分离,形成天然的酰胺键而不会残留其他原子。施陶丁格连接反应由于其极佳的正交性被广泛地应用于各种反应条件下的多种生物分子的连接。然而其反应较慢,二级反应速率常数仅为 10^{-3}(mol/L)/s 左右,这在一定程度上限制了该反应的应用。

叠氮基团除了是一种温和的亲电试剂外,还是一种能够与末端炔基反应的 1,3-偶极子。叠氮与炔基的反应尽管很早被发现,但由于需要在高温高压的条件下才能发生,一直未被广泛应用。直到 2002 年,Sharpless 课题组[7]和 Meldal 课题组[8]分别发现一价铜离子可以催化该反应生成高立体选择性的产物 1,4 双取代的 1,2,3-三氮唑,并大幅度提高了其反应速率,一价铜催化的炔基-叠氮环加成反应(Cu-catalyzed alkyne-azide cycloaddition,CuAAC),也被称为经典的"点击化学",被广泛运用到多种生物学研究中。由于小体积和高稳定性,炔基和叠氮均易于通过定点插入、代谢整合等方法引入生物分子中。例如,陈鹏课题组利用非天然氨基酸定点插入技术和硫辛酸连接酶(lipoic acid ligase,LplA)催化连接技术,分别将含有末端炔基的非天然氨基酸和叠氮官能团修饰的底物引入哺乳细胞膜蛋白上,利用配体协助的CuAAC反应实现了对同一个蛋白质的双色标记,如果将该方法结合荧光共振能量转移(fluorescence resonance energy transfer,FRET)分析技术,就可以研究细胞表面某些重要的受体蛋白在不同配体刺激条件下结构的动态变化。近年来,多个课题组报道了一系列水溶性的铜配体,不仅可以极大限度地降低一价铜离子所带来的细胞毒性,还将连接反应速率提高至10.0~200(mol/L)/s水平。为了进一步提高环加成反应的生物体系兼容性,解决铜离子的毒性和铜配体的细胞穿透性问题,Bertozzi和同事们尝试通过环张力来实现炔基-叠氮环加成反应(SPAAC)[9]。通过调节环张力,从包含炔基的环辛炔(OCT)、DIFO到含有取代基或并环结构的BARAC、DIBO等,可以实现与叠氮基团越来越快的环加成反应,速率常数可达到0.1~1(mol/L)/s。尽管具有很好的生物相容性和正交性,炔基-叠氮环加成反应偏低的反应速率、环辛炔衍生物较高的合成难度,以及疏水性带来的高背景仍在一定程度上限制了该反应的发展。

环辛炔还可以与其他1,3-偶极子发生反应,例如硝酮、腈氧化物和重氮基团等。这些反应比SPAAC要快得很多,反应速率可达到1.0~50(mol/L)/s。然而这类强偶极子在水相溶液中不够稳定,需要原位产生才能实现有效的连接反应。此外,带有环张力的烯基也可以发生1,3-偶极环加成反应,例如环丙烯能够与腈基亚胺化合物发生正交连接反应,降冰片烯和7-氧杂降冰片二烯均可以和1,3-偶极小分子进行环加成反应。很早之前科学家们就发现四唑分子能够在紫外光照射下原位产生偶极子腈基亚胺,继而与末端烯基发生1,3-偶极环加成反应。此类光诱导的四氮唑与烯基的环加成反应不仅速率较快,且连接产物具有荧光,因此在活体成像中受到了广泛的青睐。同时,此类光诱导的点击化学为生物正交反应提供了一个时空的开关,便于对标记反应进行精确的控制。

逆电子需求的第尔斯-阿尔德反应(inverse electron-demand Diels-Alder reaction,iDA)是近年来受到广泛关注的一类生物正交反应。Fox课题组在2008年首次报道了反式环辛烯与四嗪分子在生理条件下能发生iDA[10]。此类iDA反应是目前最快的生物正交反应,反应速率可达$10^3 \sim 10^6$(mol/L)/s。包括陈鹏课题组在内的很多研究者通过调节四嗪分子的位阻和电性实现了对其反应速率的调节[11]。除了反式环辛烯(TCO)外,四嗪分子还可以与其他具有环张力的烯烃发生生物正交连接反应。Hilderbrand 及其同事[12]就报道了降冰片烯与四嗪分子间的 iDA 反应,虽然反应速率较 TCO 慢,但是避免了类似于 TCO 一样的构象转化,稳定性较高。Lemke 课题组[13]和 Chin 课题组[14]还将带有八元环炔基的非天然氨基酸(unnatural amino acid,UAA)引入蛋白质,这种环辛炔与四嗪的反应速率要比降冰片烯与四嗪的反应速率快数百倍。Jennifer Prescher 课题组[15]等报道了环丙烯分子也可以与四嗪发生 iDA 反应,且环丙烯分子体积小,相较于 TCO 更容易被引入生物分子中。

过渡金属催化的化学反应在近代有机合成中具有重要的影响,化学生物学家们受此启发,试图使用过渡金属代替 Cu 来催化正交连接反应。2009 年,Davis 课题组开发出了水溶性的配体 ADHP(2 - amino - 4,6 - dihydroxypyrimidine,2 -氨基- 4,6 -二羟基嘧啶)[16],在这一配体和醋酸钯存在的情况下,带有碘苯基团的蛋白质分子能和多种不同的苯硼酸类化合物发生 Suzuki-Miyaura 反应并实现标记,其标记效率高达 95%,这些体外标记实验为其进一步应用于体内标记奠定了基础。之后又有众多 Pd 配体被开发出来,使该反应能够在活细胞上进行。陈鹏课题组就曾在染料和反应官能团之间加上多聚乙二醇的链,用简单的硝酸钯作为催化剂,无需使用复杂的配体就可以实现对大肠杆菌体内蛋白质的 Sonogashira 偶联标记[17],不仅不会产生细胞毒性,其反应效率甚至高于使用配体的 Sonogashira 偶联反应。2008 年,Patterson 课题组[18]报道了具有烯丙基硫取代的化合物在钌催化烯烃换位反应中的活性要明显高于其他反应底物,引起了人们对烯烃换位反应在蛋白质标记方面应用的重视。多种 Pd 催化的交叉偶联反应和 Ru 催化的烯烃换位反应被用于生物体内的正交反应,拓展了过渡金属在生物体系内的应用。

主要生物正交反应类型汇总如表 1-1 所示。

表 1-1　主要生物正交反应类型汇总[19]

反应类型	反应物 1	反应物 2	反应速率/[(mol/L)/s]	反应特点
醛酮缩合反应	R—$\overset{O}{\overset{\|}{C}}$—$H(CH_3)$	H_2N—O—R ; H_2N—$\overset{O}{\overset{\|}{C}}$—$R$ (N—H)	0.001	加成产物易水解;可用苯胺催化
		H_3C—$\overset{H}{N}$—O— (吲哚结构) HO—C(=O)	0.26	反应可形成更加稳定的碳—碳键

反应类型	反应物 1	反应物 2	反应速率 / $[(mol/L)/s]$	反应特点
施陶丁格连接反应	$R-N_3$	(芳基膦酯结构，含 O、OMe、PPh_2)	0.003	芳基膦易被氧化
氰基苯并噻唑缩合	(含 HS、H_2N、R、O 的结构)	(苯并噻唑 $C\equiv N$ 结构)	9.19	与自由巯基发生副反应
CuAAC		$\equiv-R$, Cu(I)	k_{obs} 10～100（10～100 $\mu mol/L$ Cu）	需要铜催化
SPAAC	$R-N_3$	(八元环炔结构) OCT, DIFO, BCN	0.001 2～0.14	无需金属催化；部分八元环炔易被巯基进攻
		(稠环八元环炔结构) BARAC, DIBO, DIBAC	0.17～0.96	
1,3-偶极环加成反应	(硝酮结构，含 N^+、O^-、R、H)	(八元环炔 R 结构)	0.013～3.9	部分硝酮易水解
	$R-N^+\equiv O^-$	(降冰片烯 R 结构)	30	腈氧化物需要原位生成
		(丙烯酰胺 $N-H-R$、O 结构)		
	(环丙烯结构，含 R、R)	(含 OMe 的腈基亚胺 $N=N^+$、O^- 结构)	0.15～58	腈基亚胺需要原位生成
	(丙烯酰胺 $R-N-H$、O 结构)			
	(重氮结构，含 N_2^+、O^-、R)	(八元环炔 R 结构)	13.5	重氮基团从叠氮前体生成
	$R-N_3$	(7-氧杂降冰片二烯 O、R 结构)	70 000～106 000	7-氧杂降冰片二烯会和碱性氨基酸反应

反应类型	反应物 1	反应物 2	反应速率/ [(mol/L)/s]	反应特点
iDA			210～2 800 000	TCO 易构象转化
			0.12～9.46	降冰片烯和 环丙烯较稳定
			0.03～13	
杂原子 DA 反应	RS		0.001 5	甲基苯醌 需原位产生
其他连 接反应	R	XR, Ru(II)	0.03～0.3	需要钌催化
			0.25	需要镍配位稳定
	R—N⁺≡C⁻		0.12～0.57	产物易水解
	Ar—X	R—B(OH)₂, [Pd]	N/A	需要钯催化； 硼酸有一定细胞 毒性
	Ar—X	≡—R, [Pd]		需要钯催化

　　为了有效利用生物正交反应对,首先要解决的问题就是如何将反应官能团有效地引入目标生物大分子上。一些经典的连接反应可以实现将带有生物正交官能团的小分子连到蛋白的 N 端或 C 端,或连接到具有反应活性侧链的氨基酸 Lys、Cys 上。然而这类反应选择性不高,可能会在蛋白质表面产生多个标记。很多方法都可以实现生物正交反应基团的位点特异性插入。一种方法是利用高活性的底物特异性连接酶,例如硫辛酸连接酶(LplA)、金黄色葡萄球菌分选酶 A(SrtA)等,通过识别特异性的底物序列,就可以将目标官能团引入靶向蛋白质的目标位点。另一种更为通用的方法就是 Peter Schultz 课题组所发展的遗传密码子拓展技术,通过设计和合成带有特殊生物正交官能团侧链的非天然氨基酸,利用与内源体系正交的氨酰 tRNA 合成酶和 tRNA,以及琥珀

终止密码子 TAG,可实现将特定非天然氨基酸选择性地引入目标蛋白质的特定位点上。借助此,非天然的生物正交基团能够被定点引入目标蛋白质上,例如酮、叠氮或炔基等。通过对氨酰 tRNA 合成酶的筛选和进化,近年来还实现了对含有更大体积正交基团的非天然氨基酸的定点插入,例如含有 TCO、反式八元环辛炔、降冰片烯、四嗪等官能团的非天然氨基酸。

然而对于非蛋白质的生物大分子来说,最常用的方法是利用生物体自身代谢途径,将含有生物正交官能团的前体类似物代谢到生物分子上。脂质、糖、核酸和蛋白质都可以通过代谢类似物的方式引入体积较小的官能团,例如炔基和叠氮,而较大的官能团目前还难以通过该方法实现。下文将系统地介绍生物正交反应在糖和蛋白质这两个体系中的应用。

1.2.2　生物正交连接反应在糖的特异性标记与分析中的应用

1. 代谢聚糖标记策略在糖基化动态研究中的应用

生物正交连接反应中广泛使用的正交基团大部分都已设计成化学报告基团,并应用到糖的代谢标记中,尤其是用于唾液酸聚糖的代谢标记,这些正交基团包括酮基、叠氮、端炔、烯键、异腈、重氮基团等。其中,叠氮基团因为体积足够小、化学性质稳定、正交性好等优点,含有叠氮的糖衍生物使用得最为广泛(例如 Ac_4ManNAz 和 Ac_4GalNAz)。利用非天然糖进行聚糖的代谢标记时,标记的是动态变化的糖缀合物,这一特点使得聚糖标记策略特别适合于研究糖基化动态的变化。

陈兴课题组基于代谢标记策略,利用铜催化的点击化学研究大鼠发生心肌肥大这一病理过程中唾液酸聚糖的动态调节[20],通过对小鼠活体进行代谢标记,能够在完整的心脏中实现心肌细胞表面聚糖的可视化研究(图 1-1)。利用共聚焦显微镜,能对这些细胞表面的唾液酸聚糖和细胞表面 O 连接的聚糖进行高分辨的成像,发现这些聚糖主要存在于细胞膜的表面,包括细胞-细胞连接和 T-小管处。在异丙(去甲)肾上腺素的刺激下,诱导小鼠发生心肌肥大,利用点击化学进行聚糖的成像,发现该过程伴随着细胞表面唾液酸的上调。利用质谱的方法,还发现了 200 多个心脏唾液酸糖蛋白。定量质谱的研究表明,多种唾液酸糖蛋白在心肌肥大过程中发生上调,包括神经细胞黏附分子1(NCAM1),T 激肽原(T-kininogens)和 α2 巨球蛋白(α2-macroglobulin)等,这为进一步地研究心肌肥大过程中唾液酸化修饰的功能奠定了基础。

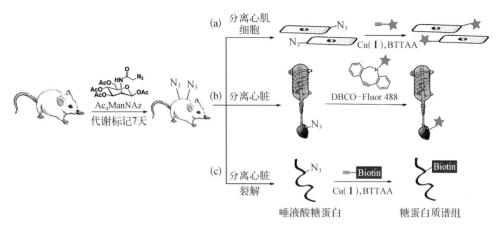

图1-1 活体代谢聚糖标记技术和生物正交反应用于心脏唾液酸聚糖可视化研究和心脏唾液酸糖蛋白质谱组学鉴定[20]

大鼠腹腔注射 $Ac_4ManNAz$，并进一步地代谢整合为细胞表面的唾液酸聚糖。利用生物正交反应对细胞表面聚糖链上的叠氮基团进行标记，用于聚糖的成像以及糖蛋白的富集和鉴定。(a) 心肌细胞能被快速地分离下来，并和带有炔基的 DBCO-Fluor 488 染料反应，能够在细胞的水平进行共聚焦成像；(b) 细胞表面整合了叠氮的心脏分离后，可以利用 Langendorff 系统进行灌流，通过灌注的方式在器官的水平进行生物正交反应的标记，最终能对完整的心脏进行聚糖荧光成像；(c) 代谢和整合了叠氮的心脏分离后进行裂解，组织裂解液和炔基-生物素反应，然后用修饰有链霉亲和素的微球对唾液酸糖蛋白进行富集，最后用于质谱组学鉴定

2. 基于脂质体载带非天然糖策略的细胞选择性标记

代谢标记技术是一类对活体中的生物大分子进行靶向研究的重要手段，通过机体对小分子的摄入，实现在大分子上引入特定的化学标签，通过生物正交连接反应，就能在特定的生物大分子上引入荧光基团或亲和标签。然而，代谢标记技术不具有细胞选择性，这些带有标签的小分子化合物几乎能被所有种类的细胞摄取并参与代谢。就细胞种类而言，生物体的组成是非常复杂的，不同细胞的糖基化状态也是非常不一样的。如果能实现细胞的选择性标记，就能极大地扩展代谢标记的应用范围，比如能在活体或多细胞复杂体系中研究特定细胞或特定组织的糖基化，这样就能大大地扩展代谢标记的应用范围。基于此，陈兴课题组开发了利用脂质体载带非天然糖的办法，将糖衍生物特异性地"输送"到特定的细胞，实现细胞选择性的聚糖代谢标记[21]（图1-2），研究中还意外发现，该技术能用于小鼠脑部唾液酸的标记[22]。

陈兴课题组着眼于细胞表面高表达的受体蛋白-叶酸受体，通过在脂质体的表面修饰上叶酸分子，并在脂质体中包裹9AzSia这种唾液酸类似物，通过脂质体内吞的方式，将9AzSia特异性地载带到叶酸受体高表达的细胞中。通过点击化学就能对细胞表面聚

糖链上的叠氮唾液酸进行荧光标记,实现细胞的选择性成像(图1-3)。

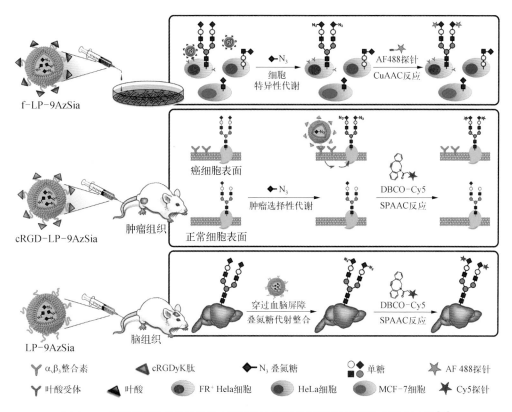

图1-2 利用脂质体载带的策略实现细胞和组织选择性聚糖代谢标记的示意图[22]

通过将含有叠氮基团的糖探针包裹在修饰有特定配体的脂质体中,利用这种靶向脂质体将糖探针载带到高表达相应受体的细胞中或穿过血脑屏障。载带进入细胞内的糖通过代谢整合进入糖复合物中,利用生物正交反应对叠氮糖进行标记

陈兴课题组首先选择了叶酸受体高表达的 HeLa(FR⁺ HeLa)细胞和普通的 HeLa 细胞作为研究对象,利用修饰有叶酸并包裹叠氮糖的脂质体处理这两种细胞,发现相同的条件下,相对于普通的 HeLa 细胞,叶酸受体高表达的细胞呈现出更强的荧光标记。而将脂质体和非天然糖简单混合之后,两种细胞的标记就没有差异。同时,在培养的环境中加入叶酸时,靶向效果也会消失。

利用荧光成像的方法证明脂质体载带的方法可行之后,陈兴课题组利用流式细胞仪对脂质体的靶向效率进行了定量研究。发现在不同的糖浓度下,叶酸受体高表达细胞的标记强度高 2.5～5.5 倍。最后,陈兴课题组研究了两种不用的细胞混合体系中的选择性的聚糖代谢标记。通过将 MCF-7 细胞(叶酸受体低表达)和 FR⁺ HeLa 细胞进行混合培养,在培养的体系中加入修饰有叶酸配体并包裹了叠氮糖的脂质体,流式细胞仪定量的结果发现,叶酸受体高表达的 FR$^+$ HeLa 细胞的标记强度要远高于 MCF - 7 细胞。成像的结果得到的结论是一致的(图 1 - 4)。

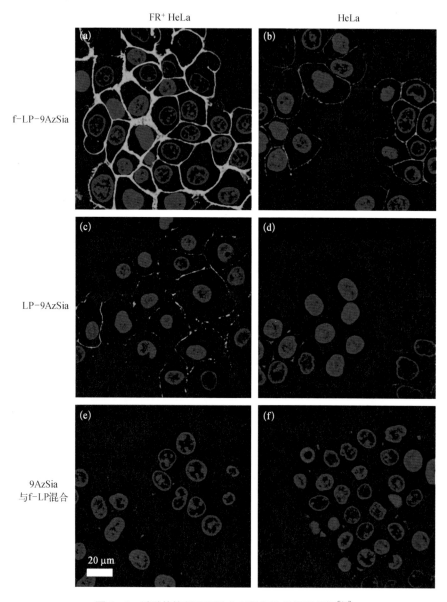

图 1-3　叶酸修饰的脂质体介导的细胞选择性标记[21]

叶酸受体高表达的细胞和普通的 HeLa 细胞分别利用相同浓度的叶酸修饰并包裹叠氮糖的脂质体、没有配体的包裹叠氮糖的脂质体和叠氮糖与修饰叶酸的脂质体简单混合物进行孵育培养。培养后的细胞利用炔基-生物素和 Alexa Flour - 488 修饰的链霉亲和素进行标记

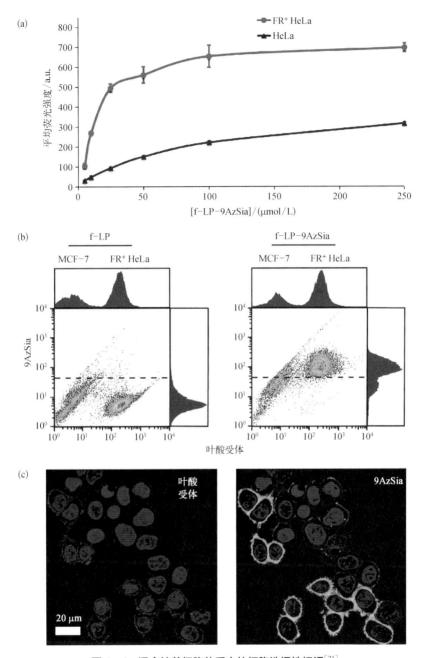

图 1-4　混合培养细胞体系中的细胞选择性标记[21]

(a) 利用流式细胞仪定量分析修饰有叶酸配体并载带叠氮糖的脂质体在高表达叶酸受体的 HeLa 细胞(FR$^+$ HeLa)和普通 HeLa 细胞之间的靶向选择性;(b) 在混合培养的 MCF-7 和 FR$^+$ HeLa 细胞培养体系中,利用流式细胞仪定量分析选择性聚糖标记的效果;(c) 利用共聚焦成像的方法研究混合培养的 MCF-7 和 FR$^+$ HeLa 细胞体系中细胞选择性标记,FR$^+$ HeLa 细胞(红色信号)与细胞表面叠氮糖的信号(绿色信号)很好地重合为进一步地展示脂质体载带非天然糖的方法用于细胞选择性标记的应用,陈兴课题组开展了活体中肿瘤靶向聚糖标记的研究。大量研究表明,肿瘤发展过程伴随着细胞表面糖基化的改变。利用脂质体载带非天然糖的方式实现活体肿瘤聚糖的标记,能用于活体聚糖的成像,研究肿瘤形成过程中糖基化的动态变化[23]。

陈兴课题组以 B16 - F10 细胞和 MCF - 7 细胞为研究对象,前者较后者高表达整合素 $\alpha_V\beta_3$,对应地设计了靶向该整合素的配体分子 cRGDyK,该配体分子是含有六个氨基酸的环肽,能被细胞表面的整合素 $\alpha_V\beta_3$ 特异性识别。通过皮下注射 B16 - F10 细胞和 MCF - 7 细胞,形成皮下肿瘤,制备含有 cRGDyK 并包裹 9AzSia 的脂质体 cRGD - LP - 9AzSia,将该靶向脂质通过尾静脉的方式注入小鼠体内。连续七天的脂质体处理小鼠后,在小鼠体内注射 DBCO - Cy5,特异性地标记细胞表面的叠氮聚糖。对整个小鼠进行荧光成像发现,在对应 B16 - F10 的位置,发现了强烈的荧光信号。定量结果表明,MCF - 7 肿瘤的肿瘤和背景的荧光比值(tumor-to-background ratio,TBR)远高于同只小鼠的 MCF - 7 肿瘤。进一步地将皮下肿瘤取出后进行荧光成像,在 B16 - F10 肿瘤来源的细胞表面发现了更强的荧光标记,该结论和活体荧光成像的结论是一致的。这些结果很好地说明了利用载带叠氮糖的靶向脂质体 cRGD - LP - 9AzSia 通过特异性的配体-受体之间的相互识别实现了活体肿瘤的唾液酸聚糖标记和成像(图 1 - 5)。

实现了活体中的肿瘤选择性聚糖代谢标记可以开展多种癌症糖生物学的研究,比如研究肿瘤生长过程中唾液酸化修饰的动态变化。基于此,陈兴课题组进行了小鼠 B16 - F10 肿瘤生长过程中的新生成唾液酸糖蛋白的成像。当肿瘤分别生长了 7 天、11 天、14 天以后,小鼠分别用相同量的 cRGD - LP - 9AzSia 脂质体处理小鼠七天,然后分别在第 14 天、第 18 天和第 21 天时注射 DBCO - Cy5 进行活体标记。随着时间的变化,肿瘤的荧光强度逐渐增强,表明肿瘤生长过程中唾液酸糖蛋白合成的增加(图 1 - 6)。

利用活体肿瘤选择性聚糖代谢标记技术,陈兴课题组进行了肿瘤相关唾液酸糖蛋白的富集和鉴定。利用 cRGD - LP - 9AzSia 在三个不同的时期对 B16 - F10 肿瘤组织进行代谢标记,分别在第 14 天、第 18 天和第 21 天将肿瘤分离并裂解,裂解液和带有炔基的生物素进行反应,并利用修饰有链霉亲和素的微球进行富集。利用串联质谱对富集的糖蛋白进行鉴定,发现大部分鉴定到的蛋白质是具有 N 链接糖基化修饰的膜蛋白或分泌蛋白。一共有 121 个唾液酸糖蛋白在三个肿瘤生长的三个阶段都被鉴定到,GO 分析表明这些蛋白主要参与几个重要的生物学过程中,包括细胞黏附、受伤响应和炎症反应,这些过程在肿瘤生长过程中都很重要。定量质谱研究发现,EGFR、SIGLEC1 和

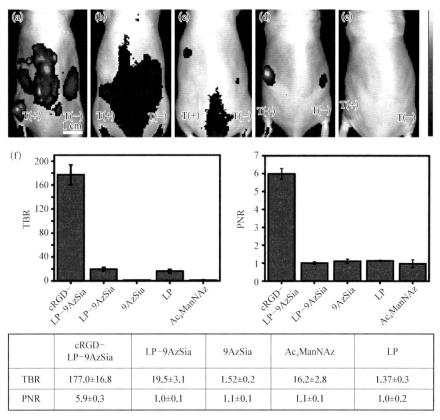

	cRGD- LP-9AzSia	LP-9AzSia	9AzSia	Ac₄ManNAz	LP
TBR	177.0±16.8	19.5±3.1	1.52±0.2	16.2±2.8	1.37±0.3
PNR	5.9±0.3	1.0±0.1	1.1±0.1	1.1±0.1	1.0±0.2

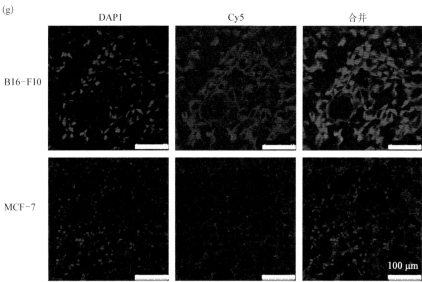

图 1-5 利用靶向脂质体 cRGD-LP-9AzSia 实现活体肿瘤相关的唾液酸聚糖成像[23]

不同的探针处理后带有肿瘤的小鼠全身荧光成像：(a) cRGD-LP-9AzSia (235 mg/kg)；(b) LP-9AzSia (235 mg/kg)；(c) 9AzSia (235 mg/kg)；(d) Ac₄ManNAz (300 mg/kg, 和 9AzSia 相同的物质的量)；(e) LP；(f) 荧光信号的定量；(g) 利用 cRGD-LP-9AzSia 处理的小鼠肿瘤的荧光成像

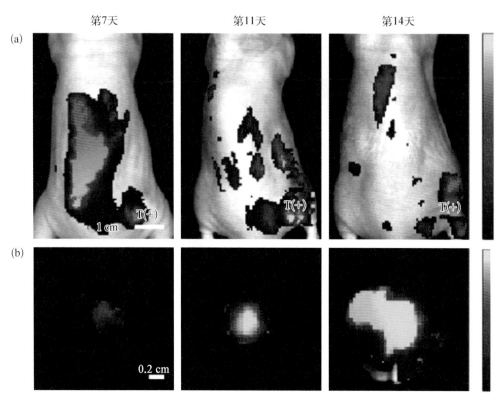

图 1-6 对肿瘤生长过程中唾液酸化的变化进行动态监测[23]

(a) 小鼠模型中肿瘤相关聚糖的代表性活体荧光成像,在 Balb/c 裸鼠的右背植入 B16-F10 肿瘤细胞,在肿瘤生长了 7 天、11 天、14 天之后,连续七天注射 DBCO-Cy5,注射 5 小时之后,利用 IVIS 系统对直接对小鼠进行成像;(b) 对应时间的 B16-F10 离体肿瘤成像

CD36 在肿瘤的生长过程中谱图数(spectral counts)降低,说明了这些受体蛋白的合成降低或唾液酸糖基化减少。

利用类似的策略,使用带有叶酸分子修饰并包裹 GalNAz 的脂质体载带体系,浙江大学的易文课题组将 GalNAz 载带到小鼠活体肿瘤细胞中,将叠氮基团引入活体肿瘤细胞的表面[24]。通过无铜点击化学,他们将鼠李糖特异性地共价连接到肿瘤细胞的表面,通过该策略成功地将肿瘤细胞表面的聚糖结构进行了化学改造。因为人体中含有抗鼠李糖的抗体,利用人血清中对应的抗体并结合补体介导的细胞毒性就能特异性地将肿瘤细胞杀死,实现肿瘤免疫治疗的目的。美国伊利诺伊州立大学香槟分校的陈建军课题组基于正交酶-底物的策略,利用癌细胞中高表达的酶设计对应的带有保护基的糖,也能实现肿瘤细胞和组织的选择性标记[25, 26],进而实现肿瘤的小分子靶向药物治疗。

唾液酸在哺乳动物的各个组织中均有分布,尤其在脑部组织中含量最高,而且糖脂上的唾液酸含量高于糖蛋白。大量的研究资料表明,唾液酸对于脑部的发育和认知是必不可少的营养成分。在大脑发育和成熟过程中,神经节苷脂的结构和表达丰度是动态变化的。而在脑部 NCAM 蛋白上的多聚唾液酸(polysialic acid,PSA)则会参与到神经元的分化和迁移。脑部糖基化异常往往和癌细胞在脑组织中的迁移、溶酶体储存紊乱和神经退行性疾病等相关。虽然叠氮糖能用于活体的代谢标记来研究活体中糖基化的动态,然而这些代谢标记策略不能用于标记活体的脑部组织,原因可能是这些叠氮糖不能顺利地通过血脑屏障将糖探针输送到脑部组织中。基于脑部唾液酸标记的重要性,陈兴课题组开发了基于脂质体载带非天然糖的策略用于小鼠活体脑部唾液酸聚糖的标记[27](图 1-7)。

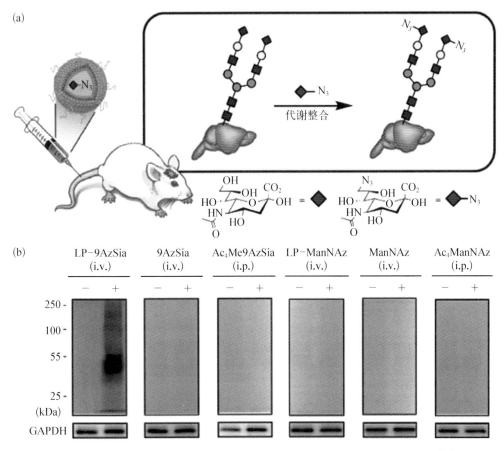

图 1-7 利用脂质体载带非天然糖的方法实现小鼠活体中脑部的唾液酸聚糖标记[27]

(a) 包裹 9AzSia 的脂质体从尾静脉注射进小鼠体内,跨越血脑屏障内吞进入脑组织细胞后,释放出9AzSia,9AzSia 被唾液酸合成路径中的酶识别并被整合进入唾液酸聚糖链中。(b) 评价 6 种不同的方法用于脑部唾液酸糖蛋白的标记:6 种不同的方法处理小鼠后,对小鼠全身进行灌注,收集脑组织进行裂解,裂解液和炔基生物素反应,并利用免疫印迹进行生物素的检测陈兴课题组首先比较了6种不同的标记方法对脑部唾液酸糖蛋白标记的可行性,利用传统的小分子代谢标记的办法虽然很容易实现培养细胞的标记,但是在活体中不能实现对脑部唾液酸的标记。利用脂质体载带的方法,结合生物正交反应,可以很好地实现小鼠活体中脑部唾液酸糖蛋白的标记。

利用脂质体实现脑部的唾液酸标记后,陈兴课题组利用质谱组学技术对小鼠脑部组织中的唾液酸糖蛋白进行了富集和鉴定。利用点击化学在含有叠氮的唾液酸糖蛋白上修饰上生物素分子,利用带有链霉亲和素的微球对含有生物素的糖蛋白进行富集,最后对富集的糖蛋白进行质谱鉴定。在三次独立实验中,共鉴定到140个高置信度糖蛋白。陈兴课题组进一步利用生化的方法对 CADM4 和 CNTNAP2 的唾液酸化修饰进行了验证(图1-8)。

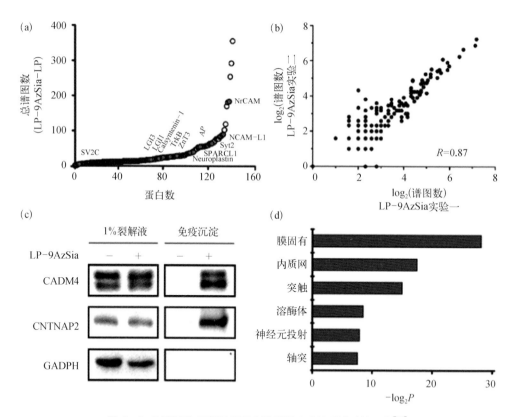

图1-8 利用蛋白质谱组学研究脑部新合成的唾液酸糖蛋白[27]

(a)载带有叠氮唾液酸或空载的脂质体处理小鼠后,小鼠的脑部组织裂解液和炔基生物素反应,利用修饰有链霉亲和素的微球对糖蛋白进行富集,并利用串联质谱对富集的蛋白进行组学鉴定。(b)利用 LP-9AzSia 鉴定的重合蛋白的皮尔逊相关图。(c)脑部组织液利用炔基生物素富集后利用免疫印迹分析。(d)鉴定到的新合成的唾液酸糖蛋白的细胞内分布,图中显示的是最富集的6个细胞定位情况最后，陈兴课题组研究了大脑中唾液酸动态的时空调节，利用脉冲-追踪（pulse-chase）策略来研究新生成糖蛋白的翻转。对小鼠连续七天进行包裹了叠氮糖的脂质体处理后，分别在 0 h 和 6 h 分离出大脑，不同的脑区切片和炔基修饰的 Cy5 反应，利用共聚焦显微镜进行细胞表面唾液酸聚糖的分析。研究发现，在大部分的脑区中，6 h 后唾液酸的标记明显下降，只有在海马脑区中唾液酸的标记明显慢很多。这些结果说明唾液酸聚糖合成的动态是时空可控的，而且海马神经元唾液酸聚糖的翻转速度比较慢。

基于脂质体载带非天然糖在细胞选择性标记中的重要突破，陈兴课题组详细地研究了脂质体载带非天然糖进行代谢标记的机理。在此基础上，开发了更多的基于脂质体的配体-受体对，使得脂质体载带的方法功能更加强大，使用范围更加广泛。在代谢标记策略中，ManNAc 或唾液酸的类似物通过进入唾液酸代谢的从头合成路径，最终整合到聚糖链上。除了从头合成路径以外，细胞还可以通过补救途径回收利用细胞溶酶体中降解糖蛋白或糖脂产生的唾液酸。溶酶体中产生的游离形式的唾液酸通过溶酶体中转运蛋白（sialin）进入细胞质中，进入唾液酸合成的路径。基于这些已知结果，陈兴课题组推测利用脂质体载带非天然糖时，很可能是通过将非天然唾液酸载带到溶酶体中，进而利用唾液酸合成的补救途径来实现细胞选择性的标记[27]（图 1-9）。

陈兴课题组首先制备了带有叶酸配体的脂质体，并在脂质上修饰了亲脂性的染料 1,1′-dioctadecyl-3,3,3′,3′-tetramethylindocarbocyanine perchlorate（DiI），利用荧光标记的脂质体处理 FR$^+$ HeLa 细胞 0.5 h，通过荧光共聚焦显微镜发现脂质体结合到细胞的表面。从孵育 3 h 开始，荧光脂质体在细胞内形成很多荧光斑点，利用活细胞溶酶体特异性的染料标记溶酶体发现，进入细胞内的脂质体和溶酶体出现共定位。24 h 之后，结合在细胞膜表面的荧光脂质体全部进入溶酶体中。而利用不带有叶酸配体的脂质体进行同样的实验发现，这种非靶向的脂质体只在细胞的表面有少量的结合，而且不进入溶酶体中，这些研究说明叶酸配体和受体之间的相互作用对于脂质体的内吞是必需的（图 1-10）。

为了探究荧光标记的靶向脂质体和胞内体的共定位，脂质体处理细胞后，将细胞固定并穿透，利用对早期胞内体中 antigen-1 特异性的抗体 EEA1 对早期胞内体进行免疫荧光标记。在加入脂质体 1.5 h 后，就看到靶向脂质体和 EEA1 的部分共定位。同时，利用免疫荧光对溶酶体进行标记，也能看到脂质体和溶酶体的共定位。这些结果说明脂质体通过叶酸受体介导的内吞后依次进入早期胞内体和溶酶体。

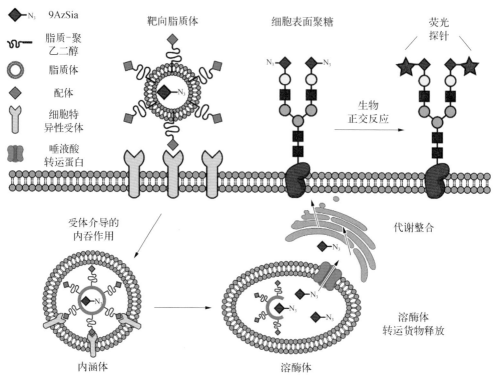

图 1-9 利用靶向脂质体载带非天然糖探针实现细胞聚糖的标记[28]

通过受体介导的内吞,脂质体进入胞内体最终进入溶酶体,释放出包裹的 9AzSia,位于溶酶体上的唾液酸转运体 sialin 转运 9AzSia 从溶酶体进入细胞质中,9AzSia 进入唾液酸的合成路径并整合到细胞表面的唾液酸糖链上

载带了非天然糖的脂质体进入溶酶体后,需要将非天然糖进行释放,为了探究该过程,陈兴课题组将脂质体中包裹了 300 mmol/L 的 calcein(钙黄绿素)染料,在该浓度下的 calcein 的荧光是猝灭的。当 calcein 从脂质体中释放出来后,calcein 因为稀释了就会产生荧光。利用载带了 calcein 的靶向脂质体处理细胞后,刚开始只在细胞的表面观察到脂质体的荧光。3 h 后,能看到溶酶体中 calcein 的释放。作为对照,利用非靶向的脂质体只能看到很弱的荧光。这些结果表明,脂质体在进入溶酶体后会破坏掉并释放载带的非天然糖。

揭示了脂质体载带非天然糖进行靶向代谢标记的机理后,陈兴课题组拓展了更多的配-受体对,实现了该方法的通用性。这些配-受体对包括针对 HER2 蛋白的抗体 Herceptin,针对 protein tyrosine kinase - 7 蛋白的适配体 Sgc - 8,针对细胞表面受体蛋白 CD22 的寡糖配体[BPC]NeuAc 和[POB]NeuAc。陈兴课题组的研究表明这些受配体之间的相互识别都是介导细胞的选择性标记。基于此,陈兴课题组进一步展现了靶向脂质体载带非天然糖的复用性,即在两个不同的细胞构成的体系中,分别利用两种对应的配体去靶向对应的细胞表面受体,实现各自的靶向标记。在该体系中,陈兴课题组将 K20 细胞和叶酸受体高表达的细胞混合培养,作为免疫细胞和癌细胞共培养的模型。该混养的细胞体系同时用[BPC]NeuAc - LP - SiaNAl 和 f - LP - 9AzSia 处理 24 h 后,共培养的细胞依次用 DBCO - carboxyrhodamine 110 和 azide - AF647 进行反应,分别偶联细胞表面的叠氮和炔基并进行荧光标记。流式细胞仪的结果表明这两种不同的细胞都能利用对应的靶向脂质体同时进行标记(图 1 - 11)。

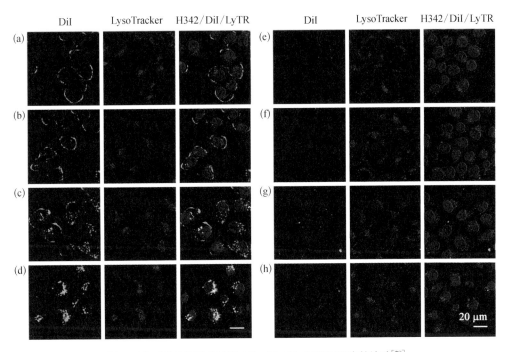

图 1 - 10 DiI 标记的脂质体 LP - 9AzSia 在活细胞中的追踪[28]

叶酸受体高表达的 HeLa 细胞和 f/DiI - LP - 9AzSia[(a)~(d)]或 DiI - LP - 9AzSia[(e)~(h)]孵育0.5 h后,换入新鲜的培养基并培养不同的时间,在不同的时间点 1.5 h[(a)(e)]、3 h[(b)(f)]、6 h[(c)(g)],或 24 h[(d)(h)],细胞利用共聚焦显微镜进行成像。脂质体利用 DiI 染料进行追踪(绿色),溶酶体利用染料 LysoTracker Deep Red 进行追踪(红色),细胞核利用 Hoechst 33342 进行追踪(蓝色)

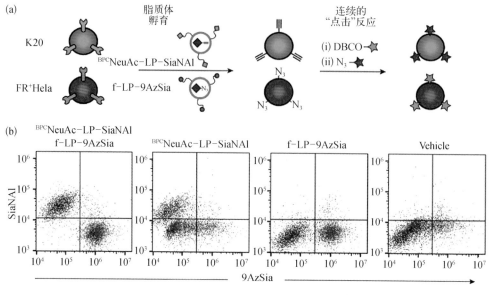

图 1-11 靶向脂质体载带非天然糖的复用性[28]

（a）K20 细胞和叶酸受体高表达的共培养体系同时利用两种脂质体[BPC]NeuAc - LP - SiaNAl 和 f - LP - 9AzSia 进行处理，分别靶向 K20 细胞和叶酸受体高表达的 HeLa 细胞。这些细胞依次用点击化学进行双色标记的检测。（b）共培养的细胞体系用 50 μmol/L [BPC]NeuAc - LP - SiaNAl 和 100 μmol/L f - LP - 9AzSia，或 50 μmol/L [BPC]NeuAc - LP - SiaNAl，或 100 μmol/L f - LP - 9AzSia，或溶剂对照进行处理。细胞收集后，依次利用 DBCO - carboxyrhodamine 110 和 azide - AF647 进行标记，并利用流式细胞仪进行分析

3. 活细胞中蛋白质特异性的糖基化标记研究

细胞表面大部分的蛋白质受体都具有糖基化修饰，糖基化修饰调控受体蛋白的动态和功能。例如，细胞表面 EGFR 蛋白的唾液酸化和岩藻糖化修饰会抑制 EGFR 的二聚和激活。因此，研究单个蛋白质的糖基化具有重要意义。近年来，有大量报道涉及利用生物正交反应和代谢标记技术实现活细胞聚糖的荧光成像的研究。在这些方法中，活细胞表面的聚糖都会被标记上荧光，包括不同的糖蛋白和糖脂，因而这一技术不具备蛋白特异性，这一特点严重限制了聚糖代谢标记技术的应用。

为了解决这一问题，陈兴课题组开发了基于荧光共振能量转移（FRET）的方法实现活细胞蛋白质特异性的糖基化标记成像，用于研究单个蛋白的糖基化对蛋白质功能的影响（图 1-12）。他们首先以细胞膜表面的受体蛋白整合素 $\alpha_X\beta_2$ 作为研究对象，利用唾液酸探针 $Ac_4ManNAl$ 对细胞进行处理，在蛋白的糖链上引入端炔，利用点击化学对糖链进行荧光标记，然后利用硫辛酸连接酶（LplA）将叠氮基团引入目标蛋白的 N

端,随后对 N 端的叠氮基团进行荧光标记。糖链和蛋白上标记的荧光分子相互配对,利用荧光共振能量转移技术,就能对活细胞表面 $\alpha_x\beta_2$ 糖链上的唾液酸进行荧光成像(图 1-13)。利用该技术,陈兴课题组研究发现,糖链上的唾液酸化修饰对整合素 $\alpha_x\beta_2$ 的激活很重要[29]。

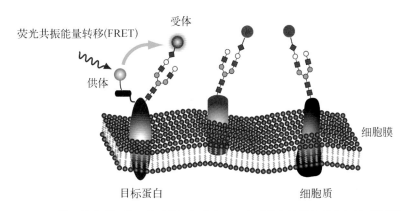

图 1-12 基于荧光共振能量转移的活细胞表面蛋白质特异性的糖基化标记成像[29]

通过代谢聚糖标记和硫辛酸连接酶分别在目标蛋白的糖链和蛋白质的 N 端引入正交基团,利用生物正交反应在目标蛋白的糖链和 N 端上引入配对的荧光分子,同一个蛋白上的两个配对的荧光分子足够近时,发生荧光共振能量转移,实现蛋白质特异性的糖基化成像

细胞内单个蛋白的 O-GlcNAc 糖基化修饰参与转录调控、蛋白质穿行和压力响应等多种生物学过程,为了研究 O-GlcNAc 修饰对特定蛋白质功能的影响与调控,发展蛋白质特异性的 O-GlcNAc 糖基化成像非常关键。陈兴课题组开发的基于荧光寿命的共振能量转移成像技术(FLIM-FRET),很好地解决了这一问题(图 1-14)。

利用 FLIM-FRET 技术,陈兴课题组实现了细胞内 tau 蛋白和 β-catenin 蛋白特异性的 O-GlcNAc 成像。利用小分子抑制剂控制细胞内蛋白质的 O-GlcNAc 糖基化水平,成功地检测到了 tau 蛋白 O-GlcNAc 修饰水平的变化。该技术有望进一步地用于蛋白质其他种类糖基化的特异性检测[30]。

1.2.3 生物正交剪切反应在蛋白质研究中的应用

近年来,生物正交反应的种类不断丰富,应用领域不断拓展。除了前文中已介绍的以"连接"为主的生物正交反应外,还有一类以"断键"为主的生物正交反应逐渐发展了起来,并在"释放""激活""操控"等领域中显示出了巨大的应用前景。

F488 荧光   AF647 荧光   FRET 荧光

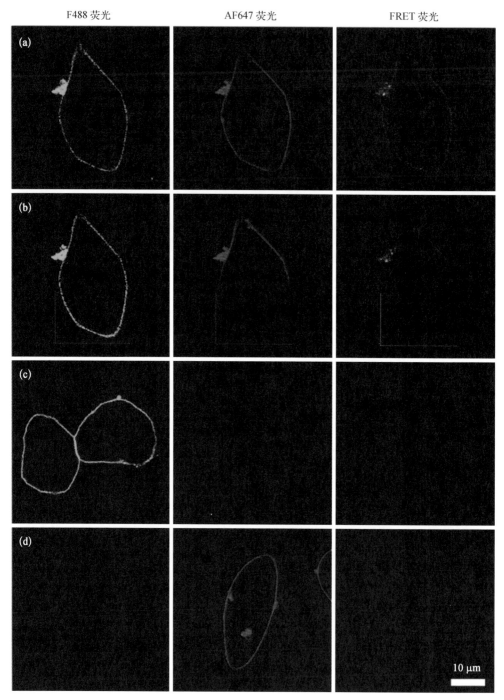

图 1-13　基于荧光共振能量转移的活细胞表面整合素 $\alpha_X\beta_2$ 特异性的唾液酸荧光成像[29]

利用生物正交反应分别在整合素 $\alpha_X\beta_2$ 的糖链和 N 端标记上荧光分子 Fluor 488 和 Alexa Fluor 647，只有同时标记了两种染料时才能检测到 FRET 信号(a)，将受体荧光分子猝灭后 FRET 信号消失(b)，单独对糖链(d)或蛋白质(c)进行标记没有检测到 FRET 信号

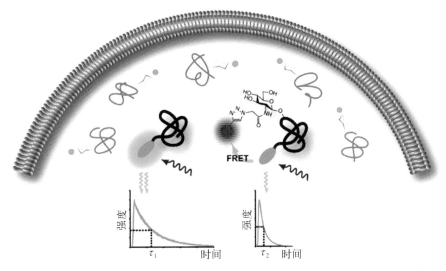

图 1-14　基于 FLIM-FRET 技术的单细胞中特定蛋白质的 O-GlcNAc 糖基化成像[30]

目标蛋白通过基因编码的手段融合荧光蛋白 EGFP,通过代谢聚糖标记技术和生物正交反应在目标蛋白的 O-GlcNAc 上引入荧光染料 TAMRA。分子内的 EGFP 和 TAMRA 形成荧光共振能量转移对,并影响 EGFP 的荧光寿命

　　这类反应大多是从经典有机化学中的"脱保护"反应发展而来的,能够在生物相容的温和反应条件下发生断键反应后脱保护产生终产物,被称为"生物正交剪切反应"。作为一种脱保护反应,生物正交剪切反应常用来脱除小分子前药或荧光报告基团上的保护基,达到可控释放活性的目的。在众多的生物正交剪切反应中,最先发展的是光介导的脱保护反应。这些光脱除的保护基团种类多样,其中以邻硝基苄基(*ortho*-nitrobenzyl,ONB)衍生物使用得最为广泛,它可在紫外光照射下发生自由基反应和重排而发生脱除。从最初作为小分子药物、核苷酸等分子的保护基,到后来作为氨基酸侧链中特定残基的保护基,这一基团在化学生物学的研究中得到了广泛的应用[31, 32]。然而,这一光诱导脱笼反应具有一定的局限性:一是其紫外光照的反应条件存在光毒性和低组织穿透性;二是该反应也并非完全生物正交,其醛类副产物会进一步和生物体系中的亲核试剂反应,从而对生物体系产生干扰甚至毒性;三是在众多原核生物(例如大肠杆菌)和某些乏氧的哺乳动物细胞中广泛存在硝基还原酶,会将邻硝基苄基还原成邻氨基苄基,导致发生消除反应,造成保护基的提前脱除。因此,发展新型的生物正交剪切反应,尤其是化学小分子介导的生物正交剪切反应,是对传统生物正交反应的有效扩充,也是该领域的重要发展方向之一。

　　早在 2006 年,就有课题组报道了活细胞内金属 Ru 介导的脱烯丙氧羰基(氨基甲酸烯丙酯)反应释放氨基,并利用这一反应在活细胞中激活了小分子荧光染料[33](表 1-2,

反应 1)。随后的工作中,该课题组对催化剂中的配体进行了优化,提升了反应效率和生物相容性。针对同样的烯丙氧羰基保护基团,Koide 课题组在 2009 年报道了金属钯介导的脱保护反应(表 1－2,反应 1),并利用这一反应设计了在复杂环境中检测 Pd 的荧光探针[34]。随后,Unciti-Broceta 课题组首次报道了钯介导的活细胞内小分子化合物上的烯丙氧羰基的剪切反应[35]。对于金属钯而言,炔丙基具有较好的反应活性,而炔丙氧羰基的反应活性则更高。在 2010 年,Ahn 课题组报道了 Pd 介导的炔丙基脱除反应,并利用该反应实现了斑马鱼中的小分子荧光染料的激活[36](表 1－2,反应 2)。之后,陈鹏课题组首次将该钯介导的炔丙基脱除反应拓展到了活细胞内的生物大分子——蛋白质上,并提出了生物正交剪切反应这一概念[37]。利用这一工具实现了活细胞内的蛋白质特异性激活,并以此研究了一种病原菌效应蛋白的生物学效应,揭示了该蛋白产生毒性的分子机制。之后,又报道了利用 Pd 介导的联烯基团脱除反应(表 1－2,反应 12)释放酚羟基,用于激活以酪氨酸为关键残基的蛋白质[38]。在随后的研究中,介导断键过程的过渡金属类型得到了丰富和拓展:2013 年,Finn 课题组报道了铜介导的二甲基取代的炔丙氧羰基的剪切反应[39](表 1－2,反应 3);2017 年,Unciti-Broceta 课题组报道了金介导的炔丙氧羰基的剪切反应[40](表 1－2,反应 2);2012 年,Eric Meggers 课题组报道了利用铁卟啉结构催化活细胞内巯基试剂还原叠氮基团,重新恢复成氨基结构[41]。

发展更加生物友好的新型小分子生物正交剪切反应对,也逐渐成为该领域重要研究方向之一。2013 年,Robillard 课题组首次报道了将经典的 iDA 反应用作一种重排释放策略[42]。通过在反式环辛烯双键附近连接氨基甲酸酯基团,使得其与四嗪分子的加成产物自发地通过进一步重排实现断键反应,释放被保护的氨基(表 1－2,反应 4)。紧接着,陈鹏课题组拓展并优化了该反应在蛋白质上的应用[43]。借助遗传密码子拓展技术,将 TCO 保护的赖氨酸(TCOK)定点插入蛋白质的活性位点,通过筛选得到脱保护效率最高的 1,2,4,5－二甲基四嗪,可在 15 min 内达到高于 80% 的脱笼效率。这一时间尺度上的飞跃,使得该方法成为研究细胞信号转导等快速生物过程的有力工具。另一小分子介导的剪切反应是基于 TCO 基团和苯基叠氮之间的环张力诱导的 1,3－偶极环加成反应[44]。环加成产物在水相环境中非常不稳定,会释放一分子氮气发生重排,继而水解成为对氨基苯氧羰基结构,该结构极易发生 1,6－消除反应,进而释放另一端被保护的氨基或羟基(表 1－2,反应 5)。与此类似地,利用邻叠氮基苄氧羰基保护的赖氨酸衍生物,结合三价膦试剂的还原脱除,可以实现在活细胞内激活一系列含有关键赖氨酸残基的蛋白质[45](表 1－2,反应 6)。除此之外,其他各具特色的生物正交剪切反应也相继出现,通过不同机理可释放得到裸露的氨基或酚羟基,从而恢复相应功能或活性。生物正交剪切反应为实现生物体内具有时空分辨率的有效操控提供了可能。其中,包括陈鹏课题组在内的众多研究者们,致力于将生物正交剪切反应与非天然氨基酸技术相结合,实现在活细胞内对蛋白质活性的有效调控(图 1-15)。

表 1-2　目前已报道的生物正交剪切反应类型[46]

编号	断键反应介导分子	断键反应物	断键反应产物	反应环境	应　用
1	[Pd],[Ru]	(烯丙基氨基甲酸酯结构)	R—NH$_2$	细胞培养基 活体动物	前药激活
2	[Pd],[Au]	(炔丙基氨基甲酸酯结构)	R—NH$_2$	活细胞内	前药激活 蛋白激活 细胞工程化
3	[Cu]	(炔丙基叔碳氨基甲酸酯结构)	R—NH$_2$	缓冲溶液	荧光探针
4	R$_1$, R$_2$ (四嗪)	(反式环辛烯氨基甲酸酯结构)	R—NH$_2$	活细胞内 活体动物	前药激活 蛋白激活
5	(环辛烯醇结构)	(叠氮苄基氨基甲酸酯结构)	R—NH$_2$	活细胞内	前药激活 蛋白激活
6	Ar$_1$, Ar$_2$, Ar$_3$ (膦)	(邻叠氮苄基氨基甲酸酯结构)	R—NH$_2$	活细胞内	蛋白激活
7	H$_2$S	(叠氮苄基硫代氨基甲酸酯结构)	R—NH$_2$	活细胞内	前药激活
8	(环辛炔醇结构)	R—NH (四嗪酰胺, R$_3$)	R—NH$_2$	活细胞内	前药激活
9	Ar$_1$, Ar$_2$, Ar$_3$ (膦)	R—N=N$^{\oplus}$=N$^{\ominus}$	R—NH$_2$	细胞表面	细胞工程化
10	(联硼酸频那醇酯结构)	Ar—N$^{\oplus}$(CH$_3$)$_2$O$^{\ominus}$	R—NH$_2$	活细胞内	荧光探针
11	R$_1$, R$_2$ (四嗪)	Ar—O(烯基)	Ar—OH	活细胞内	前药激活
12	[Pd]	Ar—O(烯丙基)	Ar—OH	活细胞内	蛋白激活

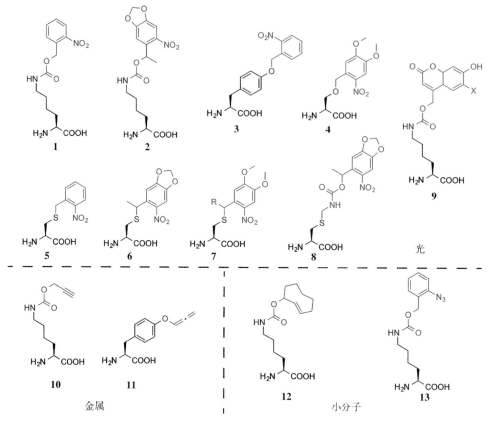

图 1-15　目前主要已发表的用于蛋白质活性调控的非天然氨基酸结构

红色为可供生物正交剪切的保护基团,黑色为氨基酸骨架。化合物 1~8 为可用光脱除的非天然氨基酸;化合物 10、11 为可用金属脱除的非天然氨基酸;化合物 12、13 为可用小分子脱除的非天然氨基酸

　　蛋白质的结构虽然复杂,但是大多数都存在关键的氨基酸残基,这些残基对蛋白质的活性起着至关重要的作用。如果对这些残基做任何改变或修饰,蛋白质的功能将会被改变甚至丧失;而如果能够将这些改变或修饰重新恢复为原先的残基,蛋白质的功能又会得到恢复。基于这一策略,研究者通过非天然氨基酸定点插入的技术将带有保护基的氨基酸引入蛋白质的关键位点,替代原有的残基,从而使蛋白质的活性丧失,然后再通过生物正交剪切反应将保护基去除,实现蛋白质的激活[47](图 1-16)。

　　2009 年,Peter Schultz 课题组首次报道了基于吡咯赖氨酸的氨酰 tRNA 合成酶-tRNA 的"穿梭体系",他们实现了含有邻硝基苄基(ONB)基团的赖氨酸类似物 ONBK 在哺乳动物细胞中的插入和表达[32]。之后,陈鹏课题组利用 ONBK 代替萤火虫荧光

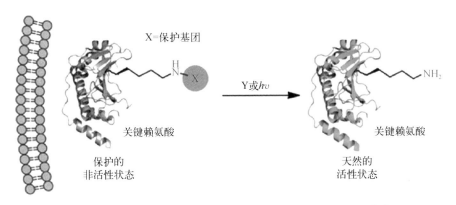

关键赖氨酸　　　　　　　　　　　　关键赖氨酸

Y或$h\upsilon$

保护的　　　　　　　　　　　　　　天然的
非活性状态　　　　　　　　　　　　活性状态

图 1-16　利用生物正交剪切反应进行蛋白质活性调控的示意图[47]

素酶（firefly luciferase,fLuc）用于与 ATP 结合的活性催化赖氨酸位点 K529,使其失去催化活性,仅当利用紫外光照脱除保护基团,恢复天然的赖氨酸后,萤火虫荧光素酶的活性才能恢复,从而催化底物发光[31]。萤火虫荧光素酶催化生物发光实验可以提供灵敏、精确的定量结果,不仅可以有效衡量光诱导脱除反应的效率,还可以可靠地测量胞内原位 ATP 水平。其他课题组也利用类似的光脱除基团保护的赖氨酸、丝氨酸、半胱氨酸、酪氨酸衍生物,实现了对含有这些关键氨基酸残基的目标蛋白的激活。

为了避免紫外光激活所带来的问题,陈鹏课题组致力于发展一系列小分子生物正交剪切反应对。2014 年,陈鹏课题组设计了含有炔丙氧羰基的赖氨酸类似物（图 1-15,化合物 **10**）,并利用基于吡咯赖氨酸的遗传密码子拓展技术实现了该非天然氨基酸的定点插入和表达[37]。通过筛选获得效率最高的钯催化剂,可以实现对炔丙氧羰基的正交断键,并利用此生物正交剪切反应实现了对哺乳动物细胞中特定蛋白质的激活。OspF 是志贺氏菌侵染宿主时分泌的效应蛋白,具有磷酸苏氨酸裂解酶活性,在被分泌到宿主细胞中后对 MAPK 家族激酶（ERK1/2 和 p38）不可逆地去磷酸化,从而对宿主细胞炎症因子等的转录造成影响。OspF 有一个核心赖氨酸催化残基 K134,可识别 ERK 或 p38 上的保守序列 Thr-Glu-Tyr（T-E-Y）,并对保守序列中磷酸化的苏氨酸不可逆地去磷酸化。由于 ERK 被不可逆地去磷酸化后不能重新被上游激酶 MEK 磷酸化,因而此时 ERK 的亚细胞器定位和功能还有待阐释。将 OspF 重要的催化残基 K134 替换为被保护的赖氨酸后,发现酶活性完全丧失;继而加入钯催化剂脱除炔丙氧羰基,被抑制的 OspF 又恢复到野生型状态,从而对磷酸化的 ERK 不可逆地去磷酸化,这样,钯催化剂就成为了工程化 OspF 的小分子激活剂。通过特异性地激活 OspF,实现了对活细胞内 ERK 激酶在被 OspF 不可逆去磷酸化后细胞定位的观察,确认了 OspF 对 ERK 的不可逆去磷酸化发生在细胞核内,并直接影响了 ERK 的重新进核的能力。因此,这种化学操控的 OspF 有助于在不同细胞环境下研究和调节 ERK 相关的信号通路(图 1-17)。

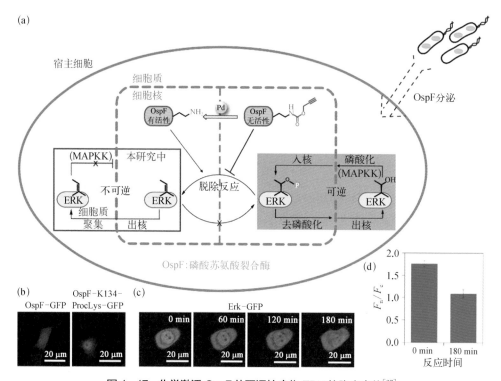

图 1-17　化学激活 OspF 从而调控底物 ERK 的胞内定位[37]

　　(a) Pd 脱除炔丙氧羰基从而使 OspF 的活性恢复,重新对底物 ERK 去磷酸化,从而影响 ERK 在细胞核-质间的穿梭和分布。(b) OspF - GFP 和 OspF - K134 - ProcLys - GFP 的胞内分布成像。(c) 在表达 OspF - K134 - ProcLys 的 HeLa 细胞中加入 10 μmol/L 的 allyl$_2$Pd$_2$Cl$_2$ 后,对 ErK - GFP 的胞内分布进行时间尺度的跟踪。(d) 加入 10 μmol/L 的 allyl$_2$Pd$_2$Cl$_2$ 后,0 min 和 180 min 核内与细胞质中荧光强度归一化比值变化

　　钯与炔丙氧羰基的生物正交剪切反应对很好地展示了生物正交剪切反应在蛋白质激活方面的应用。为了进一步提高钯介导的脱除反应效率,并将关键氨基酸残基从赖氨酸拓展到酪氨酸,陈鹏课题组于 2016 年报道了第一例基于化学小分子和酪氨酸类似物的生物正交剪切反应对——钯介导的联烯脱除反应[38],实现了对一系列核心位点为酪氨酸的蛋白质的激活。陈鹏课题组选取了 Taq DNA 聚合酶作为研

究对象,因其利用核心 Y671 位点将 dNTP 和引物带入参与聚合的合适位置上。通过遗传密码子拓展技术将含有联烯的酪氨酸类似物 AlleY 插入该位点可以抑制 Taq DNA 聚合酶的活性,只有在加入钯催化剂后才能恢复。同样地,可酶切宿主细胞 MEK3 及阻隔 MAPK 信号通路磷酸化信号传递的毒素蛋白炭疽杆菌致死因子 (lethal factor,LF)也包含一个核心酪氨酸催化位点。该剪切反应对也帮助实现了对 LF 的激活,从而选择性地影响宿主细胞的 MEK3 下游信号通路,而不影响其他 MEK 家族蛋白的信号通路。除了直接替换催化位点,还可以通过调节特定位点的翻译后修饰来间接控制蛋白活性。激酶 Src 的 Y416 位就是重要的自磷酸化位点,其磷酸化修饰是 Src 通路信号传导的关键一环。利用 AlleY 可以掩蔽其自磷酸化,仅当联烯保护基被钯脱除后,才可以被磷酸化,继而传递信号,从而设置 Src 信号通路传递开关。

钯介导的脱保护反应很好地展示了剪切反应介导的蛋白质激活策略在研究细胞信号通路等生物学问题中的应用价值和前景。此外,陈鹏课题组还发展了基于前文中提到的 iDA 反应的蛋白质激活方法[41]。在该方法中,反式环辛烯保护的赖氨酸 (TCOK)首先被定点引入萤火虫荧光素酶的活性位点 K529 位,导致酶活性的丧失。随后在二甲基四嗪的作用下,发生环加成反应及后续的氢迁移和电子迁移两次互变异构反应,实现保护基团的脱除和游离氨基的释放,从而恢复酶活性,催化底物荧光素发光(图 1-18)。相比于钯介导的蛋白质激活反应,这一 iDA 生物正交剪切反应的最大优势在于其高效快速。之后,陈鹏课题组又通过合成众多对称以及非对称的二取代四嗪分子,系统性地研究了四嗪分子的取代基对诱导 TCOK 发生剪切反应的影响[11]。研究发现,若四嗪分子上含有拉电子取代基,则会极大地加速环加成步骤,然而也抑制了后续的消除反应。因此,他们尝试合成一系列非对称取代的四嗪分子,将拉电子基团和非拉电子基团组合在一起,既可以加速第一步的环加成反应,又能够促进第二步的消除反应。借助于前文提到的萤火虫荧光素酶激活平台,利用不同四嗪分子对活细胞内插入 TCOK 的荧光素酶进行激活表征,筛选得到了具有最高脱笼效率和最快脱笼速率的一端为甲基、一端为嘧啶的非对称四嗪化合物,可在 2 min 内达到高于 80% 的激活效率。

利用该 TCOK-二甲基四嗪生物正交剪切反应对,陈鹏课题组紧接着在活细胞内实现了对多种激酶的活性操控[48]。激酶在生物体信号传导过程中起着极其重要的作用,但对激酶的活性调控,特别是以"功能获得型"的方式,还仅局限于对特定目

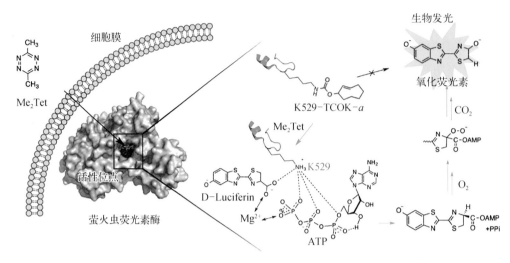

图 1 - 18　iDA 反应介导的活细胞内激活萤火虫荧光素酶反应示意图[43]

标蛋白进行改造,缺乏一套通用的策略。Jason Chin 课题组[49]就曾将光保护的赖氨酸类似物定点插入激酶 MEK1 的活性赖氨酸位点上,抑制激酶活性。当细胞接受紫外光照时,该非天然氨基酸发生断键反应恢复成天然的赖氨酸,从而恢复 MEK1 的激酶活性。该方法可以选择性地研究 MEK1 直接作用的下游信号通路。受此启发,根据文献发现,95% 的激酶在其活性口袋都有一个保守的赖氨酸位点,用来结合 ATP 分子,催化磷酸基团转移到底物上。因此,研究者们用 TCOK 代替了多个激酶的该核心赖氨酸位点,发现激酶均因此失去活性。在加入二甲基四嗪小分子介导断键反应发生后,激酶活性得以重新恢复,从而向下游传递磷酸化信号(图 1 - 19)。通过该策略,研究者们完成了对激酶 MEK1、FAK 和 Src 的可控激活,并进一步实现了对一系列蛋白磷酸化水平乃至细胞形态的调节。该蛋白质激活策略速率快,为激酶相关信号通路研究提供了时间零点,却不会像紫外光一样对细胞本身状态产生影响。

　　更为重要的是,这一小分子介导的生物正交剪切反应可被拓展到活体动物中。陈鹏课题组实现了在活体动物小鼠内激活 TCOK 抑制的萤火虫荧光素酶和激酶 Src(图 1 - 20)。总而言之,该工作发展了一个通用的,能够在活细胞及活体动物环境下激活特定激酶的方法,为蛋白质的化学生物学研究和基于蛋白质的药物开发提供了一套全新的研究工具。

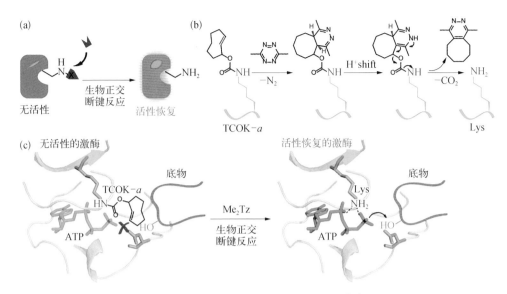

图 1-19　激酶的生物正交化学激活策略[48]

（a）基于关键赖氨酸残基的酶的激活。X 代表关键赖氨酸上的保护基团。（b）定点引入蛋白上的非天然氨基酸 TCOK 和小分子 Me_2Tz 发生 iDA 反应，实现生物正交断键的反应机理。（c）基于 iDA 反应的激酶激活示意图

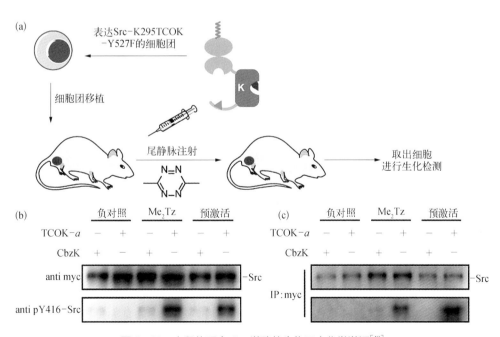

图 1-20　小鼠体系中 Src 激酶的生物正交化学激活[48]

（a）利用细胞团移植的模型在小鼠体内验证 Src 激酶激活的流程图。（b）取出的细胞团的 Src 自磷酸化信号分析。（c）免疫沉淀后的 Src 自磷酸化信号分析

除此之外,利用 TCO 与苯基叠氮之间的正交剪切反应,陈鹏课题组在 2016 年也首次报道了含有苯基叠氮基团的非天然氨基酸 PABK[44],并通过加入反式环辛烯醇实现了在哺乳动物细胞内有效激活萤火虫荧光素酶、细菌效应蛋白 OspF 和激酶 Src。几乎同时,Dieters 课题组[45]也报道了基于小分子膦试剂与叠氮的施陶丁格还原反应的生物正交剪切反应,并借助该还原反应,实现了对绿色荧光蛋白、核定位序列、重组酶和基因编辑酶的激活。因此,生物正交剪切反应已经能够实现对众多类型的蛋白质功能的选择性调控,相信随着新的非天然氨基酸的成功引入和新的剪切反应的开发,这一策略将成为在活体环境下对目标蛋白质进行功能获得性研究的普适性方法。

利用剪切反应对生物分子关键基团的脱保护,还能用于实现细胞表面的工程化。2015 年,Kasteren 课题组通过膦试剂对叠氮的还原反应,调控了抗原交叉呈递过程,实现了对 T 细胞抗原表位的可控性激活[50]。在此设计中,Kasteren 课题组用叠氮官能团取代了抗原表位上关键赖氨酸的氨基。根据结果,掩蔽的表位与天然表位在主要组织相容性复合体Ⅰ类(MHC‐Ⅰ)受体上以相同的效率、相同的方式交叉显现,并且不被其同源的 CD8[+]T 细胞识别。这表明叠氮化物在胞内加工过程中是稳定的,并且可以在不影响抗原表位呈现的情况下,阻断 T 细胞受体(TCR)对抗原表位的识别。在用 TCEP 处理时,掩蔽在表位中的叠氮基团在树突状细胞表面上快速转化为氨基(侧链恢复为天然的赖氨酸),导致该表位完全活化,进而被 T 细胞识别[图 1‐21(a)]。如上所述,该工作通过还原剂介导的叠氮化物还原反应实现了免疫细胞的激活,为实现免疫细胞的特异性化学调控提供了有力工具。之后,为了进一步提高激活效率,减少小分子的细胞毒性,提高剪切反应的通用性,该课题组采用 TCOK 与四嗪的生物正交剪切反应对,替换原本的施陶丁格还原机理,实现了对 T 细胞的激活[51]。

2015 年,陈鹏课题组与陈兴课题组合作使用钯介导的去酰基化反应来释放细胞表面聚糖上的唾液酸的关键氨基[52]。在该工作中,N‐炔丙氧羰基‐神经氨酸(Neu5Proc)可以作为唾液酸类似物,通过代谢途径展示在细胞表面聚糖的最外端。原位生成的钯纳米颗粒能有效地将 Neu5Proc 上的炔丙氧羰基移除,从而产生天然的神经氨酸(Neu)。鉴于神经氨酸在细胞内的不稳定性,目前还没有相关报道能够通过代谢途径将其直接引入细胞的糖蛋白中。唾液酸上的羧基的负电荷是细胞表面负电荷的重要来源,因此过量表达唾液酸的癌细胞表面通常会带有较多的负电荷,这些负电荷是造成癌细胞之间互相排斥和易扩散的重要原因之一。通过生物正交剪切反应,他们实现了将神经氨酸展示在细胞表面,神经氨酸的氨基部分地中和了唾液酸带来的负电荷,从而加速例如

Jurkat T 细胞的聚集。通过生物正交剪切反应,该工作验证了唾液酸的原位重塑可以作为操纵细胞表面电荷和聚类状态的可选策略之一[图 1 - 21(b)]。

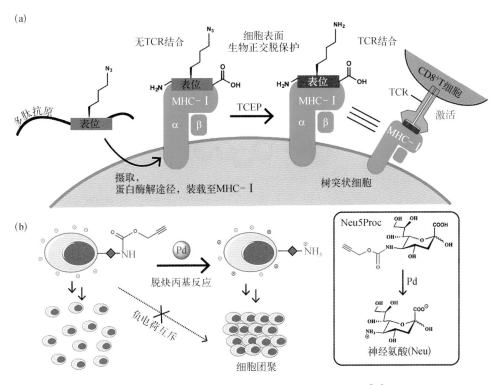

图 1 - 21　生物正交剪切反应在细胞工程化中的应用[46]

(a) 叠氮保护的抗原多肽被装载在 MHC-I 上,仅在恢复天然赖氨酸后才会被 TCR 识别从而激活 T 细胞。(b) 通过钯介导的脱除反应将细胞表面展示的 N-炔丙氧羰基-神经氨酸恢复成神经氨酸,从而调节细胞的聚集状态

生物正交剪切反应除了用来激活蛋白质、操控生理过程外,还可以结合遗传密码子拓展技术,辅助特殊非天然氨基酸的定点插入。一些期待引入的非天然氨基酸因带有某些特殊的官能团,造成其细胞通透性、稳定性或其他性质的缺陷,使得定点引入这类氨基酸变得十分困难。解决方案之一是将这些影响定点插入的活性官能团先保护起来,以增加定点引入的效率,随后通过剪切反应脱除该保护基,最终实现这类氨基酸的定点插入(图 1 - 22)。

2017 年,Wang 课题组报道了在蛋白质中定点引入磷酸化酪氨酸的工作[53],在该工作中,Wang 课题组正是使用了这一"化学脱笼"策略[图 1 - 22(a)]。磷酸化酪氨酸带有较多的负电荷,不仅使其穿透细胞膜的能力较差,还增加了通过定向进化得到识别该氨

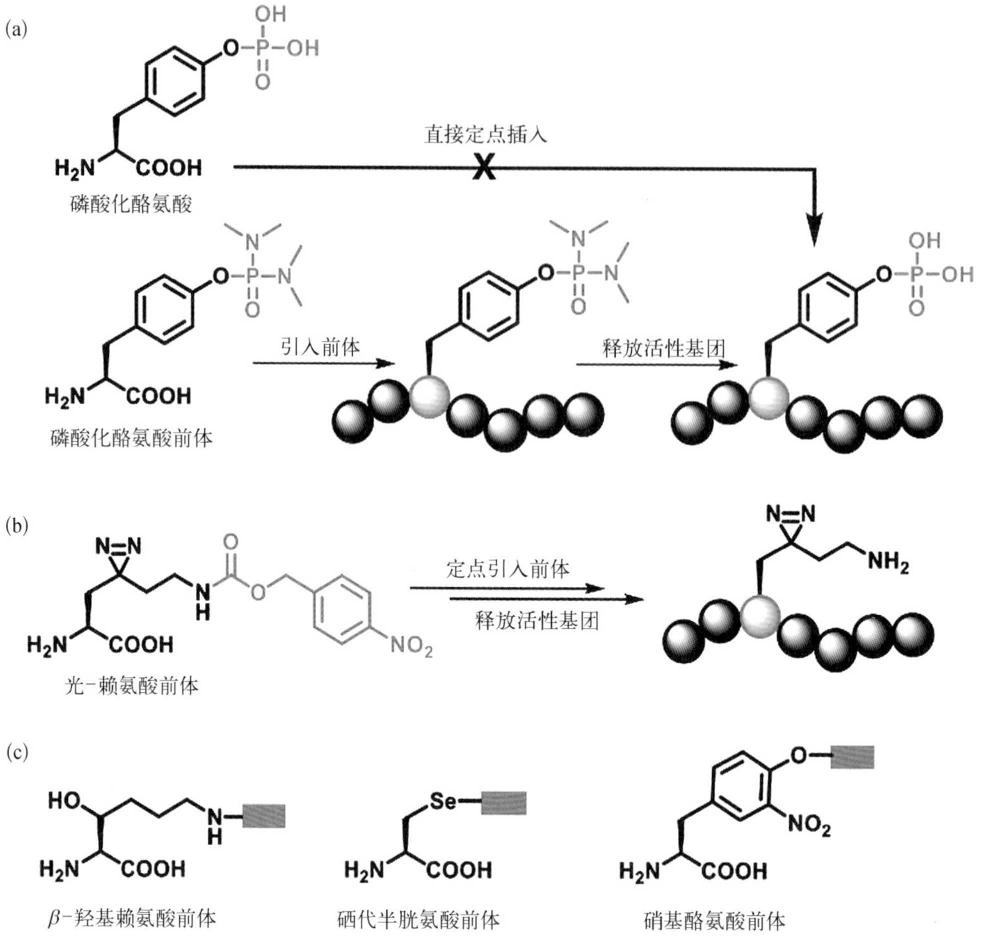

图 1-22　利用生物正交剪切反应在蛋白质中引入特定修饰的氨基酸[46]

　　(a)利用"化学脱笼"策略引入磷酸化酪氨酸。(b)利用生物正交剪切反应实现光亲和赖氨酸的定点插入。(c)其他可通过该策略实现定点插入的氨基酸类型

基酸的氨酰 tRNA 合成酶的难度,使得实现这一非天然氨基酸在蛋白质中的定点插入具有很大的挑战性。在该工作中,Wang 课题组首先利用二甲氨基将磷酸化酪氨酸的磷酸羟基保护起来,随后通过进化合成酶识别这一保护形式的氨基酸并将其插入目标蛋白的特定位点上,最后借助于一定的化学转化脱除保护基,原位产生磷酸化酪氨酸。这一工作对于有效引入其他具有特殊理化性质的非天然氨基酸具有很强的启发意义。

　　2017 年,陈鹏课题组报道了在组蛋白中定点引入光亲和赖氨酸探针(photolysine)的工作[54][图 1-22(b)]。具有光亲和性质的赖氨酸成为了在特定位点捕捉组蛋白赖氨酸修饰酶的有力工具。然而,由于这一类的赖氨酸与天然赖氨酸的结构极为相似,通过

进化得到特异性识别光亲和赖氨酸的氨酰 tRNA 合成酶的难度很大。受生物正交剪切反应的启发,陈鹏课题组先合成了带有对硝基苄氧羰基保护的光亲和赖氨酸前体,该前体的结构使得获得识别这一非天然氨基酸的氨酰 tRNA 合成酶突变体相对容易,进而有效地被定点引入蛋白质中。随后通过硝基还原酶促进的剪切反应,将硝基还原为氨基,引发 1,6-消除反应来实现保护基脱除,从而实现了光亲和赖氨酸探针在组蛋白中的定点插入。

综上所述,生物正交剪切反应作为一个新的研究热点,在蛋白质激活、细胞表面工程化和特殊氨基酸的定点插入上都得到了广泛的应用。其中,陈鹏课题组在生物正交剪切反应方法的开发和应用的拓展两方面都做了很多出色的工作。

1.3　讨论与展望

生物正交反应这一概念自被提出之后,在近二十年内得到了极大的丰富和拓展。一方面,越来越多具有生物正交性的化学反应被开发出来,除了常见的连接反应,近年来剪切反应也得到了越来越多的关注。另一方面,生物正交反应的应用范围也得到了极大的拓展,不仅与遗传密码子拓展技术、糖或脂质代谢标记技术、蛋白质组学技术结合使用,还在小分子和各类生物大分子上都有着丰富的应用,为研究和操控生命体系提供了丰富的化学生物学工具箱。其中值得一提的是,基于正交连接反应和剪切反应,北京大学陈兴课题组和陈鹏课题组分别在聚糖的特异性标记和蛋白质生物正交剪切反应两个方向做出了一系列系统和出色的研究。

为了在特定细胞或组织的聚糖中有效地引入生物正交反应基团,陈兴课题组开发了基于脂质体载带非天然糖的策略,实现了细胞选择性聚糖标记的技术。在前期的研究中,唾液酸聚糖是主要的研究对象。实际上,生物体中的糖基化是非常丰富的,比如岩藻糖修饰和细胞内的 O-GlcNAc 修饰广泛存在,且很多相关的功能亟待探索。利用脂质体载带非天然糖的策略,开展活体中靶向性的 O-GlcNAc 和岩藻糖基化标记具有重要的意义。

聚糖代谢标记策略中,经常使用含有叠氮或炔基的单糖类似物进行代谢标记,为了增加这些非天然糖穿透细胞膜的能力,这些探针上的羟基往往被加上乙酰基保护,以增加探针分子的亲脂性,这一策略在糖的代谢标记策略中被广泛使用。然而,陈兴课题组近期的研究表明,这种全乙酰化的糖会在活细胞中蛋白质的半胱氨酸巯基上引入非天然糖修饰,并表现出一定的细胞毒性。而且,在利用代谢标记技术对细胞内糖基化修饰的位点进行鉴定时,这种非特异性的修饰会对糖基化位点的鉴定造成干扰。基于这一问题,在聚糖代谢标记中,需要对非天然糖的结构重新设计,提高非天然糖衍生物的代谢效率,同时不会产生副反应,这是当前糖化学生物学中亟待解决的问题。

另外,现在开展的聚糖代谢标记工作中,往往是将被正交基团修饰的糖蛋白富集后进行蛋白质组学层面的鉴定,而被正交基团所修饰的聚糖链的信息是完全丢失的。对这部分的聚糖链的结构和糖型进行富集和分析是未来工作的一个重要方面,这对于理解糖基化过程中糖链结构和生物体功能调控之间的关系是至关重要的。

本章接着重点展示了生物正交剪切反应在蛋白质激活等方面的应用。我们总结了目前已发表的主要生物正交剪切反应类型,并列举了可应用于蛋白质活性调控的基于非天然氨基酸的生物正交剪切反应对及其相关生物学问题的研究。我们认为,该领域有着巨大的发展潜力和应用前景,并预测了未来可能的三个发展方向。

(1)近年来生物正交剪切反应的兴起会促使研究者们发展越来越多的具有不同反应特征和优势的剪切反应对,来丰富这个领域的工具库,满足不同的研究需求。当设计一个新的生物正交剪切反应时,首先需要考察其生物正交性,其次评估该反应的反应速率和转化率。据此,研究者们可以从一系列小分子检测探针上获得启发。很多小分子检测探针的设计原理就是基于被研究的小分子,例如信号分子、代谢产物、活性氧化物、金属离子等,能够有效地将荧光分子的保护基脱除从而释放荧光。因此,可以从众多的小分子检测探针上发现可能的新型正交剪切反应对。

(2)利用剪切反应对极佳的正交性,研究者们可以将至少两对剪切反应对组合使用,从而同时或有序地调控两个重要细胞内蛋白质的功能。还可以将生物正交连接反应与剪切反应组合使用,完成可控调节标记、脱除等过程。这样就可以实现在复杂的生物网络中,同时研究两个甚至更多蛋白质的功能相关性,或操控两个乃至更多蛋白质所在的信号通路。

(3)由于生物正交剪切反应能够实现时间和空间上精确操控目标蛋白质激活,因此该方法非常适合研究特定酶的底物图谱。传统的底物研究方法常常受到其他相关蛋白活性的影响,造成鉴定结果中存在部分非直接作用的底物蛋白。例如,在级联信号通路中,每一级有结构相似、功能相近的激酶亚型,传统的研究方法难以选择性地研究其中某个激酶的特有功能。而采用生物正交剪切反应激活蛋白质的方法,可以选择性地激活其中特定的某个激酶,从而观察到该激酶下游的特定底物,进一步将激酶级联信号通路拆解开来,梳理其中的对应关系。与此同时,该蛋白质激活手段给蛋白质发挥功能提供了时间零点,因此,研究者们可以在时间尺度上精确追踪特定信号的传导过程,定位直接的下游底物。基于小分子的剪切反应还为在组织或活体动物层面的研究提供了可能。

生物正交剪切反应还在临床治疗领域有着潜在的应用。"化学脱笼"反应最早被广泛应用于前药激活上,仅在病灶位置特异性释放活性小分子药物,这种方法既可以极大地降低药物的毒副作用,又在药代动力学和药物吸收利用方面存在优势。2014 年,Unciti-Broceta 课题组[35] 和 Bradley 课题组[55] 报道利用负载有纳米钯的树脂,实现了对5-氟尿嘧啶前药和吉西他滨前药的激活。固载的过渡金属催化剂可以通过局部植入的方式实现对肿瘤组织的精准靶向和原位治疗。金属催化剂可以通过纳米包封和被动靶向的方式实现对肿瘤区域的特异富集,这种空间可控的反应可以很好地实现在特定区域内对高毒性药物的原位激活,从而提供较宽的治疗窗口,大大拓展了很多因安全问题而受限的药物在临床的应用范围。

生物正交连接反应一直为抗体-前药偶联物(antibody-drug conjugate,ADC)提供丰富的共价连接策略,近年来,越来越多的生物正交剪切反应也在前药释放上发挥重要的作用。2016 年,Robillard 课题组在提高药物靶向性上有了更进一步的突破。他们将前药连接在抗体上,得到抗体-前药偶联物[56]。一方面,由于抗体的主动靶向效应相比于被动靶向效应来说,对肿瘤区域的富集效果更明显,所以该偶联物可以将药物更精准地载带到预期位置。另一方面,因为前药的活性氨基被用来与抗体偶联,该小分子药物暂时失去活性,从而降低了该偶联物使用过程中的副作用。在实现抗体对肿瘤的靶向之后,加入介导剪切反应的小分子四嗪,药物就会从抗体上释放并同时激活,从而实现了对肿瘤的选择性杀伤。通过在空间上控制激活剂或前药的分布实现药物靶向,继而利用剪切反应提供时间尺度的操控,如此一来可以实现更为精准有效的药物释放和治疗。除了在小分子前体药物上实现该策略,未来还可以在蛋白质药物上运用该策略。同样地,在蛋白质药物到达靶点之前处于被保护失活的状态,通过激活剂可以控制蛋白质药物发挥作用的时刻和剂量,减少毒副作用,增强精准治疗效果。陈鹏课题组目前致力于该方法的发展和优化,以期可以在活体动物上展示该治疗策略。

然而本章中提到的结合生物正交剪切反应和遗传密码子技术的蛋白质激活方法仍

不可避免地存在一些问题,有待改进和优化。本章中提到,该策略依赖于蛋白质有一个关键氨基酸残基,而目前遗传密码子拓展技术仅可实现小分子介导的含剪切基团的赖氨酸类似物、酪氨酸类似物,以及光介导的含邻硝基苄基基团的赖氨酸、酪氨酸、丝氨酸和半胱氨酸类似物的识别和定点插入。同时还需要事先了解目标蛋白质的活性氨基酸残基,且仅需一个氨基酸残基的突变就可以调控蛋白质活性。如此一来,当目标蛋白质缺少或未知单一决定性的氨基酸残基时,或目标蛋白质的该关键氨基酸残基没有可供插入的非天然氨基酸类似物时,就难以运用上述现有的工具实现蛋白质激活。为了解决上述问题,一方面,需要通过对正交氨酰 tRNA 合成酶进行筛选和进化,使其能够识别并插入具有更多不同氨基酸骨架和侧链的非天然氨基酸,丰富可使用的非天然氨基酸工具。另一方面,可以结合蛋白质结构计算相关技术,选取其他重要的活性口袋临近位点或别构位点,利用脱笼前后空间位阻变化和临近效应调控蛋白质激活。最近,陈鹏课题组和王初课题组就合作发表了一种结合计算机辅助设计与筛选,基于可遗传编码非天然氨基酸的"邻近脱笼"策略,在活体内实现对不同类型蛋白质的特异性激活,具有极大的普适性[57]。可以预见,未来更多工具的开发和优化,可以助力从基础生物学到蛋白质、小分子药物研发等一系列领域的研究。综上所述,未来生物正交反应,特别是剪切反应,在工具开发、生物学问题研究上仍有很大的应用和拓展空间。

参考文献

[1] Lemieux G A, de Graffenried C L, Bertozzi C R. A fluorogenic dye activated by the staudinger ligation[J]. Journal of the American Chemical Society, 2003, 125(16): 4708 - 4709.

[2] Sletten E, Bertozzi C. Bioorthogonal chemistry: Fishing for selectivity in a sea of functionality[J]. Angewandte Chemie International Edition, 2009, 48(38): 6974 - 6998.

[3] Kolb H C, Finn M G, Sharpless K B. Click chemistry: Diverse chemical function from a few good reactions[J]. Angewandte Chemie International Edition, 2001, 40(11): 2004 - 2021.

[4] Lang K, Chin J W. Cellular incorporation of unnatural amino acids and bioorthogonal labeling of proteins[J]. Chemical Reviews, 2014, 114(9): 4764 - 4806.

[5] Dirksen A, Dirksen S, Hackeng T M, et al. Nucleophilic catalysis of hydrazone formation and transimination: Implications for dynamic covalent chemistry [J]. Journal of the American Chemical Society, 2006, 128(49): 15602 - 15603.

[6] Saxon E, Armstrong J I, Bertozzi C R. A "traceless" Staudinger ligation for the chemoselective synthesis of amide bonds[J]. Organic Letters, 2000, 2(14): 2141 - 2143.

[7] Wang Q, Chan T R, Hilgraf R, et al. Bioconjugation by copper(I)-catalyzed azide-alkyne[3 + 2] cycloaddition[J]. Journal of the American Chemical Society, 2003, 125(11): 3192 - 3193.

[8] Tornøe C W, Christensen C, Meldal M. Peptidotriazoles on solid phase: [1, 2, 3]-triazoles by regiospecific copper(i)-catalyzed 1, 3-dipolar cycloadditions of terminal alkynes to azides[J]. The Journal of Organic Chemistry, 2002, 67(9): 3057 - 3064.

[9] Jewett J C, Bertozzi C R. Cu-free click cycloaddition reactions in chemical biology[J]. Chemical Society Reviews, 2010, 39(4): 1272 - 1279.

[10] Blackman M L, Royzen M, Fox J M. Tetrazine ligation: Fast bioconjugation based on inverse-electron-demand Diels-Alder reactivity[J]. Journal of the American Chemical Society, 2008, 130 (41): 13518 - 13519.

[11] Fan X Y, Ge Y, Lin F, et al. Optimized tetrazine derivatives for rapid bioorthogonal decaging in living cells[J]. Angewandte Chemie International Edition, 2016, 55(45): 14046 - 14050.

[12] Devaraj N K, Weissleder R, Hilderbrand S A. Tetrazine-based cycloadditions: Application to pretargeted live cell imaging[J]. Bioconjugate Chemistry, 2008, 19(12): 2297 - 2299.

[13] Plass T, Milles S, Koehler C, et al. Amino acids for Diels-alder reactions in living cells[J]. Angewandte Chemie International Edition, 2012, 51(17): 4166 - 4170.

[14] Lang K, Davis L, Wallace S, et al. Genetic Encoding of bicyclononynes and trans-cyclooctenes for site-specific protein labeling *in vitro* and in live mammalian cells via rapid fluorogenic Diels-Alder reactions[J]. Journal of the American Chemical Society, 2012, 134(25): 10317 - 10320.

[15] Patterson D M, Nazarova L A, Xie B, et al. Functionalized cyclopropenes as bioorthogonal chemical reporters[J]. Journal of the American Chemical Society, 2012, 134(45): 18638 - 18643.

[16] Chalker J M, Wood C S C, Davis B G. A convenient catalyst for aqueous and protein Suzuki-Miyaura cross-coupling[J]. Journal of the American Chemical Society, 2009, 131(45): 16346 - 16347.

[17] Li J, Lin S X, Wang J, et al. Ligand-free palladium-mediated site-specific protein labeling inside gram-negative bacterial pathogens[J]. Journal of the American Chemical Society, 2013, 135(19): 7330 - 7338.

[18] Lin Y A, Chalker J M, Floyd N, et al. Allyl sulfides are privileged substrates in aqueous cross-metathesis: Application to site-selective protein modification [J]. Journal of the American Chemical Society, 2008, 130(30): 9642 - 9643.

[19] Patterson D M, Nazarova L A, Prescher J A. Finding the right (bioorthogonal) chemistry[J]. ACS Chemical Biology, 2014, 9(3): 592 - 605.

[20] Rong J, Han J, Dong L, et al. Glycan imaging in intact rat hearts and glycoproteomic analysis reveal the upregulation of sialylation during cardiac hypertrophy[J]. Journal of the American Chemical Society, 2014, 136(50): 17468 - 17476.

[21] Xie R, Hong S L, Feng L S, et al. Cell-selective metabolic glycan labeling based on ligand-targeted liposomes[J]. Journal of the American Chemical Society, 2012, 134(24): 9914 - 9917.

[22] Du Y F, Xie R, Sun Y T, et al. Liposome-assisted metabolic glycan labeling with cell and tissue selectivity[J]. Methods in Enzymology, 2018, 598: 321 - 353.

[23] Xie R, Dong L, Huang R B, et al. Targeted imaging and proteomic analysis of tumor-associated glycans in living animals[J]. Angewandte Chemie International Edition, 2014, 53(51): 14082 - 14086.

[24] Li X X, Xu X Y, Rao X J, et al. Chemical remodeling cell surface glycans for immunotargeting of tumor cells[J]. Carbohydrate Research, 2017, 452: 25 - 34.

[25] Wang R B, Cai K M, Wang H, et al. A caged metabolic precursor for DT-diaphorase-responsive cell labeling[J]. Chemical Communications (Cambridge, England), 2018, 54(38): 4878 - 4881.

[26] Wang H, Wang R B, Cai K M, et al. Selective *in vivo* metabolic cell-labeling-mediated cancer

targeting[J]. Nature Chemical Biology, 2017, 13(4): 415 – 424.

[27] Xie R, Dong L, Du Y F, et al. *In vivo* metabolic labeling of sialoglycans in the mouse brain by using a liposome-assisted bioorthogonal reporter strategy[J]. Proceedings of the National Academy of Sciences of the United States of America, 2016, 113(19): 5173 – 5178.

[28] Sun Y T, Hong S L, Xie R, et al. Mechanistic investigation and multiplexing of liposome-assisted metabolic glycan labeling[J]. Journal of the American Chemical Society, 2018, 140(10): 3592 – 3602.

[29] Lin W, Du Y F, Zhu Y T, et al. A *Cis*-membrane FRET-based method for protein-specific imaging of cell-surface glycans[J]. Journal of the American Chemical Society, 2014, 136(2): 679 – 687.

[30] Lin W, Gao L, Chen X. Protein-specific imaging of O-GlcNAcylation in single cells [J]. ChemBioChem, 2015, 16(18): 2571 – 2575.

[31] Zhao J Y, Lin S X, Huang Y, et al. Mechanism-based design of a photoactivatable firefly luciferase[J]. Journal of the American Chemical Society, 2013, 135(20): 7410 – 7413.

[32] Chen P, Groff D, Guo J T, et al. A facile system for encoding unnatural amino acids in mammalian cells[J]. Angewandte Chemie International Edition, 2009, 48(22): 4052 – 4055.

[33] Streu C, Meggers E. Ruthenium-induced allylcarbamate cleavage in living cells[J]. Angewandte Chemie International Edition, 2006, 118(34): 5773 – 5776.

[34] Garner A L, Song F L, Koide K. Enhancement of a catalysis-based fluorometric detection method for palladium through rational fine-tuning of the palladium species[J]. Journal of the American Chemical Society, 2009, 131(14): 5163 – 5171.

[35] Weiss J T, Dawson J C, Macleod K G, et al. Extracellular palladium-catalysed dealkylation of 5-fluoro-1-propargyl-uracil as a bioorthogonally activated prodrug approach [J]. Nature Communications, 2014, 5: 3277.

[36] Santra M, Ko S K, Shin I, et al. Fluorescent detection of palladium species with an O-propargylated fluorescein[J]. Chemical Communications (Cambridge, England), 2010, 46(22): 3964 – 3966.

[37] Li J, Yu J T, Zhao J Y, et al. Palladium-triggered deprotection chemistry for protein activation in living cells[J]. Nature Chemistry, 2014, 6(4): 352 – 361.

[38] Wang J, Zheng S Q, Liu Y J, et al. Palladium-triggered chemical rescue of intracellular proteins via genetically encoded allene-caged tyrosine[J]. Journal of the American Chemical Society, 2016, 138(46): 15118 – 15121.

[39] Kislukhin A A, Hong V P, Breitenkamp K E, et al. Relative performance of alkynes in copper-catalyzed azide-alkyne cycloaddition[J]. Bioconjugate Chemistry, 2013, 24(4): 684 – 689.

[40] Pérez-López A M, Rubio-Ruiz B, Sebastián V, et al. Gold-triggered uncaging chemistry in living systems[J]. Angewandte Chemie International Edition, 2017, 56(41): 12548 – 12552.

[41] Sasmal P K, Carregal-Romero S, Han A A, et al. Catalytic azide reduction in biological environments[J]. ChemBioChem, 2012, 13(8): 1116 – 1120.

[42] Versteegen R M, Rossin R, ten Hoeve W, et al. Click to release: Instantaneous doxorubicin elimination upon tetrazine ligation[J]. Angewandte Chemie International Edition, 2013, 125 (52): 14362 – 14366.

[43] Li J, Jia S, Chen P R. Diels-Alder reaction-triggered bioorthogonal protein decaging in living cells [J]. Nature Chemical Biology, 2014, 10(12): 1003 – 1005.

[44] Ge Y, Fan X Y, Chen P R. A genetically encoded multifunctional unnatural amino acid for versatile protein manipulations in living cells[J]. Chemical Science, 2016, 7(12): 7055 – 7060.

[45] Luo J, Liu Q Y, Morihiro K, et al. Small-molecule control of protein function through Staudinger reduction[J]. Nature Chemistry, 2016, 8(11): 1027 - 1034.

[46] 王杰, 陈鹏. 生物正交剪切反应及其应用[J]. 化学学报, 2017, 75(12): 1173 - 1182.

[47] Li J, Chen P R. Development and application of bond cleavage reactions in bioorthogonal chemistry[J]. Nature Chemical Biology, 2016, 12(3): 129 - 137.

[48] Zhang G, Li J, Xie R, et al. Bioorthogonal chemical activation of kinases in living systems[J]. ACS Central Science, 2016, 2(5): 325 - 331.

[49] Gautier A, Deiters A, Chin J W. Light-activated kinases enable temporal dissection of signaling networks in living cells[J]. Journal of the American Chemical Society, 2011, 133(7): 2124 -2127.

[50] Pawlak J B, Gential G P P, Ruckwardt T J, et al. Bioorthogonal deprotection on the dendritic cell surface for chemical control of antigen cross-presentation[J]. Angewandte Chemie International Edition, 2015, 54(19): 5628 - 5631.

[51] van der Gracht A M F, de Geus M A R, Camps M G M, et al. Chemical control over T-cell activation *in vivo* using deprotection of trans-cyclooctene-modified epitopes[J]. ACS Chemical Biology, 2018, 13(6): 1569 - 1576.

[52] Wang J, Cheng B, Li J, et al. Chemical remodeling of cell-surface sialic acids through a palladium-triggered bioorthogonal elimination reaction[J]. Angewandte Chemie International Edition, 2015, 54(18): 5364 - 5368.

[53] Hoppmann C, Wong A, Yang B, et al. Site-specific incorporation of phosphotyrosine using an expanded genetic code[J]. Nature Chemical Biology, 2017, 13(8): 842 - 844.

[54] Xie X, Li X M, Qin F F, et al. Genetically encoded photoaffinity histone marks[J]. Journal of the American Chemical Society, 2017, 139(19): 6522 - 6525.

[55] Weiss J T, Dawson J C, Fraser C, et al. Development and bioorthogonal activation of palladium-labile prodrugs of gemcitabine[J]. Journal of Medicinal Chemistry, 2014, 57(12): 5395 - 5404.

[56] Rossin R, van Duijnhoven S M J, ten Hoeve W, et al. Triggered drug release from an antibody-drug conjugate using fast "click-to-release" chemistry in mice[J]. Bioconjugate Chemistry, 2016, 27(7): 1697 - 1706.

[57] Wang J, Liu Y, Liu Y J, et al. Time-resolved protein activation by proximal decaging in living systems[J]. Nature, 2019, 569(7757): 509 - 513.

MOLECULAR SCIENCES

Chapter 2

基于化学探针的
功能蛋白质组学

陈南　周颖　邹鹏　王初

2.1 引言

进入 21 世纪以来，随着基因组技术的突飞猛进，大量物种的基因组解码工作已经完成，这些信息极大地丰富了我们对生命体复杂度的认知。以人类基因组为例，目前已知有大概两万个基因负责编码蛋白质。根据中心法则，基因与蛋白质一一对应，理论上人类蛋白质组的规模应当在两万左右。然而事实远非如此，由于在转录过程中发生的各种可变剪接，成熟 mRNA 编码的蛋白质种类被扩充为七万左右[1]。再考虑到蛋白质在翻译后可能进行的各类化学修饰，蛋白质组的复杂性呈几何级数攀升，以至于很难给出一个明确的数字定义蛋白质组成员的具体数目。蛋白质组的多样性极大地扩展了基因参与调控生命过程的能力，为我们带来了丰富多彩的生物世界，但与此同时也为生命科学研究提出了巨大的挑战。一个亟待解决的重要科学问题是每个特定物种基因组编码的蛋白质有哪些？这些蛋白质的含量有多少？它们的存在形式和丰度在生命循环周期中发生了什么变化？在这种特定背景下，蛋白质组学作为一个新兴的独立学科应运而生。

蛋白质组是指特定物种或生命体系中全部蛋白质的组成，它随着物种生命周期、生存环境、生理病理状态的改变发生着变化，而蛋白质组学就是系统研究蛋白质组成、分布和功能的学科方法。在过去的二十年中，得益于样品制备、分离方法和高精度生物大分子质谱技术的飞速发展，该领域的研究呈现爆炸式增长，提供了海量的数据信息，服务于众多领域。然而，蛋白质作为人类生命活动的直接参与和执行单元，在细胞中的表达具有时空特异性，其表达量、亚细胞定位、结构、活性以及与其他生物分子的相互作用会发生动态变化，以调控其功能。

在空间特异性方面，真核生物的一个显著特征是具备细胞器结构。磷脂双分子膜将细胞划分为了一个个相对独立的区间（如细胞核、内质网和线粒体等），而生物分子会选择性地富集其中，各区间的生化反应相对独立进行，因此，细胞器的化学环境及蛋白质组成决定了其生物学功能。为了研究特定亚细胞区域的结构和功能，我们需要针对特定细胞器的蛋白质组进行空间特异性研究。传统的生物化学方法依靠各种物理分离技术（如超速离心和免疫共沉淀）来纯化细胞结构，由此获得蛋白质组样品。然而，这类分离方法不仅费时费力，还会产生假阳性和假阴性结果，比如一些弱的和瞬时的蛋白-蛋白相互作用易在纯化过程中丢失，细胞器的生理状态和蛋白质组成分也随细胞裂解发生改变。针对这一挑战，近年来多个课题组共同发展了一类适用于活细胞的空间特异性蛋白质标记技术，为解析亚细胞蛋白质组及其动态变化提供了全新的思路。

蛋白质作为生命过程中各种重要功能的最终执行者，它们的活性在机体内受到严格的时空调控。在一些生理和病理过程中，蛋白质活性变化产生的影响通常比其本身丰度变化所带来的影响更大。例如，细胞内的许多蛋白酶都经历着从没有活性的酶前体到有活性的酶再到失去活性的酶-抑制剂复合体这样一个动态调节过程[2]，而这样一个失活、激活再失活的过程与蛋白酶催化中心活性位点的化学形式变化密切相关。除此之外，蛋白质翻译后修饰也是一种生物体调控蛋白功能的重要手段，例如磷酸化修饰可以激活细胞内信号转导的开启[3]；泛素化修饰可以导致靶蛋白被降解，维持细胞内物质平衡[4]；组蛋白乙酰化修饰导致其与核酸分子之间的相互作用发生改变，从而达到调控基因表达的功能[5]。因此，如何在复杂生物体系内系统地分析获取蛋白活性和功能的信息成为了蛋白质组学下一个阶段重点需要关注和解决的重要科学问题，这需要在传统的蛋白组学分析方法上引入更多化学标记和修饰策略。化学探针的使用为传统蛋白质组学注入了新的血液，也为人们研究蛋白质组的结构和功能提供了有力的工具，开辟了"化学或功能蛋白质组学"这一全新的概念和方向。

在国家自然科学基金委"基于小分子探针的细胞信号转导过程研究"重大研究计划推动的化学生物学研究背景下，国内科研课题组在基于化学探针的功能蛋白质组定量分析方面的研究也逐步开展。本章将分别从蛋白质组时空特异性的组成和活性功能变化两个方面分别介绍化学探针在功能蛋白质组学中的应用。首先要介绍的是基于化学活性中间体的亚细胞蛋白质组分析策略和方法，主要包括基于改造的生物素连接酶 BioID 和抗坏血酸过氧化酶 APEX 两大类技术。这些技术依靠在活细胞中通过酶催化反应原位生成的高反应活性和短寿命的化学活性中间体（包括活泼酯和自由基）来实现对邻近的蛋白质的标记。这两类技术已在解析复杂细胞器结构和生物大分子复合物蛋白质组方面得到了广泛的应用。其次将介绍化学分子探针在蛋白质组学活性分析方面的应用，重点介绍基于活性的蛋白质组分析（activity-based protein profiling，ABPP）方法。该方法主要依靠酶特异性探针和氨基酸特异性探针，对细胞中具有特定功能或化学活性的蛋白质及氨基酸残基进行选择性标记和鉴定，实现对蛋白质组中未知蛋白的功能解析、特定蛋白酶小分子抑制剂的筛选、活性小分子靶标蛋白的鉴定以及翻译后修饰位点的发现等方面的工作。本章最后还对这些技术方法未来发展的走向及其拓展应用做了前瞻性的讨论。

2.2 研究进展与成果

2.2.1 基于化学活性中间体的亚细胞蛋白质组分析

1. 基于 BioID 的亚细胞蛋白质组技术

在生命体中,蛋白质等生物大分子往往会与其他分子相互作用,在特定的时间和空间环境下发挥生物学功能。因此,分析蛋白质在细胞中的空间分布对于理解其功能具有重要意义。近些年来,通过邻近标记技术在特定的空间和时间维度下定量观测细胞蛋白质组的研究日益广泛。

BioID 技术利用的核心工具是一类经过工程改造的大肠杆菌生物素连接酶 BirA,其相对分子质量为 35 kDa。BirA 的天然功能是催化特定底物赖氨酸残基的生物素化,具体的机制包括两步反应:第一步反应是催化生物素和三磷酸腺苷(adenosine triphosphate,ATP)反应生成生物素-腺苷酯,将生物素的羧基以腺苷化的形式活化;第二步反应是将生物素-腺苷酯中的生物素转移到特定蛋白质底物的赖氨酸残基上形成酰胺键。2004 年,Cronan 教授课题组报道了一种 BirA 的点突变体 BirA R118G[6],可以在第一步反应生成生物素-腺苷酯后,将这一活性中间体释放出来。从结构上看,118 位的精氨酸残基位于生物素-腺苷酯正上方,阻止其扩散,当这一残基被突变为体积较小的甘氨酸后,生物素-腺苷酯更易与外部溶剂接触,从而扩散离开活性口袋。随后细胞内的大量亲核基团如赖氨酸残基等进攻活性中间体,发生亲核取代反应,使附近的蛋白质带上生物素标签。在后续工作中,BirA R118G 突变体被重新命名为 BirA*,而利用 BirA* 进行邻近标记的方法被称为 BioID 技术。BioID 技术被广泛应用于研究各类生物大分子复合物中的蛋白质相互作用网络(核纤层、核孔复合物、miRNA 诱导沉默复合物等,图 2-1)[7]。

核纤层蛋白 A(Lamin A)由于溶解度很低,因此难以用传统方法研究与其相互作用的蛋白质。2012 年,Burke 教授课题组在哺乳动物细胞中将 BirA* 与 Lamin A 融合表达,利用链霉亲和素对生物素化的蛋白质进行富集以进行后续的质谱分析,成功解析了核纤层蛋白质组[7a]。质谱结果表明 BirA* 不仅成功标记了大量已知与 Lamin A 存在相互作用的蛋白(如 INM 和一些核孔复合物组成蛋白),还发现了一些此前未被报道与 Lamin A 存在相互作用的蛋白(如 SLAP75)。在后续的免疫荧光成像中,他们验证了

SLAP75 蛋白是核膜组成蛋白,这一应用凸显了空间特异性蛋白质标记技术的优势。

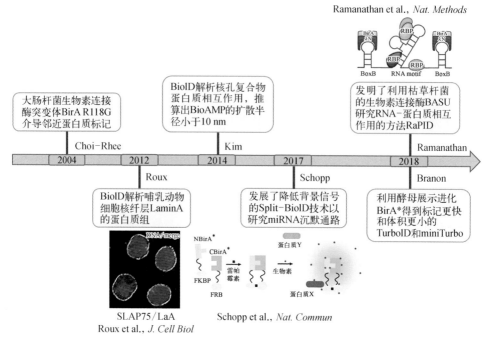

图 2-1　BioID 的发展历史

BirA—生物素连接酶;BirA* —BirA R118G 突变体;BioAMP—生物素-腺苷酯;Merge—图像叠加处理;NBirA* —BirA* 氮端截短体;CBirA* —BirA* 碳端截短体;RBP—RNA 结合蛋白;RNA motif—RNA 基序

在接下来的几年中,BioID 在不同的细胞类型和亚细胞区域中得以应用。例如,2014 年,BioID 被应用于研究 Nup43 在 Y 型复合物的定位[7b]。在这一工作中,利用核孔复合物中 Y 型复合物作为分子标尺,研究人员对 BioID 在细胞内的标记范围进行了表征。具体做法是将 BioID 与 Y 型复合物中的五种核孔素融合,标记后进行富集并结合质谱分析每种融合蛋白标记产物在核孔复合物的位置,由此得出 BioID 标记半径约为 10 nm。为进一步将 BioID 改造成为研究蛋白质相互作用的工具,Béthune 教授课题组将 BirA* 拆分为两个没有活性且相互作用微弱的子蛋白。当两个子蛋白在物理空间上邻近时可重新折叠成为有生物素连接酶活性的二聚体,进而标记邻近的蛋白质,该方法被命名为 Split-BioID[7c]。随后研究人员利用 Split-BioID 鉴定了 Argonaute(Ago)蛋白在 miRNA 诱导沉默复合物(miRISC)形成过程中的相互作用蛋白。在 RNA 干扰过程中,Ago 既会与 Dicer 蛋白结合形成 RISC 装载复合物(RLC),也会与 TNRC6 结合形成 miRISC,利用 BioID 无法区分 Ago 在两个复合物里的相互作用蛋白。将 BirA* 拆分为氮端(NBirA*)和碳端(CBirA*)两个结构域,分别与 Dicer 和 Ago 或 TNRC6 和 Ago 融合。由于只有当 CBirA* - Ago 和 NBirA* - Dicer 或 NBirA* - TNRC6 结合时,才有生物素连接酶活性,加之活性中间体较小的扩散半径,使得被标记的蛋白局限在 RLC (NBirA* - Dicer)或 miRISC(NBirA* - TNRC6)复合物。该方法在 BioID 的基础上增加了空间邻近的筛选,从而提高了标记的空间分辨率。

尽管 BioID 在研究细胞空间特异性蛋白质组领域取得了一系列重要进展,但是从技术角度看,它仍存在若干明显的缺陷,主要体现在:(1)标记反应速率慢(6～24 h),长时间的标记将会给出这段时间内所有可能的邻近或相互作用的蛋白质的平均信息,因此不能研究瞬时相互作用及追踪相互作用的变化;(2)标记依赖于外源生物素的补充,并需要对细胞进行至少 6 h 的生物素孵育,在此期间生物素化会使大量原本带正电荷的赖氨酸残基变为中性,干扰蛋白质的功能并对细胞生理状态产生影响[7a, 7b];(3)底物单一,BirA* 只能识别生物素,无法容纳其他底物,造成底物单一且不能衍生化。

为提高 BioID 的时间分辨率,加快反应速率,Ting 教授课题组利用酵母定向进化 BirA* 得到两个催化动力学更快的蛋白,分别为 TurboID 和 miniTurbo[8]。BirA* 经过 16 个氨基酸的突变得到 TurboID,其标记速率远远大于 BioID,标记时间从数个小时缩短到 10 min。然而,TurboID 能够利用细胞内源的生物素,在果蝇细胞中表达会造成胚胎致死,并且标记背景信号高。因此 Ting 等将 TurboID 的氮端 63 个氨基酸去掉,使得其与 DNA 的结合减弱,得到相对分子质量为 28 kDa 的 miniTurbo,它的标记效率比 TurboID 低,但是具有体积小、内源生物素利用率低和背景信号弱等优点。

2018 年,Khavari 教授课题组发展了基于 BioID 的 RaPID(RNA-protein interaction detection)技术来研究 RNA 与蛋白质的相互作用[9]。这个方法包含两个要素,一段特定的 RNA 序列和融合了可与该特定 RNA 序列结合的短肽的 BASU 蛋白(枯草芽孢杆菌生物素连接酶的突变体)。噬菌体存在一类可以折叠成为发夹结构的单链 RNA 序列 BoxB,与 λN 短肽间存在相互作用。在目标 RNA 序列两端分别连接 BoxB 序列,可招募融合 λN 短肽的 BASU 聚集在目标 RNA 附近,进而标记目标 RNA 的相互作用蛋白。Khavari 等人的研究将 BioID 的应用从蛋白质相互作用拓展到 RNA-蛋白质相互作用,为 BioID 的应用开拓了新的领域。

从化学角度看,BioID 的活性中间体生物素-腺苷酯是被腺苷化的活泼酯,易被具有亲核性的一级胺进攻生成共价化合物。但该活性中间体半衰期较长,且很难衍生化,与内源生物素化存在竞争。相比于活泼酯，很多自由基的反应活性更高，半衰期更短，因此自由基探针理论上可以在更短的时间和更小的扩散范围内实现对蛋白质的标记，从而提升标记的时空分辨率。自由基种类丰富，化学和物理性质易调节，可以实现生物正交。在这一思路的指引下，研究者们发展了基于过氧化物酶的新型邻近标记工具。

2. 基于 APEX 的时空特异性蛋白质组技术

辣根过氧化物酶(horseradish peroxidase, HRP)是最早应用于蛋白质标记的工具。HRP 可以催化过氧化氢氧化生物素-苯酚探针，产生的苯酚自由基进攻周边的生物分子实现邻近标记(enzyme-mediated activation of radical sources, EMARS)[10]。与 BioID 相比，EMARS 具有更快的反应速率，但由于 HRP 在细胞质还原环境中会失去催化活性，因此 HRP 的应用局限于细胞表面的蛋白质标记[10]。

在植物细胞内存在一种抗坏血酸过氧化物酶(ascorbate peroxidase, APX)(图 2-2)。与 HRP 类似，APX 能够催化苯酚底物在过氧化氢的氧化作用下生成苯酚自由基，进而和一些富电子氨基酸(如酪氨酸等)发生共价交联反应。但是，与 HRP 不同的是，APX 没有二硫键和钙离子，在细胞质和多种亚细胞器中仍具有催化活性。2012 年，Ting 教授课题组对 APX 进行了基于理性设计的改造，通过三个氨基酸突变(K14D / E112K / W41F)将其改造为单体 APEX(enhanced APX)[11]。APEX 催化二氨基联苯胺的聚合，在四氧化锇作用下具有很强的电镜信号。接着 Ting 等人利用 APEX-电镜体系确定了线粒体钙单向转运体 MCU 的拓扑结构。

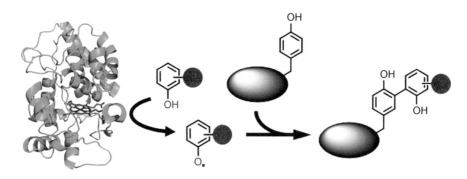

图 2-2　抗坏血酸过氧物酶(APX)的结构(PDB: 1APX)和催化过程

根据 APX 的结构和催化循环，以酪氨酸为例，研究人员推测 APEX 催化生物素-苯酚的反应机理如图 2-3 所示。APEX 血红素的三价铁首先在过氧化氢的作用下被氧化到四价铁,同时原卟啉环上失去一个电子,生成催化循环中的化合物Ⅰ(Compound Ⅰ)。随后化合物Ⅰ夺取苯酚上一个氢原子转化为化合物Ⅱ(Compound Ⅱ)。最后,化合物Ⅱ继续氧化一个苯酚分子,四价铁被还原回到三价,完成催化循环。每个催化循环生成两个苯酚自由基,产生的苯酚自由基和酪氨酸残基发生偶联,从而实现了对蛋白质的标记。苯酚自由基具有极短的寿命(<1 ms)和近乎纳米尺度的标记半径(<14 nm),保证了此方法良好的空间特异性。

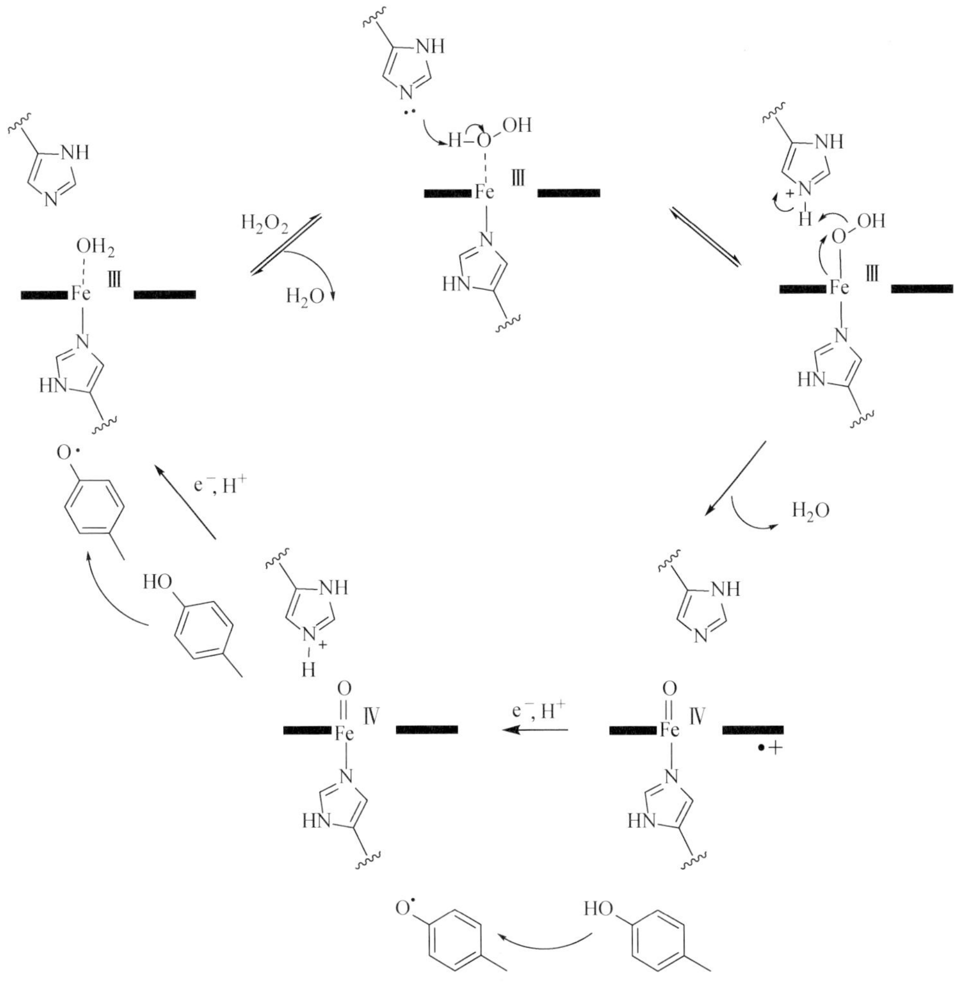

图 2-3 推测 APEX 催化生物素-苯酚的反应机理

由于 APEX 的活性相比 HRP 更弱,利用 APEX 无法在短时间内标记到很多蛋白质,不适用于蛋白质组的鉴定。2015 年,Ting 教授课题组利用酵母展示定向进化 APEX

得到活性更高的 APEX2(APEX A134P)[12],可以很好地定位和表达在各种亚细胞器内,在过氧化氢和生物素-苯酚的存在下,只需一分钟就可以标记到质谱检测限以上的蛋白量,更加适合研究亚细胞蛋白质组学。

自发明以来,APEX 技术迅速在质谱蛋白质组学领域受到青睐,被广泛应用于研究重要亚细胞结构的蛋白质组(包括线粒体、内质网-细胞质膜接触区域、突触间隙、脂滴和应激颗粒等),以及膜受体信号转导通路中的动态蛋白相互作用网络[13](图 2-4)。

2013 年,Ting 教授课题组首次用 APEX 鉴定细胞器的蛋白质组。研究者首先利用定位序列将 APEX 表达在线粒体基质中,再利用生物素-苯酚探针对线粒体基质的蛋白质组进行生物素标记,随后进行纯化和质谱鉴定。利用 APEX 技术,Ting 课题组鉴定到 495 个线粒体基质定位的蛋白质,其中新鉴定到 31 个蛋白质。该研究是 APEX 技术首次应用在亚细胞蛋白质组领域,为后续的相关研究奠定了基础[13a]。

2014 年,Ting 教授课题组利用 APEX 结合定量质谱对线粒体膜间隙(mitochondrial intermembrane space,IMS)的蛋白质组进行了鉴定[13b]。由于线粒体外膜可以通透小分子,生物素-苯酚自由基能够标记到细胞质的蛋白。为解决该问题,研究者将 APEX 分别定位在细胞质(APEX－NES)和 IMS(IMS－APEX),以每种蛋白被两种定位的 APEX 标记强度的比值作为检测标准来鉴定 IMS 蛋白质组。该方法的可行性在于:(1) 对于因生物素-苯酚自由基扩散被 IMS－APEX2 标记的细胞质蛋白,其被 APEX－NES 标记到的可能性更大,从而质谱的丰度 NES/IMS 的比值更大;(2) 以质谱信号的比值作为检测标准,排除了蛋白质位阻等因素对信号绝对值的干扰。但是,这种方法无法准确检测在 IMS 和细胞质都存在的蛋白质。研究者发现了 127 个定位在线粒体膜间隙的蛋白质,其中包括 9 个此前未被报道过的蛋白质。该方法将 APEX 的应用从完全膜包裹的细胞器拓展到部分开放的细胞结构。

2015 年,Zhou 课题组将 APEX2 定位在了细胞膜-内质网膜的连接处[13c]。细胞膜和内质网膜之间有 10~20 nm 的未被膜结构包被的区域,这一区域对于控制和调节脂质的新陈代谢和钙离子信号传输起着重要作用。通过生物素标记,他们发现了一种存在于内质网膜的多次跨膜蛋白 STIMATE,这是一种钙离子通道的调节蛋白。同年,Perrimon 教授课题组将 APEX 运用到果蝇组织的蛋白质组研究[13d]。APEX 标记需要生物素-苯酚和 H_2O_2 同时渗入到组织里,实验证明 1 min 的标记可以提供足够强的生物素信号,以用于组织切片的成像和质谱检测。该项研究首次证明了 APEX 可以检测动物活体组织的蛋白质组。

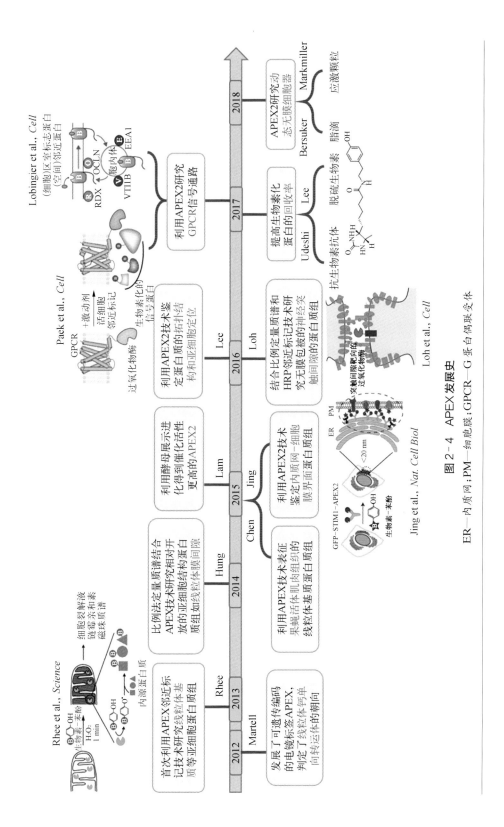

图 2 - 4 APEX 发展史

ER—内质网；PM—细胞膜；GPCR—G 蛋白偶联受体

2016 年，Ting 教授课题组首次将 APEX 应用于神经细胞的蛋白质组研究[13e]。利用 APEX 研究神经突触蛋白质的优势有：（1）无需纯化，避免由于样品不纯造成的假阳性；（2）有利于区分兴奋性和抑制性突触的蛋白质组；（3）能够研究更为精细的突触亚结构，如突触间隙和突触后膜。但是利用 APEX 研究神经突触同样面临以下挑战：（1）APEX 是否可以在神经细胞表达且具有活性；（2）对于研究神经突触这类相对"开放"的结构，生物素-苯酚的扩散是否会影响标记的空间特异性；（3）神经突触的蛋白质含量较少，APEX 能否标记到足够多的蛋白质用于后续的质谱分析；（4）突触间隙的蛋白质在神经细胞分泌途径的其他区域也有分布，如何使 APEX 特异性标记突触间隙的蛋白而非高尔基体或内质网的蛋白。面对这些挑战，首先需要确定 APEX 标记神经突触的活性。突触间隙位于胞外，而 HRP 可以很好地表达在细胞膜上，且活性高于 APEX，所以研究者选择用前者标记突触间隙。为减少 HRP 标记胞内蛋白，研究者合成了生物素-苯酚类似物 BxxP，即在生物素-苯酚的基础上增加了一个极性聚酰胺链，使得 BxxP 不能通过细胞膜。研究者选取了三个位于兴奋性突触间隙的蛋白（Nlgn1、Lrrtm1 和 Lrrtm2）、两个抑制性突触间隙的蛋白（Slitrk3 和 Nlgn2）和跨膜肽（TM）分别与 HRP 融合。研究者通过免疫荧光与质谱无法区分兴奋性和抑制性突触，因此保留剩余四个融合蛋白做后续鉴定。研究者利用 iTRAQ 技术给每一个 HRP 融合蛋白鉴定到的蛋白质加了特定 m/z 的标签，分别为"HRP - LRRTM1/2 - 114""HRP - NLGN2A/SLITRK3 - 115""HRP - TM - 116"和"对照组 - 117"。通过 m/z 的比值来判断鉴定到的蛋白的定位：（1）114/117 和 115/117 数值较低的蛋白多数为非特异性吸附的蛋白，首先被筛选掉；（2）保留 114/116 和 115/116 数值较高的蛋白质；（3）经过前两轮的筛选，剩余蛋白质中 114/115 数值高的蛋白质更有可能是兴奋性突触间隙蛋白，反之则是抑制性突触间隙蛋白。根据这种方法鉴定到的突触间隙蛋白的假阳性由之前的 20%～40% 降低到小于 10%，并且蛋白质的覆盖率更高。该项研究将 APEX 技术拓展到"开放"的不可复制和纯化的精细亚细胞结构域的蛋白质组研究。

近年来，APEX 标记方法被进一步扩展至无膜包裹的细胞结构中。例如，脂滴（lipid droplet）和应激颗粒（stress granule）作为没有固定组成的动态无膜结构，日益成为研究的热点。这些结构的组成随着细胞环境的改变而改变，具有高度动态性，且很难通过梯度离心或其他生化方法分离。Olzmann 教授课题组[13f]和 Yeo 教授课题组[13g]利用 APEX2 分别研究了脂滴和应激颗粒的蛋白质组成。现有的研究结果认为成熟的脂滴是单层磷脂包裹大量蛋白质形成的。由于疏水的磷脂和亲水的蛋白质不相容，多数蛋白质存在于磷脂层内部,或通过与脂滴膜蛋白的相互作用而位于磷脂周边。脂滴的蛋白质组成对于调控脂滴储存的脂质的代谢和信号转导具有重要作用。由于脂滴的大小、功能、脂质组成和与其相连接的细胞器有关,传统分离脂滴的方法无法排除分离时共同沉淀的线粒体和内质网的蛋白质。Olzmann 等人将 APEX2 分别定位在脂滴和细胞质(排除细胞质蛋白质的干扰),利用时空特异性良好的 APEX2 对脂滴蛋白质组进行了鉴定,发现脂滴蛋白质组成受内质网相关性降解(ER-associated degradation, ERAD)的调控。应激颗粒是一类由 RNA-蛋白质和蛋白质-蛋白质相互作用形成的动态结构,其组成受细胞状态和外界压力的调控。Yeo 等人利用 APEX2 对正常状态和亚砷酸盐处理的人神经细胞的应激颗粒蛋白质组分进行了鉴定,发现正常细胞中会预先形成含有应激颗粒蛋白相互作用的网络,在压力的催化下快速整合成显微镜可见的应激颗粒。他们发现应激颗粒的组分具有细胞类型特异性,且参与蛋白质折叠和细胞通路的调控。

APEX 的高时空分辨能力还能用于分析生物大分子复合物的动态组分变化。2017年,Krogan 教授课题组利用 APEX 技术结合定量质谱追踪 G 蛋白偶联受体(G protein coupled receptor,GPCR)的蛋白质相互作用组[13 h]。GPCR 是一类七次跨膜蛋白,在与配体结合后其胞内蛋白质相互作用网络会随着时间迅速发生改变,以此完成一系列信号传导过程。研究者以 GPCR 为研究主体,利用 APEX 检测 GPCR 受到激动剂刺激后蛋白质相互作用组的时空变化。他们将 APEX2 分别与 β-肾上腺素受体(β-adrenergic receptor,β2AR)和 δ-阿片受体(δ-opioid receptor,DOR)这两种 GPCR 融合,并在添加激动剂后的不同时间点(1 min、2 min、10 min 和 30 min)进行短暂的生物素-苯酚标记(30 s)。根据免疫印迹展示的蛋白质在不同时间的含量,可以推测β2AR 或 DOR 与该蛋白质的距离,由此来判断其时空特异的蛋白质相互作用组。为区分直接相互作用蛋白和空间邻近蛋白,研究者选取了三个内参位点,分别是细胞膜(PM-APEX2)、内涵体(Endo-APEX2)和细胞质(Cyto-APEX2)。激动剂处理 1 min 后β2AR 定位在细胞膜,此时β2AR-APEX2 与 PM-APEX2 对 bystander 蛋白的标记强度应该是相近的,但是对于与β2AR 有直接相互作用的蛋白(如 arrestin3),β2AR-APEX2 的标记强度比 PM-APEX2 更高,以此验证β2AR 在被激活的初期与 arrestin3 有相互作用。通过比较不同细胞区域定位的内参 APEX2 富集到的蛋白质的丰度,可以确定 GPCR 的运动轨迹和相互作用组。最终研究者利用 APEX 标记首次成功鉴定到 DOR 的相互作用蛋白 WWP2 和 TOM1,这两个蛋白参与 DOR 到溶酶体的胞内分选。该方法利用了蛋白质被标记的概率与该蛋白和 APEX2 的距离紧密相关这一假设,距离

APEX2 越近或处在生物素-苯酚自由基扩散区域时间长的蛋白越有可能被标记,而更高的标记概率体现在定量质谱上就是具有更高的信号强度。

同年,Kruse 教授课题组利用相似的思路,结合 APEX 技术和等压串联质谱追踪了血管紧张素 Ⅱ 的 Ⅰ 型受体(angiotensin Ⅱ type 1 receptor,AT1R)和 β2AR 被激动剂激活和内吞的过程,发现在配体与 GPCR 结合前,大量受体已经聚集在 G 蛋白附近[13]。这些受体在激活后,随着内吞作用与 G 蛋白分开,只有一小部分的 GPCR 与 G 蛋白一起通过内吞作用进入细胞。随后研究者在 AT1R 和 β2AR 受到激动剂刺激的不同时间点(以 10 s 为间隙)对其进行了 APEX 标记,来测量这两种 GPCR 内吞的动力学。实验表明 ATR1 招募 β- arrestin 2 与网格蛋白(clathrin)被富集的时间重合,提示 ATR1 与 arrestin 复合物一旦形成,即被招募进入胞内体。该项工作为 APEX 研究蛋白质相互作用及其动力学提供了新思路。

APEX 技术还可用于获取有关特定蛋白质的精细亚细胞定位信息。Rhee 课题组利用 APEX 分别研究了内质网(ER)、血红素氧化酶(heme oxygenase 1,HMOX1)和线粒体的精细结构[14]。内质网的单层膜结构将氧化环境的腔体和还原环境的细胞质分隔开来,腔体和细胞质中的蛋白质组成不同。将 APEX2 定位在内质网腔体(APEX2 - KDEL,KDEL 是一段短肽序列,带有 KDEL 的蛋白质将会滞留在 ER,不会被分泌)和朝向细胞质的内质网膜上(C1 - APEX2),两种 APEX2 标记到的蛋白质种类不同,从而证明了标记特异性。在此基础上,研究者分析了内质网膜蛋白 HMOX1 的拓扑结构。长期存在的争议是 HMOX1 的碳端是否跨越内质网膜。为解决该问题,研究者将 APEX2 融合在 HMOX1 的氮端(APEX2 - HMOX1)和碳端(HMOX1 - APEX2),免疫荧光的结果显示氮端的标记信号弥散,而碳端的标记信号集中在 ER。研究者推测 HMOX1 的氮端朝向细胞质,而碳端位于 ER 腔体,后续电镜实验证明了该设想。除 HMOX1 的构型外,研究者利用 APEX 成功分辨了线粒体亚结构的蛋白质的定位。他们首先选取线粒体外膜、膜间隙和基质的代表性蛋白与 APEX2 融合,得到在这些亚线粒体亚区域的蛋白质图谱。对于未知的蛋白质,将其与 APEX2 融合后标记蛋白的图谱与代表性蛋白图谱比较,相似程度越高则表明两者处于一个亚细胞区域的可能性越大。由此研究者成功确定了两种新的线粒体蛋白质 TRMT61B 和 MGST3 的构型。

在质谱鉴定的过程中,研究人员往往希望能够识别 APEX 标记的肽段位点,从而获得蛋白质结构信息[15]。由于生物素-苯酚底物标记的肽段质谱响应不够灵敏,且生物素中的硫原子在质谱条件下易被氧化为亚砜,进一步增加识别的困难。Rhee 课题组发展了新的 APEX 底物,将生物素换为脱硫生物素,以解决上述问题[15a]。脱硫生物素相比于生物素有以下优点:(1)脱硫生物素与链霉亲和素结合能力下降,因此生物素化的蛋白更容易洗脱下来,回收率更高;(2)脱硫生物素有较好的质谱响应,可以做肽段标记的氨基酸位点鉴定;(3)标记位点的鉴定有利于确定蛋白质暴露在溶剂中的残基,得到蛋白质拓扑结构信息。除脱硫生物素外,Carr 教授课题组通过抗生物素抗体来富集生物素化蛋白也实现了肽段标记位点的鉴定和蛋白质回收效率的提高[15b]。研究者比较了链霉亲和素和抗生物素抗体富集后蛋白质的质谱数据,发现后者鉴定到生物素标记位点的肽段数量大约是前者的 30 倍。脱硫生物素探针和生物素抗体从不同方面改善了APEX 标记和富集蛋白质的效率。

2.2.2　基于活性的蛋白质组分析

传统的蛋白质组学主要针对蛋白质组的组成和丰度变化进行分析。然而在生命体内,蛋白质的活性状态和功能变化也经历着严格的时空调控,且蛋白活性的变化对一些生理和病理过程产生的影响通常比蛋白本身丰度的变化所带来的影响更大。"基于活性的蛋白组分析"是一种在蛋白质组水平上研究蛋白功能活性变化的功能蛋白质组学策略。该方法的核心是设计一个可以在蛋白质组内与某一类蛋白酶活性中心氨基酸残基发生共价反应的"活性分子探针"。由于活性分子探针对蛋白的化学标记是发生在其催化中心的,因此通过该探针标记水平的高低人们可以在复杂的蛋白质组内即时读取这类蛋白酶的活性功能状态。活性分子探针通常由"反应基团"和"报告基团"两个基本组成部分。反应基团通常是具有独特化学结构的亲电化学小分子,负责靶向蛋白质组中某一类蛋白酶的活性中心,实现将探针分子共价地标记在靶标蛋白上;报告基团按功能可被大致分为荧光基团(如罗丹明)、富集基团(如生物素)和生物正交基团(如炔基或叠氮),其功能是后续对被探针标记的蛋白质进行成像和亲和富集。根据活性探针针对的靶标类型,活性分子探针可以被进一步分为"基于酶的特异性化学探针"和"基于氨基酸的特异性化学探针"。下文将对这两类探针在基于活性的蛋白质组分析中的应用做简要介绍。

1. 基于酶特异性化学探针的活性蛋白质组分析

(1)丝氨酸水解酶

丝氨酸水解酶是人蛋白质组中一大类酶,约占 1%[16],而且种类丰富,在炎症、血液凝固、血管生成等过程中都发挥重要作用。人体中丝氨酸水解酶主要分为两类,一类是糜蛋白酶和胰蛋白酶,约 125 个;另外一类是 α,β-水解酶,负责水解代谢物、多肽和蛋白质,例如酯水解酶、肽水解酶和脂肪水解酶等,约 110 个[17]。尽管丝氨酸水解酶是很多临床药物的靶点,但仍有约 200 个酶的功能至今没有被注释[18]。

氟代磷酸酯类(fluorophosphonate,FP)活性反应基团可以特异性抑制丝氨酸水解酶活性,其机理是通过共价结合催化活性中心丝氨酸残基。该类试剂最初是制作沙林毒气的主要成分[19]。基于该类分子对丝氨酸水解酶的特异性和广谱性,美国斯克利普斯研究所 Cravatt 教授课题组将其改造成了氟代磷酸酯探针,该探针带有生物素或荧光素报告基团,可以用于检测丝氨酸水解酶的活性。该工作于 1999 年被报道,首次提出了基于活性的蛋白质组分析(activity-based protein profiling,ABPP)这一概念(图 2-5)[20]。作者使用生物素-氟代磷酸酯(biotinylated fluorophosphonate,FP-Biotin)探针在不同细胞和组织裂解液中对丝氨酸水解酶的活性进行了检测和比较,由于该探针的标记强度与蛋白质表达量无关,而是直接反映酶的活性,因此他们发现许多丝氨酸水解酶的活性具有组织特异性。

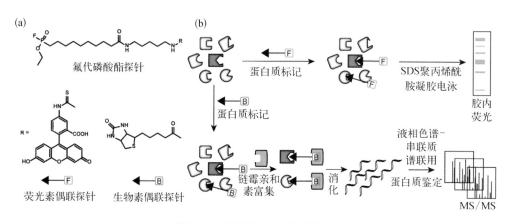

图 2-5 经典的 ABPP 实验流程

(a) 用于标记和检测丝氨酸水解酶活性的氟代磷酸酯探针结构,分别连接荧光素和生物素报告基团[20];(b) 利用荧光素探针可以直接通过凝胶电泳分析对探针标记的蛋白质进行检测,利用生物素探针可以经过富集和酶切后,对肽段进行质谱分析,鉴定标记的蛋白质[21]

2016 年,Cravatt 教授课题组利用 ABPP 技术对小鼠脑组织不同细胞中丝氨酸水解酶进行了活性分析[图 2-5(b)][21]。鉴于丝氨酸水解酶在中枢神经系统的代谢和信号传导中扮演着非常重要的角色,作者选取了小鼠的神经元细胞(neuron)、星形胶质细胞(astrocyte)和小神经胶质细胞(microglia)作为研究对象,利用生物素-氟代磷酸酯探针对丝氨酸水解酶进行标记、富集、质谱鉴定,揭示了细胞种类特异性的相关代谢酶分布。例如,在 2-花生四烯酰基甘油(2-arachidonoyl glycerol,2-AG)代谢过程中,参与合成的二酰基甘油脂肪酶 α(diacylglycerol lipase-α,DAGLα)和参与降解的单酰基甘油脂肪酶(monoacylglycerol lipase,MGLL)在神经元细胞中高表达,而在小神经胶质细胞中,具有类似相应功能的二酰基甘油脂肪酶β(DAGLβ)和 α/β水解酶结构域-12(alpha/beta-hydrolase domain containing 12,ABHD12)则表达量显著。紧接着,作者通过深入的功能研究发现,在小神经胶质细胞中,ABHD12 负责调控分泌性 2-AG 和大麻素受体(cannabinoid receptors,CBR)激活,而 MGLL 则是 2-AG 的初级水解酶。DAGLβ则负责调节内源大麻素(endocannabinoid,eCB)和类二十烷酸(eicosanoid)的代谢,抑制该酶会削弱脂多糖(lipopolysaccharide,LPS)诱导引起的炎症反应。

(2)蛋白激酶

蛋白激酶参与调控细胞中许多重要的生理过程,已经成为临床药物的重要靶点之一。在人体中目前发现了至少有 518 种激酶,它们都识别并利用共同的底物——三磷酸腺苷(adenosine triphosphate,ATP),对底物蛋白质进行磷酸化修饰[22]。因此,2007 年,美国 ActivX Biosciences 公司的 Patricelli 团队以此为基础,设计合成了带有生物素基团的磷酸腺苷探针,首次在哺乳动物组织和细胞裂解液中对激酶蛋白质组进行大规模鉴定[23][图 2-6(a)]。激酶与底物的共结晶显示,在 ATP 结合口袋附近有很多保守的赖氨酸残基,当生物素-三磷酸腺苷探针结合后,邻近的赖氨酸残基能够直接与其发生酰基化反应,从而在激酶上共价连接生物素基团供后续富集分析。除了激酶外,该探针也能标记其他磷酸腺苷结合蛋白质,例如鸟苷三磷酸酶(GTPases)和黄素/烟酰胺腺嘌呤二核苷酸依赖酶(FAD/NAD-utilizing enzymes)。在超过 100 个人类和动物组织的蛋白质组样品中,作者共鉴定到 394 个蛋白激酶,其中被标记的赖氨酸位点均位于 ATP 结合口袋附近。在 10 种人癌症细胞蛋白质组中,作者共鉴定到 110 个蛋白激酶,同时对不同细胞中同一激酶的表达量进行了比较。此外,作者也利用该探针研究了激酶蛋白质组对激酶抑制剂的不同响应情况。

然而,上述磷酸腺苷探针的细胞膜通透性很差,并不能很好地反映活细胞中激酶的活性状态。2016 年,美国加利福尼亚大学旧金山分校 Jack Taunton 教授课题组报道了活细胞中激酶标记的化学探针[24][图 2-6(b)]。3-氨基吡唑嘧啶(pyrimidine 3-aminopyrazoles)是一类激酶抑制剂骨架结构,作者通过分析其与激酶的结合方式,在其结构上引入了一个苯磺酰氟取代基。该取代基空间位置与激酶催化位点的赖氨酸残基邻近,因此苯磺酰氟能够和赖氨酸残基共价结合,从而对激酶进行共价标记。该探针的细胞膜穿透性很好,可以直接应用于活细胞标记。借助于该探针,作者标记并鉴定到了细胞中 133 个内源激酶,同时对临床上已经批准的激酶药物靶点结合率进行了定量评估。例如,在临床药物浓度处理条件下,慢性粒细胞白血病治疗药物 Dasatinib 能够高效结合多个蛋白激酶。

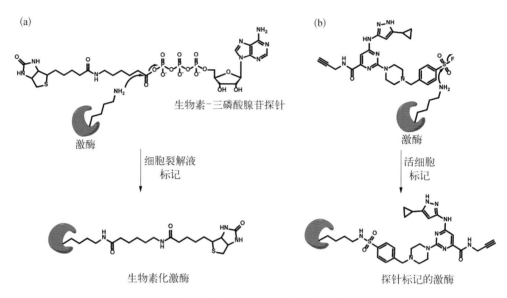

图 2-6 针对蛋白激酶的活性分子探针

（a）利用生物素-三磷酸腺苷探针在细胞或组织裂解液中对激酶蛋白质组进行标记[23]；（b）利用基于激酶抑制剂骨架结构的苯磺酰氟探针在活细胞中对激酶蛋白质组进行标记[24]

（3）金属蛋白水解酶

金属蛋白水解酶的种类非常丰富,包括蛋白水解酶、肽水解酶和去乙酰化酶,一般催化中心包含一个锌离子活化的水分子[25],没有保守的亲核性氨基酸,该特点限制了共价 ABPP 化学探针的发展。然而,针对金属蛋白水解酶和组蛋白去乙酰化酶的非共价小分子抑制剂却早有报道。以此为出发点,相应的共价化学探针被开发用于蛋白质组中靶点的标记与鉴定。

2004 年,Cravatt 教授课题组报道了针对蛋白质组中金属蛋白水解酶的活性小分子化学探针,其能够选择性地对活性金属蛋白水解酶进行共价标记,而对原酶或抑制剂结合的失活酶则不能标记[26][图 2-7(a)]。许多已知的金属蛋白酶抑制剂都含有异羟肟酸酯(hydroxamate)官能团,能够和催化中心锌离子紧密配位结合,从而对酶的活性进行抑制。作者通过分析这些抑制剂和靶点蛋白质的作用方式,在抑制剂结构中引入了二苯甲酮(benzophenone)光交联基团,即 HxBP-Rh。该探针能够将非共价结合转化为共价标记,偶联荧光报告基团罗丹明(rhodamine)后即可对蛋白质组中活性金属蛋白水解酶进行检测。该探针继承了原抑制剂结构的完整性,具有非常好的选择性,能够特异性地标记很多金属蛋白水解酶,例如 MMP-2、MMP-7 和 MMP-9。因此,作者使用该探针对癌细胞中不同金属蛋白水解酶的活性进行了比较,同时发现了已知金属蛋白水解酶抑制剂的其他潜在靶点。

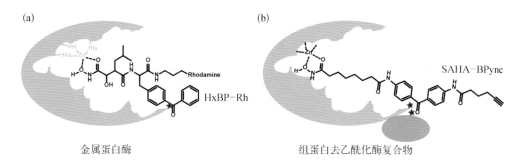

图 2-7 针对金属蛋白水解酶的活性分子探针

(a) HxBP-Rh 通过异羟肟酸酯结构和金属蛋白水解酶的锌中心配位结合,光交联基团二苯甲酮则在紫外光的诱发下和蛋白质发生共价交联[26];(b) SAHA-BPyne 以类似的方式和组蛋白去乙酰化酶配位结合,二苯甲酮可以和组蛋白去乙酰化酶及其相互作用蛋白质发生共价交联[28]

组蛋白去乙酰化酶在人体中一共约有 20 个,分为三类,其中酶Ⅰ和酶Ⅱ是锌结合金属蛋白水解酶,而酶Ⅲ则是 NAD+ 结合酶[27]。2007 年,Cravatt 教授课题组报道了该类酶特异性化学探针,其结构基于酶Ⅰ和酶Ⅱ的小分子抑制剂异亚油酰苯胺异羟肟酸(suberoyanilide hydroxamic acid,SAHA)[28][图 2-7(b)]。由于 SAHA 也是通过催化中心的锌离子配位结合对酶Ⅰ和酶Ⅱ的活性进行抑制,为了将其转化为共价探针,作者引入了二苯甲酮光交联基团和炔基生物正交基团,该名为"SAHA-BPyne"的探针能够标记组蛋白去乙酰化酶和许多未知底物蛋白,利用多维蛋白质鉴定技术(multidimensional protein identification technology,MudPIT),作者们鉴定到了许多非组蛋白去乙酰化蛋白质,例如 CoREST、p66 β和 methyl CpG binding protein 3(MBD3)等。通过结构分析发现,它们是组蛋白去乙酰化酶复合物中的成员,位于活性位点附近。因此,SAHA-BPyne 也能够用于标记组蛋白去乙酰化酶相互作用蛋白质,比较不同状态下该蛋白复合物的组成变化。

（4）活性小分子结合蛋白质

许多活性小分子化合物，包括生物体代谢物、天然产物和药物分子，都是以非共价的方式和靶点蛋白质发生相互作用。而如上文所述，光交联基团能够将非共价结合转化为共价标记，因此这种类似的策略在鉴定活性小分子与蛋白质相互作用的蛋白质组学研究中应用非常广泛。

2013年，新加坡国立大学 Shao-Qin Yao 教授课题组发展了一种小巧的光交联连接子（minimalist linkers），仅仅由生物正交基团炔基，光交联基团由双吖丙啶（diazirine）和衍生化官能团（氨基、羧基或碘）组成，其能够和目标活性小分子进行简单快速连接。因为最小连接子的结构很小，所以对原始小分子（例如激酶抑制剂）的结构和活性影响可以忽略，进而通过化学蛋白质组学对其靶点进行鉴定[29]［图 2 - 8（a）］。利用这一策略，作者对 12 个激酶抑制剂进行了改造，分别在细胞和组织蛋白质组中对它们的结合蛋白质进行了鉴定，发现了许多脱靶蛋白。使用类似的策略，Cravatt 教授课题组在 2015

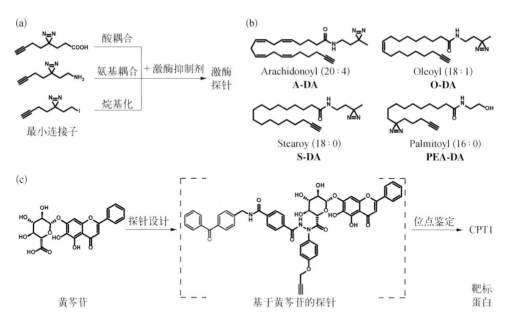

图2‐8　用于活性小分子结合蛋白鉴定的光交联探针

（a）利用最小连接子能够通过不同的耦合方式修饰激酶抑制剂，将其转化为结构和活性相似的共价激酶探针[29]；（b）四种代表性的基于脂肪酸结构的光交联探针[30]；（c）传统中药黄芩苷被转化成结构和活性相似的探针，通过靶点鉴定，发现黄芩苷能够直接激活 CPT1[31]

年报道了细胞内脂肪酸衍生物结合蛋白质的组学分析[30][图2-8(b)]。他们分别合成了A-DA、O-DA、S-DA和PEA-DA光交联探针并进行了相应的化学蛋白质组学实验。通过分析这些脂肪酸分子与靶点蛋白的相互作用，他们发现了很多潜在的药物分子结合位点。因此，该工作也为研究脂类代谢通路中蛋白质的配体调控奠定了基础。2018年，北京大学王初教授课题组将该策略应用于天然产物活性分子的靶点鉴定和机理解析中。他们以传统中药成分黄芩苷能够改善饮食引起的肥胖和肝脏纤维化这一现象为出发点，合成了带有二苯甲酮和炔基的黄芩苷化学探针，并结合化学蛋白质组学，发现了肉碱棕榈酰转移酶1（carnitine palmitoyltransferase 1，CPT1）是黄芩苷的一个重要靶点蛋白。机理研究发现，黄芩苷通过直接激活CPT1，促进脂肪酸氧化，从而达到其降脂的疗效[31][图2-8(c)]。

2. 基于氨基酸特异性的化学探针的活性蛋白质组分析

（1）半胱氨酸

尽管半胱氨酸仅占蛋白质组的1.4%，但其分布均匀，一般位于蛋白质的功能中心。同时，相比于其他氨基酸，巯基的pKa较低，本身具有较高的化学反应活性，所以在细胞中半胱氨酸残基上存在着多种翻译后修饰，例如二硫键、亚硝基化、次磺酸化、脂基化和巯基化等。这些翻译后修饰大多与细胞等氧化应激相关，通过调控蛋白质功能帮助维持细胞内氧化还原平衡[32]。

2010年，Cravatt教授课题组在 *Nature* 杂志上首次报道了人源细胞蛋白质组中半胱氨酸残基化学反应活性的组学分析，并将其与蛋白质功能紧密联系在了一起[33]（图2-9）。为了研究半胱氨酸的化学反应活性，Cravatt教授课题组选取了碘乙酰胺（iodoacetamide，IA）作为反应基团。碘乙酰胺作为一种经典的半胱氨酸特异性反应基团，早在1999年已经被应用于蛋白质组学中[34]。Ruedi Aebersold课题组合成了带有氢同位素标记的生物素碘乙酰胺探针，在变性条件下，该探针能够和蛋白质组中半胱氨酸残基特异性反应。随后利用链霉亲和素可以将标记的半胱氨酸蛋白质组富集，能够对蛋白质表达水平进行定量分析。而Cravatt教授课题组将该探针改造成了结构简单的炔基碘乙酰胺探针（IA probe），保留了对半胱氨酸残基反应特异性，同时炔基作为经典的生物正交反应基团。在该工作中，该课题组发展了同位素标记串联正交裂解-基于活性的蛋白质组分析策略（isotopic tandem orthogonal proteolysis - ABPP，isoTOP - ABPP），首次在蛋白质组水平上对半胱氨酸反应活性进行了定量分析。理论上，蛋白质半胱氨酸残基由于本身所处的微环境不同而具有不同的 pK_a。半胱氨酸的 pK_a 越低,离子化程度越强,化学反应活性也越高。当分别用高低浓度的炔基碘乙酰胺探针对相同的蛋白质组进行标记时,化学反应活性高的半胱氨酸残基迅速反应完全,即在两种浓度下反应饱和度类似;而化学反应活性低的半胱氨酸残基由于仅仅在高浓度炔基碘乙酰胺探针处理时才有可能被标记,因此在两组蛋白质组中标记水平差异很大。利用点击化学,分别在高低浓度探针标记的蛋白质上连接"重"和"轻"同位素标记的生物素标签,两组样品合并经过两次正交酶切后,得到了探针标记的肽段样品。利用液相-串联质谱对样品进行分析定量后,得到"重"和"轻"同位素比例,即探针标记的比例。该比例的数值越接近 1,则表示该半胱氨酸残基反应活性越高,而反应活性低的位点则表现出明显的探针浓度依赖性,比值远远大于 1。Cravatt 教授课题组使用了(10:10)μmol/L、(20:10)μmol/L、(50:10)μmol/L 和(100:10)μmol/L 四个浓度,对 522 个蛋白质上超过 800 个半胱氨酸残基进行了比较分析,其中有约 10% 表现出接近于 1 的轻重比值,表明这些位点具有高的反应活性,即高活性半胱氨酸(hyper-reactive cysteine)。通过生物信息学分析发现,这些高活性半胱氨酸位点中大部分被注释为蛋白质功能性位点,例如活性亲核中心、氧化还原中心和翻译后修饰位点,同时也包含一些未知功能位点。Cravatt 教授课题组对其中一个未知功能蛋白质 FAM96B 的第 93 位半胱氨酸进行了深入研究,发现该位点参与铁硫蛋白的生物合成中,其功能对于酵母的存活是必需的。

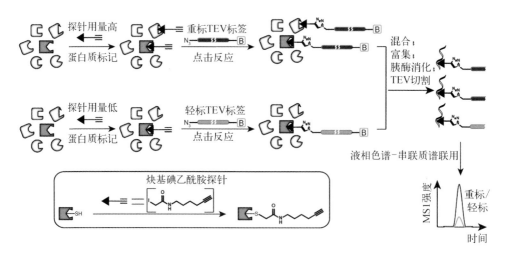

图 2-9　isoTOP-ABPP 示意图[33]。 利用不同浓度的炔基碘乙酰胺探针能够对蛋白质组中半胱氨酸的活性进行定量分析,鉴定含有高反应活性半胱氨酸的蛋白质

细胞在氧化应激条件下会产生很多内源性亲电代谢物,例如脂质衍生化的亲电小分子(lipid-derived electrophiles,LDEs)。它们均是高反应活性的迈克尔受体,在细胞中很容易共价修饰半胱氨酸和其他亲核性大分子[35],从而引起细胞毒性,因此鉴定这些亲电小分子在细胞内的作用靶点对于解释它们的作用机理具有重要意义。Cravatt 教授课题组在 isoTOP‐ABPP 工作的基础之上,发展了竞争性 isoTOP‐ABPP 策略,将炔基碘乙酰胺探针应用于寻找脂类亲电小分子修饰靶点[36]。当某一特定半胱氨酸位点与脂类亲电分子发生反应后,就不能被炔基碘乙酰胺探针标记,导致标记信号丢失。通过 isoTOP‐ABPP 技术,即可对不同半胱氨酸位点的修饰进行定量分析,从而鉴定出脂类亲电小分子的修饰靶点。在竞争性的 isoTOP‐ABPP 实验中,定量比值越高,表明该位点被竞争的程度越高,即被亲电小分子修饰比例越高。当用不同浓度脂类亲电小分子处理时,根据不同浓度下竞争比值,可以计算出该亲电小分子对某一个半胱氨酸残基的半抑制浓度(IC_{50},half-maximal inhibitory concentrations)。作者分别对 4‐羟基‐2‐壬烯(4‐hydroxy‐2‐nonenal,HNE)、15‐脱氧‐Δ12,14‐前列腺素 J2(15‐deoxy‐Δ12,14‐prostaglandin J2,15d‐PGJ2)和 2‐反十六烷(2‐trans‐hexadecenal,2‐HD)这三类代表性的脂类亲电小分子在蛋白质组内的修饰位点进行了分析,定量鉴定了人蛋白质组中超过 1 000 个半胱氨酸位点,绘制出了它们的修饰图谱。在 HNE 敏感的半胱氨酸位点中,作者选择了 ZAK 激酶的第 22 位半胱氨酸残基进行了深入研究,发现该高度保守的位点位于激酶活性位点附近,在氧化应激条件下该位点被 HNE 修饰后会抑制该激酶活性,通过一种反馈调节的机制抑制 JNK 激酶信号通路的激活。

除了能够鉴定内源性亲电小分子修饰靶点,isoTOP‐ABPP 技术还可以用于高通量筛选与蛋白质中半胱氨酸活性位点共价结合的外源性配体分子。传统的基于片段的配体发掘方法(fragment-based ligand discovery,FBLD)主要基于单一蛋白质体系,极大地限制了其通量,也不能很好地模拟自然状态下蛋白质与配体之间的相互作用[37]。2016 年,Cravatt 教授课题组应用 isoTOP‐ABPP 首次在蛋白质组水平上实现了蛋白质共价结合配体的大规模筛选和发掘[38]。鉴于其特殊的反应活性和潜在的结构或功能性,他们再次选择了半胱氨酸作为共价结合配体的靶标氨基酸。他们将氯乙酰胺和丙烯酰胺等常用的半胱氨酸反应基团与不同小分子片段结合,构建了一个半胱氨酸共价结合配体分子库。当蛋白质组中某一靶点被配体库中某一对应的分子结合后,便可以竞争掉炔基碘乙酰胺探针对该半胱氨酸的标记,从而通过 isoTOP‐ABPP 技术可以精准地读取蛋白质被小分子配体的标记程度。利用该策略,Cravatt 教授课题组成功地为

637 个蛋白质中 758 个活性半胱氨酸残基筛选到了对应共价结合配体,而其中仅仅 14%是可以被已知小分子配体靶向干预的位点。在这些新发现的共价配体靶向位点中,他们发现除了有相对容易通过小分子调控的酶类蛋白、通道和转运蛋白质外,还有大量的转录因子、适配或骨架蛋白质以及未知功能蛋白质。因此,这些新发现的共价配体为化学调控这些蛋白的功能提供了丰富的小分子工具和手段。为了进一步证明这些配体分子的重要价值,Cravatt 教授课题组基于一种可以选择性标记半胱天冬酶 8(Caspase 8)和半胱天冬酶 10(Caspase 10)前体蛋白中活性半胱氨酸残基的结合配体,通过后续结构优化将其发展成二者对应的小分子探针,进一步对这两种半胱天冬酶在原代 T 细胞凋亡过程中所起不同作用进行了深入的功能研究。

isoTOP – ABPP 技术不仅在研究正常细胞生理活动中蛋白质基本功能方面发挥着重要作用,同时也可以被用于探究病理条件下细胞内信号通路的改变。NRF2 是细胞中调控氧化应激水平的重要转录因子,在正常细胞中 KEAP1 蛋白质与其结合而抑制活性。在超过 20% 的非小细胞肺癌 (non-small cell lung cancer)中均发现 NRF2 和 KEAP1 的基因突变,导致二者不能相互作用,从而启动 NRF2 调节氧化还原压力,刺激癌细胞在活性氧化自由基(reactive oxygen species,ROS)升高的环境中仍然能快速生长。2017 年,Cravatt 教授课题组将 isoTOP – ABPP 技术应用于探究 NRF2 或 KEAP1 突变的癌细胞中可以作为潜在药物靶标的半胱氨酸功能位点[39]。他们发现在 KEAP1 突变的癌细胞中,外源降低 NRF2 表达水平能够显著抑制癌细胞的生长,而不影响 KEAP1 野生型细胞,从而证明了该 KEAP1 突变型癌细胞严重依赖 NRF2。鉴于半胱氨酸残基是氧化应激最敏感的氨基酸,Cravatt 教授课题组通过 isoTOP – ABPP 对野生型和突变型癌细胞中的半胱氨酸活性蛋白质组进行了全面分析比较,发现了很多被 NRF2调控的半胱氨酸位点。其中非典型核受体蛋白 NR0B1 是 NRF2 的下游蛋白,在 KEAP1突变型癌细胞中高度表达,能够和其他蛋白质相互作用组成一个蛋白复合体接收 NRF2激活信号从而调控下游基因的表达。通过针对 NR0B1 中的第 274 位半胱氨酸残基筛选小分子共价结合配体,可以抑制该复合物的形成,从而影响抗氧化通路的激活,导致KEAP1 突变型非小细胞肺癌细胞不能继续生长。

(2) 赖氨酸

类似于半胱氨酸,赖氨酸也具有较强的亲核反应能力,被许多蛋白质用作活性催化位点,介导蛋白质相互作用和承载翻译后修饰。尽管有许多亲电反应基团被报道可以和赖氨酸残基发生反应(例如氟代磺酰基等),但它们仅仅局限于对少数蛋白质上的赖氨酸残基进行化学标记。2017 年,Cravatt 教授课题组将 isoTOP - ABPP 技术拓展应用,试图从蛋白质组水平上对赖氨酸反应活性进行分析,并筛选相应的共价修饰配体[40]。他们以活化酯为反应基团,考察了以磺基四氟苯基(sulfotetrafluorophenyl, STP)和 N -羟基琥珀酰亚胺(N - hydroxysuccinimide,NHS)为代表的一系列化学探针。综合考虑反应能力和稳定性等因素,他们最终选择了带有炔基的 STP 对人源细胞蛋白质组中赖氨酸反应活性进行定量分析[图 2 - 10(a)]。利用 isoTOP - ABPP 策略,Cravatt 课题组对约 4 000 个赖氨酸残基的化学反应活性进行了比较,其中有 310 个位点的比值接近于 1,被定义为高反应活性赖氨酸位点。数据分析发现,大部分蛋白质仅含有一个高活性赖氨酸,且大多位于蛋白质的活性口袋结构中。然后,作者对赖氨酸残基的配体性进行了研究,筛选了一系列具有氨基反应活性的亲电片段分子,一共鉴定到了 121 个可被配体靶向共价修饰的赖氨酸残基。这些赖氨酸残基所在的 113 个蛋白质,绝大多数(73%)无法在现有的药物配体蛋白数据库中(DrugBank)找到相应的配体。因此,这个工作使基于 ABPP 的化

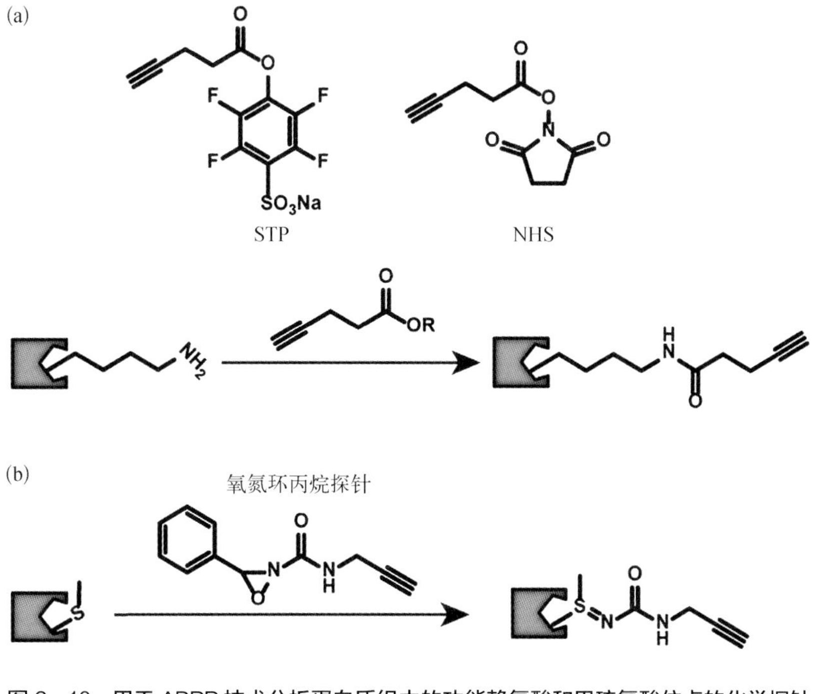

图 2-10　用于 ABPP 技术分析蛋白质组中的功能赖氨酸和甲硫氨酸位点的化学探针

(a) 两种代表性赖氨酸探针,STP 和 NHS,其中 STP 探针更稳定,能够和赖氨酸残基发生反应生成稳定酰胺键[40];(b)氧氮环丙烷探针能够和蛋白质组中甲硫氨酸特异性反应,生成稳定产物用于质谱鉴定分析[41]

学蛋白质组学技术首次对人类蛋白质组中可被小分子配体靶向修饰的赖氨酸位点进行了高通量筛选,并成功地发现了大量的潜在功能位点和共价药物前体分子。

（3）甲硫氨酸

甲硫氨酸和半胱氨酸是蛋白质中仅有的两个含硫氨基酸,而且都具有非常重要的生物功能,但前者的亲核反应能力相对较弱,因此缺乏相应的化学偶联方法。

2017 年,美国加州大学伯克利分校的 Christopher J. Chang 教授课题组另辟蹊径,利用甲硫氨酸的氧化还原反应活性,实现了蛋白质中甲硫氨酸的化学选择性标记。在这个被命名为氧化还原性激活的化学标记（redox-activated chemical tagging, ReACT）[41][图 2 - 10(b)]方法中,该课题组通过筛选文献中报道的氧化态硫胺化反应,发现氧氮环丙烷反应基团具有很好的反应活性和选择性,能在蛋白质组中快速而且特异性标记甲硫氨酸。因此,该课题组将优化后的氧氮环丙烷探针应用于蛋白质标记和抗体药物偶联,并在组学实验中利用不同浓度的探针鉴定了高反应活性的甲硫氨酸位点。他们发现这些高活性的位点和蛋白质的功能密切相关,例如在烯醇化酶（enolase）上发现的三个高反应活性甲硫氨酸残基中,第 169 位甲硫氨酸位于酶的活性中心附近且高度保守,后续的生化实验也证明该残基参与调控酶的氧化还原活性。

2.3 讨论与展望

2.3.1 时空特异性蛋白质组技术未来发展方向

随着蛋白质组学的不断发展,人们对复杂蛋白质组的认识逐渐由"静态"走向"动态",由"组成"延伸至"功能"。相比于目前最好的 BioID 技术（TurboID）,APEX 技术将反应时间缩短至少一个数量级,能够在 1 min 之内完成邻近蛋白质组的标记,因此这将推动动态蛋白质网络的发现与构建,例如 G 蛋白偶联受体信号转导复合物的组装。而ABPP 技术则开启了蛋白质活性与功能研究的大门,帮助我们发现许多具有全新功能的蛋白质,同时为进一步通过化学手段对这些蛋白质的活性功能进行精准调控提供了可能。例如基于氨基酸活性的分子探针能够大规模捕捉到蛋白质组中潜在的"热点功能残基"（hotspot residues）,为发展这些蛋白质的靶向小分子抑制剂设定了重要的目标。

因此,对这些方法的优化和应用也成为当前研究的必然趋势。

对 APEX 体系来说,尽管它已经在许多挑战性领域内崭露头角,但目前所使用的底物还局限于生物素-苯酚这类化合物。在未来的研究中有必要对其底物和相应的酶进行系统性的改进,以实现更广泛的应用范围、更精准的空间分辨和更高效的反应活性。

(1) 在底物结构上,首先改换官能团把手,扩展 APEX 的应用范围。生物素-苯酚借助生物素作为富集的把手,然而生物素由于其较强的疏水性,在反相柱分离时保留时间很长,多数肽段得不到分离,且带有生物素的肽段较难被离子化,不适于质谱检测,从而限制了对标记肽段和标记氨基酸位点的鉴定。如果将生物素基团替换为生物正交官能团,如炔基或叠氮基团(图 2-11),不仅可以减小探针体积和改善亲疏水性质,还能够利用点击化学反应进行衍生化。一方面,由于生物素-苯酚探针不能通过细胞膜,限制了其在酵母等模式生物中的应用,而采用炔基-苯酚或叠氮-苯酚探针可以解决上述问题,由此可以将 APEX 的应用范围推广至微生物体系。另一方面,在采用炔基-苯酚进行标记后,可以使用可切割生物素探针对炔基进行衍生化,实现更高效的富集分离和更灵敏的质谱响应。这将有利于识别 APEX 标记的氨基酸残基位点,从而提供蛋白质复合物的拓扑结构信息。其次,设计电子特性不同的新探针,提高自由基的反应活性。生物素-苯酚存在的缺陷有:① 底物氨基酸选择性较强,易与酪氨酸反应;② 生物素-苯酚自由基寿命较长,导致其标记半径较大。例如,在用线粒体膜间隙定位的 APEX 研究膜间隙蛋白质组时,一些距离线粒体较远的细胞质蛋白会被标记,说明苯酚自由基扩散半径较大[13b]。这些缺陷严重影响 APEX 用于研究蛋白质-蛋白质相互作用的能力。由于自由基的化学物理性质由其化学结构决定,因此改造探针是最直接和根本的改善 APEX 标记效率和特异性的手段。

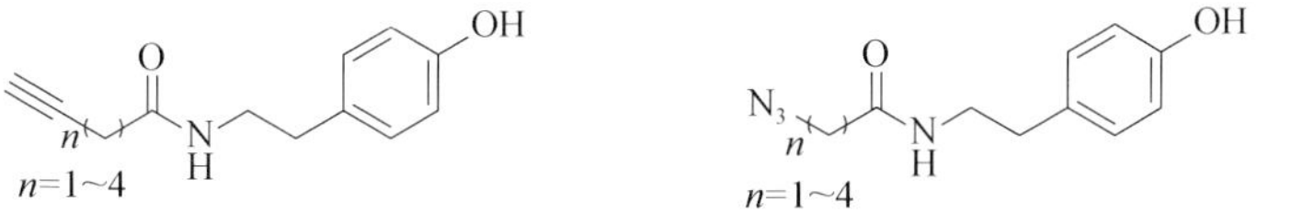

图 2-11　炔基-苯酚和叠氮-苯酚探针的化学结构式

总体来说,带有吸电子取代基的苯酚具有更高的氧化还原电势(图 2-12)。随着吸电子能力提高,氧氢键(O—H)的键解离能普遍增大(受取代位置和溶剂的影响),由此活化生成的苯酚自由基具有更高的反应活性、更短的寿命(与邻近蛋白质的氨基酸反应或被溶液中的还原性物质猝灭),同时可能标记更多种类的氨基酸。现在已知可以与生物素-苯酚反应的氨基酸主要为酪氨酸,由于酪氨酸在蛋白质的分布并不广泛,这意味着可以被 APEX 标记的目标蛋白质较少。除此之外,不同蛋白质暴露在表面的酪氨酸丰度相差很大,仅针对这一氨基酸残基进行标记可能会遗漏一些表面酪氨酸丰度低的蛋白质。如果可以实现标记不同种类的氨基酸,那么多种探针的标记结果将会彼此互补和印证,从而得到更加准确和完善的蛋白质图谱。

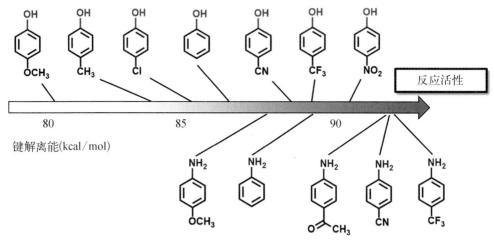

图 2-12　不同电性取代的苯酚和苯胺的键解离能和氧化还原电势[42]

除了氨基酸,高活性的自由基可以与核酸(DNA 和 RNA)反应,从而有希望将 APEX 体系拓展到研究亚细胞转录组[43]。细胞内存在大量核酸-蛋白质复合物,包括以 RNA 颗粒为代表的各种相分离结构。这类结构具有高度动态性,难以用传统的生化手段进行分离纯化,因此迫切需要发展能够快速和直接标记 RNA 分子的手段。新的高活性 APEX 底物有望填补这一空白,成为研究该类复合物的最佳方法。最近,邹鹏课题组设计了一系列 APEX 底物结构类似物,并从中筛选出了具有更高核酸标记能力的芳香胺类探针,比原有的苯酚底物在标记效率方面提高一个数量级[43b]。基于 APEX 的核酸标记方法普遍适用于多种亚细胞器结构,如线粒体、核仁等,甚至能够区分无膜细胞器(如核仁)内外不同分布的 RNA 分子。这些新方法将在未来助力蛋白质-核酸相互作用研究。

(2) 在酶活性方面,通过定向进化可以进一步提高 APEX 酶活性。现在广泛使用的 APEX2 是针对生物素-苯酚探针定向进化得到的,其酶活中心的氧化还原电势应该与生物素-苯酚非常匹配,这意味着 APEX2 可能不能很好地活化化学结构不同的新探针,特别是某些高氧化还原电势的底物。酶和探针的匹配涉及以下几个方面：① 结构匹配，活性中心可以容纳探针；② 氧化还原电势匹配，APEX 的催化中心血红素要有足够的氧化能力活化探针；③ 被活化探针的有效释放。蛋白质改造有多种方法，借助计算机和晶体结构理性设计蛋白质突变，或结合定向进化大量筛选具有优良性质的蛋白质突变体，其中的关键在于针对每一个探针都要进化与其最匹配的 APEX。APEX 活性中心卟啉环铁的氧化还原电势受其所处的微环境（周围氨基酸、溶液离子强度和 pH 等）调控，针对某个探针的定向进化将会逐步迫使酶活中心周围的氨基酸向着有利于活化探针的方向进行。同时，活性高的探针与酶自身的氨基酸的反应也会加强，这会导致两个后果：其一，多数探针被浪费，无法标记邻近蛋白质；其二，酶自身的标记可能会改变酶的结构，使酶丧失活性，终止探针的活化和标记。因此酶的改造对于最大限度发挥探针的标记能力至关重要。可以说，对于 APEX 体系的改造，酶和探针缺一不可，相辅相成。

2.3.2 基于活性的蛋白质组技术未来发展方向

对于 ABPP 体系来说，以化学探针为核心的发展拓宽了其应用领域，但是样品数目和复杂度的提升所带来的挑战自然而然地成为限制该体系纵向延伸的瓶颈。同时，人们更希望充分发挥功能蛋白质组学的大数据优势，在复杂体系中发掘新的生物学问题，并尝试将问题解决。因此在未来一段时间内，该领域的研究致力于改善 ABPP 的分析方法，从而将其应用于更新颖、更具有挑战性的生物学问题中。

（1）在方法完善方面，一个方向是试图提高 ABPP 技术定量分析的通量和准确性。早期 ABPP 技术只能对通过探针富集的蛋白质进行定性的鉴定，随着定量蛋白质组学技术方法的成熟，ABPP 技术也完成了从定性到定量的跨越式升级和转化，isoTOP‐ABPP 和 SILAC‐ABPP 就是这些方法的典型例子。然而，它们在定量比较的时候，受限于同位素标记的方法，只能对两种不同条件下收集的蛋白质组进行标记和质谱定量分析，这样"二重"的定量方法大大限制了 ABPP 技术在多个平行样品中的应用。因此，如何提高 ABPP 技术定量分析的"多重"通量是一个值得我们仔细思考的问题。王初课题组最近将基于还原性二甲基化标记的定量蛋白质组学技术与 ABPP 和 TOP‐ABPP 技术结合使用，可以避免烦琐的同位素标签合成以及 SILAC 细胞培养，从而快速、经济且高效地对 ABPP 探针所标记的蛋白和氨基酸位点进行二甲基化标记，实现准确的"三重"ABPP 定量分析[44]。在类似思路的指引下，未来还可以将其他多重定量的蛋白质组学技术与 ABPP 有机地结合起来,进一步实现更高维度和通量的定量分析。

同时,改善 ABPP 技术在活细胞和活体动物中的分析能力也是一个重要发展方向。迄今为止,绝大多数 ABPP 探针都是在离体的条件下对细胞或组织的裂解液进行标记的,其原因在于探针本身结构比较庞大,穿膜效果不佳。另外,由于很多探针自身有较强的化学反应活性,直接在细胞上进行标记的时候会迅速地与部分功能必需的蛋白发生反应,从而导致细胞快速死亡。这些因素使得 ABPP 技术很难直接被应用于活体细胞和动物中,因此也会丢失一些潜在的重要靶点蛋白。例如,细胞一旦被破碎,很多高活性敏感的半胱氨酸残基就会迅速地被空气氧化,导致无法再被 ABPP 探针所标记。为了提高和改善 ABPP 技术在活细胞或活体动物中的分析能力,Weerapana 课题组最近发展了一种可以被"脱笼"反应激活的 ABPP 探针[45],它在前体的状态下不具有任何的化学反应活性,可以安全地进入细胞而不对细胞的正常生理活动造成影响。在利用光照诱发脱笼反应发生后,ABPP 探针反应基团上的保护基被脱除,这样探针便可以迅速地对靶标蛋白进行标记,瞬时地在体捕捉那些在离体条件无法标记的功能蛋白质,从而进行后续分析。类似的策略在未来可以拓展到其他类型的 ABPP 探针中。此外,新型高效生物正交反应的发展,也将会为具有活体标记能力的 ABPP 探针的设计提供更为广阔的化学空间。

(2)在质谱方法方面,可以利用特征同位素标签有针对性地指导 ABPP 方法的数据靶向采集。ABPP 探针的反应活性决定了被标记和捕的蛋白质或氨基酸位点的种类,然而对这些蛋白和位点的鉴定则需要依赖于基于生物大分子质谱的蛋白质组学分析方法。在传统的"鸟枪法"蛋白质组学中,目标蛋白先被胰酶切成许多小的肽段,然后进行高效液相色谱分离,进行串联质谱分析后,最后将谱图与蛋白质序列数据库进行比对,获得多肽的序列信息。鉴于质谱仪是通过"数据依赖模式"进行串联谱图的采集,高丰度的蛋白质往往有更大的可能性被鉴定到,而低丰度的蛋白在被探针富集后还是会被淹没在复杂的背景信号里。为了突破这一局限性,Bertozzi 课题组发展了一个带有双溴原子的可切割生物素富集标签[46],在经过探针标记和富集后可以在目标肽段上引入带有双溴特征的同位素分布,这样再辅以可以识别带有这样特征峰的谱图,就可以有针对性地在质谱仪上对低丰度的目标肽段进行靶向鉴定。运用这种方法,他们可以在复杂的蛋白质组中,高灵敏地鉴定出许多低丰度的糖基化修饰的肽段。最近,王初课题组也利用类似的思路,发展了基于识别硒同位素特征峰分布的靶向化学蛋白质组学方法[47],不仅可以对内源的硒蛋白进行精准的鉴定,同时还可以与 ABPP 等化学蛋白质组学技术结合,对带有硒修饰的目标肽段进行靶向分析。在未来 ABPP 的发展和应用中,这种靶向分析的策略将有更为广阔的应用空间。

(3)在应用方面,ABPP 技术将在蛋白质组未知翻译后修饰的发现与鉴定中大显身手。除蛋白质自身的活性中心参与催化反应的氨基酸残基外,蛋白质翻译后修饰对于调控蛋白质的功能同样起着至关重要的作用。传统的修饰鉴定方法一般依靠对应的抗体或其他与修饰发生可逆相互作用的材料介质进行富集,背景高且效率低。ABPP 技术的发展,特别是针对特定氨基酸修饰的特异性化学探针的运用,极大地改善了这一现象。充分结合特异性化学探针和质谱技术,不仅能够对修饰的靶点蛋白质进行鉴定,同时可以准确鉴定修饰种类和位点,丰富了人们对蛋白质翻译后修饰的认识。目前大多数针对翻译后修饰的鉴定都是建立在该修饰的结构已知、质量确定的基础上,然而对于蛋白质组中存在的全新未知修饰的鉴定仍然具有很大的挑战性。最近,Cravatt 教授课题组报道了一种反向极性的 ABPP 策略(reverse‐polarity‐ABPP,RP‐ABPP)[48],用于发现蛋白质组中未知翻译后修饰。与传统的 ABPP 亲电性化学探针相比,RP‐ABPP利用一种亲核性的带有肼反应基团的探针,在蛋白质组直接进行标记一些带有亲电性翻译后修饰的蛋白。通过分析质谱数据他们发现一种底物蛋白 AMD1 上存在一个此前未被报道的氮端丙酮酰修饰。此外,王初课题组最近也报道了利用苯胺探针[49]和硫酯探针[50]分别特异性标记和富集蛋白质组中羰基化和同型半胱氨酰化修饰的 ABPP 技术方法,鉴于这类修饰的结构多样,数目众多,对质谱数据的深入发掘和分析将有可能进一步发现全新的翻译后修饰结构和位点。

总之,随着 APEX 和 ABPP 方法的不断发展和广泛应用,相信在不久的未来,这些基于化学探针的功能蛋白质组学技术能够在针对蛋白质空间分布、相互作用网络及活性氨基酸位点、翻译后修饰的高通量分析方面,为人们带来全新的研究成果,从而更能深入全面地解析蛋白质功能及其对生命过程的调控机制。

2.3.3 本领域拟解决的科学问题

本领域拟解决的科学问题主要包括:

(1)发展针对无膜包被的"开放"亚细胞结构的邻近标记技术;

(2)发展和应用针对信号通路和蛋白质复合物的动态变化的高时空分辨邻近标记技术;

（3）发展质谱蛋白质组学分析手段鉴定蛋白质被邻近标记的氨基酸残基位点；

（4）发展和应用邻近标记技术研究亚细胞转录组；

（5）发展和应用邻近标记技术解析核酸-蛋白质相互作用网络；

（6）发展针对更多酶活性中心、活性氨基酸和活性翻译后修饰的化学探针；

（7）发展针对化学功能蛋白质组学数据的整合分析软件工具；

（8）发展时空特异性的化学蛋白质组学方法，获得实时、在体及特定区域的酶活、翻译后修饰等信息；

（9）发展针对生物大分子间相互作用的化学功能蛋白质组学技术；

（10）发展针对临床样品的化学蛋白质组学方法。

参考文献

［1］ Khan A R，James M N G. Molecular mechanisms for the conversion of zymogens to active proteolytic enzymes［J］. Protein Science，1998，7(4)：815－836.

［2］ (a) Khan A R，James M N G. Molecular mechanisms for the conversion of zymogens to active proteolytic enzymes［J］. Protein Science，1998，7(4)：815－836.(b) Riedl S J，Shi Y G. Molecular mechanisms of caspase regulation during apoptosis［J］. Nature Reviews Molecular Cell Biology，2004，5(11)：897－907.

［3］ Thomas G M，Huganir R L. MAPK cascade signalling and synaptic plasticity［J］. Nature Reviews Neuroscience，2004，5(3)：173－183.

［4］ Vucic D，Dixit V M，Wertz I E. Ubiquitylation in apoptosis：A post-translational modification at the edge of life and death［J］. Nature Reviews Molecular Cell Biology，2011，12(7)：439－452.

［5］ Tessarz P，Kouzarides T. Histone core modifications regulating nucleosome structure and dynamics ［J］. Nature Reviews Molecular Cell Biology，2014，15(11)：703－708.

［6］ Choi-Rhee E，Schulman H，Cronan J E. Promiscuous protein biotinylation by *Escherichia coli* biotin protein ligase［J］. Protein Science，2004，13(11)：3043－3050.

［7］ (a) Roux K J，Kim D I，Raida M，et al. A promiscuous biotin ligase fusion protein identifies proximal and interacting proteins in mammalian cells［J］. Journal of Cell Biology，2012，196(6)：801－810.(b) Kim D I，Birendra K C，Zhu W H，et al. Probing nuclear pore complex architecture with proximity-dependent biotinylation［J］. Proceedings of the National Academy of Sciences of the United States of America，2014，111(24)：E2453-E2461.(c) Schopp I M，Amaya Ramirez C C，Debeljak J，et al. Split-BioID a conditional proteomics approach to monitor the composition of spatiotemporally defined protein complexes［J］. Nature Communications，2017，8：15690.

［8］ Branon T C，Bosch J A，Sanchez A D，et al. Efficient proximity labeling in living cells and organisms with TurboID［J］. Nature Biotechnology，2018，36(9)：880－887.

［9］ Ramanathan M，Majzoub K，Rao D S，et al. RNA-protein interaction detection in living cells［J］. Nature Methods，2018，15(3)：207－212.

[10] Kotani N, Gu J G, Isaji T, et al. Biochemical visualization of cell surface molecular clustering in living cells[J]. Proceedings of the National Academy of Sciences of the United States of America, 2008, 105(21): 7405 – 7409.

[11] Martell J D, Deerinck T J, Sancak Y, et al. Engineered ascorbate peroxidase as a genetically encoded reporter for electron microscopy[J]. Nature Biotechnology, 2012, 30(11): 1143 – 1148.

[12] Lam S S, Martell J D, Kamer K J, et al. Directed evolution of APEX2 for electron microscopy and proximity labeling[J]. Nature Methods, 2015, 12(1): 51 – 54.

[13] (a) Hung V, Zou P, Rhee H W, et al. Proteomic mapping of the human mitochondrial intermembrane space in live cells via ratiometric APEX tagging[J]. Molecular Cell, 2014, 55(2): 332 – 341.(b) Hung V, Zou P, Rhee H W, et al. Proteomic mapping of the human mitochondrial intermembrane space in live cells via ratiometric APEX tagging[J]. Molecular Cell, 2014, 55(2): 332 – 341.(c) Jing J, He L, Sun A M, et al. Proteomic mapping of ER-PM junctions identifies STIMATE as a regulator of Ca^{2+} influx[J]. Nature Cell Biology, 2015, 17(10): 1339 – 1347.(d) Chen C L, Hu Y H, Udeshi N D, et al. Proteomic mapping in live *Drosophila* tissues using an engineered ascorbate peroxidase[J]. Proceedings of the National Academy of Sciences of the United States of America, 2015, 112(39): 12093 – 12098.(e) Loh K H, Stawski P S, Draycott A S, et al. Proteomic analysis of unbounded cellular compartments: Synaptic clefts[J]. Cell, 2016, 166(5): 1295 – 1307.e21.(f) Bersuker K, Peterson C W H, To M, et al. A proximity labeling strategy provides insights into the composition and dynamics of lipid droplet proteomes[J]. Developmental Cell, 2018, 44(1): 97 – 112.e7.(g) Markmiller S, Soltanieh S, Server K L, et al. Context-dependent and disease-specific diversity in protein interactions within stress granules[J]. Cell, 2018, 172(3): 590 – 604.e13.(h) Lobingier B T, Hüttenhain R, Eichel K, et al. An approach to spatiotemporally resolve protein interaction networks in living cells[J]. Cell, 2017, 169(2): 350 – 360.e12.(i) Paek J, Kalocsay M, Staus D P, et al. Multidimensional tracking of GPCR signaling via peroxidase-catalyzed proximity labeling[J]. Cell, 2017, 169(2): 338 – 349.e11.

[14] Lee S Y, Kang M G, Park J S, et al. APEX fingerprinting reveals the subcellular localization of proteins of interest[J]. Cell Reports, 2016, 15(8): 1837 – 1847.

[15] Lee S Y, Kang M G, Shin S, et al. Architecture mapping of the inner mitochondrial membrane proteome by chemical tools in live cells[J]. Journal of the American Chemical Society, 2017, 139(10): 3651 – 3662.

[16] Long J Z, Cravatt B F. The metabolic serine hydrolases and their functions in mammalian physiology and disease[J]. Chemical Reviews, 2011, 111(10): 6022 – 6063.

[17] Simon G M, Cravatt B F. Activity-based proteomics of enzyme superfamilies: Serine hydrolases as a case study[J]. The Journal of Biological Chemistry, 2010, 285(15): 11051 – 11055.

[18] Bachovchin D A, Cravatt B F. The pharmacological landscape and therapeutic potential of serine hydrolases[J]. Nature Reviews Drug Discovery, 2012, 11(1): 52 – 68.

[19] Abu-Qare A W, Abou-Donia M B. Sarin: health effects, metabolism, and methods of analysis[J]. Food and Chemical Toxicology, 2002, 40(10): 1327 – 1333.

[20] Liu Y, Patricelli M P, Cravatt B F. Activity-based protein profiling: The serine hydrolases[J]. Proceedings of the National Academy of Sciences of the United States of America, 1999, 96(26): 14694 – 14699.

[21] Viader A, Ogasawara D, Joslyn C M, et al. A chemical proteomic atlas of brain serine hydrolases identifies cell type-specific pathways regulating neuroinflammation[J]. eLife, 2016, 5: e12345.

[22] Manning G, Whyte D B, Martinez R, et al. The protein kinase complement of the human genome

[J]. Science, 2002, 298(5600): 1912 - 1934.

[23] Patricelli M P, Szardenings A K, Liyanage M, et al. Functional interrogation of the kinome using nucleotide acyl phosphates[J]. Biochemistry, 2007, 46(2): 350 - 358.

[24] Zhao Q, Ouyang X H, Wan X B, et al. Broad-spectrum kinase profiling in live cells with lysine-targeted sulfonyl fluoride probes[J]. Journal of the American Chemical Society, 2017, 139(2): 680 - 685.

[25] Coleman J E. Zinc enzymes[J]. Current Opinion in Chemical Biology, 1998, 2(2): 222 - 234.

[26] Saghatelian A, Jessani N, Joseph A, et al. Activity-based probes for the proteomic profiling of metalloproteases[J]. Proceedings of the National Academy of Sciences of the United States of America, 2004, 101(27): 10000 - 10005.

[27] de Ruijter A J M, van Gennip A H, Caron H N, et al. Histone deacetylases (HDACs): Characterization of the classical HDAC family[J]. The Biochemical Journal, 2003, 370(Pt 3): 737 - 749.

[28] Salisbury C M, Cravatt B F. Activity-based probes for proteomic profiling of histone deacetylase complexes[J]. PNAS, 2007, 104(4): 1171 - 1176.

[29] Li Z Q, Hao P L, Li L, et al. Design and synthesis of minimalist terminal alkyne-containing diazirine photo-crosslinkers and their incorporation into kinase inhibitors for cell- and tissue-based proteome profiling[J]. Angewandte Chemie International Edition, 2013, 125(33): 8713 - 8718.

[30] Niphakis M J, Lum K M, Cognetta A B 3rd, et al. A global map of lipid-binding proteins and their ligandability in cells[J]. Cell, 2015, 161(7): 1668 - 1680.

[31] Dai J Y, Liang K, Zhao S, et al. Chemoproteomics reveals baicalin activates hepatic CPT1 to ameliorate diet-induced obesity and hepatic steatosis[J]. Proceedings of the National Academy of Sciences of the United States of America, 2018, 115(26): E5896-E5905.

[32] Paulsen C E, Carroll K S. Cysteine-mediated redox signaling: Chemistry, biology, and tools for discovery[J]. Chemical Reviews, 2013, 113(7): 4633 - 4679.

[33] Weerapana E, Wang C, Simon G M, et al. Quantitative reactivity profiling predicts functional cysteines in proteomes[J]. Nature, 2010, 468(7325): 790 - 795.

[34] Gygi S P, Rist B, Gerber S A, et al. Quantitative analysis of complex protein mixtures using isotope-coded affinity tags[J]. Nature Biotechnology, 1999, 17(10): 994 - 999.

[35] Guéraud F, Atalay M, Bresgen N, et al. Chemistry and biochemistry of lipid peroxidation products[J]. Free Radical Research, 2010, 44(10): 1098 - 1124.

[36] Wang C, Weerapana E, Blewett M M, et al. A chemoproteomic platform to quantitatively map targets of lipid-derived electrophiles[J]. Nature Methods, 2014, 11(1): 79 - 85.

[37] Scott D E, Coyne A G, Hudson S A, et al. Fragment-based approaches in drug discovery and chemical biology[J]. Biochemistry, 2012, 51(25): 4990 - 5003.

[38] Parker C G, Galmozzi A, Wang Y J, et al. Ligand and target discovery by fragment-based screening in human cells[J]. Cell, 2017, 168(3): 527 - 541.e29.

[39] Bar-Peled L, Kemper E K, Suciu R M, et al. Chemical proteomics identifies druggable vulnerabilities in a genetically defined cancer[J]. Cell, 2017, 171(3): 696 - 709.e23.

[40] Hacker S M, Backus K M, Lazear M R, et al. Global profiling of lysine reactivity and ligandability in the human proteome[J]. Nature Chemistry, 2017, 9(12): 1181 - 1190.

[41] Lin S X, Yang X Y, Jia S, et al. Redox-based reagents for chemoselective methionine bioconjugation[J]. Science, 2017, 355(6325): 597 - 602.

[42] Chandra A, Uchimaru T. The O-H bond dissociation energies of substituted phenols and proton affinities of substituted phenoxide ions: A DFT study[J]. International Journal of Molecular

Sciences，2002，3(4)：407－422.

[43] (a) Fazal F M，Han S，Parker K R，et al. Atlas of subcellular RNA localization revealed by APEX-seq[J]. Cell，2019，178(2)：473－490.e26.(b) Zhou Y，Wang G，Wang P C，et al. Expanding APEX2 substrates for proximity-dependent labeling of nucleic acids and proteins in living cells[J]. Angewandte Chemie International Edition，2019，131(34)：11889－11893.(c) Padrón A，Iwasaki S，Ingolia N T. Proximity RNA labeling by APEX-seq reveals the organization of translation initiation complexes and repressive RNA granules[J]. Molecular Cell，2019，75(4)：875－887.e5.

[44] Yang F，Gao J J，Che J T，et al. A dimethyl-labeling-based strategy for site-specifically quantitative chemical proteomics[J]. Analytical Chemistry，2018，90(15)：9576－9582.

[45] Abo M，Weerapana E. A caged electrophilic probe for global analysis of cysteine reactivity in living cells[J]. Journal of the American Chemical Society，2015，137(22)：7087－7090.

[46] Woo C M，Iavarone A T，Spiciarich D R，et al. Isotope-targeted glycoproteomics (IsoTaG)：A mass-independent platform for intact N- and O-glycopeptide discovery and analysis[J]. Nature Methods，2015，12(6)：561－567.

[47] Li X，Foley E A，Molloy K R，et al. Quantitative chemical proteomics approach to identify post-translational modification-mediated protein-protein interactions[J]. Journal of the American Chemical Society，2012，134(4)：1982－1985.

[48] Matthews M L，He L，Horning B D，et al. Chemoproteomic profiling and discovery of protein electrophiles in human cells[J]. Nature Chemistry，2017，9(3)：234－243.

[49] Chen Y，Liu Y，Lan T，et al. Quantitative profiling of protein carbonylations in ferroptosis by an aniline-derived probe[J]. Journal of the American Chemical Society，2018，140(13)：4712－4720.

[50] Chen N，Liu J M，Qiao Z Y，et al. Chemical proteomic profiling of protein N-homocysteinylation with a thioester probe[J]. Chemical Science，2018，9(10)：2826－2830.

MOLECULAR SCIENCES

Chapter 3

针对程序性细胞死亡
通路的小分子探针

雷晓光等

3.1 引言

生老病死乃人之常态,细胞也不例外,在适当的条件下就会发生衰老、病变和死亡。对于多细胞生物,细胞死亡会在动物发育、组织更新、癌症免疫和损伤修复等重要生理和病理过程中起关键作用;而细胞死亡一旦发生失调,则可能促使包括急性胰腺炎、缺血性心脑血管以及神经退行性疾病在内的多种疾病的发生。[1]可以说,死去的细胞以自己的牺牲成就生命体的新生。

程序性细胞死亡(programmed cell death,PCD)是一种由细胞程序(cell program)和细胞信号转导介导的细胞死亡形式。目前研究最为充分的程序性细胞死亡是细胞凋亡(apoptosis),然而,经典细胞凋亡显然不足以描述所有形式的 PCD,近年来也发现了其他一些在形态学、酶学特性以及功能或免疫学特征与经典细胞凋亡不同的非凋亡程序性细胞死亡途径。这些途径包括细胞自噬(autophagy)、程序性坏死(necroptosis)、细胞铁死亡(ferroptosis)、细胞焦亡(pyroptosis)、网捕死亡(NETosis)、副凋亡(paraptosis)、细胞胀亡(oncosis)和有丝分裂灾变(mitotic catastrophe)等。[2]迄今为止,人们对这些非凋亡程序性细胞死亡的具体机制仍然知之甚少。

深入研究这些程序性细胞死亡的分子机制和与之相关的疾病的治疗方法具有重要的科学意义和医学价值。然而,由于许多和细胞死亡相关的调控基因都存在"致命性",而且相关信号转导通路非常复杂,导致目前经典生物学研究方法遇到了很大瓶颈。因此,开发通过运用小分子探针,且具有高效、可视、可控和定量化的化学生物学方法来研究细胞死亡的生物作用机制和调控方法具有重要意义。这方面最成功的代表是利用小分子探针解析细胞的自噬机制。细胞自噬是细胞在能量缺乏的情况下,从糙面内质网的无核糖体附着区发生双层膜脱落,并包裹部分胞质和其他细胞组分形成自噬体(autophagosome),随后发生溶酶体降解,以弥补细胞本身的代谢和某些细胞器的更新的现象。早在 20 世纪 80—90 年代,化学生物学先驱之一——Stuart Schreiber 就曾用小分子探针详细解析了自噬诱导剂 FK506 雷帕霉素的作用机制,并找出其在人体中的作用靶点 mTOR,成为化学生物学领域的经典之作。[3]在此之后,人们又发现了包括黄夹次或乙(neriifolin)、3-甲基腺嘌呤(3-MA)在内的多种自噬抑制剂,并利用它们基本阐明了完整的细胞自噬机制。[4]

相比较之下,用以研究其他程序性细胞死亡的特异化合物为数不多。细胞凋亡是

PCD 的原型,最早由 Kerr 等基于部分细胞死亡时产生的起泡、染色质浓缩、核碎裂、黏连和脱落(不黏附细胞)和细胞皱缩等形态学现象定义,以突出其与坏死的区别。随着研究的深入,人们还发现细胞凋亡中还伴随着 DNA 片段化、胱天蛋白酶(Caspase)-3 的激活和炎症反应抑制。细胞凋亡可分为细胞外途径和细胞内途径:细胞内途径是由线粒体引发,胱天蛋白酶-9 介导的凋亡;细胞外途径则是由细胞膜上的肿瘤坏死因子超家族(tumor necrosis factor superfamily,TNFSF)的死亡受体(death receptor)引发,通过胱天蛋白酶-8 执行的凋亡。其中,凋亡肿瘤坏死因子相关凋亡诱导配体(TNF‒related apoptosis-inducing ligand,TRAIL)信号转导通路是以 TRAIL 为配体,通过与死亡受体(DR4、DR5)结合而启动凋亡信号,最终从细胞外途径诱导凋亡。[2]然而,TRAIL 本身除了能激活 DR4 和DR5 两种死亡受体外,还能结合诱饵受体(decoy receptor)DCR1 与 DCR2,特异性不高。[5]因此,开发新颖的、能特异结合单种死亡的受体,从而激活 TRAIL 通路的细胞凋亡小分子化合物,对于研究细胞凋亡的分子作用机制和发展高效的抗癌药物都具有重要意义。

几种程序性细胞死亡如图 3‒1 所示。

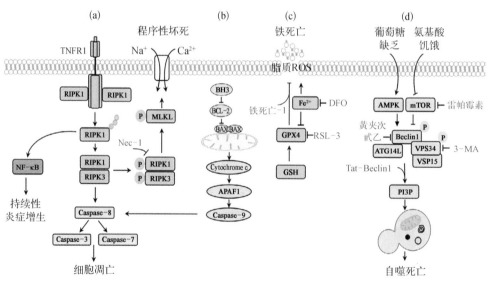

图 3‒1　几种程序性细胞死亡,包括凋亡、程序性坏死、铁死亡和自噬死亡[4]

另一类细胞死亡的方式是以细胞肿胀、线粒体功能障碍和细胞质膜破裂为形态学特征的细胞坏死(necrosis)。与细胞凋亡不同,坏死细胞不经历 DNA 片段化。长期以来,细胞坏死被认为是不被调控的,然而近些年的研究表明某些细胞坏死也是一种程序性的细胞死亡,受到基因严格调控,并被称为程序性坏死(necroptosis)。一种发生程序性坏死的方式是将细胞用广谱胱天蛋白酶抑制剂 z‑VAD‑FMK 处理后,再施加凋亡刺激。[6]迄今为止,仅在细胞凋亡被各种因素阻断并施加凋亡刺激的情况下才能看到程序性坏死,并且分子机制仍然不甚明确。为了研究程序性坏死,袁钧瑛课题组使用了正向化学遗传学方法,在筛选了约 15 000 种化合物后,他们发现坏死抑制素 1(necrostatin‑1,Nec‑1)是一种特异且有效的程序性坏死小分子抑制剂,能阻断多个细胞系中同时刺激死亡受体并抑制胱天蛋白酶引发的程序性坏死。[6]利用这种化学生物学手段,他们还发现受体作用丝氨酸/苏氨酸蛋白激酶(receptor-interacting serine/threonine-protein kinase,RIPK 或 RIP)1 是 Nec‑1 抗坏死作用的主要细胞靶点。RIPK1 是一种丝氨酸/苏氨酸激酶同源物,由三个主要结构域组成,其中的 C 末端结构域与凋亡相关,中心结构域与核因子 κB(NF‑κB)相关,N 端激酶结构域与程序性坏死相关。而若抑制 RIPK1 激酶结构域中的活化环(activation loop),则会影响 Nec‑1 抑制程序性坏死的能力,说明 Nec‑1 抗坏死活性与 RIPK1 激酶活性相关。[6]多种 Nec‑1 的化学类似物已在动物模型水平显示出改善多种程序性坏死相关疾病的能力,包括缺血性脑损伤、视网膜缺血再灌注、心肌梗死,以及创伤性脑损伤。[7-8]然而,只用 Nec‑1 及其类似物研究程序性坏死还远远不够,我们需要更多作用在不同程序性坏死通路靶点上的小分子。

在对细胞肿瘤坏死因子受体超家族施加死亡刺激时,有些肿瘤细胞并不会坐以待毙,而是会通过上调 NF‑κB 通路来逃避死亡、引起炎症、浸润组织并加以增殖。NF‑κB 转录因子家族由 p50、p52、RelA、c‑Rel 和 RelB 等五个成员组成,通过进化上保守的核因子信号传导途径,调节许多靶基因转录,在炎症和免疫应答以及细胞存活中起关键作用。[10]平时它们会在细胞质形成二聚体并与 NF‑κB 抑制蛋白(IκB,如 IκBα、IκBβ 及 IκBε)或前体蛋白 p100 和 p105 结合而被隔离;而在活化信号传入后,IκB 激酶(IKK)激活,IκB 被诱导降解,NF‑κB 二聚体进核,转录 TNF‑α、IL‑1、生长因子等细胞因子从而发挥作用。已知 NF‑κB 信号转导途径的异常激活涉及包括癌症、自身免疫疾病和慢性炎性疾病在内的多种疾病,因此,研究特异的 NF‑κB 通路小分子抑制剂可促进癌细胞死亡、提供这些疾病的治疗思路和解析 IKK 调节 NF‑κB 信号转导途径的机制。[10]到目前为止,已发现的 NF‑κB 通路抑制剂包括 MS‑345541、IMD‑0354 和 ML‑120B 等 IKK 抑制剂和 DHMEQ 等 NF‑κB 抑制剂,其中一些在肿瘤和炎性疾病的动物模型中发挥着有不错的效果(图 3‑2)。[9]然而,很少有 NF‑κB 抑制剂进入临床研究。因此,研究具有高特异性、高亲和力和低毒性的新型 IKKα/β 抑制剂对调控细胞程序性死亡和多种难治疾病的治疗有十分重要的意义。

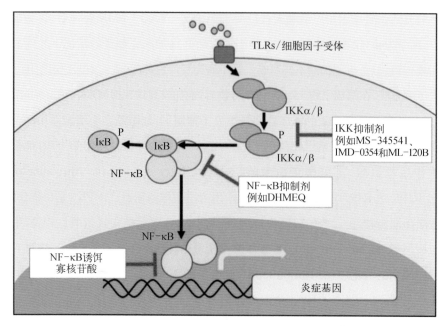

图 3-2　NF-κB 通路和一些 NF-κB 通路抑制剂[9]

　　本章主要介绍雷晓光课题组系统地利用活性小分子探针,针对包括细胞坏死和细胞凋亡在内的典型细胞程序性死亡和相关信号通路,通过基于化学遗传学方法开展深入的机理性研究,在阐明新的生物作用机制和小分子调控方法中取得的进展。具体地,雷晓光课题组主要进行了四个方面的研究工作:(1)通过药物筛选发现了一种结构与靶点新颖的细胞程序性坏死抑制剂——坏死磺酰胺(necrosulfonamide,NSA),并通过合成与化学遗传学方法发现其抑制细胞程序性坏死的机制是共价结合混合谱系激酶结构域类似蛋白(mixed lineage kinase-domain like protein,MLKL)[11];(2)通过药物筛选和药物化学改造发现能促使细胞发生凋亡的化合物 bioymifi,并发现其作用机制是特异性激活细胞死亡受体 5(DR5)并使之发生多聚,这也是第一个特异性作用于死亡受体 5 的小分子[12];(3)通过天然产物全合成对抗炎化合物 Ainsliadimer A 进行化学生物学研究,并发现其作用机制为共价抑制 IKKβ,从而抑制 NF-κB 通路的激活,引起细胞发生程序性死亡[10];(4)利用天然产物全合成和新型生物正交反应 TQ-ligation 揭示 Kongensin A 促使程序性细胞坏死分子的作用机制是通过共价结合 HSP90 并破坏其与 CDC37 的相互作用[13]。这些小分子探针丰富了我们对细胞程序性死亡机制的理解,并为有效调控细胞程序性死亡和开发针对程序性死亡导致疾病的药物夯实了基础。

3.2 研究进展与成果

3.2.1 细胞程序性坏死抑制剂 NSA 的发现与开发

为了解析细胞程序性死亡,我们首先从程序性坏死出发,利用高通量筛选得到的小分子探针,探究其具体作用机制。

首先,利用袁钧瑛实验室创立的诱发细胞产生程序性坏死的方法[6],雷晓光课题组开发了一套检测小分子能否抑制细胞程序性坏死的高通量筛选分析体系。如图 3-3 所示,在该分析体系中,他们使用 HT-29 细胞系,先用待测小分子预处理,再用 z-VAD-FMK、Smac 模拟物和肿瘤坏死因子-α 同时促使细胞发生程序性坏死,然后测定细胞存活率。其原理是 Smac 模拟物和肿瘤坏死因子-α 同时处理能使细胞感知死亡信号,而广谱胱天蛋白酶抑制剂 z-VAD-FMK 又能抑制细胞发生凋亡,从而迫使细胞通过程序性坏死途径死亡,细胞存活率因此降低。若待测小分子抑制了细胞程序性坏死途径,则细胞因无法死亡而保持存活,从而提高了细胞存活率。

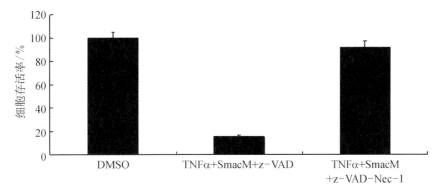

图 3-3 适宜高通量筛选,检测小分子能否抑制细胞程序性坏死的分析体系

随后,他们以 Nec-1 为正对照,对超过 200 000 种小分子进行筛选,从中找到了一种与 Nec-1 有类似活性的噻吩丙烯酰磺胺类苗头分子 14。为了防止由于化合物通过干扰 Smac 模拟物或 z-VAD-FMK 抑制胱天蛋白酶,而重启细胞凋亡通路造成假阳性的可能,他们又使用了不能被激活的胱天蛋白酶-8,从而只需加入肿瘤坏死因子-α 即可发生程序性坏死的 Fas 相关死亡结构域(FADD)缺失的 Jurkat 细胞来测定苗头分子

14 的活性,并发现在这种情况下该化合物仍能抑制细胞的程序性死亡,证明该化合物并非意外获得的假阳性结果(图 3-4)。

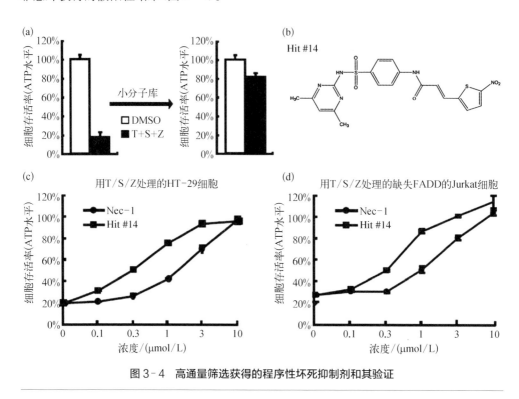

图 3-4 高通量筛选获得的程序性坏死抑制剂和其验证

在完成了高通量筛选后,雷晓光课题组开展了对高通量筛选所得化合物进行合成和药物化学改进的尝试,并设计了一条高效的合成路线。如图 3-5 所示,首先,2-氨基吡嗪和其衍生物 **1** 可在吡啶作溶剂的条件下与对乙酰氨基苯磺酰氯反应生成对乙酰苯磺酰胺 **3**,然后以氢氧化钠的水溶液脱去对位的乙酰基即可获得对氨基苯磺酰胺 **4**,最后,用取代的丙酰氯或丙烯酰氯以 DMF 作溶剂、碳酸氢钠作碱处理,即可获得各种与高通量筛选所得化合物结构类似的衍生物。

对这些衍生物的活性测试初步说明了这类酰基对氨基苯磺酰胺的构效关系(structure activity relationship, SAR)。他们发现,酰基旁边的碳碳双键对抗程序性坏死有决定性作用;若将旁边的噻吩环替换为呋喃环或其他芳环,对活性也有很大影响。在噻吩环上的硝基取代也很重要,将其从 2 号位换到 3 号位即可影响活性,而若换成其他缺电子基团如溴原子则化合物会彻底失活。相比之下,在吡嗪环上的修饰影响相对会小很多:将吡嗪环换作嘧啶环只会稍稍降低活性;将 5 号位的甲基换作氢原子甚至会

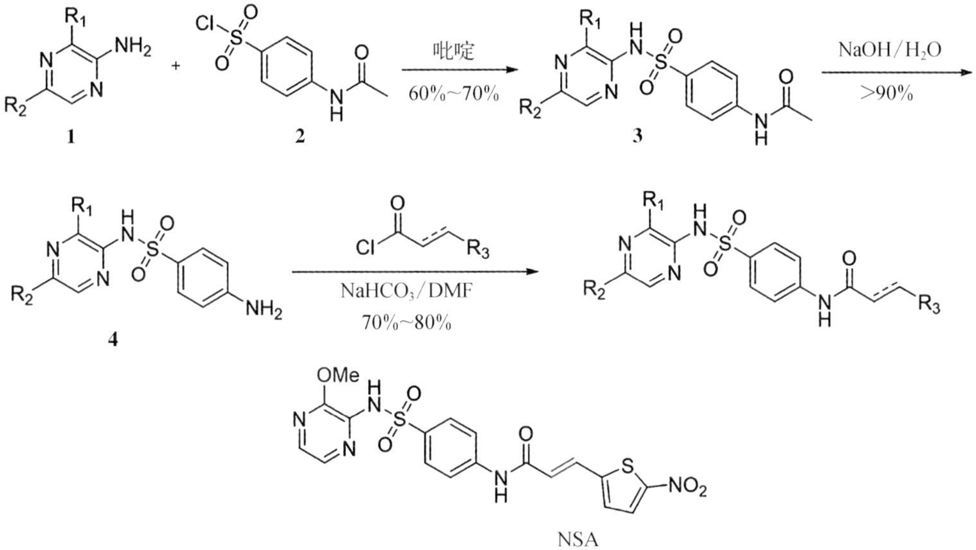

图 3-5 高通量筛选结果衍生物的合成和 NSA 的结构

提高活性,而 3 号位的甲基在替换为甲氧基后,活性也会有所提高。依据这样的思路,他们合成了一种将 3 号位换成甲氧基、5 号位去除取代基的高活性化合物(图 3-5),并以其调控的坏死通路(necrosis)和磺酰胺(sulfonamide)结构,将其命名为坏死磺酰胺(NSA),其抑制程序性坏死半数有效浓度(EC_{50})低至 124 nmol/L。

为了说明 NSA 抑制细胞凋亡的机制,雷晓光课题组和王晓东课题组展开了合作,并首先研究 NSA 是否会对 RIPK1 和 RIPK3 产生影响。如图 3-6(a)所示,正常细胞在用 T/S/Z(TNF-α/Smac 模拟物/z-VAD-FMK)处理时,细胞受到死亡刺激且凋亡机制失灵。这时若用免疫共沉淀(coimmunoprecipitation,CoIP)法免疫沉淀 RIPK3,能获得与之发生共沉淀的 RIPK1,说明细胞的程序性坏死依赖 RIPK1 与 RIPK3 的相互作用。图 3-6(a)显示用 T/S/Z 处理的细胞中,RIPK3 相比正常细胞发生聚集形成程序性坏死小体(necrosome)。由于 Nec-1 作用于 RIPK1/3 上游,处理过的细胞中 RIPK3 并未与 RIPK1 结合,因此既观察不到坏死小体,也见不到 RIPK1 被 RIPK3 共沉淀。在 NSA 处理过的细胞中,免疫共沉淀表明 RIPK1 与 RIPK3 的相互作用并未受到影响,RIPK3 也发生一定程度的聚集,但是这些斑点并未进一步扩大形成坏死小体[图 3-6(b)],说明 NSA 的作用靶点在 RIPK1 和 RIPK3 下游。

于是王晓东课题组和雷晓光课题组合作,试图继续找出受凋亡诱导和 NSA 处理的细胞有哪些与 RIPK3 相关的蛋白。他们发现用 NSA 处理过的细胞 RIPK3 免疫沉淀物在60 kDa附近有一条新带,经质谱鉴定,其属于混合谱系激酶结构域类似蛋白(MLKL)。而且在正常被诱导坏死和NSA处理的被诱导坏死细胞中,MLKL都可在RIPK3的免疫沉淀中被发现,证明MLKL是坏死小体的成分之一。为了进一步验证MLKL是否在程序性坏死中是必须的,他们还用RNA干扰的方法敲低了细胞中MLKL的表达量。结果如图3-7(c)所示,敲低MLKL的细胞不能再被T/S/Z处理诱导坏死,并且在野生型MLKL回补表达后,能再次被T/S/Z处理诱导坏死,由此证明程序性坏死必须有MLKL的参与。

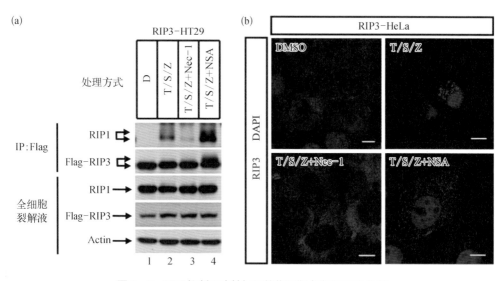

图3-6 NSA抑制程序性坏死的作用靶点在RIPK3下游

既然在程序性坏死通路中MLKL位于RIPK3的下游,那么MLKL有可能就是NSA的真正细胞内靶点。为了验证这一假设,雷晓光课题组决定使用正向化学遗传学探针来研究NSA的细胞内靶点,并设计合成了用于NSA细胞靶点鉴定的NSA探针。如图3-8所示,该探针由3部分组成:连在构效关系已知且不影响活性的吡嗪5号位的NSA(绿色部分),结构具有刚性的多聚脯氨酸连挂段(黑色部分),以及用来将它挂在链霉亲和素柱子上的生物素基团(蓝色部分)。由于药物化学研究表明NSA的α,β不饱和酰胺对其活性是必须的,因此NSA与蛋白的作用机制很有可能是通过α,β不饱和酰胺与蛋白某个半胱氨酸的巯基反应,共价连在该半胱氨酸残基上,从而阻断下游的程序性坏死通路。若的确如此,则该蛋白同样也能与这种NSA探针发生共价结合,从而能被探针从细胞裂解液中"拉下"(pull-down),如图3-8所示。

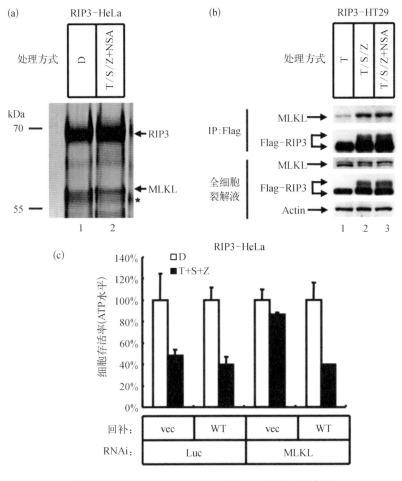

图 3-7　MLKL 的发现和在程序性坏死中作用的验证

接下来就要验证这个探针能否与设计时希望的一样,即在真实的生物体系中寻找
NSA 共价结合蛋白。在这方面,雷晓光课题组继续与王晓东课题组展开合作,利用合成
的 NSA 探针对细胞中的靶蛋白进行了 pull-down。结果如图 3-9(a)的 2 道所示,在被
NSA 生物素探针(NSA-生物素)pull-down 的蛋白中有 MLKL 和 RIPK3,证明 NSA 的
靶点的确在包含这两者的坏死小体中。用 NSA 对探针进行竞争后可发现被 pull-down
的 MLKL 和 RIPK3 显著减少[图 3-9(a)的 1 道]也能证实 NSA 的靶点在坏死小体中
这一论断。而用 RNA 干扰方式敲低 MLKL 表达后,可发现虽然细胞中 RIPK3 正常表
达,但是探针不再能 pull-down 细胞中的 RIPK3 和几乎不表达的 MLKL,证明 NSA 的
靶点在 MLKL 水平上或其上游。MLKL 可分为两个结构域,N 端的"卷曲螺旋"(coiled-

(a)

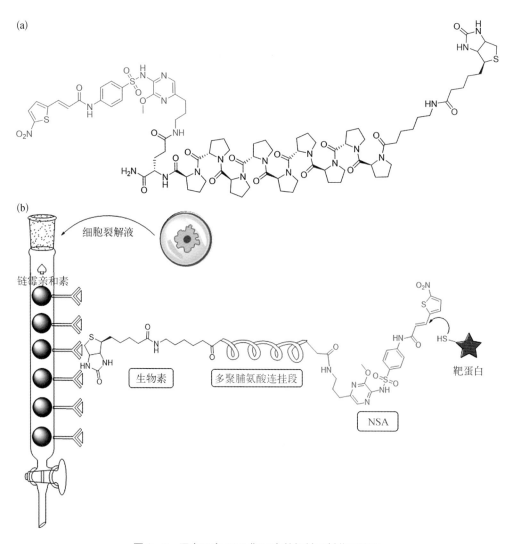

(b)

细胞裂解液

链霉亲和素

生物素

多聚脯氨酸连挂段

NSA

靶蛋白

图3-8 用来研究 NSA 靶蛋白的探针及其作用原理

coil)结构域和 C 端的激酶样结构域。通过将 N 端结构域和 C 端结构域分别重组表达后用 NSA 探针 pull-down,他们发现探针仅能沉淀下 N 端结构域,证明 NSA 作用与 MLKL 的 C 端激酶样结构域无关。然而这些实验只能证实 NSA 的靶点在 MLKL 水平或其上游,而不能证实其靶点就是 MLKL。因此最后他们干脆直接将 NSA 生物素探针与体外重组表达的 MLKL 共孵育,并用过量 NSA 竞争后,检验 MLKL 上是否被 NSA 生物素标记。结果也的确证实重组表达纯化的 MLKL 能被 NSA 生物素探针标记,并且标记可被 NSA 竞争,证实了 NSA 的靶点就是 MLKL,且与之发生了共价连接。

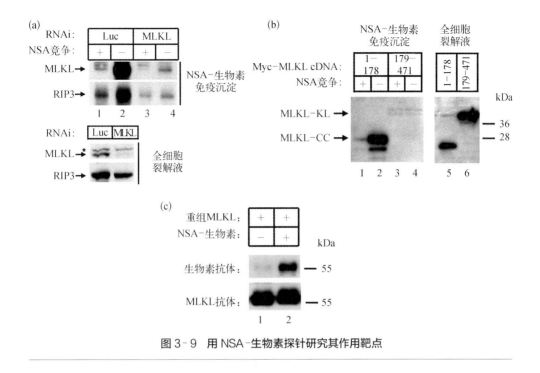

图 3-9 用 NSA-生物素探针研究其作用靶点

在研究 NSA 作用时,雷晓光课题组和王晓东课题组还发现一个有趣的现象:NSA 只能抑制人类细胞的程序性坏死,而对小鼠和小鼠细胞的程序性坏死完全无效[图 3-10(a)]。用 NSA 生物素 pull-down 蛋白时也发现,小鼠 MLKL 完全无法被 pull-down [图 3-10(b)],说明 NSA 的蛋白结合位点很有可能仅存在于人 MLKL 中。通过人和小鼠的 MLKL 序列比对发现,在 N 端的卷曲螺旋结构域,小鼠 MLKL 有 3 个半胱氨酸残基,而人 MLKL 却有 4 个半胱氨酸残基,多出的一个半胱氨酸残基位于 86 号位[图 3-10(c)]。这说明,人 MLKL 中的 86 位半胱氨酸残基很有可能是 NSA 的结合位点,并通过 Michael 加成结合在 NSA 的 α,β 不饱和酰胺上。考虑到丝氨酸与半胱氨酸性状类似而不能发生对 α,β 不饱和酰胺的 Michael 加成反应,为了证明这种猜想,他们构建了 86 位由半胱氨酸突变为丝氨酸(C86S)的人 MLKL,并再次检测 NSA 能否结合突变后的 MLKL。果不其然,突变的人 MLKL 丧失了与 NSA 的结合能力[图 3-10(d)]。而若用 C86S 的人 MLKL 回补受坏死刺激且 MLKL 被敲低的细胞,则会对 NSA 的抗坏死作用产生耐受[图 3-10(e)],证明 NSA 的抗坏死机制依赖人 MLKL 的 86 位半胱氨酸,从而基本阐明 NSA 的抗坏死机制。

王晓东课题组进一步的研究还表明 MLKL 与 RIPK3 的结合还依赖于 RIPK3 的激酶

活性,并发现了 MLKL 激酶样结构域的 T357 与 S358 是 MLKL 被 RIPK3 磷酸化的主要位点,且这两个位点的突变会阻断程序性坏死途径(图 3 - 11)。有趣的是,这两个位点的突变并不影响 NSA 与 MLKL 的结合,说明 NSA 作用在 RIPK3 与 MLKL 作用的下游。

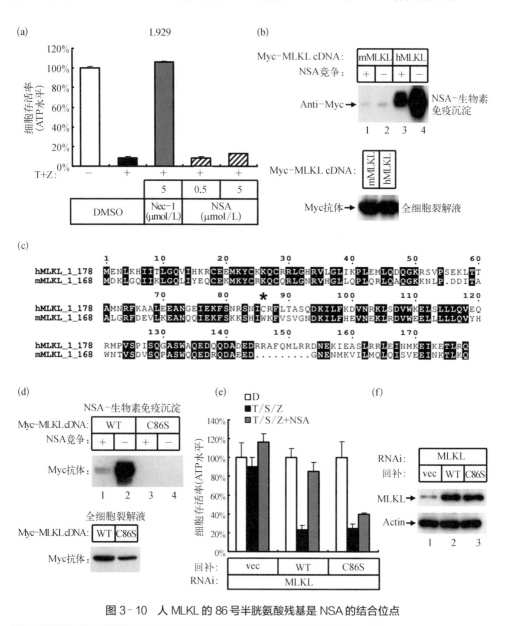

图 3 - 10　人 MLKL 的 86 号半胱氨酸残基是 NSA 的结合位点

该工作[11]发表后立即得到国际学术界的广泛关注并给予了很高评价,许多科学媒体对该工作做了专题报道(其中包括:*Chem. & Eng. News*,2012,5,40;*Nature China*,

2012，Feb. 1；*Asian Scientist*，2012，Jan. 31；*Nature Reviews Molecular Cell Biology*，2012，Feb. 8 等)，认为该工作详细地阐明了程序性细胞坏死的全新的分子作用机制,并且对设计和开发与细胞坏死相关疾病的创新药物有重要提示和推动作用(图 3 - 12)。

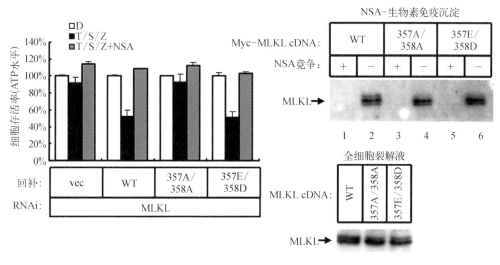

图 3- 11　MLKL 的 357、358 位磷酸化及其功能

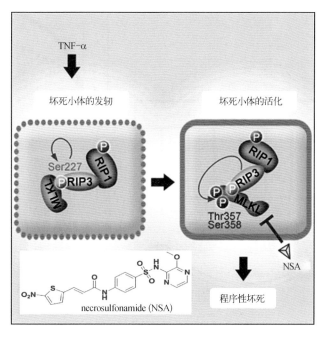

图 3- 12　程序性细胞坏死通路的化学生物学研究

最近，王晓东课题组发表了一篇 Molecular Cell 论文[14]，证明了 MLKL 如何导致坏死的详细分子机制。现在我们知道 MLKL 是真正的程序性坏死终末执行蛋白。研究发现，RIPK3 磷酸化后会与 MLKL 形成寡聚物。然后活化的 MLKL 暴露出 N 端卷曲螺旋结构域的碱性氨基酸残基，与膜上的磷酸磷脂酰肌醇结合[15]，从而从细胞质转移上膜。这些上膜的 MLKL 在细胞膜中形成大量通道使胞外钙离子大量涌入，最终导致细胞破裂并坏死（图 3-13）。而在此过程中，NSA 结合卷曲螺旋结构域，导致 MLKL 无法

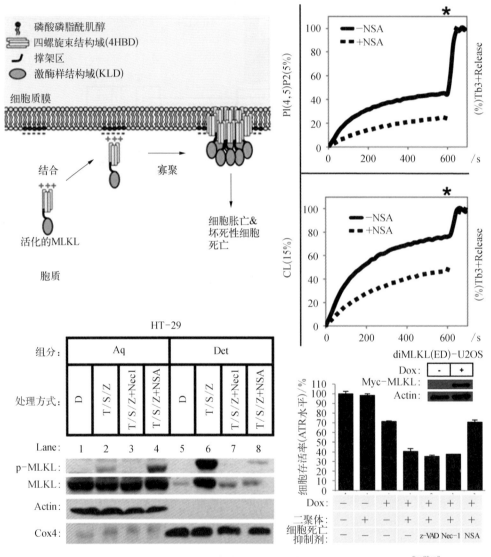

图 3-13　NSA 通过抑制 MLKL 的卷曲螺旋结构域多聚上膜抑制程序性坏死[14][15]

上膜,从而保护细胞免受细胞膜破裂坏死(图3-13)。他们还研究了MLKL二聚对细胞的杀伤作用:如图3-13所示,在MLKL蛋白上融合一个能结合小分子并发生二聚的FKBP$_v$结构域,该结构域可以在化合物AP20187存在下二聚。在不表达融合基因时,细胞基本不坏死。而当融合基因开始表达时,约有30%细胞坏死,加入AP20187后坏死率甚至达到了70%,并无法用凋亡抑制剂z-VAD-FMK、上游程序性坏死抑制剂Nec-1拯救,但可用NSA拯救到不产生二聚的水平,这说明NSA破坏了MLKL中N端结构域因多聚而产生的杀细胞作用,从而彻底解释清楚了NSA的作用机制。

3.2.2　凋亡受体DR5的小分子激动剂开发

除了程序性坏死以外,细胞凋亡也是细胞程序性死亡的重要且经典的方式。为了筛选促凋亡小分子,雷晓光课题组采用了以化合物与Smac模拟物共同处理细胞,48 h后检测细胞存活率的方法(图3-14)。其中,次级线粒体衍生胱天蛋白酶激活蛋白(Smac)是细胞抑制凋亡蛋白(c-IAP)的抑制蛋白,能够防止细胞内源抗凋亡途径的干扰,利用功能与之类似的小分子Smac模拟物[16],从而能更容易发现一些活性较低的坏死促进小分子。

利用这套分析体系,雷晓光课题组首先筛选了约20万个能与Smac模拟物协同诱发T98G人类胶质瘤细胞死亡的活性小分子,并从中找出了2 068个可造成大于30%细胞死亡的化合物。为确认这2 068个化合物是单独造成细胞死亡,还是与Smac模拟物协同造成细胞死亡,再次进行筛选后,他们找出了24个Smac类似物能造成大于50%细胞死亡的化合物。其中大部分都因细胞毒性被排除,只有1个先导化合物具有低细胞毒性和最强的与Smac模拟物协同促进细胞死亡的能力,被命名为A2C2(图3-14)。

为理解A2C2造成细胞死亡的机制,雷晓光课题组按公司提供的化合物结构尝试合成了A2C2(图3-15)。然而,以该结构合成的A1,不但与化合物A2C2的表征结果不相符,也没有任何诱发细胞死亡的生物活性。于是他们以公司提供的合成路线重新合成了A2C2,并重现出与Smac模拟物协同促进细胞死亡的生物活性。进一步表征结果表明,A2C2并非单一化合物,而是一个混合物。通过衍生化和分离,他们首先获得并通过晶体结构鉴定了化合物A2,然后又通过合成分离获得了C2,并发现C2是一对互变异构体的混合物,且A2C2中化合物A2和C2的物质的量之比为1∶9(图3-15)。通过重新设计路线合成,雷晓光课题组获得了纯净的 A2 和 C2。有趣的是,等浓度下,纯净的 A2 诱发细胞死亡活性很弱,纯净的 C2 几乎没有诱发细胞死亡活性,唯有将它们以物质的量之比为 1 : 9 混合后,才能获得与 A2C2 类似的诱发细胞死亡活性(图 3 - 15)。

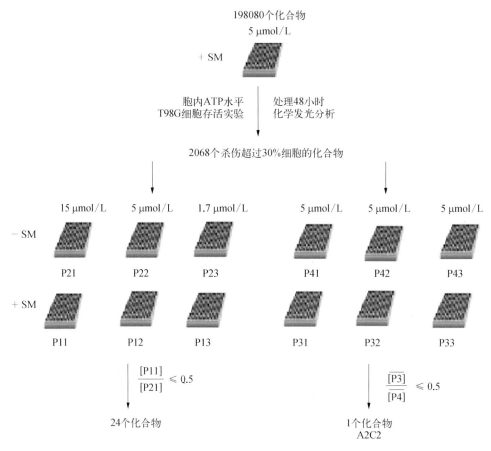

图 3 - 14 高通量筛选能与 Smac 模拟物共同触发细胞凋亡的小分子

然而作为一个成分相当复杂的混合物,A2C2 用于细胞凋亡机制研究相当不合适。结合药物化学手段,雷晓光课题组又合成了大量 A1 类似物,并分析了其细胞存活抑制活性。药物化学研究表明,对邻苯二甲酰亚胺的酰亚胺氢进行取代后,化合物没有任何活性。将邻苯二甲酰亚胺替换为其他缺电子芳环的化合物后有些许活性,但无法进一步优化。若将 A1 中的噻唑啉酮亚胺替换为噻唑啉二酮,促程序性死亡活性同样消失。这些结果表明这类化合物中的噻唑啉酮亚胺、邻苯二甲酰亚胺结构对促程序性死亡活性是非常重要的。有趣的是,若将化合物 A1 中的甲氧基从对位移到间位,所得的化合

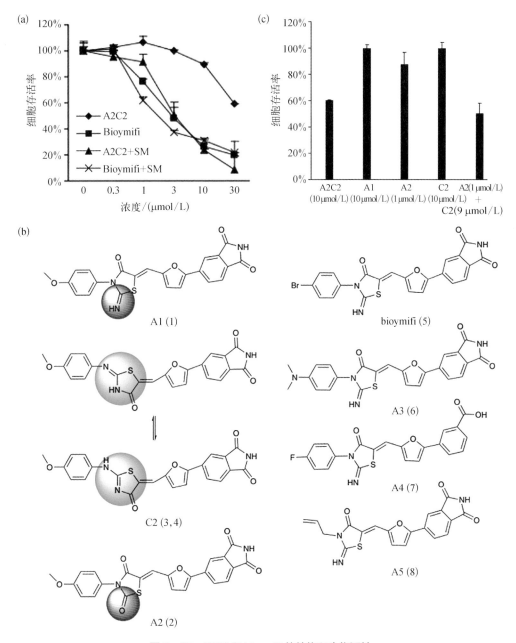

图 3-15　A2C2 和 bioymifi 的结构和生物活性

物有一定促死亡活性,说明连在酰亚胺上的芳环由富电子变为缺电子,能改善这类化合物的促死亡活性,而换作其他一些拉电子基团取代的化合物也有不错的促死亡活性。其中当 A1 苯环上对位的甲氧基被替换为溴原子时,其促细胞死亡活性最佳,该化合物被命名为 bioymifi(图 3 - 15)。生物实验还表明 bioymifi 能单独作用于癌细胞导致其死亡,而不用 Smac 模拟物的协同作用。因此,bioymifi 是一种更好的促进细胞死亡诱导物,且适用于细胞程序性死亡的研究。

为了解析 bioymifi 的具体作用机制中,雷晓光课题组和王晓东课题组合作,进行了深入的生化机制研究。他们首先发现 bioymifi 的促细胞死亡作用能被广谱胱天蛋白酶抑制剂 z - VAD - FMK 抑制,证明 bioymifi 的促细胞死亡作用有赖于胱天蛋白酶介导的通路。免疫印迹实验和胱天蛋白酶-3 酶活实验表明,bioymifi 处理的细胞中胱天蛋白酶-8 和胱天蛋白酶-3 被大量激活,聚腺苷酸二磷酸核糖转移酶(PARP)出现降解,证明 bioymifi 造成的细胞死亡属于外部途径介导的细胞凋亡。而对细胞凋亡内源通路胱天蛋白酶-9 的 RNA 干扰并不能影响 bioymifi 的促凋亡活性,说明 bioymifi 不能通过内源途径影响细胞凋亡,进一步印证了 bioymifi 的促凋亡原理是激活胱天蛋白酶-8 依赖的细胞凋亡外部途径(图 3 - 16)。

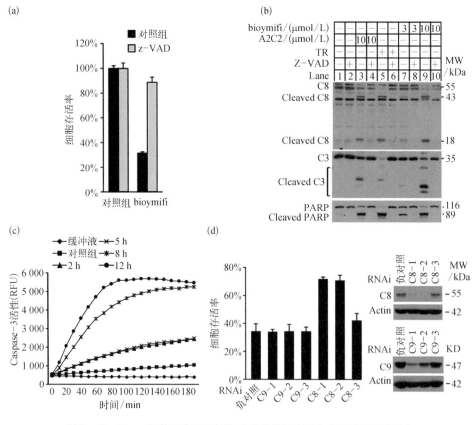

图 3 - 16 bioymifi 激活胱天蛋白酶-8 依赖的细胞凋亡外部途径促进凋亡

细胞凋亡外部途径中,胱天蛋白酶-8直接被细胞膜上的 TNF 超家族死亡受体激活,因此进一步的机制阐明就要确定 bioymifi 具体作用于哪个死亡受体。于是他们通过 RNA 干扰筛选,在包含 TNF 超家族受体 TNFR1、DR3、DR4、DR5、DR6 和 Fas 的干扰性小核糖核酸(siRNA)库里寻找到能被干扰的死亡受体。结果发现,当 DR5 的表达被抑制时,bioymifi、A2C2 和 TRAIL 蛋白诱发的凋亡也相应地被抑制,而上述其他几种死亡受体的表达抑制却几乎不会影响 bioymifi、A2C2 和 TRAIL 蛋白引起的凋亡(图 3 - 17)。该结果说明 bioymifi 与 TRAIL 类似,在细胞中的主要受体是 DR5。进一步的实验表明,凋亡的抑制与 DR5 的抑制呈现正相关。

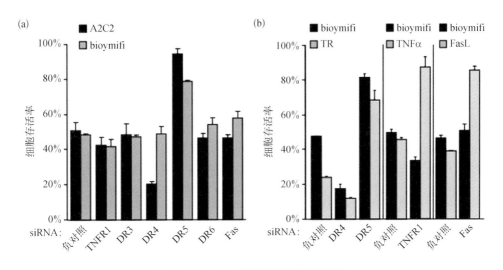

图 3 - 17 bioymifi 能激活 DR5 促进凋亡

死亡受体 DR5 是 TRAIL 蛋白的主要细胞受体,并有激活外源性凋亡通路的活性。DR5 由胞外包含三个肿瘤坏死因子受体半胱氨酸样重复单元(TNFR - Cys repeat)的胞外结构域(ECD)、跨膜结构域以及胞内的死亡结构域(DD)组成。从同源性上看,DR5 和死亡受体 DR4 有很高的同源度,其 N 端的胞外结构域与 DR4 具有 58% 的相同序列和 70% 的相似序列,而 C 端的死亡结构域更与 DR4 具有 63% 的相同序列和 75% 的相似序列。[17] 然而之前的实验表明,bioymifi 似乎选择性只作用于 DR5 而不作用于 DR4。为了进一步确定这一现象,王晓东课题组重组表达了 DR5 和 DR4 的胞外结构域,并通过等温滴定量热法(isothermal titration calorimetry, ITC)测定 bioymifi 和这些死亡受体胞外结构域之间的亲和力。实验数据表明,bioymifi 有选择性地与 DR5 胞外结构域形成复合物,且解离常数(K_d)为 1.5 μmol/L,而与 DR4 的胞外结构域却完全没有结合(图 3 - 18)。这证明了 bioymifi 通过胞外结构域选择性直接作用于死亡受体 DR5。

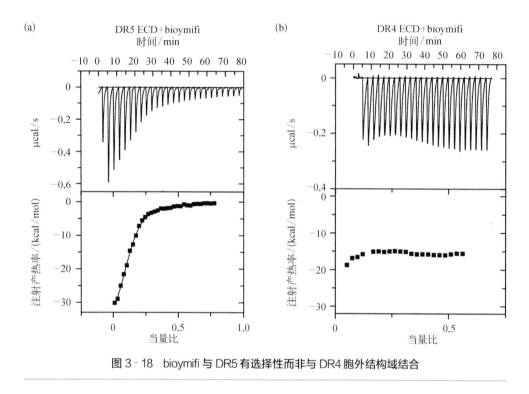

图 3 - 18 bioymifi 与 DR5 有选择性而非与 DR4 胞外结构域结合

在细胞凋亡的外部途径中,死亡受体被激活后,会发生寡聚从而激活下游凋亡信号通路。[18] 为了进一步阐明 bioymifi 的作用机制,雷晓光课题组还与王晓东课题组合作开展了 bioymifi 能否促使 DR5 寡聚的研究。他们首先将被 Flag 标记的全长 DR5 用 10 μmol/L 的 bioymifi 或 A2C2 在 DMSO 中体外孵育 1 h,发现有高相对分子质量的 DR5 - Flag 多聚物形成,证明 DR5 可在 bioymifi 作用下发生多聚。接着他们又将 DR5 的胞外结构域与 bioymifi 体外孵育,发现同样有高相对分子质量的 DR5 - Flag 多聚物形成,说明 bioymifi 促使 DR5 形成多聚物的活性不依赖于 DR5 除胞外域以外的部分,而是通过直接结合 DR5 的胞外域,通过使 DR5 的胞外域发生多聚而使 DR5 发生多聚。这些高相对分子质量的 DR5 的多聚体能够抵抗 SDS 和 2 -巯基乙醇的溶解,并可通过离心收集沉淀的方法获得。bioymifi 不仅在体外能促使 DR5 聚集,在体内亦如此。从图 3 - 19(d)中可以看到,当使用带红色荧光基团的 Flag 抗体标记表达 DR5 - Flag 的细胞时,正常细胞被标记上的红色荧光星星点点分布在细胞外缘,印证 DR5 均匀分布在细胞表面;TRAIL 处理的细胞被标记上的红色荧光相对正常细胞有一定程度集中,印证了 TRAIL 能使细胞的 DR5 发生聚集。相比之下,bioymifi 处理过的细胞被标记上的红色荧光几乎都聚在了一起,印证了 bioymifi 能使活细胞 DR5 多聚成簇。这种多聚物的形成也有赖于 DR5 的表达。由图 3-19(e)中可看到,使用 DR5 RNAi 干扰后的细胞,即使用 bioymifi 处理,表面的 DR5 多聚簇数目也显著降低,再次印证了这些 DR5 多聚簇的形成需要 DR5 和 bioymifi 的共同参与。

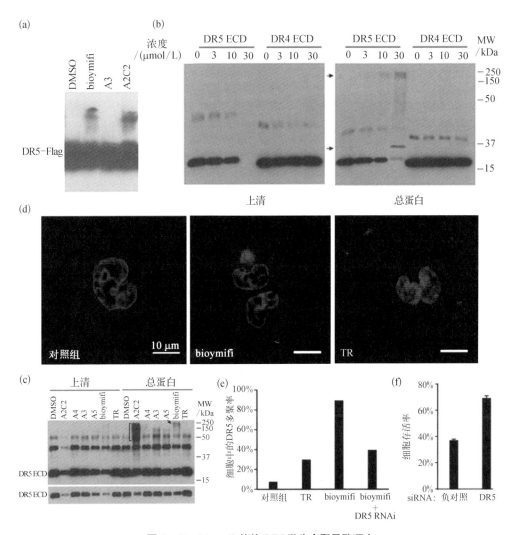

图 3-19　bioymifi 能使 DR5 发生多聚导致凋亡

以上结果表明,bioymifi 通过促使 DR5 发生多聚,从而激活细胞凋亡的外源通路,先后激活胱天蛋白酶-8 和胱天蛋白酶-3,从而导致细胞产生凋亡。综上所述,bioymifi

可以作为重要的工具分子被用于研究细胞凋亡的分子作用机制，同时它的发现也为进一步针对 TRAIL 通路设计与开发新颖高效的小分子抗癌药物先导奠定了基础（图 3－20）。该研究成果发表在 2013 年 2 月的《自然·化学生物学》杂志上[12]。*Chem. & Eng. News* 以"Small Molecule Makes Cancer Want To Kill Itself"为题目，对这工作做了专题新闻报道，给予了高度评价："... represents a significant breakthrough because it describes for the first time a direct small-molecule activator of the extrinsic pathway."[19]。该研究成果还受到了 *Nature Asia* 的新闻报道。

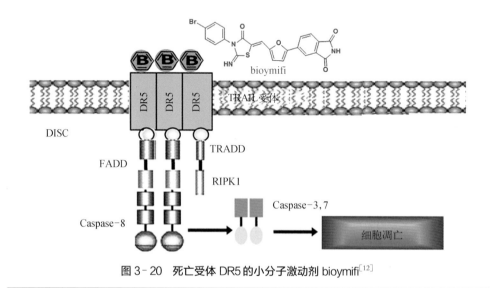

图 3－20　死亡受体 DR5 的小分子激动剂 bioymifi[12]

3.2.3　基于全合成和小分子探针的天然产物 Ainsliadimer A 的抗炎靶点IKKβ发现

　　天然产物全合成一直是化学领域的主要研究方向之一。在 2008 年，第二军医大学的张卫东课题组从中药大头兔儿风中分离得到了一个具有新颖结构的天然产物 ainsliadimer A（以下简称 dimer A），并发现有抑制细菌脂多糖导致细胞一氧化氮释放的抗炎作用。[20]经两年全合成研究，雷晓光课题组的李超博士等人完成了这种具有 7 个环、11 个手性中心的二聚倍半萜内酯全合成，并开发了一条利用原料易得的山道年和共同中间体去氢中美菊素 C（dehydrozaluzanin C）制备类似寡聚倍半萜内酯天然产物的高效合成路线（图 3－21）[21-23]。

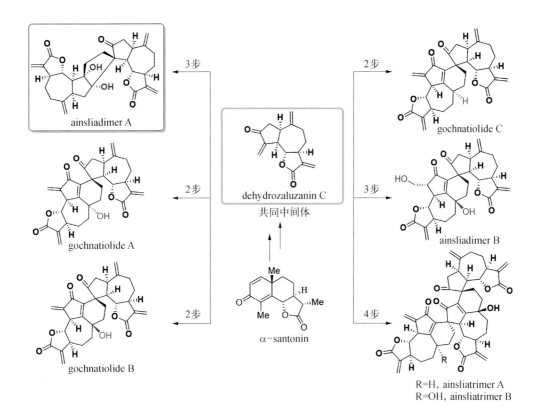

图 3-21　复杂寡聚倍半萜内酯的高效合成路线

　　高效全合成路线为这类寡聚倍半萜内酯提供了充足的来源,从而使对这类化合物生物活性与作用机制的详细研究成为可能。雷晓光课题组首先研究了 dimer A 的生物作用机制。[10]他们发现,dimer A 与肿瘤坏死因子 α 对细胞有协同杀伤作用,且该作用与dimer A 呈现浓度依赖关系[图 3-22(a)],说明 dimer A 作用的通路可能能够促进细胞凋亡。进一步研究发现 dimer A 可导致细胞内胱天蛋白酶-3 被活化,而该作用也被广谱胱天蛋白酶抑制剂 z-VAD-FMK 抑制[图 3-22(b)],证明其作用的通路在凋亡通路的上游。随后他们又检测了多种凋亡抑制蛋白的表达,包括 Bcl-2 类似蛋白 1 的完整型(Bcl-XL)、细胞抑制凋亡蛋白(c-IAP)和 FLICE 样抑制蛋白(FLICE-like inhibitory protein,FLIP),发现这些蛋白的表达量都发生下调,说明 dimer A 有广谱抑制细胞存活蛋白表达的活性,很有可能作用在这些抗凋亡蛋白的基因转录因子信号通路上。

　　由于这些抗凋亡蛋白的转录都受到 NF-κB 信号通路的调控,雷晓光课题组又研究了 dimer A 对 NF-κB 信号通路的作用。其中,脂多糖和多聚肌苷酸-胞苷酸复合物

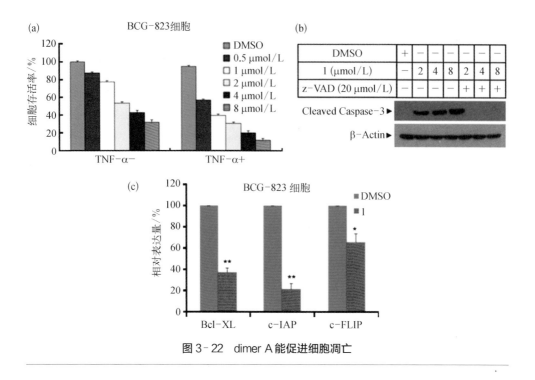

图 3‒22 dimer A 能促进细胞凋亡

[poly(Ⅰ:C)]都是 NF‒κB 通路上游的激活剂,而化合物 BMS‒345541 则是一种作用在 IKK 水平上的抑制剂,可以阻断 IKK 对 IκB 的磷酸化从而抑制 NF‒κB 通路。如图 3‒23 所示,他们用脂多糖或 poly(Ⅰ:C)处理细胞,从而激活 NF‒κB 通路,然后又用 dimer A 看能否抑制。结果表明,dimer A 与 BMS‒345541 一样能够抑制 IκB 的磷酸化,且起到同样效果时所需的浓度更低,说明 dimer A 能在 IκB 水平或其上游通路高效抑制 NF‒κB 通路的激活。

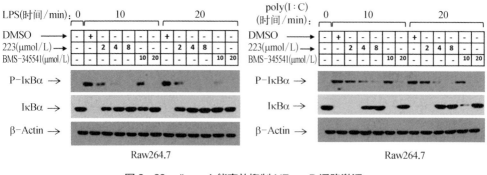

图 3‒23 dimer A 能高效抑制 NF‒κB 通路激活

与 NSA 类似，dimer A 结构中也有两个 α,β 不饱和羰基化合物结构，因此其作用方式也有可能是共价结合蛋白某个特定位点的半胱氨酸残基。如果的确如此，那就可以通过与 NSA 靶点鉴定类似的方法构建探针鉴定靶点。[12] 于是雷晓光课题组首先运用药物化学的手段对 dimer A 进行了构效关系研究，发现当 α,β 不饱和羰基被还原得 dimer A 衍生物(化合物 3)失去生物活性，不再能抑制 IκB 的磷酸化(图 3-24)，并可以用作负对照(NC)探针。另外，dimer A 有一个非共轭酮羰基，该羰基对修饰具有一定的容忍性，不但在被还原后仍能保持 IκB 的磷酸化抑制活性(图 3-24，化合物 2)，即使在制成探针[图 3-24(c),Probe]后仍能保持生物活性[图 3-24(d)]。

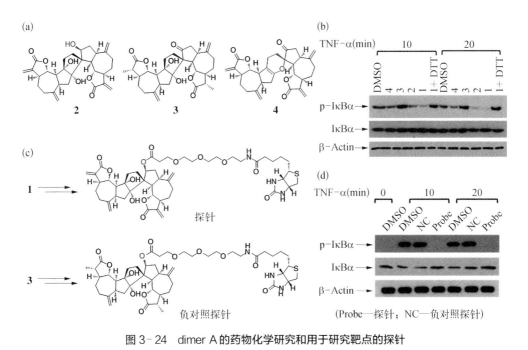

图 3-24　dimer A 的药物化学研究和用于研究靶点的探针

接着他们就用合成的探针来 pull-down 与 dimer A 共价结合的靶点。利用合成的探针，他们从细胞裂解液中用链霉亲和素成功 pull-down 出来两条条带，经质谱鉴定分别为 IKKα 和 IKKβ[图 3-25(a)]。免疫印迹实验也表明，用链霉亲和素 pull-down 的条带分别能与 IKKα 和 IKKβ抗体反应，而负对照探针 pull-down 的裂解液则不能，证明 dimer A 的靶蛋白与 IKKα/β相关[图 3-25(b)]。为了证明 dimer A 共价结合的靶蛋白就是 IKKα 和 IKKβ，他们又用细胞内重组表达的 IKKα 和 IKKβ直接与 dimer A 探针共孵育，再用生物素抗体分析 IKKα/β是否接上了探针。实验结果说明 IKKα 和 IKKβ

条带都能同时被抗探针的生物素抗体和抗重组蛋白本身的 Flag 抗体标记,证实了 IKKα 和 IKKβ 都能浓度依赖地与 dimer A 探针共价结合[图 3 - 25(c)(d)]。进一步实验还表明 IKKβ 与 dimer A 探针共价结合还能被 dimer A 竞争下[图 3 - 25(e)],说明 dimer A 的细胞靶点就是 IKKα 和 IKKβ。

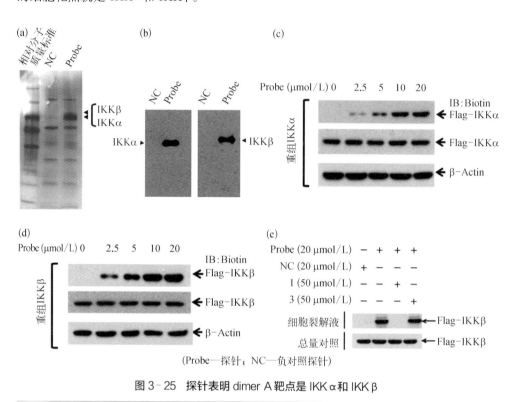

图 3 - 25　探针表明 dimer A 靶点是 IKKα 和 IKKβ

进一步说明 dimer A 的作用机制需要说明在 IKK 上的结合位点。对 IKKα 和 IKKβ 序列比对表明,它们有 9 个保守半胱氨酸残基。对其进行逐一突变后,发现只有 46 位半胱氨酸残基突变的 IKKβ 不结合探针[图 3 - 26(a)]。而将 IKKα 的 46 位半胱氨酸残基突变后,也不再结合 dimer A 探针[图 3 - 26(b)],由此基本可以确定,IKKα/β 的 46 位半胱氨酸是 dimer A 的结合位点,这一结果也被质谱数据证实[图3 - 26(c)]。

根据之前的序列分析和晶体结构,C46 并非处于 IKKβ 的催化活性中心。这说明,dimerA 对 IKK 作用应该是别构调节。利用分子动力学模拟,雷晓光课题组发现 dimer A 的别构调节结合口袋是一个由包括 W58、I62、V79、L91、P92、L94 等多个疏水氨基酸组成的疏水口袋,其中有一个在自然状态下相对暴露在表面的 58 位色氨酸。蛋白质中的色氨酸有紫外区荧光效应,但若暴露在蛋白表面并加入猝灭剂,其荧光即被猝灭;而若被包埋在蛋白内部,则不会受到猝灭剂影响而继续发出荧光。因此,可用色氨酸荧光猝灭来研究IKK β的W58与dimer A结合是否发生了构象变化。[24]根据斜率(图3-27),他们确定了猝灭剂丙烯酰胺处理使用或不使用dimer A的IKK β蛋白的Stern-Volmer常数分别为$(7.6709 \pm 0.2)(mol/L)^{-1}$和$(11.076 \pm 0.2)(mol/L)^{-1}$,两种有明显区别。这表明,通过诱导靶蛋白的构象变化,dimer A与IKK β的结合能部分保护W58免受猝灭剂的影响。换句话说,dimer A与IKK β结合的过程使W58由本来的部分暴露状态转变为更完全包埋,从而对IKK β产生了别构调节效应。

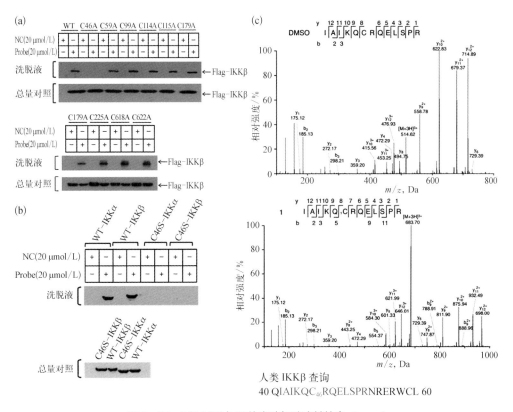

图 3-26　IKK β 通过 46 位半胱氨酸残基结合 dimer A

　　既然是别构调节效应,那么 dimer A 理论上应该对 IKK β 有相当好的选择性,也就是在低浓度时不影响其他激酶的活性。为了证实这一假设,他们又研究了多达 340 种人类激酶在 200 nmol/L dimer A 下的酶活性。如图 3-28 所示,他们发现除了 IKK β 的酶活性在此条件下仅剩 60% 外,其他激酶的酶活性都有 80% 以上,由此证明 dimer A 是特异的 IKK β 抑制剂,而不会对其他激酶产生脱靶抑制效应。

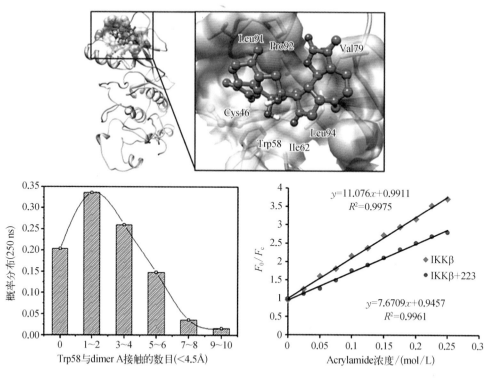

图3-27 猝灭法研究 dimer A 对 IKKβ 的别构调节效应

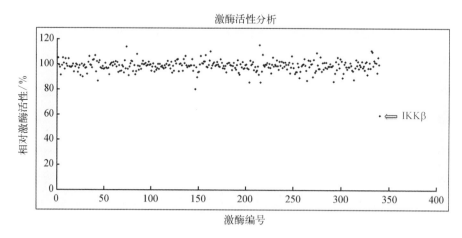

图3-28 dimer A 是特异的 IKKβ 抑制剂

　　这说明 dimer A 同时具有很好的安全性，有可能作为一种药物进行开发，因此雷晓光课题组还研究了 dimer A 对活体裸鼠人胃腺癌移植模型的抑制作用。他们发现，以相同的剂量(30 mg/kg)dimer A 与 IKK 抑制剂 BMS－345541 处理移植肿瘤的裸鼠,肿瘤体积相比未处理的情况下增大速率显著减缓,与 BMS－345541 不相上下[图 3－29(a)]。进一步研究表明,在施用 dimer A 期间,小鼠没有显现任何可辨别的副作用或显著的体重变化[图 3－29(b)],说明 dimer A 有良好的药用安全性。

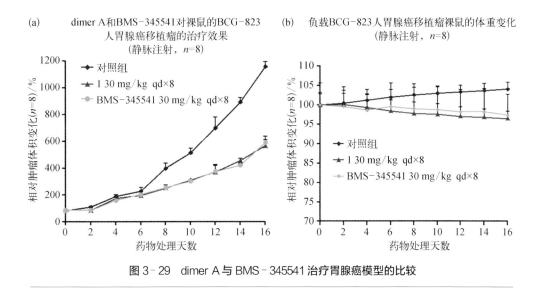

图 3－29 dimer A 与 BMS－345541 治疗胃腺癌模型的比较

总而言之,基于全合成和化学探针合成,雷晓光课题组发现了 Ainsliadimer A 的细胞靶点 IKKβ并说明了其作用机制,并发现 Ainsliadimer A 通过共价结合 IKKβ的 46 位半胱氨酸从而别构抑制了其催化活性。此外,他们还在动物模型水平上证实了 Ainsliadimer A 是非常安全、有效而具有发展前景的药物前导化合物。这项工作已经被发表在 2015 年的 *Nature Communications* 上。[10]

3.2.4 利用天然产物 kongensin A 发现调控程序性细胞坏死新机制

最近,雷晓光课题组与王晓东课题组合作进一步利用正向化学遗传学方法,通过针对细胞程序性坏死通路,以肿瘤坏死因子 α、Smac 模拟物和 z－VAD－FMK 为细胞程序性坏死诱导物对 30 万个小分子化合物进行高通量筛选,从而找到一系列全新的、能够高效阻止细胞坏死发生的小分子化合物。除了 NSA 及其类似物外,其中还包括一种从大戟科巴豆属灌木植物越南巴豆(*Croton kongensis*)中分离得到的二萜类天然产物江子素 A(kongensin A,KA)。对其抗坏死作用的初步研究表明,

KA 是一个非常高效的程序性坏死抑制剂及细胞凋亡诱导剂。而进一步的机制研究表明,KA 能在 RIPK1 下游、RIPK3 上游抑制细胞程序性坏死(图 3-30),说明它的分子作用机制与包括 NSA 在内的之前的细胞坏死抑制剂都不同,即 KA 具有全新的生物作用机制。

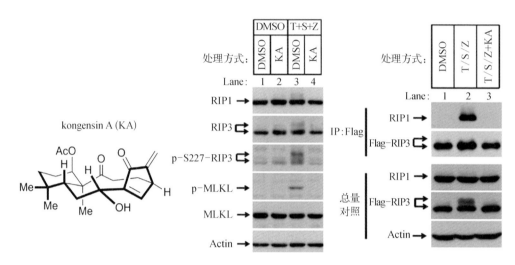

图 3-30　KA 能在 RIPK1 下游、RIPK3 上游抑制细胞程序性坏死

　　考虑到 KA 同样具有 α,β 不饱和羰基化合物的结构和与蛋白活性半胱氨酸发生共价结合的能力,雷晓光课题组与沈志荣课题组展开合作,决定利用类似于 NSA 和 dimer A 的共价探针策略来研究 KA 的靶点。[10][12]为了便于靶点研究,雷晓光课题组还利用了之前发现的生物正交反应 TQ-ligation。[25]如图 3-31 所示,他们在 2013 年发现取代的具有水杨醇结构的化合物能可逆脱水生成邻亚甲基醌,然后与烯基硫醚发生杂环[4+2]环加成反应,后将其命名为烯基硫醚-邻亚甲基醌连接反应或 TQ 连接反应(TQ-ligation)。[25]该反应在常温水相中性条件下即可较快发生,且具有一定的生物正交性,为新一代生物正交反应。以含有烯基硫醚的探针与细胞裂解液孵育,再与带水杨醇衍生物的生物素发生 TQ-ligation,他们发现热休克蛋白 90(HSP90)能被 pull-down,说明 HSP90 是 KA 的一个直接的细胞靶点(图 3-31)。

　　体外生化实验和蛋白质质谱研究进一步证实 KA 共价结合 HSP90 β 中间结构域中从未研究过功能的第 420 位半胱氨酸。在对多个物种的 HSP90 进行序列比对后,他们发现该半胱氨酸在动物中相当保守,可能有重要功能。进一步研究发现 KA 处理的细胞中包含 AKT、CDK、RIPK3 在内的多种激酶发生浓度依赖性降解，证明 KA 破坏了这些蛋白的稳定性。随后的研究发现，KA 能使 HSP90 与它的协同伴侣分子（co-chaperon）细胞分裂周期控制蛋白 37（CDC37）分开，而 CDC37 在细胞中能在 HSP90 帮助下稳定很多激酶并保持其活性。[26]因此一旦 CDC37 与 HSP90 分开，RIPK3 就失去活性并开始降解，程序性坏死也因此被抑制（图 3 - 32）。有趣的是，KA 处理后，细胞还会发生多种脱天蛋白酶的活化并促进凋亡。

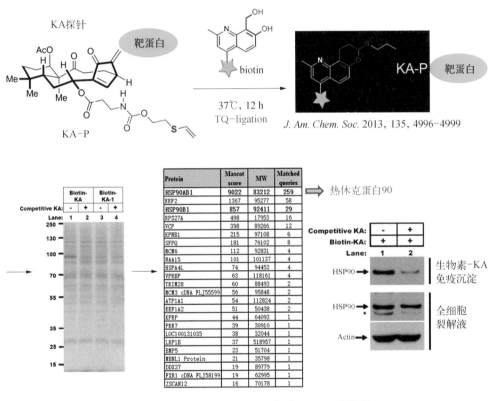

图 3-31　TQ-ligation 和 KA 靶点 HSP90 的发现

该研究证明 HSP90 和 CDC37 协同伴侣分子复合物介导的蛋白质折叠是程序性坏死过程中 RIPK3 激活过程的一个重要且必须的组成部分。通过小分子特异性地阻碍这一过程可以有效地抑制程序性细胞坏死，并包括 TNF - α 引发的全身性炎症反应综合征在内的相关疾病具有治疗效果（图 3 - 32）。该工作作为 Featured Article 在 *Cell Chemical Biology* 上发表[13]，并且得到同期内的亮点工作新闻评述"The importance of being chaperoned：HSP90 and necroptosis"（*Cell Chem . Biol .*，2016，23，257 - 266）。

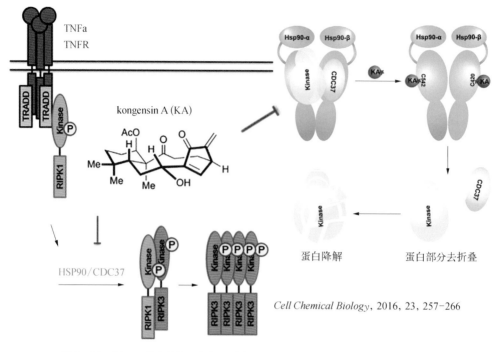

图 3‑32　利用天然产物揭示新的程序性细胞坏死分子作用机制和化学调控方法

Cell Chemical Biology, 2016, 23, 257‑266

3.3　讨论与展望

　　自 Stuart Schreiber 在 20 世纪 90 年代初发现雷帕霉素抗细胞自噬的作用机制是促进靶蛋白 FKBP12 与 mTOR 结合以来,调控细胞程序性死亡的小分子和其作用机制的化学生物学研究已经走过 30 余年。在此期间,不断有新的作用于细胞死亡通路的小分子被发现,也不断有全新的细胞程序性死亡机制被揭示,细胞程序性死亡的研究也已经从最初纯粹的形态学研究转向对其分子机制的逐步阐明。

　　由于细胞程序性死亡明确的形态学特点和较为方便的分析手段,基于高通量筛选的干预细胞程序性死亡小分子被发现不失为一条可行而方便的途径。通过高通量筛选,雷晓光课题组发现了 necrosulfonamide、bioymifi 和 kongensin A 等能调控细胞程序性死亡的小分子,它们截然不同的调控细胞程序性死亡途径也揭示了很多全新的细胞程序性死亡通路和靶点。而细胞程序性死亡的机制研究到目前为止仍然不甚充分,很多情况下小分子的靶点寻找难度较大,因此基于共价作用小分子的化学生物学探针是细胞程序性死亡机制的解析利器。其中又以基于 α,β 不饱和羰基化合物的共价抑制剂使用最为方便,其具有以下优点:(1) 反应活性适中,既不容易脱靶和在溶液中自分解,也能与目标蛋白的活性残基发生共轭加成并牢固结合;(2) 化学修饰方便,将 α,β 不饱和键还原往往就能获得没有活性的化合物,易于做出负对照化合物和探针;(3) 成键可靠,对绝大多数生化分析方法稳定,且适用于质谱检测;(4) 对化合物的亲疏水等药物化学特性影响微乎其微;(5) 与非天然氨基酸、生物正交反应等其他化学生物学方法兼容性好;(6) 无需外加催化剂催化等。利用基于 α,β 不饱和羰基化合物小分子程序性死亡调控剂的探针和 pull-down 方法,雷晓光课题组也揭示了包括 MLKL、IKK β、HSP90 β 等一系列程序性死亡通路上的新靶点和其调控方法,推进了人们对细胞程序性死亡过程的理解。

这些小分子的靶点在通路中位置也各不相同,既可以在细胞死亡通路的最上游(如 bioymifi)激活通路,也可以在细胞死亡通路的最下游(如 NSA)阻断通路。这为我们发现全新的程序性死亡调控剂提供了新的方法:最上游的激活剂可以用于筛选整条通路上的抑制剂,而最下游的阻断剂则可用于筛选整条通路上的激活剂。这就像广谱胱天蛋白酶抑制剂 z-VAD-FMK,特异性抑制细胞凋亡和细胞焦亡的执行蛋白胱天蛋白酶,从而可用于细胞凋亡和细胞焦亡的通路研究。

目前,包括细胞铁死亡、细胞焦亡、网捕死亡、副凋亡、细胞胀亡和有丝分裂灾难在内的新型程序性细胞死亡通路已被发现,而对其上下游机制和小分子调控物仍然知之甚少,有待化学生物学家的研究。深入了解小分子调控细胞死亡通路和作用生物大分子还能为多种细胞程序性死亡相关疾病的分子设计和体外筛选提供理论指导,也有利于将来靶向细胞程序性死亡通路的新型药物分子实体开发。

参考文献

[1] Norbury C J, Hickson I D. Cellular responses to DNA damage[J]. Annual Review of Pharmacology and Toxicology,2001,41:367-401.

[2] Dong T, Liao D H, Liu X H, et al. Using small molecules to dissect non-apoptotic programmed cell death: Necroptosis, ferroptosis, and pyroptosis[J]. ChemBioChem,2015,16(18):2557-2561.

[3] Brown E J, Albers M W, Bum Shin T, et al. A mammalian protein targeted by G1-arresting

rapamycin-receptor complex[J]. Nature, 1994, 369(6483): 756 - 758.

[4] Black S. Neonatal hypoxic-ischemic brain injury: Apoptotic and non-apoptotic cell death[J]. Journal of Neurology and Neuromedicine, 2016, 1(4): 5 - 10.

[5] Marsters S A, Sheridan J P, Pitti R M, et al. A novel receptor for Apo2L/TRAIL contains a truncated death domain[J]. Current Biology: CB, 1997, 7(12): 1003 - 1006.

[6] Degterev A, Huang Z H, Boyce M, et al. Chemical inhibitor of nonapoptotic cell death with therapeutic potential for ischemic brain injury[J]. Nature Chemical Biology, 2005, 1 (2): 112 - 119.

[7] Xie T, Peng W, Liu Y X, et al. Structural basis of RIP_1 inhibition by necrostatins[J]. Structure, 2013, 21(3): 493 - 499.

[8] Wu Z J, Li Y, Cai Y, et al. A novel necroptosis inhibitor-necrostatin-21 and its SAR study[J]. Bioorganic & Medicinal Chemistry Letters, 2013, 23(17): 4903 - 4906.

[9] Schuliga M. NF-kappaB signaling in chronic inflammatory airway disease[J]. Biomolecules, 2015, 5(3): 1266 - 1283.

[10] Dong T, Li C, Wang X, et al. Ainsliadimer A selectively inhibits IKKα/βby covalently binding a conserved cysteine[J]. Nature Communications, 2015, 6: 6522.

[11] Sun L M, Wang H Y, Wang Z G, et al. Mixed lineage kinase domain-like protein mediates necrosis signaling downstream of RIP_3 kinase[J]. Cell, 2012, 148(1/2): 213 - 227.

[12] Wang G L, Wang X M, Yu H, et al. Small-molecule activation of the TRAIL receptor DR5 in human cancer cells[J]. Nature Chemical Biology, 2013, 9(2): 84 - 89.

[13] Li D R, Li C, Li L, et al. Natural product kongensin A is a non-canonical HSP90 inhibitor that blocks RIP_3-dependent necroptosis[J]. Cell Chemical Biology, 2016, 23(2): 257 - 266.

[14] Wang H Y, Sun L M, Su L J, et al. Mixed lineage kinase domain-like protein MLKL causes necrotic membrane disruption upon phosphorylation by RIP_3[J]. Molecular Cell, 2014, 54(1): 133 - 146.

[15] Dondelinger Y, Declercq W, Montessuit S, et al. MLKL compromises plasma membrane integrity by binding to phosphatidylinositol phosphates[J]. Cell Reports, 2014, 7(4): 971 - 981.

[16] Fulda S, Vucic D. Targeting IAP proteins for therapeutic intervention in cancer[J]. Nature Reviews Drug Discovery, 2012, 11(2): 109 - 124.

[17] Chaudhary P M, Eby M, Jasmin A, et al. Death receptor 5, a new member of the TNFR family, and DR4 induce FADD-dependent apoptosis and activate the NF-kappaB pathway[J]. Immunity, 1997, 7(6): 821 - 830.

[18] Walczak H, Krammer P H. The CD95 (APO-1/fas) and the TRAIL (APO-2L) apoptosis systems [J]. Experimental Cell Research, 2000, 256(1): 58 - 66.

[19] Stu Borman, Small molecule makes cancer want to kill itself[J]. Chemical & Engineering News, 2013, 91 (2): 37.

[20] Wu Z J, Xu X K, Shen Y H, et al. Ainsliadimer A, a new sesquiterpene lactone dimer with an unusual carbon skeleton from *Ainsliaea macrocephala*[J]. Organic Letters, 2008, 10(12): 2397 - 2400.

[21] Li C, Yu X L, Lei X G. A biomimetic total synthesis of (+)-ainsliadimer A[J]. Organic Letters, 2010, 12(19): 4284 - 4287.

[22] Li C, Dian L Y, Zhang W D, et al. Biomimetic syntheses of (−)-gochnatiolides A - C and (−)-ainsliadimer B[J]. Journal of the American Chemical Society, 2012, 134(30): 12414 - 12417.

[23] Li C, Dong T, Dian L Y, et al. Biomimetic syntheses and structural elucidation of the apoptosis-inducing sesquiterpenoid trimers: (−)-ainsliatrimers A and B[J]. Chemical Science, 2013, 4

(3): 1163.

[24] Murali R, Cheng X, Berezov A, et al. Disabling TNF receptor signaling by induced conformational perturbation of tryptophan-107[J]. PNAS, 2005, 102(31): 10970 – 10975.

[25] Li Q, Dong T, Liu X H, et al. A bioorthogonal ligation enabled by click cycloaddition of o-quinolinone quinone methide and vinyl thioether[J]. Journal of the American Chemical Society, 2013, 135(13): 4996 – 4999.

[26] Stepanova L, Leng X, Parker S B, et al. Mammalian p50Cdc37 is a protein kinase-targeting subunit of Hsp90 that binds and stabilizes Cdk4[J]. Genes & Development, 1996, 10(12): 1491 – 1502.

MOLECULAR SCIENCES

Chapter 4

第 4 章

DNA 编码化合物库

李笑宇　周瑜　李亦舟　赵鹏

4.1 引言

DNA作为分子编码用于分子库的合成具有许多独特的优势。首先,DNA具有很高的信息存储量,例如一条含有20个碱基的DNA即可对上百万个成员的分子库进行编码。其次,通过与常规的核酸扩增技术(如PCR等)结合,就能完成对痕量DNA(低于fmol①级)的放大,实现对分子库中活性化合的选择。这样的灵敏度是传统的筛选方法无法达到的。再者,对混合DNA样品的分离纯化手段和测序技术已经发展成熟并被广泛应用,使得DNA编码的分子库具有能够进行衍化的特性。基于这些优良的性质,促使利用DNA作为编码对分子库进行合成及活性分子性选择的领域,在近十年来得到了快速发展。

将DNA用作化学分子库编码的设想最早由Brenner和Lerner于1992年所提出(图4-1)[1]。他们采用寡居核苷酸对通过"拆分与混合"(split-and-pool)进行合成的分子库进行记录,通过几轮小分子与DNA在同一个珠子上的共合成获得了分子库。在该分子库中,每一成员都连有一条对其进行编码的DNA[2]。

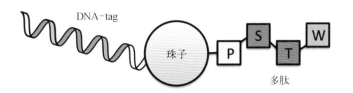

图 4-1 Brenner等发展的DNA编码分子库

DNA编码分子库几乎是人类至今发展出的最微型化高通量筛选体系。在传统高通量筛选体系中,需要通过一定的手段使分子库中所有成员在空间上分离开来。然而,在DNA编码分子库中,每个成员均被与其相连的DNA模板分开。这样微型化的设计显著减少了在原料、化合物合成与管理、筛选等方面的花费,并增加了分子库成员的数量。利用DNA控制技术,这一"纳米级"的技术使得大规模分子库的合成及相关活性化合物的筛选能够在普通实验室中进行。DNA编码分子库不仅具有微型化的特点,同时其合成编码的分子库所具有的多样性远远超过了传统高通量筛选中使用

---

① 1 fmol = 10^{-9} mol。

的分子库。这种被称为"扫条码,找新药"的技术将化学合成与基因编码策略有机地结合起来,能高效构建超大规模化合物库(10^{12}数量级)[3],并针对疾病相关靶标进行高通量筛选[4]。近年来,这项技术发展迅速,已逐步被多家制药公司(葛兰素史克、罗氏等)作为核心研发手段用于新药发现,获得了一系列先导化合物。由该技术获得的部分化合物已被进一步用于临床研究(如化合物 GSK2982772)[5]。本章将着重介绍 DNA 编码分子库的合成与筛选策略以及一种新型蛋白标记方法,即 DNA 编码的亲和标记技术(DNA photoaffinity labeling, DPAL),在 DNA 编码分子库中的应用。

4.2 研究进展与成果

4.2.1 DNA 编码分子库合成与筛选策略及其在活性小分子筛选研究

4.2.1.1 文献报道的 DNA 编码分子库合成策略

由 Liu 等人发展的 DNA 模板化学不仅具有增加反应底物有效浓度的特点,该策略还能够将 DNA 库"翻译"为对应的合成分子库,并进行相关的体外(*in vitro*)选择。这是由于通过 DNA 模板化学合成的最终产物与 DNA 模板相连,同时碱基互补配对作用使得同一体系中的不同 DNA 能够依据序列专一性进行杂交,保证了编码的准确性。2004年,Liu 等报道了第一例基于 DNA 模板化学的小分子化合物分子库合成。[6]通过连续三步 DNA 模板控制的酰胺键形成反应和一步 Wittig 反应,合成了包含 65 个成员的大环化合物分子库。通过在分子库中引入苯磺酰胺结构基元并用碳酸酐酶进行模拟选择,证实了通过 DNA 模板化学能够进行分子库的合成及相关活性选择。几年后,该研究小组通过对 DNA 模板化学中纯化方式和编码技术的改进实现了对于包含 13 000 个成员分子库的快速合成(图 4 - 2)[7]。

丹麦 Vipergen 公司的研究人员发展了一种基于 DNA 连接的 DNA 导向分子库合成策略,并通过该策略合成了包含 100 个成员的多肽分子库(图 4 - 3)[8]。他们利用 DNA 模板化学,于三条 DNA 交汇的中心发生多步反应构建分子库。因该反应在 Yocto 升(Yocto 升 = 10^{-24}升)的空间中进行,故将该体系称为"Yocto 反应"。

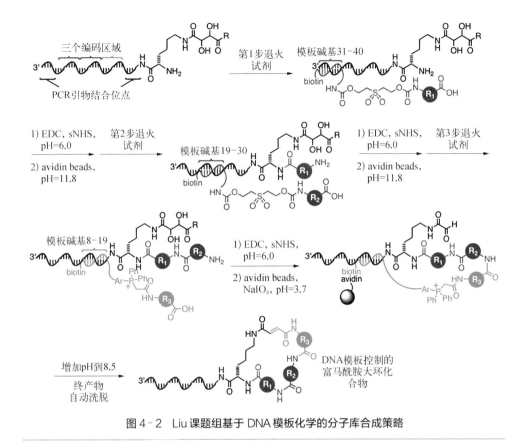

图 4-2　Liu 课题组基于 DNA 模板化学的分子库合成策略

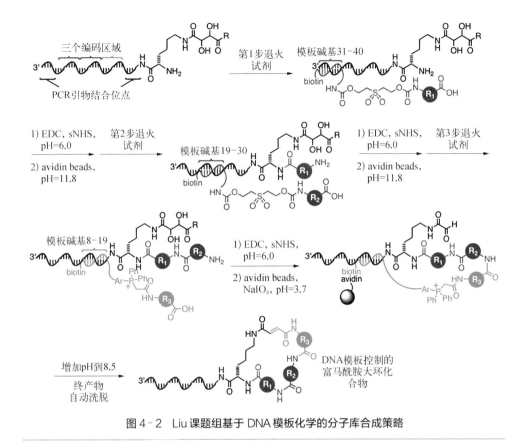

图 4-3　Vipergen 公司基于 DNA 连接的 DNA 导向分子库合成策略

　　Harbury 和合作者发展了一种独特的 DNA 导向分子库合成策略,称为 DNA 展示技术(DNA display)[9]。该技术通过将 DNA 控制化学具有的序列专一性与直接可以购得的反应基元相结合,实现了分子库的合成。在 DNA 展示技术中(图 4-4),固载 DNA

序列通过与分子库中含有对应反密码子的 DNA 结合，达到从空间上依据编码的不同进行分组的目的。进而可以与组合化学的"拆分与混合"策略结合完成分子库的合成。通过八次"拆分-反应-混合"的过程，Harbury 等实现了由 1 亿个多肽成员组成的分子库的合成。

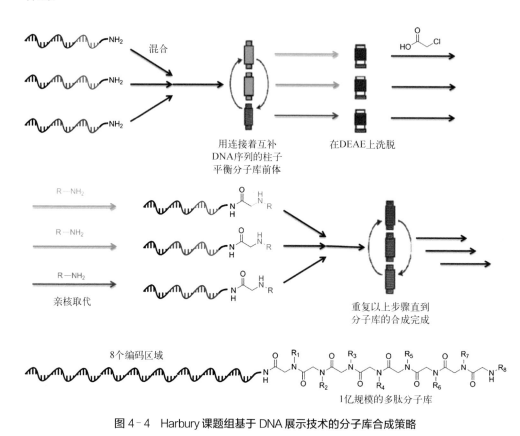

图 4-4　Harbury 课题组基于 DNA 展示技术的分子库合成策略

Neri 等人报道了另一种 DNA 导向的分子库合成策略，称为编码自组装组合分子库（encoded self-assembling combinatorial，ESAC）[10]。在这一策略中，每一个分子片段都连接到一条 DNA 上，而该 DNA 既包括一段相互之间可以进行杂交的恒定序列，又在尾端连有一段与分子片段对应的编码序列。由于 DNA 的杂交配对，使得分子片段空间上靠近，形成组合分子库。这种策略的本质是基于分子片段的药物选择（fragment-based selection），其优势在于整个过程没有 DNA 导向的化学反应，同时也不需要使用连接手段记录分子信息。在完成分子片段的选择之后，再将各种分子片段通过化学方法连接起来，作为进一步优化的起点（图 4-5）。

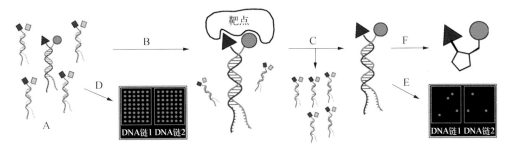

图 4-5 Neri 课题组 ESAC 分子库合成策略及活性选择

葛兰素史克(GSK)公司的研究人员发展了一种基于连接策略的分子库合成方法(图 4-6)。在每一步的反应结构基元连接到模板 DNA 前,先通过酶链接的方式将对结构基元进行编码的 DNA,以双链的方式与模板 DNA 进行连接。通过三轮重复由连接-反应组成的步骤,GSK 的研究人员获得了一个包含 7 百万个成员的分子库。继续对该分子库进行一轮反应-连接步骤,即可获得理论成员数目达到 8 亿规模的 DNA 编码分子库[11]。

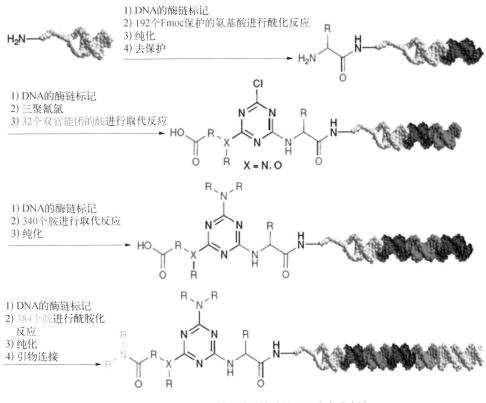

图 4-6 GSK 公司基于连接策略的分子库合成方法

4.2.1.2 基于万能 DNA 模板的 DNA 编码分子库合成策略[12]

在传统 DNA 模板控制分子库合成策略中,每一条模板 DNA 都含有若干由不同序列组成的编码区(codon)。在分子库合成的每一步反应中,每一个独立的编码区会与其序列互补的试剂 DNA(reagent DNA)结合,并发生相应 DNA 控制的化学反应。之后,将底物小分子转移到序列对应的模板 DNA 上[图 4 - 7(a)]。

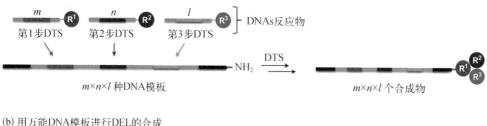

(a) 用传统DNA模板进行DEL的合成

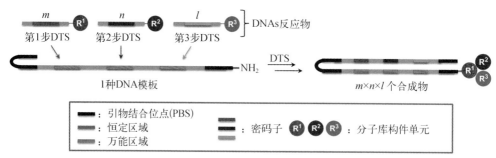

(b) 用万能DNA模板进行DEL的合成

图 4-7 传统 DNA 模板控制策略 (a) 与万能 DNA 模板控制策略 (b) 分子库合成方法比较

由于模板 DNA 上编码区序列与试剂 DNA 序列是互补的,因此保证了模板对于底物小分子结构信息的记录。在模板库中,序列不同的模板 DNA 经过多轮合成,可以得到最终 DNA 编码的分子库。例如,一个由 $m \times n \times l$ 种不同序列模板 DNA 组成的模板库(m、n 和 l 分别为每一轮反应中编码区的数目),经过三轮 DNA 模板控制的反应可以构建由 $m \times n \times l$ 个成员组成的分子库。在最终 DNA 编码分子库中,每一种不同的产物都对应着一种不同的模板 DNA。为了合成一个含有 $m \times n \times l$ 个成员的分子库,就需要合成 $m \times n \times l$ 种不同序列的模板 DNA。如果分子库由 1 000 000 个成员组成,则需合成 1 000 000 种模板 DNA。面对这样庞大的工作,即使是采用组合化学中"拆分与混合"的方式,[11]依旧是一项烦琐且花费巨大的 DNA 合成与纯化工作。更艰巨的工作是对编码区序列进行细致而烦琐的设计,以保证不会因为错误配对(mismatch)而导致编码混乱。该序列设计过程不是一件轻松的工作,它需要复杂的数学计算以及多轮迭代优化[13]。

　　为了解决需要大量合成模板 DNA 和编码序列设计复杂的问题,李笑宇等人通过改变编码策略的思路,希望发展一种万能 DNA 模板,使其在完成对于无论成员数目大小的分子库合成的同时,能够对产物的结构进行编码。这要求该万能 DNA 模板具有"一对多"的性质[图 4-7(b)]。当反应结束后,通过一定手段将试剂 DNA 连接到模板 DNA 上,使得合成产物的编码工作可以由试剂 DNA 完成。

　　次黄嘌呤通常被认为是一种万能碱基(universal base),因其被首次发现在不同的 tRNA 序列的反密码子第一位。tRNA 的反密码子第一位与 mRNA 的密码子第三位通过 Wobble 方式进行配对(非经典 Watson-Crick 配对方式。如图 4-8 所示,次黄嘌呤能与 A、T、C、G 四种碱基形成配对[14])。

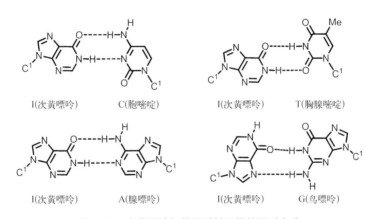

I(次黄嘌呤)　　C(胞嘧啶)　　　　I(次黄嘌呤)　　T(胸腺嘧啶)

I(次黄嘌呤)　　A(腺嘌呤)　　　　I(次黄嘌呤)　　G(鸟嘌呤)

图 4-8　次黄嘌呤与普通碱基可能的配对方式

　　该方法确定选用次黄嘌呤作为万能碱基,对万能编码区及两侧的恒定区采取了进一步的设计,使得万能编码区满足以下要求。(1)能够与多种试剂 DNA 进行配对。DNA 控制技术用于分子库构建的一大优势在于其能够高通量进行合成。因此要求模板 DNA 中,同一段万能编码区能与不同试剂 DNA 进行配对。为此该课题组设计了三个连续次黄嘌呤脱氧核苷酸(Ⅲ)的结构作为万能编码区(对于试剂 DNA 即为反编码子)。由于一个 Ⅰ 能够和 4 种不同的碱基配对,那么从理论上分析,这样 Ⅲ 的结构就能保证一段万能编码区能与 4 × 4 × 4 = 64 种不同的试剂 DNA 保持配对,对于一个由三步相同策略编码的试剂 DNA 构成的分子库,理论上可以编码 64 × 64 × 64 = 262 144 个成员。(2)配对结构具有一定的稳定性。为了保证配对结构的稳定性,他们在万能区的两侧各引入 5 个普通碱基作为恒定区。(3)配对的区域选择性。

结合上述三方面的考虑,李笑宇等人设计了如图 4-9 所示的三组核酸,并通过熔解曲线(melting curve)实验来测其结合能力。如图 4-9(b)所示,恒定区不配对时(图中绿线),相对吸收对温度曲线与 DNA 标准熔解曲线不符,说明两条 DNA 间没有形成稳定的结构。万能区为Ⅲ结构且恒定区配对时(图中蓝线)与万能区为普通碱基(GCT)时(图中棕线),相对吸收对温度曲线都与 DNA 标准熔解曲线相符,说明两条 DNA 间形成了稳定的结构。通过熔化温度比较可以发现:当引入Ⅲ结构后,两条 DNA 间的稳定性减弱。由于该课题组后续进行的 DNA 模板控制反应的温度都小于 50℃,因此他们使用三个连续次黄嘌呤核苷酸(Ⅲ)加上两侧各 6 个普通碱基作为恒定区的"6+3+6"结构进行后续的研究(为进一步提高稳定性和选择性,该课题组将两侧恒定区普通碱基都提升为 6 个)。

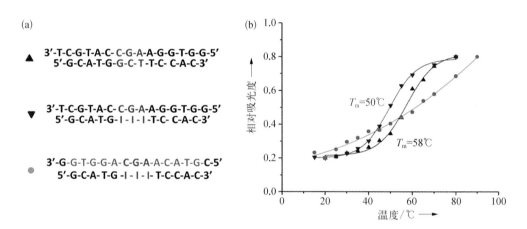

图 4-9 含有次黄嘌呤的核酸双链与普通的核酸双链稳定性比较

(a)稳定性测试实验中使用的三组 DNA 序列;(b)三组 DNA 的熔解曲线图

随后,该课题组对试剂 DNA 展开了进一步的设计。(1)能够与万能编码区配对并编码。图 4-10 中红色标注的"GCT"三个碱基即编码子,记录底物为 L-亮氨酸。(2)切断条件温和。在 DNA 模板控制的多步合成过程中,要求试剂 DNA 与底物小分子间的连接基团能够被切断,确保反应产物转移到模板 DNA 后,再进行下一步反应。因此发展高效且切断条件温和的连接基团对于多步 DNA 模板控制下分子库合成具有极大的意义。基于邻硝基苄基结构的光切除基团能够在特定波段紫外光照下发生断裂,但在非紫外光照条件下非常稳定。同时因其切断条件温和,切断效率高且与水环境及生物体系兼容等特点。为此该课题组将邻硝基苄基类光切除基团(图 4-10 中橙色箭头)引入试剂 DNA 中作为连接基团。(3)可以再生连接位点和反应位点。为了实现多

轮连续反应,要求体系在下一轮反应开始前能够有新的连接位点产生,以便将分段试剂
DNA 所记录的结构信息连接起来。同时也要求能够有新的反应位点产生,以便进行下
一步的反应。(4)能高效进行 DNA 模板下控制的反应。为此,该课题组在设计试剂
DNA 时引入了 5 个碱基来提高反应的效率(图 4-10 中黑色箭头)。

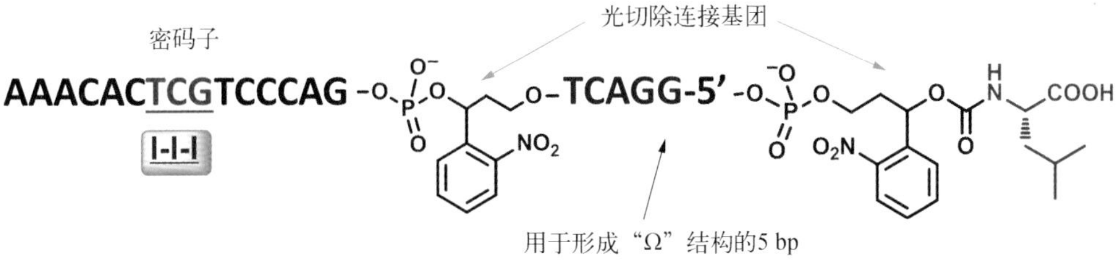

图 4-10　试剂 DNA 的结构

　　化合物 1 的合成路线如图 4-11 所示:由二醇中间产物 5 出发,用 DMTrCl 对二醇
中间产物 5 的一级醇进行选择性保护得到化合物 9。对化合物 9 进行亚磷酰胺化,得到
相应的亚磷酰胺化合物 1。对化合物 1 进行初步纯化后即可将其用于 DNA 固相合成。

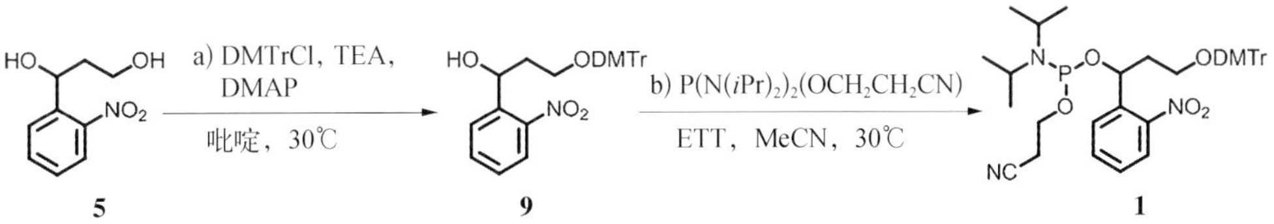

图 4-11　亚磷酰胺化合物 1 的合成线

　　化合物 2 的合成路线如图 4-12 所示。由商业可得的化合物 3 出发,对其醛基进行
烯丙基化加成得到化合物 4。对化合物 4 用臭氧进行氧化,再用硼氢化钠还原,得到二
醇中间产物 5。用 TBDMSCL 对二醇中间产物 5 的一级醇进行选择性保护得到化合物
6。用 DSC 对化合物 6 的二级醇进行活化,得到化合物 7。由化合物 7 出发,与不同的氨
基酸甲酯偶联后用 TBAF 脱去 TBDMS 保护,得到连有不同氨基酸衍生物的化合物 8。
对化合物 8 进行亚磷酰胺化,得到相应的亚磷酰胺化合物 2。对化合物 2 进行初步纯化
后,即可将其用于 DNA 固相合成。

　　该课题组以标准快速单体和特殊亚磷酰胺化合物 1 和 2 作为原料,通过标准 DNA 固相
合成方法合成得到了试剂 DNA。为了确保试剂 DNA 与模板 DNA 形成酰胺键后能够光切
除产生活性连接位点和反应位点,他们设计了如图 4-13 所示的连续反应对试剂 DNA 性能

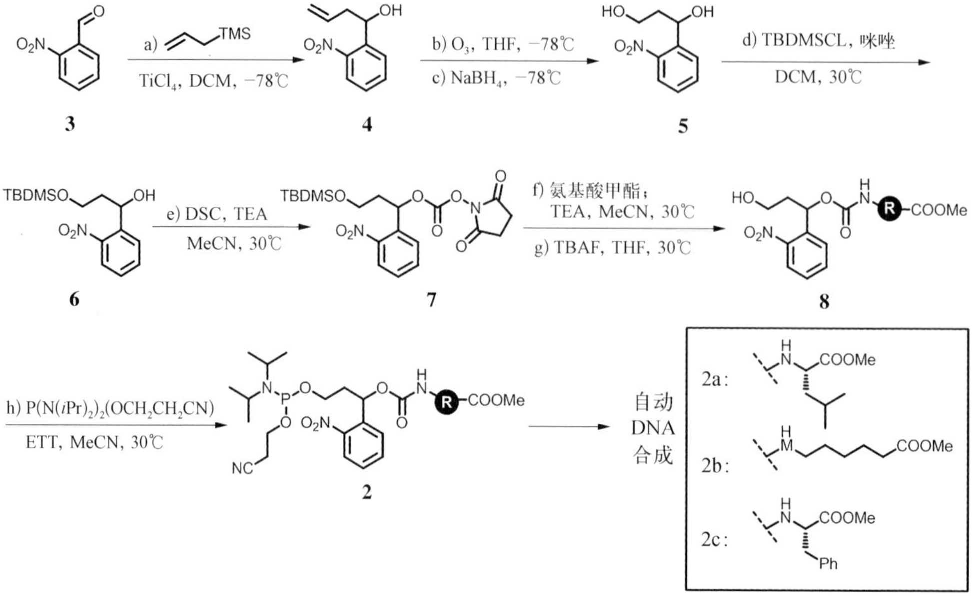

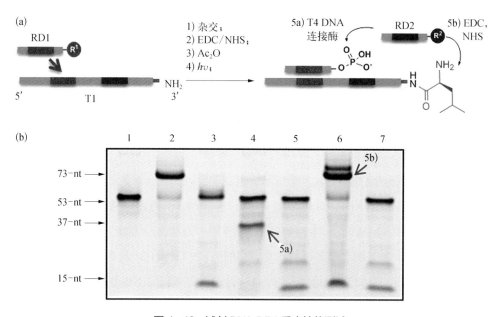

图 4-12 亚磷酰胺化合物 2 的合成线路

(a)

1) 杂交；
2) EDC/NHS；
3) Ac₂O
4) hυ；

5a) T4 DNA
连接酶

5b) EDC,
NHS

RD1

RD2

5′ T1 3′ NH₂

(b)

73-nt
53-nt
37-nt
15-nt

1 2 3 4 5 6 7

5b)

5a)

图 4-13 试剂 DNA DR1 反应性能测试

（a）DR1 反应性能测试示意图。（b）泳道 1：T1；泳道 2：T1＋RD1 酰胺形成；泳道 3：泳道 2＋光切除；泳道 4：泳道 3＋RD2 连接反应；泳道 5：泳道 4 不加入连接酶；泳道 6：泳道 3＋RD2 酰胺形成；泳道 7：泳道 3 加入 Ac₂O 封端后＋RD₂ 酰胺形成进行测试。对比泳道 1 和 2 发现 53 - nt DNA 移至约 73 - nt 位置，说明试剂 DNA 能够与模板 DNA 发生反应，形成酰胺键，这证明了试剂 DNA 的 5 端羧基是有活性的。对比泳道 2 和 3 发现 73 - nt 位置 DNA 回到了 53 - nt 处，说明试剂光切除反应的进行。对比泳道 3、4 和 5 发现在泳道 4 中约 37 - nt 位置有新的条带生成，而泳道 5 中相应的位置没有新的条带生成，该课题组分析该条带为光切除后的 RD - **1**(15 - nt)与 RD - **2**(22 - nt)连接后的产物。这证明了试剂 DNA 光切除后的 5 端产生的磷酸基团具有活性，能够进行酶连接反应。对比泳道 4、6 和 7 发现在泳道 6 中约 73 - nt 位置有新条带生成，而泳道 7 中相应的位置没有新的条带生成，这证明了试剂 DNA 与模板 DNA 形成酰胺键后的产物，在光切除后能在模板 DNA 的 3′端重新产生具有活性的氨基，以进行下一步酰胺键形成反应。

该课题组考察了万能 DNA 模板控制下的多轮连续反应研究(图 4 - 14)。其中每一轮反应都包括酶链接、酰胺形成、光切除这三步操作。他们对连续多步反应全过程进行

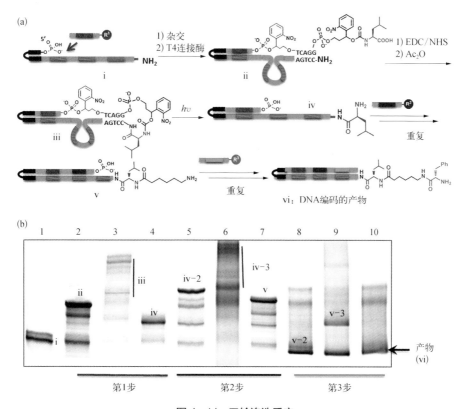

图 4 - 14 三轮连选反应

(a) 三轮连选反应流程图。(b) 凝胶电泳对三轮连选反应监测：泳道 1：UT；泳道 2：UT + RD1 连接反应；泳道 3：泳道 2 酰胺形成；泳道 4：泳道 3 光切除；泳道 5：泳道 4 + RD2 连接反应；泳道 6：泳道 5 酰胺形成；泳道 7：泳道 6 光切除；泳道 8：泳道 7 + RD3 连接反应；泳道 9：泳道 8 酰胺形成；泳道 10：泳道 9 光切除

了监测,结果如图4-14(b)所示。在图4-14(b)中,尽管包含环状中间产物的泳道中条带都较模糊(泳道:3、6、9),但施加了光照条件后,环状中间产物转化为线形的DNA后对应的泳道中能够确定出明确的条带。最终采用万能DNA模板策略,通过三轮连续多步反应,以0.4%的产率拿到了最终的产物vi(起始万能模板DNA为250 nmol,最终产物为1 nmol)。

MALD I - TOF对三种产物的检测结果如图4-15所示,质谱检测的相对分子质量与预期的相对分子质量一致。这一结果进一步证明了该课题组设计的万能DNA模板能够指导多步合成,并能得到预期的产物。

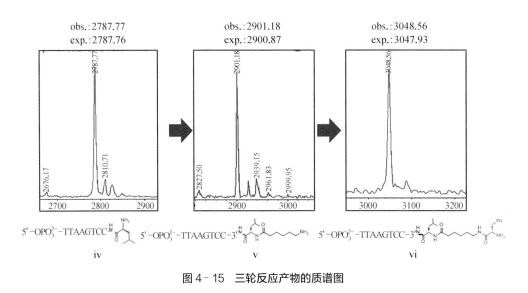

图4-15 三轮反应产物的质谱图

4.2.1.3 基于万能模板DNA编码分子库合成策略的活性小分子筛选研究

为了证明生物靶点能对万能DNA模板策略合成的分子库进行选择,获得具有相应活性的小分子信息。李笑宇等人选择了链霉亲和素(streptavidin)与生物素(biotin)这对相互作用力很强($K_d = 40$ fmol/L)的靶点蛋白与小分子对进行模型研究。

该课题组设计合成的模型分子库由64 × 28 × 64种不同的DNA序列组成(图4-16)。作为模型研究,为了简化试剂DNA制备及分子库合成,他们采用由"NNN"编码组成的64种序列仅对应一种结构的小分子(其中N = A、T、C或G中一种碱基)。图4-16中红色的"NNN"编码异亮氨酸,而绿色的"NNN"编码苯丙氨酸。对活性小分子生物素采用"CCC"对其进行编码,而对链霉亲和素没有活性的6-氨基己酸则采用"DDD"进行编码(其中D = A、T或G中一种碱基)。

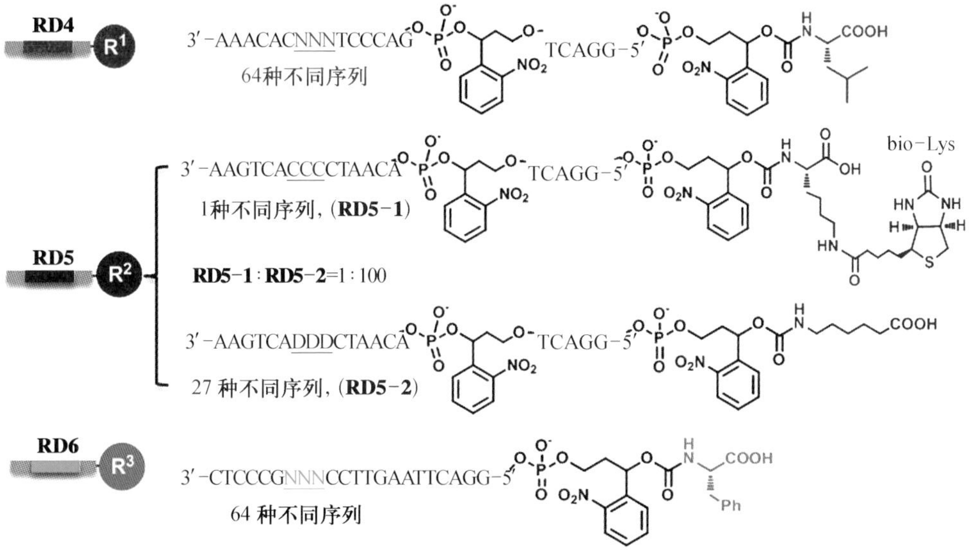

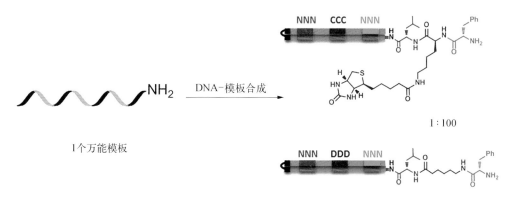

RD4 R¹ 3'-AAACAC<u>NNN</u>TCCCAG 64种不同序列 TCAGG-5'

RD5 R²

3'-AAGTCA<u>CCC</u>CTAACA 1种不同序列,(**RD5-1**) TCAGG-5'

RD5-1:**RD5-2**=1:100 bio-Lys

3'-AAGTCA<u>DDD</u>CTAACA 27种不同序列,(**RD5-2**) TCAGG-5'

RD6 R³ 3'-CTCCCG<u>NNN</u>CCTTGAATTCAGG-5' 64种不同序列

图4-16   生物素标记多肽模型分子库合成中试剂 DNA 的结构

为了证明当分子库中对于靶点具有活性的小分子仅占有较低比例时,靶点也能够将其从大量背景中选择出来,在该课题组设计合成的模型分子库中,含有活性小分子生物素 DNA 与没有活性小分子 DNA 的比例为 1:100(图 4-17)。

NNN CCC NNN

NH₂ ——DNA-模板合成——→

1:100

1个万能模板

NNN DDD NNN

图4-17   生物素标记多肽模型分子库: 含有活性小分子生物素
DNA 与没有活性小分子 DNA 的比例为 1:100

64 × 28 × 64 模型分子库将试剂 DNA 与模板 DNA 通过图 4-16 所示方法进行合成(理论上共含有 64 × 28 × 64 = 114 688 个成员)。试剂 DNA 包含:由三个碱基构成的编码子、光切除基团以及用于形成 Ω 结构的 5 个碱基。其中 RD4 和 RD6 分别由 64 种不同的序列构成,采用"NNN"作为编码子。RD4 的编码子编码 L-异亮氨酸,RD6 的

编码子编码 L -苯丙氨酸。RD5 - 1 采用"CCC"作为编码子,编码连接有生物素的 L -赖氨酸。而 RD5 - 2 由 27 种不同的序列构成,采用"DDD"作为编码子,编码 6 -氨基己酸。其中 RD5 - 1 与 RD5 - 2 按照 1∶100 的比例预混后用于分子库的合成,来模拟在大量背景中对于活性小分子的选择富集的情况。通过三轮连续多步反应(其中第二轮反应中 R5 - 1 与 R5 - 2 按照 1∶100 的比例按照进行预混),以 0.5% 的产率拿到了最终的 64 × 28 × 64 模型分子(起始万能模板 DNA 为 200 nmol,最终产物为 1 nmol)。

当使用引物 P3 进行测序时,结果如图 4 - 18 所示。对于选择前的分子库,第一和第三编码子为由 4 种碱基组成的混合序列。而第二编码子由"HHH"组成,这表明预混导致分子库在选择前包含大量不能与链霉亲和素作用的组分。对于选择后的分子库,第一和第三编码子依旧是由 4 种碱基组成的混合序列。而第二编码子由"GGG"组成,这表明通过链霉亲和素的选择,使得与其发生作用的含有生物素的分子得到了富集。

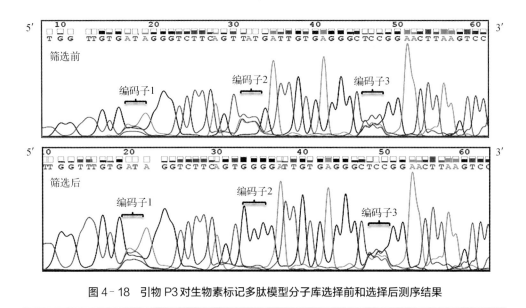

图 4 - 18　引物 P3 对生物素标记多肽模型分子库选择前和选择后测序结果

4.2.1.4　文献报道的 DNA 编码分子库筛选策略

迄今为止,几乎绝大部分的研究都集中在 DNA 编码分子库的新型合成方法上,而对于 DNA 编码分子库的筛选策略则几乎没有人进行这方面的研究。从分子库中高效筛选出能够与靶点蛋白特异性结合的活性分子,在 DNA 编码分子库技术中是非常关键的一步。在以往的文献报道中,需要将靶点蛋白通过直接或间接的方式固载到固相上,通过物理"淋洗-洗脱"（wash and elute）的方式，将具有结合能力的活性分子，从背景分子库中分离出来，实现筛选的目的（图4-19）。

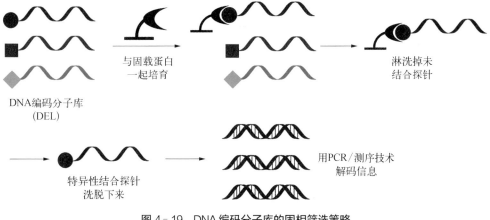

图4-19　DNA编码分子库的固相筛选策略

DNA编码分子库
(DEL)

与固载蛋白
一起培育

淋洗掉未
结合探针

特异性结合探针
洗脱下来

用PCR/测序技术
解码信息

利用上述固相筛选的策略，就可以实现将与靶点蛋白特异性结合的活性分子富集出来的目的。该策略的优势在于：分子库的筛选是在同一个反应器中进行的；每一个分子库成员的化学结构信息由其所连的DNA序列记录，提高了筛选通量；由于DNA扩增及测序技术的灵敏性，大大降低了分子库的用量。

DNA编码分子库固相筛选的核心，在于靶点蛋白的固载。到目前为止，蛋白的固载仍然是一个很大的难题，通用的蛋白固载方法主要包括物理、化学、生物三种（图4-20）。这些方法均涉及在蛋白质的特定位置进行修饰，其过程非常复杂。与处于溶液状态的蛋白相比较，蛋白一旦进行修饰、固载之后，其理化性质不可避免地会发生一定程度的改变，包括电荷、空间位阻、亲水疏水作用，甚至构象，等等。这种改变均会导致

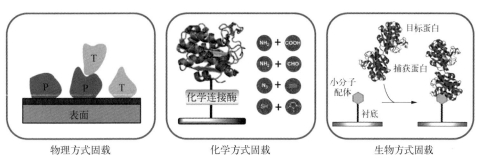

物理方式固载　　　　化学方式固载　　　　生物方式固载

图4-20　传统的蛋白固载修饰方法

蛋白质生物功能活性的改变甚至完全变性失活,更为重要的是,很多重要的药物靶点蛋白很难甚至无法固载,比如膜蛋白、蛋白复合体等[15]。

迄今为止,DNA 编码分子库的液相筛选方法非常少,Nicolas Winssinger 和 Peter G. Schultz 教授发展了一种新型的对多肽核酸(peptide nucleic acid,PNA)编码分子库进行液相筛选的微阵列技术[16]。在该分子库中,每一个分子库成员都连接一段独特的多肽寡核苷酸链。利用"拆分-混合"(split and pool)策略进行 PNA 编码组合分子库的合成。PNA 能够与微阵列上的寡核苷酸特异性结合,通过每一个有机分子在微阵列上的空间位置来对有机分子的化学结构进行鉴定。

PNA 编码的分子库可以与含有多种不同的蛋白质库(每一种蛋白质用不同的荧光来区分)共同培育,其中能够与靶点蛋白特异性结合的活性分子,就会形成 PNA-活性分子-靶点蛋白的复合体,然后用体积排阻色谱将未结合的背景 PNA-底物分子去除掉。接下来再用微阵列的方式对筛选出来的活性分子进行结构鉴定。利用这种策略就可以搭建出蛋白质功能的鉴定平台,或实现对 PNA 编码分子库的筛选(图 4-21)。为了更加精确地将与靶点蛋白特异性结合的 PNA-底物分子和未结合的背景 PNA-底物分子

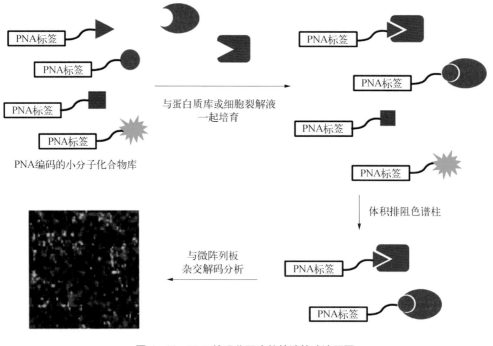

图 4-21 PNA 编码分子库的筛选策略流程图

区分开来,相关研究人员还进一步用凝胶电泳的方式,将 PNA-底物分子-靶点蛋白分离出来,从而实现了用 625 个 PNA 编码分子库对 cathepsin K 和 cathepsin F 的筛选,并且得到了非常理想的抑制底物分子[17]。

为了解决固相筛选的问题,哈佛大学的 David Liu 课题组也提出了自己的解决方案——一种新型的基于底物分子与靶点蛋白相互作用的 PCR 筛选技术[18](图 4-22)。在该设计中,每一个底物分子和靶点蛋白都连有一段 DNA 编码序列,底物分子-DNA 复合体与靶点蛋白-DNA 复合体会有 6 个碱基的互补配对。因此,当环境温度升高到 37℃时,如果靶点蛋白与活性底物分子之间存在特异性的相互结合作用,就会形成一种类似“发夹型”(hairpin)DNA 的稳定复合体,并仍能维持 DNA 的双螺旋结构,进而被 DNA 聚合酶延伸补齐双链并得到 PCR 扩增信号;而如果靶点蛋白与底物分子之间不存在特异性相互作用,则只会形成普通的分子间 DNA 双链,此时由于环境温度(37℃)超过了 6 个碱基双链 DNA 的熔点温度,所以双链会解旋为单链,因此不能被 DNA 聚合酶延伸补齐双链,也就不会得到 PCR 扩增信号。通过上述方法,就能筛选出存在特异性相互作用的底物分子-靶点蛋白对。利用该策略,李笑宇等人从 261 个小分子-DNA 库与 259 个靶点蛋白-DNA 库的组合中,成功筛选出了能够相互作用的底物分子-靶点蛋白对。

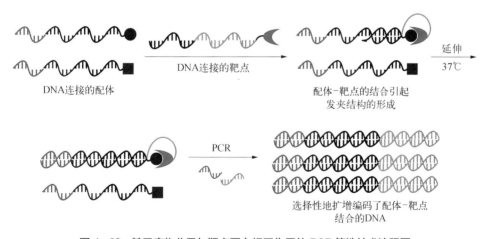

图 4-22 基于底物分子与靶点蛋白相互作用的 PCR 筛选技术流程图

不过需要特别指出的是,在以上的方法中,需要用 DNA 对每一种蛋白质都进行编码标记并纯化得到蛋白-DNA 复合体,而这一过程是非常烦琐的。为了克服这一点,David Liu 课题组在 2014 年又进一步发展了一种新的 IDUP(interaction determination using unpurified proteins)策略,该策略可以对细胞裂解液中的内源蛋白直接进行筛选,而无须提前对每一种蛋白质-DNA复合体进行纯化处理,从而大大简化了实验操作[19]。

该方法为了将靶点蛋白与其编码DNA连接起来,采用了非共价连接与共价连接两种不同的方法:第一种如图4-23(a)所示,在编码DNA上预先连接靶点蛋白对应

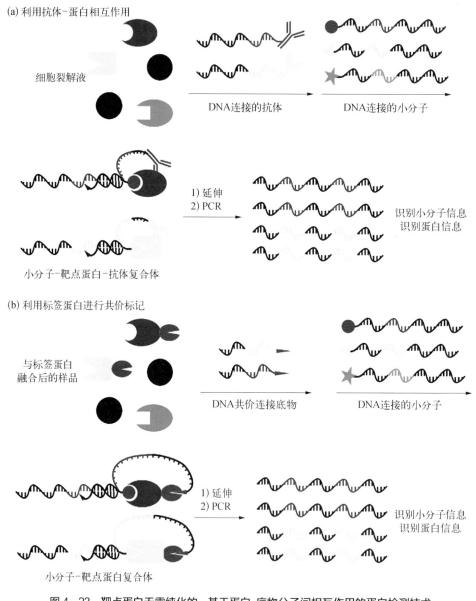

(a) 利用抗体-蛋白相互作用

细胞裂解液

DNA连接的抗体

DNA连接的小分子

1) 延伸
2) PCR

识别小分子信息
识别蛋白信息

小分子-靶点蛋白-抗体复合体

(b) 利用标签蛋白进行共价标记

与标签蛋白
融合后的样品

DNA共价连接底物

DNA连接的小分子

1) 延伸
2) PCR

识别小分子信息
识别蛋白信息

小分子-靶点蛋白复合体

图4-23 靶点蛋白无需纯化的、基于蛋白-底物分子间相互作用的蛋白检测技术

的抗体,然后通过抗体与靶点蛋白质之间的特异性结合来实现对靶点蛋白的标记;第二种为共价连接方式,采用了融合蛋白技术,如图 4 - 23(b)所示,在靶点蛋白上融合一个 SNAP 标签(CLIP 或 Halo 标签),然后再在编码 DNA 上连接上 SNAP 标签的底物分子(或 CLIP、Halo 标签的底物分子),进而将编码 DNA 最终共价连接到靶点蛋白上。通过以上两种方法,就可以实现对靶点蛋白的 DNA 编码,再与底物分子- DNA 库一起培育,就可以形成编码 DNA -靶点蛋白-底物分子-编码 DNA 的稳定复合体,类似"发夹型"DNA,从而在后续的聚合酶延伸反应中被筛选出来。

4.2.1.5 基于 DNA 编码亲和标记技术的新型 DNA 编码分子库液相筛选策略[20]

DNA 编码分子库技术中,每个化合物的化学结构通过特定的 DNA 序列进行编码。传统的固相筛选方法利用活性分子与靶点蛋白之间的特异性结合,通过"淋洗-洗脱"的方式,实现活性分子与背景分子库的物理分离。由于其中涉及蛋白质的固载、修饰、纯化等过程,会降低蛋白质生物活性的正常表达,进而影响最终的筛选结果。李笑宇等人利用蛋白质与靶向分子通过特异性结合所形成的空间保护效应,进而产生核酸外切酶Ⅰ(*Exo* Ⅰ,一种核酸外切酶,能够将脱氧核酸单链分子从 3′末端顺次水解磷酸二酯键而生成单核苷酸)对 DNA 编码分子库中不同 DNA 的水解效率不同,实现了将活性分子从背景分子库中筛选出来的目的。为了进一步加强蛋白质与靶向分子通过特异性结合所形成的空间保护效应,李笑宇等人利用之前发展的"基于亲和力的 DNA 导向的蛋白质标记方法(DNA - programmed affinity labeling,DPAL)"[21](图 4 - 24),引入一条连有光交联探针的配对 DNA 探针,在活性分子与靶点蛋白之间非共价结合的基础上,通过光交联形成新的共价键,形成类发夹结构,进一步增强蛋白质对活性分子的空间保护效应。

在该设计中,DNA 编码分子库与光交联探针(photo crosslinking DNA,PC - DNA)通过 8 个碱基的互补配对,于低温下(4℃)形成 DNA 双链。在靶点蛋白存在的条件下,利用 DPAL,只有与靶点蛋白特异性结合的活性分子,光照下才能发生光交联反应,形成稳定的发夹结构。升高体系温度(37℃),"活性分子 DNA -光交联 DNA -靶点蛋白"所形成的发夹结构仍然能够稳定存在,而"背景分子 DNA -光交联 DNA"形成的双链结构由于环境温度超过了熔点温度而解离为单链形式。在 *Exo* Ⅰ存在条件下,"活性分子DNA -光交联 DNA -靶点蛋白"所形成的发夹结构,由于靶点蛋白所形成的空间保护效应持续存在,使其免受核酸外切酶的降解,背景分子 DNA 解旋为单链分子,被核酸外切酶逐步降解掉。利用对 *Exo* I 的承受能力不同,从而实现了活性分子与背景分子库的分离,达到筛选的目的。

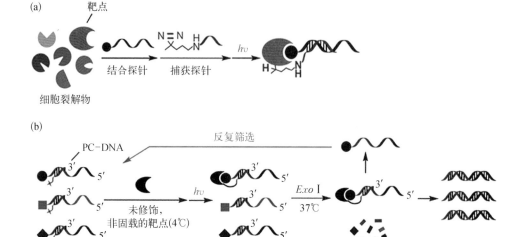

图 4-24 (a) 基于亲和力的 DNA 导向的蛋白质标记方法——形成发夹结构[88];
(b) 酶辅助的 DNA 编码分子库的液相筛选策略

为了验证该筛选策略的可行性,李笑宇等人分别用 Desthiobiotin-Avidin(K_d = 2 nmol/L)、GLCBS:CA II [K_i = 9 nmol/L,CA II = carbonic anhydrase II(碳酸酐酶 II)]与 CBS:CA II(K_i = 3 200 μmol/L)三种不同结合力强度的小分子-蛋白体系对其进行实验论证。实验结果如图 4-25 所示,与单纯利用蛋白对小分子 DNA 进行末端保护策略相比(泳道 2 和泳道 3),无论是结合力强的 Desthiobiotin-Avidin(K_d = 2 nmol/L)体系,还是结合力逐渐减弱的 GLCBS:CA II 与 CBS:CA II 体系。在引入光交联探针形成发夹结构的策略中,目标活性分子-DNA 由于与靶点蛋白之间存在特异性的结合,都可以免受核酸外切酶的降解而保留了下来。背景分子-DNA 由于不存在这种保护作用,而被核酸外切酶降解掉。因此,该蛋白保护策略就实现了对活性分子-DNA 与背景分子-DNA 的区分。不同的对照实验表明,这种保护作用需要以下条件存在:(1) 小分子与靶点蛋白之间要存在特异性的结合作用,(2) 需要光交联探针的加入,(3) 光交联探针需要与目标活性分子-DNA 发生碱基互补配对形成双螺旋,

（4）要经过光照处理,发生光交联反应。上述实验就证明了该课题组所发展的这种利用 DPAL 技术和酶辅助下的液相筛选策略是可行的。

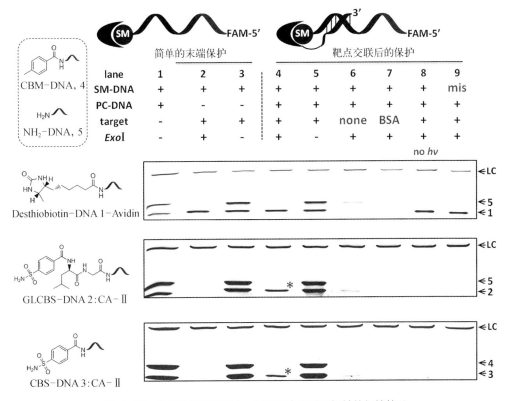

图 4-25   在两种不同策略中,靶点蛋白对分子探针的保护效果

泳道 1 为 DNA 标准条带,其中 LC 表示内标 DNA,1 为连有 desthiobiotin 的标准 DNA;泳道 2 为连有 GLCBS 的标准 DNA;泳道 3 为连有 CBS 的标准 DNA;泳道 4 为连有 CBM 的标准 DNA;泳道 5 为不连任何小分子的标准 DNA;泳道 2 和泳道 3 为利用靶点蛋白对小分子 DNA 末端进行保护作用的实验结果;泳道 4~9 为利用 DPAL 技术,靶点蛋白对小分子 DNA 进行保护作用的实验结果

　　为了进一步拓宽该策略的底物范围,接下来李笑宇等人对该策略的普适性进行了详细考察。选取具有不同亲和力的多种小分子-蛋白对[图 4-26(a)]进行实验,然后用 qPCR 对小分子-DNA 在蛋白保护作用下,对 *Exo* Ⅰ 酶切降解作用的承受能力进行了定量。连有小分子的 DNA,相较于末端不连有任何小分子的普通 DNA,当其与靶点蛋白结合时,蛋白对小分子的空间保护作用会使其免受 *Exo* Ⅰ 的降解,因此小分子-DNA 具有更小的 C_T。而 $\Delta C_T = C_{T1} - C_{T2}$,其中 C_{T1} 为末端不连有任何小分子的普通 DNA, C_{T2} 为末端连有能与靶点蛋白特异性结合小分子的 DNA。

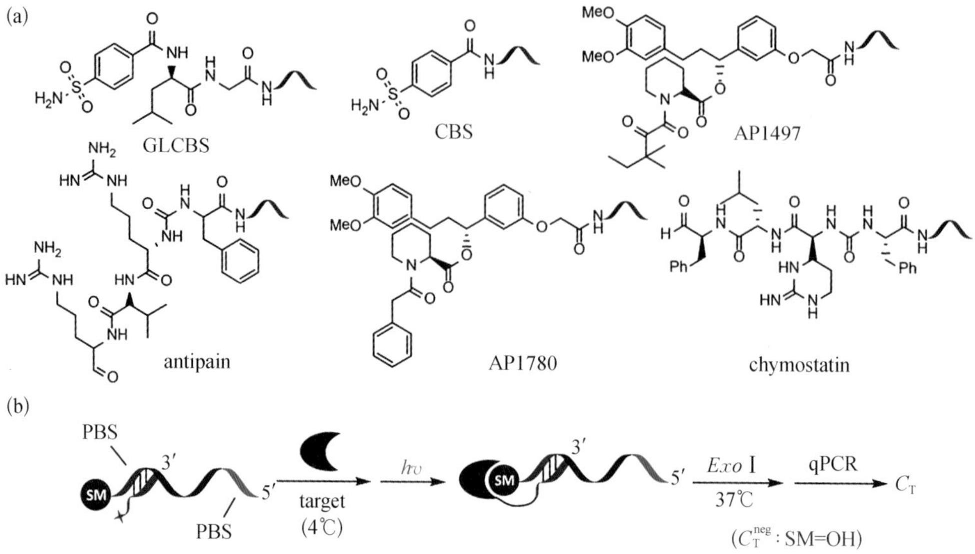

图 4-26 用不同的小分子-蛋白对进行筛选实验

(c)

登记	SM：protein	K_d/K_i/IC$_{50}$/(nmol/L)	ΔC_T
1	GLCBS：CA-II	9.0	7.7
2	AP1497：FKBP12	25.7	5.7
3	antipain：trypsin	100	3.6
4	chymostatin：chymotrypsin	290	3.6
5	CBS：CA-II	3 200	4.7
6	AP1780：FKBP12	5 170	3.0
7	chymostatin：papain	14 000	4.7

实验结果表明即使对于 $K_d = 1.4\ \mu$mol/L 的弱结合力体系，该策略仍然能够利用靶点蛋白木瓜蛋白酶(papain)对小分子胰凝乳蛋白酶抑制剂(chymostatin)的保护作用，将 chymostatin-DNA 与末端为羟基的 DNA 区分开来。这就表明了对于不同大小亲和力的小分子-蛋白对，该方法都是适应的，即该策略具有良好的普适性。

筛选过程中一个非常具有挑战性的目标，就是在复杂的背景环境下实现对特定小分子-靶点蛋白对的筛选。李笑宇等人以细胞裂解液来模拟复杂的背景环境，结果表明即使在细胞裂解液这种环境下，这种液相筛选策略依然能够完成对特定小分子-蛋白对的筛选。这就为将筛选方法应用到体内或细胞内筛选提供了可能性(表 4-1)。

表 4-1 在细胞裂解液条件下的筛选结果

登记	SM：protein	K_d/(nmol/L)	ΔC_T
1	GLCBS：CA-II (在 HeLa 细胞裂解液中)	9.0	6.5
2	GLCBS：CA-II (在 293T 裂解液中)	9.0	7.6

而在筛选过程中另一个更具有挑战性的工作,就是在庞大的分子库背景中,将含量极少的目标分子筛选出来。为了实现这一点,往往要经过多轮筛选,每经过一轮筛选,目标分子的含量都会得到一定程度的提升。经过多轮筛选后,能够与靶点蛋白特异结合的小分子的信号就会得到明显的提升。因此能否实现多轮筛选对于一种筛选方法而言是非常重要的。而李笑宇等人所发展的这种液相筛选的策略便能实现对活性分子的多轮筛选。如图 4 - 27 所示,第一轮酶切筛选之后,经过简单的乙醇沉淀对体系进行初步的纯化,重新加入探针和蛋白经过光交联,就可以形成新的 DNA 发夹结构,从而进行二轮甚至多轮筛选。可以想象,经过多轮酶切筛选,这种红色的目标探针的比例就会越来越高,而背景探针则会越来越少,从而实现多轮筛选富集的目标。该课题组用不同比例的小分子 - DNA 体系对其进行了探究。需要特别指出的是,即使在 GLCBS - DNA 含量只有 0.1% 的情况下,经过一轮筛选后,GLCBS - DNA 的比例会得到一定程度的提升,而二轮筛选则使得目标分子 - DNA 的富集程度更加明显。这也进一步地说明了即使对于低含量的目标分子,利用酶辅助下的液相筛选策略,经过二轮甚至多轮循环筛选,依然能够得到有效的富集信号。

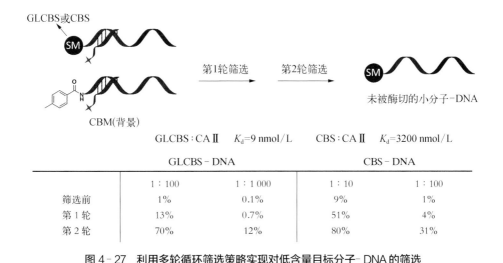

GLCBS : CA Ⅱ K_d=9 nmol/L   CBS : CA Ⅱ K_d=3200 nmol/L

	GLCBS - DNA		CBS - DNA	
	1 : 100	1 : 1 000	1 : 10	1 : 100
筛选前	1%	0.1%	9%	1%
第 1 轮	13%	0.7%	51%	4%
第 2 轮	70%	12%	80%	31%

图 4 - 27 利用多轮循环筛选策略实现对低含量目标分子 - DNA 的筛选

该课题组将这种液相筛选的方法应用到了真正的分子库的筛选中。如图 4 - 28 所示,在背景分子库中加入两条能够与靶点蛋白 CA Ⅱ 特异结合的 GLCBS - DNA 与 CBS - DNA,背景分子用不连小分子的天然 DNA 代替。整个实验采用高通量测序 (illumina sequencing)的手段对其进行定量。经过一轮筛选后[图 4 - 28(b)],GLCBS -

DNA与CBS-DNA由于与靶点蛋白CA Ⅱ之间存在着特异性的相互作用,因此它们可以免受Exo Ⅰ的降解,进而能够保留下来并得到富集;而不连有小分子的普通DNA由于与靶点蛋白CA Ⅱ之间不存在相互作用,因此会被 Exo Ⅰ降解掉,没有任何富集效果。经过二轮筛选之后,这两条探针会得到进一步的富集,其富集倍数甚至可以达到200倍。这也进一步表明,该课题组发展的这种酶辅助的对DNA编码分子库进行液相筛选的方法,可以实现对分子库的筛选,甚至是多轮筛选。

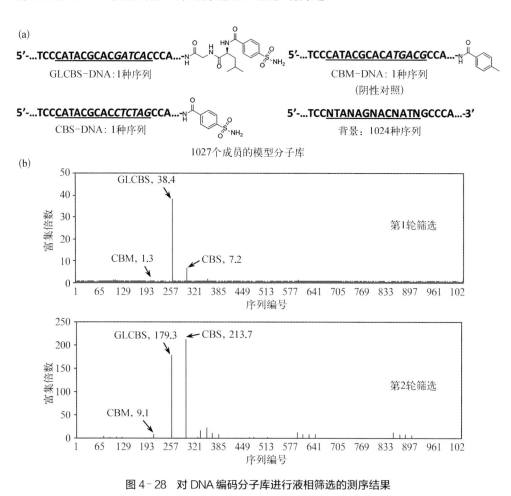

图4-28 对DNA编码分子库进行液相筛选的测序结果

除此之外,该课题组接下来用DNA模板化学合成了一个包含有4 800个不同分子结构的分子库(图4-29),然后对其进行筛选相关的研究。他们向分子库中加入了能够与靶点蛋白CA Ⅱ特异结合的目标分子GLCBS-DNA。利用其所发展的液相筛选策略进行DNA编码分子库的筛选。筛选后的结果以散点图的形式展示,横坐标表示筛选后

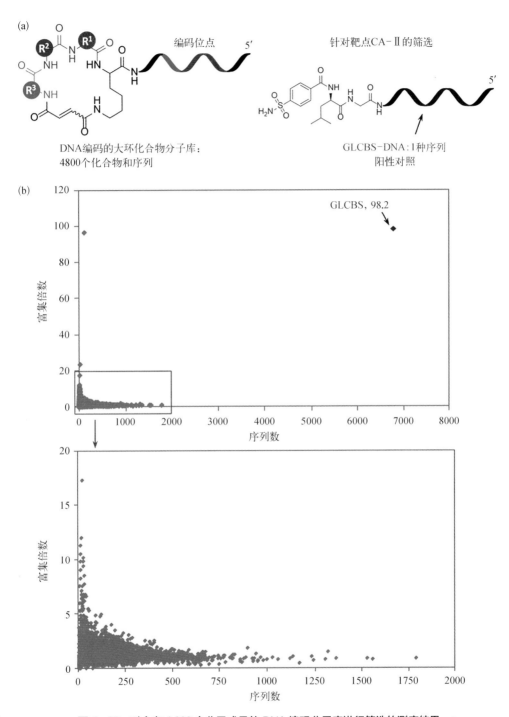

图 4-29 对含有 4 800 个分子成员的 DNA 编码分子库进行筛选的测序结果

DNA 的读数,代表数据的可信度,纵坐标表示相应富集倍数。通过与没有靶点蛋白直接筛选的对照实验比较,实验结果表明,利用该策略,能够将目标分子 GLCBS - DNA 从含有 4 800 个成员的背景分子库中有效地筛选出来。

4.2.2 特拉唑嗪(terazosin)在细胞凋亡相关信号转导通路中的靶点识别

4.2.2.1 小分子靶点识别

小分子是研究生物学的重要工具[22],小分子的靶点识别指的是通过化学或生物的方法来找到小分子的结合蛋白的过程。在药物分子的发现过程中,准确地进行小分子的靶点识别过程具有重要的意义和应用价值[23]。

如图 4 - 30 所示,人们通常采用基于靶点的筛选方法以发现蛋白质靶点的小分子配体[24,25],该策略也可以称为反向化学基因组学。在此过程中,首先需要确定感兴趣的蛋白质靶点,然后使用大规模分子库进行高通量筛选,通过蛋白质结构和功能的改变,在确定活性分子之后,再在活体内重新测试,进行相应的结构优化。然而,由于生物体的复杂性,以及其中纷繁复杂的蛋白质和它们之间存在着复杂的相互联系,筛选出来的活性化合物往往在活体中被发现具有“脱靶效应”或“毒副作用”而导致其难以成药。与这

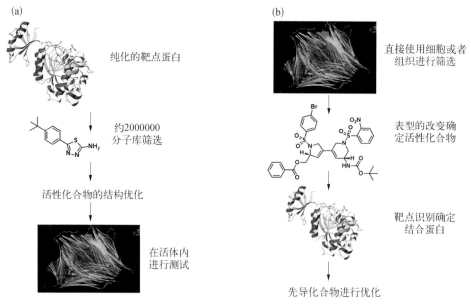

图 4 - 30 (a)基于靶点的药物筛选过程;(b)基于表型的药物筛选过程

种方法相对应的是基于表型的筛选方法,该方法也称为正向化学基因组学,近年来逐渐兴起被广泛采用[25]。在该方法中,研究者直接使用组织或细胞等生物体系进行筛选,通过体系表型的改变可以确定有效的先导化合物,该方法是针对基因组范围内的蛋白质的一种较为全面的、无偏倚的筛选方法。筛选出活性化合物以后,接下来的一个要点就是确定活性化合物的结合蛋白,即靶点识别。此过程具有重要的意义:第一,其有助于揭示疾病发生过程的生物学通路;第二,根据靶点蛋白质的结构,研究人员可以通过对构效关系的分析进一步优化活性分子的结构。因此,靶点识别过程是药物发现中一个必不可少的重要环节[26]。

确定小分子的结合靶点还能够阐明小分子药物的行为模式;同时也可以确定小分子的"脱靶蛋白",这些额外的蛋白是导致非预期的生物活性以及生物毒性的原因。近年来,"多重药理学"的概念逐渐被人们所接受[27],"多重药理学"指的是小分子药物需要同时靶向多个蛋白质,才能起到有效地调节疾病的作用,与传统的"一个基因,一种药物,一种疾病"的概念相反。这种观念上的转变为靶点识别提供了新的研究动力,人们开始重新研究以前发现的药物分子的靶点蛋白,从新的角度阐明这些靶点蛋白与疾病治疗之间的相互关系。

4.2.2.2 文献报道的特拉唑嗪药效及作用靶标

盐酸特拉唑嗪用于治疗良性前列腺增生症,也可用于治疗高血压,可单独使用或与其他抗高血压药物如利尿剂或 β-肾上腺素受体能阻滞剂合用。特拉唑嗪为选择性 α_1 受体阻滞剂,其能降低外周血管阻力,对收缩压和舒张压都有降低作用(图4-31)。通常并不伴有心动过速,对电解质、血糖、肝肾功能无不良影响,对血脂有一定改善作用。特拉唑嗪可选择地阻断膀胱颈、前列腺腺体内以及被膜上的平滑肌 α_1 受体,从而降低平滑肌张力、减少下尿路阻力,缓解因前列腺增生所致的尿频、尿急、排尿困难等症状。

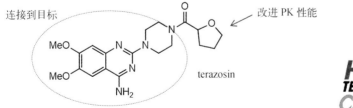

• 治疗高血压和前列腺增生;
• 由雅培公司于1995年推出;
• 经典 α_1 肾上腺素能受体拮抗剂(α_1 受体阻滞剂)

图4-31 特拉唑嗪的结构和其作为选择性 α_1 受体阻滞剂

4.2.2.3 特拉唑嗪亲和探针在细胞凋亡相关信号转导通路中的靶点识别[28]

李笑宇等人通过与生物学家合作发现特拉唑嗪在小鼠 LPS 败血症模型中具有提高小鼠存活率的功能,能抑制败血症模型小鼠的肝脏衰竭,如图 4－32 所示。该课题组推测特拉唑嗪具有抗细胞凋亡活性,而特拉唑嗪在抗细胞凋亡相关信号转导通路中的作用靶点尚不明确。

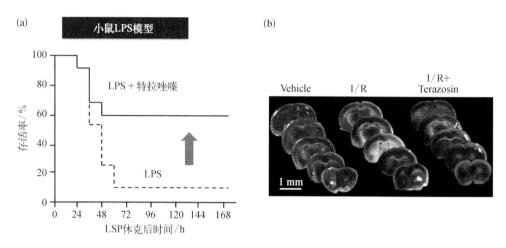

图 4－32 （a）特拉唑嗪在小鼠 LPS 败血症模型中具有提高小鼠存活率的功能;
（b）特拉唑嗪在小鼠 LPS 败血症模型中抑制肝脏衰竭

基于对特拉唑嗪的初步结构修饰与活性测试,该课题组设计了如图 4－33 (a)所示的固载亲和力探针。之后利用该探针对 RAW264.7 细胞裂解液体外亲和力层析,在凝胶电泳上获得了特异性蛋白条带,并通过质谱确认了该蛋白为磷酸甘油酸酯激酶－1（phosphoglycerate kinase 1，pgk－1）,如图 4－33(b)所示。

该课题组进一步证明了特拉唑嗪促进 pgk－1 酶活性,提高局域 ATP 的生成,激活与 pgk－1 直接结合的热受激蛋白 HSP90 的 ATPase 活性,从而提高细胞抗压能力,抑制凋亡的作用机制。更进一步通过小鼠模型,他们验证了 pgk－1 的功能提升是特拉唑嗪在小鼠败血症和脑卒中模型中产生保护作用、抑制器官衰竭的分子基础(图4－34)。这一成果首次发现了 pgk－1 在细胞凋亡通路中的调控作用,为细胞凋亡这一重要生命过程增添了新的研究切入点。

该课题组还发现,特拉唑嗪与 pgk－1 结合后并不抑制其酶活性,反而促进其正向催化反应,提高 ATP 的生成。进一步通过晶体结构解析[图 4－35(a)],他们阐明了特拉唑嗪激活 pgk－1 的原因,特拉唑嗪结合在 pgk－1 蛋白上 ATP 结合位点附近的一个

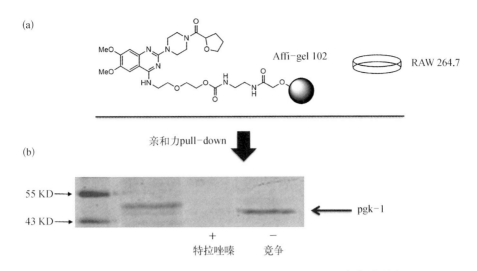

图 4‑33 （a）基于特拉唑嗪衍结构的固载亲和力探针；（b）体外亲和力层析获得与探针特性结合的蛋白为磷酸甘油酸酯激酶‑1

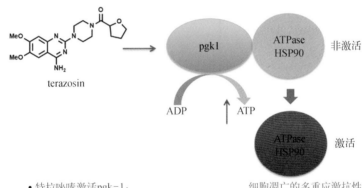

- 特拉唑嗪激活pgk‑1；
- ATP产量增加；
- 较高水平的ATP局部激活HSP90的ATPase活性；
- HSP90提升细胞对凋亡的多重应激抗性

图 4‑34　特拉唑嗪活化 pgk‑1，产生抗细胞凋亡相关信号转导通路

狭长的沟槽中，与蛋白表面的各个氨基酸侧链形成氢键、π‑π 堆积等相互作用。将 pgk‑1 与特拉唑嗪、ADP、ATP 三个复合体晶体结构进行叠加之后，发现这三个小分子的结合位点部分重叠[图 4‑35(b)]，特拉唑嗪喹唑啉骨架的苯环部分与 ADP 和 ATP 腺嘌呤的嘧啶环部分重叠[图 4‑35(c)]。因此从原理上来讲，特拉唑嗪既能够抑制底物 ADP，又能够抑制产物 ATP 与 pgk‑1 的结合。基于这样的一个现象，该课题组进行了更深入的酶动力学研究，发现由于在 pgk‑1 的正向催化反应中，产

物 ATP 从结合位点的释放为决速步,因此特拉唑嗪的结合促进了 ATP 从催化位点的释放,减少了 ATP 产物抑制(product inhibition),从而在动力学上提高了 pgk‑1 酶催化活性。

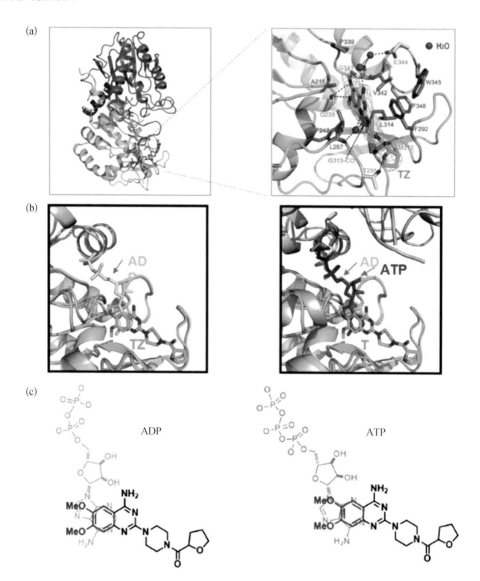

图 4‑35 (a)pgk‑1 与特拉唑嗪(TZ),以及底物 3‑PG 的共结晶晶体结构,右侧放大的结合位点显示了特拉唑嗪与 pgk‑1 蛋白作用方式的多个细节(PDB: 4O3F);(b)pgk‑1 与特拉唑嗪、ADP、ATP 分别共结晶的三个复合体晶体结构的叠加(PDB: 4O3F、2XE7、2X15),局部放大的图显示了特拉唑嗪结合位点与 ADP 和 ATP 的部分重叠;(c)依据晶体结构,ATP 和 ADP 与特拉唑嗪结合位点上部分重叠的简明示意图

4.2.3　基于 DNA 模板化学的靶点蛋白标记（DPAL）

4.2.3.1　文献报道的小分子靶点识别的方法

最近几十年,靶点识别有了很大的发展,但仍然缺乏普适性的方法。主要因为以下几个方面的原因:(1) 小分子化合物的化学本质不同(例如不同的杂环、碳环、碳水化合物等结构);(2) 小分子与靶点蛋白的结合力不同;(3) 靶点蛋白的性质不同(例如细胞膜结合蛋白或细胞质蛋白),以及丰度不同;(4) 分析方法仍然没有得到充分的发展,例如最近的质谱技术尤其是同位素质谱技术的发展在很大程度上促进了靶点识别方法的发展[29]。

亲和色谱法:基于亲和力的靶点识别方法,也称为"捕获"实验,是靶点识别过程中最常用的方法[30]。它利用了小分子与蛋白质之间的特异性的识别和结合作用,通常来说这种小分子化合物与靶点之间的结合作用是非共价的。其操作流程如图 4-36 所示,首先药物分子需要经过构效关系分析找到一个不影响其活性的修饰位点,然后将其固

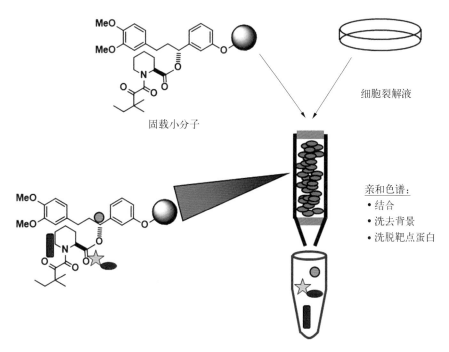

图 4-36　亲和色谱法

实验流程:将固载小分子填充到亲和色谱柱中,加入细胞裂解液,经过结合、洗去背景、洗脱靶点蛋白等过程进行靶点识别

载到固相上,称为"捕获探针";捕获探针与蛋白质提取液进行孵育培养,使得小分子化合物与靶点蛋白实现特异性的结合;而那些通过非特异性相互作用结合到探针分子以及固相基质上的蛋白,则通过严格的洗涤条件而除去,相反特异性的靶点蛋白由于结合比较紧密会得到保留;接下来,在洗涤液中加入非固载的活性小分子可以与固载的分子竞争结合蛋白靶点,从而将靶点洗脱到液相中,或直接通过加热的方法也可以实现将靶点蛋白洗脱到液相;洗脱蛋白最后通过 SDS - PAGE 胶进行纯化和鉴定,并通过胰蛋白酶降解,用二级质谱(MS/MS)进行表征和分析。

共价亲和力探针法:该方法在第二代捕获探针的基础上增加了一个额外的反应位点。例如 Cravatt 教授和 Evans 教授提出基于活性的蛋白质分析(activity-based protein profiling,ABPP)的理念以后,该技术得到了极大的推动[31]。通常来说,ABPP 探针包括了三个部分,如图 4 - 37 所示,头部是一个能与蛋白质共价连接的反应基团;中间是一段连接基团,例如烷基链、聚乙二醇或多聚脯氨酸等;尾部是用于成像或标记的标签分子,例如荧光基团或生物素分子等。经典的 ABPP 实验分成两部,首先是利用探针分子与细胞内的蛋白质组进行标记反应,第二步用凝胶电泳分析标记蛋白质的组成;或通过生物素进行富集以后,使用质谱方法进行鉴定。

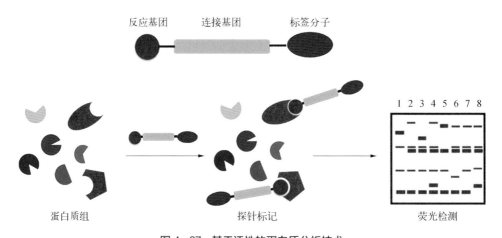

图 4- 37 基于活性的蛋白质分析技术

三官能团探针包括了反应基团、连接基团和标签分子;靶点识别过程中,在蛋白质组中加入探针分子进行共价标记,最后使用凝胶进行荧光检测

三官能团探针法:在与蛋白质特异性结合的活性小分子中,能够与靶点蛋白发生共价反应的分子不超过 5%。对于剩余的大多数的非共价小分子,为了实现小分子与蛋白质之间的共价交联,除了上述的 ABPP 方法以外,另外一种常见的策略就是合成包含抑

制剂分子、标签分子以及光交联基团的三官能团探针[32]，如图 4-38 所示，其中最常用的光交联基团包括了二苯甲酮、苯基叠氮以及双吖丙啶等结构。经过远紫外光照射以后，二苯甲酮会生成双自由基，苯基叠氮生成氮宾中间体；双吖丙啶生成卡宾中间体，这些中间体的活性非常高，可以非选择性地插入到蛋白质表面任意的碳氢键或杂原子氢键中，实现蛋白质的共价标记。

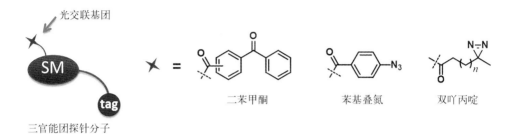

图 4-38　三官能团探针的结构

包括抑制剂分子、标签分子和光交联基团，光交联基团包括二苯甲酮、苯基叠氮及双吖丙啶

4.2.3.2　基于亲和力的 DNA 导向的蛋白质标记方法（DPAL）[21]

基于光交联基团的"三官能团探针"的靶点识别方法主要存在三个问题：（1）光交联基团和标签分子的引入会对抑制剂分子与靶点蛋白的结合产生干扰；（2）传统的三官能团探针无法实现多通道检测的目的；（3）在靶点识别过程中存在着大量背景蛋白的干扰。

为了解决该领域中所存在的这三个问题，李笑宇等人设计并提出了一种新的靶点识别方法称为"DNA 编码的靶点蛋白亲和力标记技术（DNA-Programmed Photo-Affinity Labelin)"，将其简称为 DPAL 技术。如图 4-39 所示，该课题组利用了 DNA 模板化学中的 DNA 序列的特异性和编码能力，在 DPAL 中引入新颖的双探针系统，将抑制剂分子连接到一条 DNA 链上，作为结合探针（binding probe，BP），含有小分子的结合探针负责与蛋白质的结合；而且这条 DNA 链可以作为该抑制剂分子的"条形码"对该分子进行唯一标识。在与结合探针互补配对的 DNA 链上，引入了光交联基团和标签分子（可以是荧光基团或 biotin 分子等）进行双标记，称其为捕获探针（capture probe，CP）。当结合探针上的抑制剂分子与靶点蛋白结合，同时捕获探针与结合探针发生碱基互补配对形成双链，这时得益于抑制剂分子的导向作用，拉近了光交联基团与靶点蛋白之间的距离，增加它们之间的有效浓度。此时施加光照条件，光交联基团会生成活性中间体卡宾,插入到蛋白质表面的碳—氢键或杂原子—氢键中,完成蛋白质的标记,后续通过凝胶电泳、免疫印迹或质谱的方法完成对标记的蛋白的分析和鉴定。

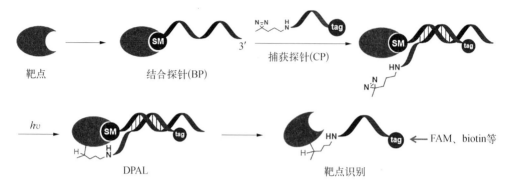

图4-39 DNA编码的靶点蛋白亲和力标记技术

在结合探针(BP)上连接抑制剂分子,在捕获探针(CP)上进行光交联基团和标记分子的双标记,施加光照后,形成的卡宾中间体插入到蛋白质表面的化学键中,完成蛋白质的标记

在靶点识别过程中,由于非特异性的小分子与蛋白质的相互作用导致的背景蛋白质的标记是一个非常具有挑战的问题,尤其是当探针的浓度较高时该问题尤为严重。该课题组设想将此"盐效应"引入靶点识别领域,通过提高盐浓度来抑制非特异性的小分子与蛋白质之间的相互作用。在该研究当中,他们使用了 DZ 和荧光基团 fluorescein 双标记的捕获探针(DZ/FAM-CP)与牛血清蛋白(BSA)之间的反应来模拟非特异性蛋白质的光交联标记。实验结果如图 4-40 (a)所示,在纯水相中,当捕获探针的浓度达到 5 μmol/L 时,将会产生显著的 BSA 标记条带;与之形成鲜明对比的是,在提高盐浓度的缓冲液体系中(1xPBS + 0.1 mol/L NaCl),即使当捕获探针浓度达到 100 μmol/L 时,仍然没有检测到荧光标记的 BSA 条带(BSA 浓度均为 20 μmol/L)。接着,他们在 HeLa 细胞裂解液中检测这种"盐效应",如图 4-40 (b)所示,无论对于只有细胞裂解液(1.0 mg/mL)还是在细胞裂解液中再额外加入 BSA 蛋白(20 μmol/L),当体系中加入 PBS/NaCl 以后都能够抑制非特异性的蛋白质标记。这表明这种"盐效应"不只是局限于 BSA 蛋白还能应用于细胞蛋白,是一种普遍存在的效应。

接下来,该课题组测试小分子与靶点蛋白的特异性相互作用能否被 DPAL 所识别。如图 4-41(a)所示,在体系中加入互补的 BP 和 CP,并施加光照条件时,DPAL 能够对特异性的靶点 CA-II 进行标记(泳道 1 和 2),而没有非特异性的 BSA 标记产物,

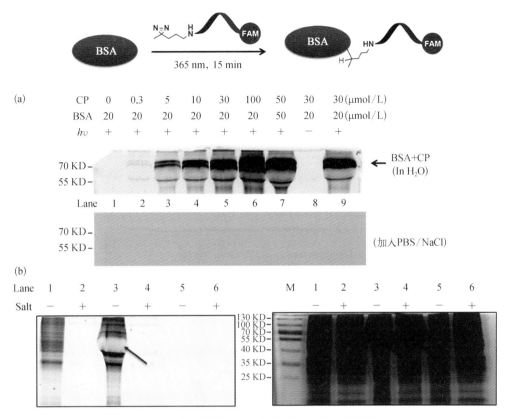

图 4-40 利用"盐效应"来抑制非特异性的蛋白质标记

（a）利用 FAM 荧光电泳检测 BSA 蛋白与捕获探针在 H_2O 和 $1x$ PBS+0.1 mol/L NaCl 体系中的反应。第 9 泳道：光交联反应以后在水相中加入盐，作为盐对荧光影响的对照实验。（b）在 HeLa 细胞裂解液（1.0 mg/mL）中的反应。左：使用 FAM 荧光检测；右：使用银染检测。M：蛋白质相对分子质量标准物。BSA 的标记条带使用箭头进行标注。在（b）图中，泳道 1/2：只有细胞裂解液；泳道 3/4：细胞裂解液加 20 μmol/L BSA；泳道 5/6：细胞裂解液没有施加光照

展示了该靶点识别过程的高度特异性。所有的阴性对照实验组，例如没有光照、不加入结合探针 BP、使用错配的 BP 和 CP、结合探针 BP 上没有小分子、不加入靶点蛋白 CA-Ⅱ、加热变性的 CA-Ⅱ（泳道 3~8），都没有出现 CA-Ⅱ 的标记产物，同时也没有 BSA 的标记。值得指出的是，标记反应后蛋白质上带有的荧光信号，有可能是 BP 上的小分子与蛋白质以非共价方式结合以后，同时 BP 和 CP 杂交，以这种间接的非共价的方式产生的。为了排除这个可能性，李笑宇等人在反应完成以后，加入一条和 BP 完全互补配对的 24-nt 的探针将 CP（15-nt）从 BP 上取代下来，因此产生的荧光信号只有可能来自共价交联在蛋白质上的捕获探针。他们在体系中加入核酸酶 DNase Ⅰ（4 单位，37℃反应 2 h），此时几乎可以完全消除 FAM 信号（泳道 9）。这个实验进一步证明了

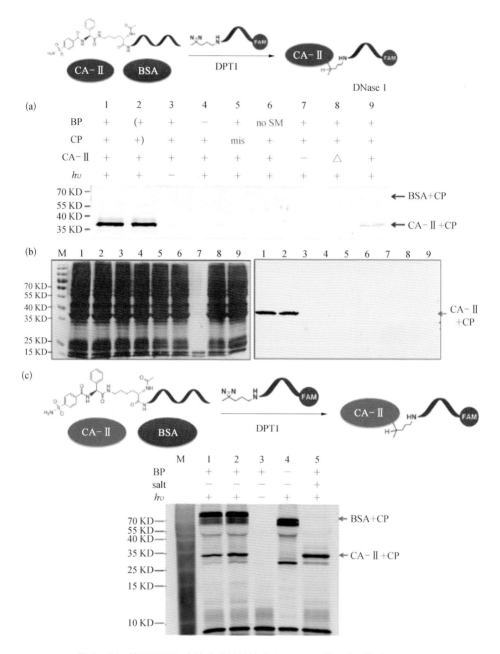

图 4-41　使用 DPAL 方法高特异性地确定 LPCBS 的蛋白质靶点 CA-Ⅱ

　　(a) CA-Ⅱ和 BSA 的条件对照实验；(b) CA-Ⅱ和细胞裂解液的条件对照实验，左：FAM 荧光检测；右：银染检测，每泳道加入 10 μg HeLa 细胞裂解液；(c) 不加入盐的 DPAL 实验。(a)和(b)图中：泳道 1：BP/CP/hv；泳道 2：与 1 相同但是将 BP/CP 预先杂交配对；泳道 3：没有光照；泳道 4：只加入 CP，不加入 BP；泳道 5：加入与 BP 错配的 CP；泳道 6：BP 上没有抑制剂分子 LPCBS；泳道 7：不加入 CA-Ⅱ；泳道 8：CA-Ⅱ预先经过热变性；泳道 9：使用 DNase I 进行 DNA 降解。(c)图中不加入盐时，DPAL 产生大量的非特异性 BSA 的标记产物

CP 和 CA-Ⅱ 之间共价连接的本质。由于真实的靶点识别研究中,整个过程都是在复杂的生物体系中进行的。因此,他们将 CA-Ⅱ 和 HeLa 细胞裂解液(1.0 mg/mL)混合进行复杂体系的模拟。如图 4-41(b)所示,在银染胶上可以看到很多种不同种类的细胞蛋白,但是在荧光胶上只观察到了高特异性靶点蛋白 CA-Ⅱ 的标记产物。LPCBS 和 CA-Ⅱ 的体系中,在没有盐的条件下进行 DPAL 实验,如图 4-41(c)所示,当不加入盐时将导致非常显著的非特异性 BSA 和 CA-Ⅱ 的标记,而在体系中加入盐后,则只特异性地对 CA-Ⅱ 进行标记,此实验进一步证明了 DPAL 体系的高特异性源于"盐效应"。

随后,该课题组进一步探索了 DPAL 的底物适用性和动态范围。如图 4-42(a)所示,除了 GLCBS 和 CA-Ⅱ($K_d = 9.0$ nmol/L)以及 LPCBS 和 CA-Ⅱ 蛋白($K_d = 0.9$ nmol/L),他们还选取了 desthiobiotin 和 avidin($K_d = 2.0$ nmol/L);chymostatin 和 chymotrypsin($K_d = 290$ nmol/L);CBS 和 CA-Ⅱ($K_d = 3.2\ \mu$mol/L);以及 chymostatin 和 papain($K_d = 14\ \mu$mol/L)等组合对。进行 DPAL 实验以后,如图 4-42(b)所示,他们发现对于所有的小分子-蛋白质组合对,甚至是对于 $14\ \mu$mol/L 的 chymostatin 和 papain 的组合对,均观察到了特异性的靶点蛋白的标记条带而没有出现 BSA 的标记。这表明 DPAL 策略适用于小分子与靶点之间的结合力从纳摩级到两位数的微摩级,同时保持标记过程的高特异性。

接着,该课题组制备了一系列的 DZ/FAM-CP 探针,它们可以在 BP 的不同位置形成双链结构(用"n"值来表示),优化了不同的小分子和蛋白质组合对的光交联效率。如图 4-43 所示,在所有的组合对中 $n = -3$(CP 相对于 BP 有 3 个碱基的后退)能够得到最优的产率,而在传统的 DNA 模板化学分子库的合成中,通常 $n = 0$(BP 与 CP 处于"头对头"的位置)是最好的相对位置。从所有数据中可以看出,负的 n 值的 CP 相比正的 n 值的 CP 有相对更高的效率(例如,$n = 3$ 和 $n = -3$),对于弱结合力的 CBS/CA-Ⅱ 体系,这个现象更加明显。

由于小分子和蛋白靶点的相互作用被 DNA 所编码,因此 DPAL 技术也具有实现多通道检测的潜力。为了检验这一想法,该课题组将 avidin(i)、CA-Ⅱ(ii)和 trypsin(iii)按照 1:1:1 的比例与 HeLa 细胞裂解液混合,模拟"多靶点 + 背景蛋白"的真实体系。在这些蛋白质混合物中加入连有相应小分子的结合探针 BP(desthiobiotin、CBS、antipain),发生小分子与靶点蛋白的结合。如图 4-44 所示,在复杂的 HeLa 细胞裂解液的混合体系中同时存在三对小分子和蛋白质的相互作用时,DPAL 能够根据加入的

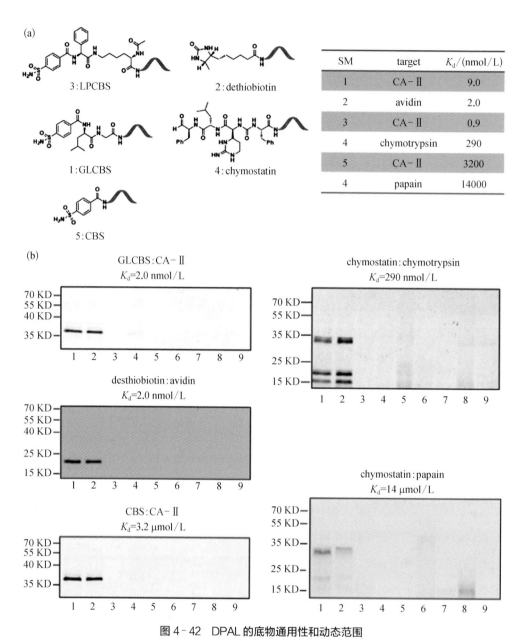

图 4-42 DPAL 的底物通用性和动态范围

（a）结合探针 BP 上偶联不同结构的小分子,它们与其相应的靶点蛋白的结合力如表中所示。
（b）对各个组合进行 DPAL 实验后的荧光检测。DPAL 的实验条件和泳道顺序与图 4-43（a）相同,
在 chymotrypsin 蛋白中出现的多个条带是由于蛋白质的酶解作用产生的蛋白质片段

互补的 CP 的情况,高选择性地识别小分子各自的靶点:当加入一条互补的 CP 时,可以

确定相应的单一靶点蛋白(泳道 4～6);在体系中加入两条互补的 CP,可以同时识别两

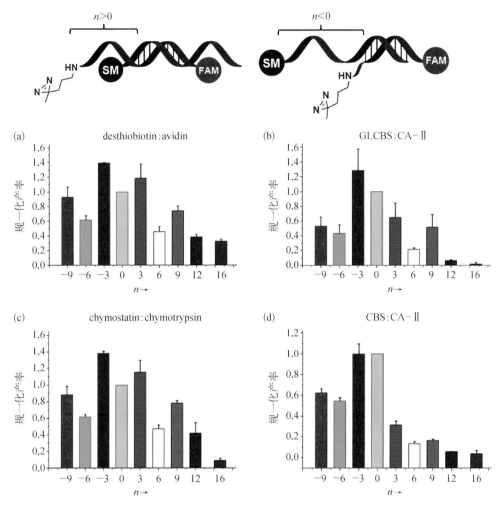

图 4‑43 利用 DNA 的模块化特点，改变 BP 和 CP 的杂交位置（n 值）来优化光交联产率
（a）desthiobiotin 和 avdin；（b）GLCBS 和 CA‑Ⅱ；（c）chymostatin 和 chymotrypsin；（d）CBS 和 CA‑Ⅱ

个蛋白（泳道 7）；而同时加入三条 CP，则可以实现对三个蛋白的同时标记（泳道 8）。并且标记的高选择性还体现在，即使加入 30 μmol/L 的错配的捕获探针，都不会出现任何非特异性蛋白质的标记（泳道 9）。

如图 4‑45（a）所示，该课题组利用酰胺键生成反应，将 AP1497 连接到 DNA 上形成结合探针 BP，这种修饰方式不会影响其与靶点蛋白 FKBP12 的结合。在 Jurkat 细胞中使用 AP1497‑BP 进行 DPAL 实验，如图 4‑45（b）所示，在荧光胶上 DPAL 能够非常清晰地标记和识别 FKBP12 蛋白（泳道 1 和 2）并且几乎没有其他蛋白质的干扰，而在各种条件对照实验中均不出现靶点条带。为了进一步证明标记条带的正确性，他

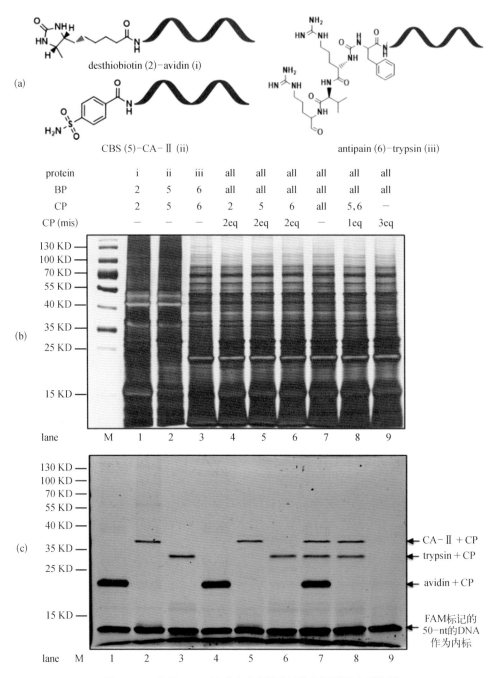

图 4-44 使用 DPAL 技术实现高特异性的多通道蛋白质检测

（a）所使用的 BP 探针和其相应的靶点蛋白；（b）最终结果的银染检测；（c）荧光检测。图例中显示在每个实验中使用的靶点蛋白，BPs 和 CPs。M：蛋白质相对分子质量标准物；CP(mis)：错配的 CP 探针。使用 FAM 标记的 50-nt 的 DNA 作为上样对照，反应条件与图 1-43(a)相同。在银染胶中，泳道 1、2 与泳道 3~9 出现了表型的差别，原因是在泳道 3~9 中加入的 trypsin 具有蛋白酶的活性们使用 DZ/biotin‐CP 进行靶点蛋白的富集，当进行 biotin 的免疫印迹时发现只有 DPAL 实验体系中有相对分子质量正确的产物条带，而在核酸酶降解实验和单独的细胞裂解液中条带不出现；进一步地使用 FKBP12 的抗体，可以看到在 DPAL 体系中出现明显的 FKBP 条带，并且特异性较高，使用 Dnase Ⅰ 降解被 beads 富集的蛋白质‐DNA 缀合物，实现靶点蛋白质释放的实验中，也可以观察到了明显的 FKBP12 蛋白条带，而单独的裂解液体系中的内参蛋白 actin 也可以指示此过程的高度特异性。

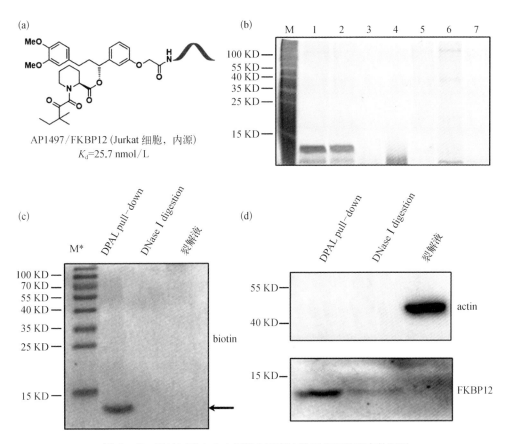

图 4‐45　DPAL 对 Jurkat 细胞内源表达的 FKBP12 蛋白的识别

（a）使用的 AP1497‐BP 探针的结构。（b）使用 DZ/FAM‐CP 和 AP1497‐BP 进行 DPAL 反应后进行荧光成像。泳道 1：BP/CP/hv；泳道 2：与 1 相同但是将 BP/CP 预先杂交配对；泳道 3：没有光照；泳道 4：只加入 CP，不加入 BP；泳道 5：加入与 BP 错配的 CP；泳道 6：BP 上没有抑制剂分子 AP1497；泳道 7：不加入细胞裂解液，即没有靶点蛋白 FKBP12；（c）biotin 的免疫印迹。（d）FKBP12 的抗体免疫印迹，actin 作为内参蛋白

4.3 讨论与展望

　　随着 1992 年 DELs 的概念被提出以来，大自然的选择（selection）策略就被引入了对药物分子库的筛选中。经过二十多年的探索研究，DELs 强大的技术优势逐渐展现出来，并且已经走出了实验室，被越来越多的药物公司应用于新药研发当中。DELs 已经逐渐展示出了取代传统高通量筛选的趋势。首先，DELs 的筛选是超高通量的，一次就可以完成对上千万甚至上千亿个化合物的筛选。并且筛选非常高效，对于千万级分子库的筛选只需要一天的时间，同时也不需要任何特殊的仪器设备，只需要一些离心管，96 孔板等最基本的实验耗材。筛选过程中需要的分子库以及靶点蛋白的用量也极少，这就大大减少了筛选的费用。其次分子库都是储存在离心管中的，所以分子库的维护极为简单，只需要一个 $-80\,^{\circ}\mathrm{C}$ 冰箱，这就减少了化合物管理和维护等基础设施的投资。

　　李笑宇等人发展了万能 DNA 模板控制下的多步连续反应，证明了所设计的万能模板策略能够达到预期的效果。这一新颖的 DNA 编码分子库合成策略采用了全新的编码思想，实现了仅用一种模板 DNA 即可合成及编码分子库，且不受分子库成员数目限制。这种方法解决了先前 DNA 模板控制的分子库合成策略中需要合成大量模板 DNA 的局限，同时也避免了烦琐的编码设计。尽管万能 DNA 模板合成策略具有许多独特的优势，但该策略依然存在一些问题需要解决：（1）小分子底物需要预先转化为对应的亚磷酰胺，再通过固相合成的方式接到试剂 DNA 上，这一过程限制了底物的适用范围；（2）采用切胶回收的方式对于合成产物的纯化较为烦琐，且效率较低，严重影响了分子库合成的产率；（3）适用的 DNA 模板控制的反应仅为酰胺键形成反应，限制了编码分子库的多样化衍生途径。在后续的工作中，对于万能 DNA 模板合成策略的优化可集中于：（1）发展更加万能的连接基团，设计合成万能亚磷酰胺，再将不同的底物与由万能亚磷酰胺合成的 DNA 相连，从而扩展底物的适用范围；（2）实现高效快速的产物纯化方式；（3）扩大适用的 DNA 模板控制的反应类型；（4）实现基于该策略编码的分子库合成及活性小分子选择。针对蛋白固载筛选的问题，李笑宇等人提出了一种酶辅助的、利用 DPAL 技术对 DNA 编码分子库进行液相筛选的新策略。该方法具有良好的普适性，能够应用到多种亲和力不同的小分子-蛋白对的筛选中。并且该策略能够实现对复杂细胞环境下的药物筛选。更重要的是，对于含量极低的活性分子，该策略可以通过多轮循环筛选的方法对活性分子进行逐步富集,从而达到提高富集程度的效果。最终李笑宇等人利用该筛选策略,从含有 4 800 个大环分子的 DNA 编码分子库中,成功地将活性分子从背景分子库中筛选了出来。这种酶辅助的、利用 DPAL 技术对 DNA 编码分子库进行液相筛选新策略,其最大的优点就在于靶点蛋白无需再进行修饰固载,直接就可以应用到筛选中。并且可以通过多轮循环筛选,对低含量的活性分子组分进行逐级富集,从而达到检出的目的。接下来该课题组会将该方法应用到一些传统固载筛选很难实现的蛋白筛选中,比如膜蛋白、蛋白复合体中。不仅如此,由于在该方法中,活性分子与背景分子的区分是通过酶的降解来实现的,由于酶活性的不可控性以及对工作温度敏感,会对实验结果带来一定的不确定性。因此接下来的工作中,李笑宇等人会围绕着无需酶就可实现液相筛选的目标展开。

李笑宇等人发展了一种基于 DNA 模板化学的新型的靶点识别方法。DPAL 的一个显著特点就是其标记过程的高特异性,即使对于处于细胞裂解液等复杂环境的低丰度、弱结合力的蛋白靶点依然适用。这是由于一方面"盐效应"可以有效地抑制非特异性相互作用;另一方面,所选用的 diazirine 光交联基团也具有非常高的反应特异性,这使得 DPAL 体系中即使探针浓度很高($20 \sim 100\ \mu mol/L$)依然具有很好的特异性。使用弱相互作用的 CBS 探针(CBS - BP,K_d 为 $1.1\ \mu mol/L$)可以识别细胞裂解液中仅 0.02% 的 CA - Ⅱ 靶点蛋白是一个优秀的靶点识别例子,这表明 DPAL 是确定小分子和蛋白质相互作用的最灵敏和最富选择性的方法之一。当前 DPAL 技术的一个缺点是,由于 DNA 探针很难进入细胞使其局限于在细胞裂解液的应用而不是"更受偏爱"的活细胞。然而,能够特异性地在细胞裂解液中确定小分子的直接靶点已经为后续研究小分子的功能靶点和揭示小分子行为的分子机制提供了一个重要的起点。而且,目前的一些转染试剂和方法的发展也为 DPAL 方法在活细胞中的应用提供了很好的契机。最后,由于 DPAL 技术是基于 DNA 模板化学反应,它将特异性的小分子-蛋白质相互作用翻译成了特异性的 DNA 序列,因此,除了靶点识别以外,DPAL 会在很多基于 DNA 模板化学的生物应用中成为一种高效的方法,例如蛋白质检测、天然细胞环境中非固载蛋白质靶点的小分子化合物库的抑制剂筛选等,这些都是 DPAL 的可能应用前景。目前,李笑宇等正在将这一技术扩展应用到 DELs 技术的液相筛选以及活细胞膜蛋白的特异性标记和 DEL 筛选中。

一直以来,分子库的合成和筛选都是 DELs 非常重要的两个方面。近年来,科学家们发展了多种 DELs 的合成策略以及筛选策略,各有优势,互为补充。DELs 合成的最终目的就是将分子库的每一个成员都连上特异性 DNA 标记。在 DNA 记录分子库中，DNA 标签被简单地添加到小分子上，仅仅记录小分子的结构信息。而对于 DNA 导向的分子库，DNA 标签也可作为模板直接指导具体的化学合成。到目前为止，科学家们已经用不同方法结合成出了结构多样的分子库。当然这些方法还是存在着一定的弊端，比如为了保证编码区的准确性和平行性，需要对 DNA 序列进行精准复杂的设计。以及由于分子库没有进行有效的纯化，筛选中会出现一些假阳性信号。同时目前合成分子库的化学结构种类还是比较的单一，大多是一些多肽类。这是由于 DELs 是以 DNA 为基础构建的，这就要求分子库合成过程应用的化学反应要与 DNA 兼容，需要在水环境中进行，这就限制了化学反应的类型。因此，科学家们还需要在 DELs 的合成以及发现 DNA 兼容的新反应等方面做出更多的努力。另一方面，将纯化的靶点蛋白固定在载体上来进行筛选的方法是最为经典的对 DELs 进行筛选的方法。但是蛋白质的纯化和固载往往会导致蛋白质活性的改变甚至失活。最近出现的利用无需修饰也无需纯化的靶点蛋白、膜蛋白甚至活细胞等来进行筛选的方法大大扩展了 DELs 的靶点类型。将 DELs 的应用扩展到了对一些更加具有生物相关性的靶点蛋白的筛选中。这些新领域新方向为 DEL 的应用带来了很好的机遇，但是也带来了更大的挑战。下面列出了一些 DEL 合成与筛选方面的主要挑战和问题：

（1）如何进一步提高 DELs 的化学多样性，以及实现 DELs 分子库中化合物结构更加符合 Lipinski 五原则。近几年 DNA 兼容性化学反应的发展，为这一问题的解决带来了不少的工具，有待于进一步的工具应用，实现 DELs 在药物研发中更大的效能。

（2）如何对活细胞内部内源蛋白靶点的筛选。一方面，需要解决 DNA 进入细胞的问题；这从理论上可以用 antisense 核酸药物的给药方式来解决，但是更为重要的是，如何实现 DELs 在细胞内部筛选的靶点选择性和避免细胞内拥挤环境（crowding effect）所带来的问题，这将是今后本领域发展所要解决的问题。

（3）如何实现 DELs 筛选出具有生物活性的化合物，而不是仅仅是物理结合的配体？DELs 的原理从基本上来是一个物理结合检测方式，但是物理结合并不一定能够带来生物活性的改变。如果能够用 DNA 直接对生物活性分子进行编码，将能够使本领域得到更为广泛的应用。

（4）如何实现基于表观型改变的 DELs 筛选？是否和常规小分子筛选一样，利用 DELs 对生物体系表观性的改变，而不仅仅是针对某一个蛋白，进行活性分子的筛选？——从原理上来讲，由于 DELs 混合体系的本质，这似乎难以实现。最近一些初创公司开始将微流控和 DELs 结合起来，有可能在本方向实现突破。

（5）如何将 DELs 扩展到药物发现和化学生物学之外？是否可以将 DNA 编码这一基本概念应用于其他科学领域？例如高分子材料设计、催化剂活性筛选，以及与当今大数据、人工智能相结合，这都是一些富有挑战性，但也有很大潜力的研究方向。

综上所述，DELs 是一个仍然在蓬勃发展的领域。DELs 在先导化合物的发现过程中展示出了快速、高效、简便、可靠的优势，已经成为了药物发现的中有用的技术工具。虽然还存在着不足之处，但相信在 DELs 领域的研究可以为新药研发领域提供一项有效的技术补充。

参考文献

［1］ Brenner S，Lerner R A. Encoded combinatorial chemistry[J]. PNAS，1992，89(12)：5381-5383.

［2］ Halford B. How DNA-encoded libraries are revolutionizing drug discovery [J]. Chemical & Engineering News，2017，95(25)：28-33.

［3］ Goodnow R A，Dumelin C E，Keefe A D. DNA-encoded chemistry：Enabling the deeper sampling of chemical space[J]. Nature Reviews Drug Discovery，2017，16(2)：131-147.

［4］ Franzini R M，Ekblad T，Zhong N，et al. Identification of structure-activity relationships from screening a structurally compact DNA-encoded chemical library[J]. Angewandte Chemie International Edition，2015，54(13)：3927-3931.

［5］ Harris P A，Berger S B，Jeong J U，et al. Discovery of a first-in-class receptor interacting protein 1（RIP$_1$）kinase specific clinical candidate（GSK2982772）for the treatment of inflammatory diseases[J]. Journal of Medicinal Chemistry，2017，60(4)：1247-1261.

［6］ Gartner Z J，Tse B N，Grubina R，et al. DNA-templated organic synthesis and selection of a library of macrocycles[J]. Science，2004，305(5690)：1601-1605.

［7］ Tse B N，Snyder T M，Shen Y H，et al. Translation of DNA into a library of 13000 synthetic small-molecule macrocycles suitable for *in vitro* selection[J]. Journal of the American Chemical Society，2008，130(46)：15611-15626.

［8］ Hansen M H，Blakskjær P，Petersen L K，et al. A yoctoliter-scale DNA reactor for small-molecule evolution[J]. Journal of the American Chemical Society，2009，131(3)：1322-1327.

［9］ Halpin D R，Harbury P B. DNA display I. Sequence-encoded routing of DNA populations[J]. PLoS Biology，2004，2(7)：E173.

［10］ Melkko S，Scheuermann J，Dumelin C E，et al. Encoded self-assembling chemical libraries[J]. Nature Biotechnology，2004，22(5)：568-574.

［11］ Li X Y，Liu D R. DNA-templated organic synthesis：Nature's strategy for controlling chemical reactivity applied to synthetic molecules[J]. Angewandte Chemie International Edition，2004，43(37)：4848-4870.

［12］ Li Y Z，Zhao P，Zhang M D，et al. Multistep DNA-templated synthesis using a universal template [J]. Journal of the American Chemical Society，2013，135(47)：17727-17730.

[13] Snyder T M, Tse B N, Liu D R. Effects of template sequence and secondary structure on DNA-templated reactivity[J]. Journal of the American Chemical Society, 2008, 130(4): 1392 – 1401.

[14] Watkins N E, SantaLucia J. Nearest-neighbor thermodynamics of deoxyinosine pairs in DNA duplexes[J]. Nucleic Acids Research, 2005, 33(19): 6258 – 6267.

[15] Wong L S, Khan F, Micklefield J. Selective covalent protein immobilization: Strategies and applications[J]. Chemical Reviews, 2009, 109(9): 4025 – 4053.

[16] Winssinger N, Damoiseaux R, Tully D C, et al. PNA-encoded protease substrate microarrays[J]. Chemistry & Biology, 2004, 11(10): 1351 – 1360.

[17] Urbina H D, Debaene F, Jost B, et al. Self-assembled small-molecule microarrays for protease screening and profiling[J]. ChemBioChem, 2006, 7(11): 1790 – 1797.

[18] McGregor L M, Gorin D J, Dumelin C E, et al. Interaction-dependent PCR: Identification of Ligand-Target pairs from libraries of ligands and libraries of targets in a single solution-phase experiment[J]. Journal of the American Chemical Society, 2010, 132(44): 15522 – 15524.

[19] McGregor L M, Jain T, Liu D R. Identification of ligand-target pairs from combined libraries of small molecules and unpurified protein targets in cell lysates[J]. Journal of the American Chemical Society, 2014, 136(8): 3264 – 3270.

[20] Zhao P, Chen Z T, Li Y Z, et al. Selection of DNA-encoded small molecule libraries against unmodified and non-immobilized protein targets[J]. Angewandte Chemie International Edition, 2014, 53(38): 10056 – 10059.

[21] Li G, Liu Y, Liu Y, et al. Photoaffinity labeling of small-molecule-binding proteins by DNA-templated chemistry[J]. Angewandte Chemie International Edition, 2013, 125(36): 9723 – 9728.

[22] Stockwell B R. Exploring biology with small organic molecules[J]. Nature, 2004, 432(7019): 846 – 854.

[23] Leslie B J, Hergenrother P J. Identification of the cellular targets of bioactive small organic molecules using affinity reagents[J]. Chemical Society Reviews, 2008, 37(7): 1347 – 1360.

[24] O'Connor C J, Laraia L, Spring D R. Chemical genetics[J]. Chemical Society Reviews, 2011, 40(8): 4332 – 4345.

[25] Spring D R. Chemical genetics to chemical genomics: Small molecules offer big insights[J]. ChemInform, 2005, 36(39): 472 – 482.

[26] Cong F, Cheung A K, Huang S M A. Chemical genetics-based target identification in drug discovery[J]. Annual Review of Pharmacology and Toxicology, 2012, 52: 57 – 78.

[27] Eggert U S. The why and how of phenotypic small-molecule screens[J]. Nature Chemical Biology, 2013, 9(4): 206 – 209.

[28] Chen X P, Zhao C Y, Li X L, et al. Terazosin activates Pgk1 and Hsp90 to promote stress resistance[J]. Nature Chemical Biology, 2015, 11(1): 19 – 25.

[29] Lee J, Bogyo M. Target deconvolution techniques in modern phenotypic profiling[J]. Current Opinion in Chemical Biology, 2013, 17(1): 118 – 126.

[30] Kawatani M, Osada H. Affinity-based target identification for bioactive small molecules[J]. MedChemComm, 2014, 5(3): 277 – 287.

[31] Evans M J, Cravatt B F. Mechanism-based profiling of enzyme families[J]. ChemInform, 2006, 106(8): 3279 – 3301.

[32] Uttamchandani M, Li J Q, Sun H Y, et al. Activity-based protein profiling: New developments and directions in functional proteomics[J]. ChemBioChem, 2008, 9(5): 667 – 675.

Chapter 5

核酸修饰及其组学
检测技术研究

彭金英 伊成器

5.1 引言

生物细胞内的核酸携带有多种不同类型的化学修饰。一直以来,这些修饰被认为是静态的,对细胞的生理活动仅起到微调的作用。但近年来一系列的研究工作发现,大部分核酸修饰在细胞内是动态变化的,且对高等真核生物的一系列细胞进程发挥着至关重要的作用。例如,众多的核酸修饰在生物细胞内起调控作用: DNA 上的 5-甲基胞嘧啶(5mC)及其氧化衍生物、6-甲基腺嘌呤(6mA)等修饰,RNA 上的 m^6A、假尿嘧啶(Ψ)、m^5C 等修饰,均被证明在基因表达中起到关键的调控作用[1]。核酸的动态修饰并不改变核酸的原始序列,但是能够通过上述调控作用影响生物的细胞进程以及表型,并且这种修饰信息存在代际遗传,是一种可遗传的调控机制,被称为"表观遗传修饰"[2, 3]。在过去的十几年里,有关核酸动态修饰及其表观遗传调控机制的研究取得了一系列振奋人心的进展,为解决包括个体发育与疾病发生在内的多个重大问题提供了新的研究思路。核酸的动态修饰毫无疑问地成为当前生命科学研究中备受关注的热点领域之一。

DNA 甲基化是哺乳动物基因组上丰度最高的表观遗传修饰。DNA 甲基转移酶(DNA methyltransferase,DNMT)将 S-腺苷甲硫氨酸(S-adenosyl-L-methionine,SAM)上的甲基转移到胞嘧啶的第 5 位碳原子上,从而形成 5mC[4]。不同物种基因组中的 DNA 甲基化水平有很大差异,人类的体细胞中 5mC 的含量约为 DNA 碱基总数的 1%,它们大多散布在高度重复的异染色质区域。哺乳动物基因组上大部分的 CpG 二核苷酸(CpG islands)存在甲基化修饰。虽然 5mC 的含量大约仅占 DNA 碱基数目的 1%,但目前被广泛接受的理论认为,启动子区域的高甲基化与基因表达抑制或沉默存在强相关性,并且在其他生物学过程中如 X 染色体沉默、印记基因等方面发挥着重要作用[5]。

哺乳动物细胞中的 DNA 甲基化的维持存在两种模式,分别称为从头甲基化和甲基化维持,涉及 DNMT 家族的多种甲基转移酶[6]。DNMT1 通过识别亲本 DNA 链上的甲基化位点,在新合成链上进行甲基化,实现甲基化维持: 在 DNA 复制过程中,DNMT1 与复制复合体相结合并识别亲代 DNA 的甲基化位点,同时在新合成的子代 DNA 对应的位置添加甲基,使子代 DNA 具有和亲本一样的甲基化模式。DNMT3a 和 DNMT3b 催化 DNA 的从头甲基化,这一过程不依赖于 DNA 复制和亲代 DNA 的甲基化状态,可以将甲基引入完全没有甲基化的 CpG 位点。DNA 的从头甲基化在生殖细胞形成及胚胎发育的早期比较活跃,也可以发生在体细胞中[6]。

　　由于 DNA 上的表观遗传修饰一直处于动态变化过程中,所以去甲基化同时也会受到甲基化作用的影响。去甲基化主要分为主动去甲基化和被动去甲基化。与被动的甲基化过程相比,DNA 的主动去甲基化途径则要复杂得多。主动去甲基化主要依赖 TET 蛋白家族实现对 5mC 的递进式氧化,形成 5-羟甲基胞嘧啶(5hmC)、5-醛基胞嘧啶(5fC)以及 5-羧基胞嘧啶(5caC)等氧化中间产物,依靠碱基切除修复途径可以实现对 5fC 和 5caC 的切除和修复,恢复到未甲基化状态[7-10]。这些氧化中间产物目前也被证明可以稳定存在于哺乳动物基因组 DNA 上,发挥着表观遗传调控功能。DNA 主动去甲基化对于个体胚胎发育以及对决定细胞命运发挥关键的作用[11,12]。另外,DNA 甲基化还可以依靠 DNA 复制将甲基化稀释,从而实现被动去甲基化。DNA 的甲基化与去甲基化途径如图 5-1 所示。

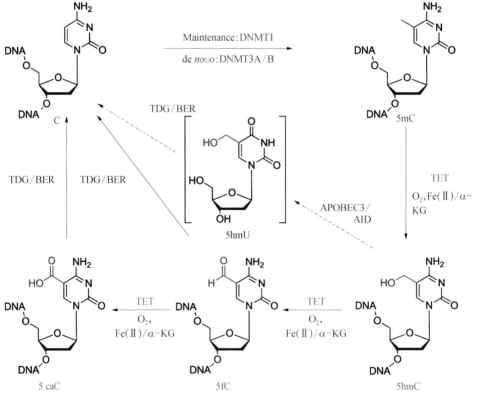

图 5-1　DNA 的甲基化与去甲基化途径

在 DNA 修饰方面,除了对于第五碱基 5mC 及其氧化衍生物 5hmC、5fC 与 5caC 的研究之外,近年来的最新进展更是从经典的胞嘧啶修饰拓展到了嘌呤碱基修饰。6mA 是细菌 DNA 中存在的一种主要的核酸修饰,之前一直被认为是限制修饰系统(restriction-modification system)中重要的一部分,用来帮助宿主细胞区分外源 DNA 与自身 DNA,从而维持细菌自身基因组 DNA 的完整性。最近的研究表明,6mA 同样存在于真核生物的基因组中,且具有非常重要的基因调控功能[13-15],提示腺嘌呤密码 6mA 很有可能作为另一个潜在的表观遗传学标记[16]。

在分子生物学的中心法则中,遗传信息从 DNA 流向 RNA,再流向蛋白质。已知基因组 DNA 和组蛋白受到可逆的化学修饰调控基因表达来定义细胞状态、影响细胞的分化和发育[17-18],RNA 作为中心法则中重要的一环,其上也存在许多化学修饰。

自 19 世纪中叶以来,科学家在各类生物中发现了超过 160 种 RNA 转录后修饰。这些修饰广泛分布于不同物种的各种类型的 RNA 中,如信使 RNA(message RNA,mRNA)、转运 RNA(transfer RNA,tRNA)、核糖体 RNA(ribosomal RNA,rRNA)以及其他非编码 RNA 中。RNA 修饰对 RNA 的分子功能有着广泛的影响,一部分 RNA 修饰是组成性的,它们恒定存在以维持 RNA 的特定结构和功能;另一部分动态可逆的 RNA 修饰则起到调控作用,它们促进 RNA 完成不同条件下的特定功能,从而对生命活动产生深远的影响。

RNA 修饰种类众多,其含量和功能也不尽相同。其中 RNA 核苷上的甲基化修饰是 RNA 修饰的主要形式,约占 RNA 修饰总量的三分之二。RNA 甲基化修饰主要发生在碱基基团的氮原子、碳原子,以及核糖 $2'$-OH 的氧原子等位置上。目前在古细菌、细菌和真核生物 RNA 上已经发现的甲基化修饰主要有 5-甲基胞嘧啶(5mC)、1-甲基腺嘌呤(m^1A)、6-甲基腺嘌呤(m^6A)、假尿嘧啶(Ψ)和 $2'$氧甲基(2-OMe)[17]等(图 5-2)。对这些修饰的合成和擦除机制以及互作蛋白方面的研究是 RNA 领域的热点方向。

在哺乳动物的 RNA 中,m^6A 是 mRNA 中除了 $5'm^7G$ 帽子结构外,含量最高的甲基化修饰。m^6A 占腺苷总量的 0.1%~0.4%(即平均每个 mRNA 有 3~5 个 m^6A 位点)。它存在于 mRNA 的 $5'$非翻译区($5'$-UTR)、编码区(CDS)、$3'$非翻译区($3'$-UTR)和前体 mRNA 的内含子,特别是在终止密码子附近显著富集,是 mRNA 上最为广泛的修饰形式[20,21]。在某些非编码 RNA 和前体 miRNA 中也能鉴定到 m^6A。

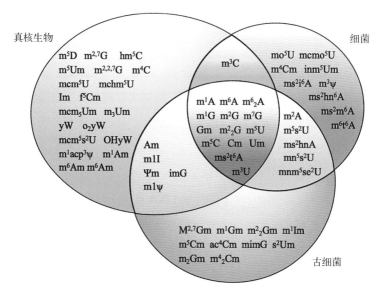

图 5-2　部分已知的 RNA 甲基化修饰类型在古细菌、细菌和真核生物中的分布

早期人们认为 RNA 上的甲基化修饰都是静态的组成性修饰，目前已经发现有三类影响 m^6A 的蛋白质，分别是甲基转移酶（writer）、去甲基化酶（eraser）和甲基结合蛋白（reader）[1]，从而确定了 m^6A 是一种可逆的动态修饰，具有重要的生物学功能（图 5-3）。

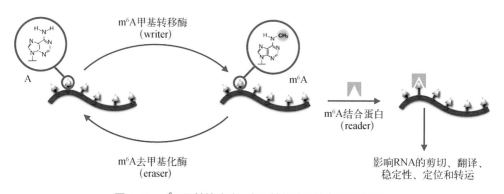

图 5-3　m^6A 甲基转移酶、去甲基酶和结合蛋白的作用

Bokar 等最早从 HeLa 细胞体外甲基化系统中分离核提取物，对 m^6A 的甲基转移酶复合物纯化，发现整个复合物由 3 个大小不同的组分构成，其中一个组分包含了带有 SAM 结合位点的亚基甲基转移酶样 3（methyltransferase like 3，METTL3）。METTL3

---

[1]　亦称修饰酶（writer）、去修饰酶（eraser）和结合蛋白（reader）。

中高度保守，从酵母菌到人类等的真核生物中都能鉴定到[18]。此外，研究者发现在甲基转移酶样14(methyltransferase like 14，METTL14)敲除的 HeLa 细胞系中，m⁶A 的含量显著地下降，体外生化实验证明 METTL14 与 METTL3 能形成稳定的异源二聚体[7]，并且二聚体的催化效率显著高于单体。因此证明 METTL14 是 m⁶A 甲基转移酶复合物的组成成分。肾母细胞瘤相关蛋白(WT1 associated protein，WTAP)最初被认为是 1 类肾母细胞瘤(WT1)蛋白的剪切因子，对真核细胞生长和分化有着重要影响。研究发现在 WTAP 敲除的 HeLa 细胞系和 293T 细胞系中，m⁶A 的含量显著下降。随后体外的生化验证确定了 WTAP 也是 m⁶A 甲基转移酶的组分之一[19]。

通过一系列分子和生化层面的实验，确定了 m⁶A 甲基转移酶复合物是由 METTL3、METTL14 以及 WTAP 共同组成的，它能够在细胞中催化 RNA 上位点甲基化形成 m⁶A，从而对 RNA 的功能起到一系列调控作用。

m⁶A 甲基化修饰可以被 FTO 或 ALKBH5 逆转，这两个蛋白也就是 m⁶A 去甲基化酶(eraser)。FTO 最初被发现于一种融合脚趾突变小鼠体内，后被证实与人的肥胖和能量稳态有关[20, 21]。何川课题组于 2011 年证明 FTO 能在体外作用于含 m⁶A 的 RNA，降低其修饰水平；在细胞中将 FTO 基因敲除或过表达，会使得 mRNA 中 m⁶A 显著升高或降低；通过荧光成像发现 FTO 定位在核散斑处[22, 23]。根据以上结果，推测 FTO 的主要底物是 mRNA 上的 m⁶A，并能够将其甲基化擦除。这一发现不仅为研究 FTO 的致病机制指明了方向，更重要的是首次发现了 RNA 的化学修饰是动态可逆的，从而开启了新的表观遗传学研究领域——RNA 表观转录组学。基于 FTO 作为人源 ALKB 双加氧酶蛋白家族成员的考虑，研究人员对 ALKB 家族中的 9 种蛋白同系物均进行了去甲基化功能的研究，发现了 ALKBH5 也具有对 m⁶A 去甲基化的功能[24]。这两种目前已知的去甲基化酶在不同组织的表达有差异，如在小鼠中，ALKBH5 主要表达在睾丸，而 FTO 主要在大脑中表达，这也表明他们参与不同的生物学功能。随着对 m⁶A 研究的不断深入，也许生物体内还能鉴定出其他未知的 m⁶A 去甲基化酶。

RNA 上的 m⁶A 除了自身具有动态可逆的特性，还存在特定的 m⁶A 甲基结合蛋白与之结合从而行使特定的生物学功能。m⁶A 甲基结合蛋白主要分为三类：第一类结合蛋白含有 YTH 结构域，包括 YTHDF1、YTHDF2 和 YTHDF3；第二类结合蛋白是异构核核糖核蛋白(HNRNPC)，成员包含 HNRNPC、HNRNPG 和 HNRNPA2B1；第三类结合蛋白是一类含有相同 RNA 结合结构域的蛋白，如含有 KH 结构域以及 RGG 结构域的蛋白，它们都可以与含有 m⁶A 的 RNA 结合。Dominissini 等人用 RNA 亲和层析法发

现了一些 m^6A 结合蛋白质,其都属于 YTH 结构域家族[25]。接着,用免疫学实验方法确定了 3 种胞质中的 YTH 结构域家族蛋白质:YTHDF1、YTHDF2、YTHDF3,它们是哺乳动物细胞中主要的 m^6A 结合蛋白[25, 26]。2014 年,何川课题组首次证实了 YTHDF2 在 mRNA 降解的过程中发挥作用。这项工作表明 m^6A 修饰能被选择性结合蛋白识别,从而影响 mRNA 的翻译状态和半衰期,由此确定了 m^6A 具有重要的生理学意义[27]。随后,YTHDF1 被报道可促进 m^6A 修饰的 mRNA 分子的翻译[31]。YTHDF3 被发现与 YTHDF1 和 YTHDF2 有相互作用,可增强 YTHDF1 和 YTHDF2 对底物 m^6A - mRNA 的结合,从而促进 m^6A - mRNA 的翻译效率和降解[28, 29]。YTHDC1、YTHDC2 和 HNRNP 家族成员 HNRNPA2B1 也被证实可以结合 m^6A 修饰的 RNA,并发挥生物学功能[30-33]。其他可能存在的 m^6A 结合蛋白也在探索发现中。

RNA 上动态可逆的 m^6A 修饰已经被证明对基因的表达有很大的影响,从而极大地促进了表观转录组学(epitranscriptomics)的发展。此外,mRNA 上还存在一种和 m^6A 结构相似但性质和功能差异巨大的修饰——$N^6, 2'-O-$dimethyladenosine(m^6A_m)。和 m^6A 主要分布在 mRNA $3'-$UTR 上不同,m^6A_m 分布在 mRNA 的 $5'$ 端帽子结构上。早在 1975 年科学家就在病毒和动物细胞的 mRNA 上鉴定到了 m^6A_m,但是直到最近 m^6A_m 才被认为是可逆的:最早鉴定的 m^6A 的去甲基化酶 FTO 也能催化 m^6A_m 去甲基化,通过改变 FTO 的表达水平可以削弱 DCP2 介导的 mRNA 的 decapping 过程。2018 年,多个课题组同时报道了 m^6A_m 的甲基转移酶 PCIF1[34-37],PCIF1 可以将 cap 1 号位的 A_m 碱基 N6 号位加上甲基形成 m^6A_m。

自 2011 年 m^6A 的第一个去甲基化酶的发现,证明了 RNA 修饰同 DNA 甲基化修饰一样是动态可逆的,从而将 RNA 修饰由组成性的微调控机制提升到"表观转录组"这一全新的层次。此外,RNA 中多种含量分布较为普遍的修饰,如 m^5C、m^1A、m^6A_m 和 Ψ 的相关研究也取得了一系列的进展,推进表观转录组学领域的发展。RNA 表观遗传学修饰介导的表观转录组学调控和功能研究已成为 RNA 生物学新的研究领域,也是表观遗传研究领域的新热点之一。

在核酸修饰的研究过程中,对修饰含量的测定和合适的检测方法的建立是首先要攻克的难题,因此建立和发展新颖的核酸修饰的化学标记与检测技术,对于揭示核酸动态修饰的调控机制至关重要。核酸修饰的常用研究策略包括:(1)利用特异的小分子化合物或酶促反应对核酸修饰进行化学标记,结合高通量测序技术及计算生物学等手段,实现对核酸修饰的富集、鉴定与动态功能组学分析;(2) 针对核酸动态修饰的时空特异性,开发新颖的小分子探针,在细胞乃至活体组织水平上对修饰进行探测和高分辨率成像,从而阐述动态修饰发生的空间位置、时间节点和分子识别模式;(3) 通过对相关的修饰酶、去修饰酶和读码器等蛋白设计突变体或进行人为化学修饰,深入研究核酸动态化学修饰对细胞性状的作用规律,并揭示其调控异常导致疾病发生的分子机制。在过去的十几年内,研究人员通过综合运用这些技术策略,成功解决了核酸修饰领域内多个重大的生物学问题,大大拓宽了人们对表观遗传学调控的理解与认识。

5.2 研究进展与成果

核酸的化学修饰,尤其是基因组以及转录组中具有表观遗传功能的核酸修饰,对基因的表达、细胞命运的决定及个体发育等过程均起到关键的调控作用。正因为动态可逆的核酸化学修饰在生命过程中发挥着十分重要的作用,核酸修饰相关的研究一直以来也是生命科学与医学领域的一个热点。无论对于基础的表观遗传学研究,还是对于包括癌症在内的多种临床疾病的早期诊断,检测生物学样品中相应核酸修饰的含量与分布情况都有极其重要的意义。近几年,科研工作者开发出了许多利用小分子化合物来检测核酸修饰的新技术,这些技术成果不仅受到了国际同行的广泛认可,也极大地促进了相关领域的蓬勃发展。

5.2.1 DNA 修饰的检测技术

如上所述,DNA 上的 5mC 及其氧化衍生物是 DNA 甲基化的主要形式。对于 5mC 的全基因组检测,目前最为广泛接受和使用的方法是亚硫酸氢钠测序[38, 39]。在亚硫酸氢钠处理条件下,胞嘧啶会很快脱氨变成尿嘧啶(U),而 5mC 脱氨转化成胸腺嘧啶(T)的速率却远远低于前者[40]。因此,利用两者反应速率上的差异,实现对胞嘧啶的快速脱氨转化为 T,在处理后进行 PCR 扩增,就能实现准确区分 C 与 5mC。然而,该方法同时存在 DNA 降解严重、样品起始量大等缺点,因此,越来越多的研究人员开始寻求更加温和高效的方法来实现对 5mC 的检测。过去数年国内外课题组主要利用 5mC 和 C 的嘧啶环上双键的亲核性及空间位阻的差异来实现对两者的区分，但存在效率有限或不适合全基因组测序等问题。牛津大学宋春啸课题组筛选了针对 5mC 的特异性酶学氧化并结合硼烷还原反应，可以将 5mC 高效特异地转化成二氢尿嘧啶（DHU），DHU 则可以被 DNA 聚合酶识别为胸腺嘧啶（T），从而在全基因组 5mC 位点产生突变信号，结合二代高通量测序技术，就可以准确地检测基因组序列中 5mC 的分布与修饰比例[41]。与传统的基于亚硫酸氢盐处理的高通量甲基化测序方法相比，该技术具有低起始量、高测序质量等特点，同时还可以同时检测到单核苷酸多态性（SNP）等信息。

5hmC 之前主要被视为在 Tet 蛋白介导的 5mC 氧化过程中产生的氧化中间产物，后来的一系列研究证明 5hmC 可以作为表观遗传学修饰稳定存在于基因组 DNA 上发挥重要调控功能，目前还有很多工作已经证明其分布和含量可以作为多种癌症疾病早期诊断的标记物[42, 43]。2012 年，芝加哥大学的何川课题组与剑桥大学的 Shankar Balasubramanian 课题组分别开发了在全基因组范围内单碱基分辨率水平检测 5hmC 的方法 TAB‐seq[44] 和 oxBS‐seq[45]。这两种技术均结合了亚硫酸氢钠测序法，同时这两种方法均存在较为复杂的 DNA 处理过程，对于 DNA 起始量也有较大的需求。针对这些局限性，何川课题组又开发了新型测序技术 hmC‐seal，这种技术不依赖于严苛的亚硫酸氢盐处理，可以在小量 DNA 上实现对 5hmC 全基因组的测序[46]。但值得注意的是，这两种方法均不能提供 5hmC 单碱基分辨率的图谱。北京大学伊成器课题组利用 $KRuO_4$ 特异性氧化 5hmC 到 5fC 的特性，结合 5fC 特异的标记反应，实现了对全基因组上 5fC 位点的高效准确标记，使其转化为胸腺嘧啶（T），结合二代高通量测序技术，就可以准确地检测基因组序列中 5hmC 的单碱基分辨率的分布与修饰比例[47]。与传统的基于亚硫酸氢盐处理的高通量羟甲基化测序方法相比，该技术具有低起始量、低成本等特点。该方法可以用于取材困难的生物学体系以及珍贵的临床样本研究，具有很好的临床诊断等应用前景。

5fC 作为 5hmC 下游的氧化产物，它的含量仅为胞嘧啶的 0.02%～0.2%[8, 48]，因此需要开发高度选择性和特异性的方法，才能实现对这种胞嘧啶衍生物的检测。由于 5fC 上存在反应活性较高的醛基，国内外课题组设计了一系列高反应活性的氨基荧光类化合物，这些化合物可以对 DNA 链上的 5fC 进行荧光标记，从而实现了对特定位点 5fC 的特异性检测。基于小分子标记、酶促反应标记或抗体识别的技术实现了对 5fC 的特异性富集[49-51]，但这些方法检测的分辨率非常有限。尽管也有单碱基分辨率检测 5fC 的技术被报道[51-54]，但是这些技术基于亚硫酸氢钠处理，会造成非常严重的 DNA 降解；

另外由于没有对含有 5fC 的 DNA 进行富集,这使得全基因组范围的 5fC 检测需要很高的测序深度,大大提高了研究的成本。2015 年,北京大学伊成器课题组报道了一种在全基因组范围内单碱基分辨率水平检测 5fC 的测序技术 fC‐CET[55]。研究人员首先根据 Friedländer 反应的机理设计了特异性标记 5fC 的小分子化合物叠氮 1,3‐茚二酮,该化合物能够与 5fC 发生分子内成环反应,并在 PCR 过程中实现由 C 到 T 的信号转变。此外,带有标记产物的 DNA 后续可以通过 Click 反应进行富集,从而大大降低了测序成本。通过 fC‐CET 对 mESC 的基因组 DNA 进行测序,研究人员首次揭示了全基因组范围内 5fC 的单碱基分辨率分布图谱,并发现 5‐醛基胞嘧啶很可能作为一个比 5fC 更加活跃的标记物出现在基因组上。该反应的条件非常温和,不会造成任何的 DNA 降解,克服了之前测序技术依赖于亚硫酸氢盐处理的弊端。基于该反应的上述优点,伊成器课题组进一步利用另一种小分子化合物丙二腈实现了单细胞内 5fC 的标记与检测,并开发了相应的测序方法 CLEVER‐seq[56]。丙二腈的水溶性非常好,这使得标记反应能够应用到极小量的样品中;标记反应同时具有很好的生物兼容性,不需要额外的纯化步骤,且标记产物不会阻碍 DNA 聚合酶的复制。研究人员利用 CLEVER‐seq 对小鼠各个时期的早期胚胎进行了单细胞测序,揭示了胚胎发育不同阶段细胞 5fC 图谱的动态变化和异质性。此外,结合单细胞转录组的测序数据,他们进一步诠释了 5fC 的产生与转录的时空顺序,并首次发现基因启动子区域 5fC 的产生要早于对应基因表达的上调。

为了更好地探究 DNA 上表观遗传学修饰的生物学功能,首先需要准确地绘制各种修饰在基因组 DNA 的分布图谱。早先开发的一系列基于亚硫酸氢盐处理的测序技术存在 DNA 降解严重、DNA 起始量大等问题。目前 DNA 表观遗传学测序领域已经开始涌现出一系列免亚硫酸氢盐测序的测序技术,这些技术均是基于对各种表观遗传学修饰高效特异标记反应的筛选,通过特定酶学或化学转化实现修饰碱基原位的标记,利用标记后产物的突变性质结合高通量测序实现对修饰碱基的准确定位。新技术的开发同样也推动了 DNA 表观遗传学向单细胞分辨率的发展,目前国内外课题组已经开发了部分 DNA 表观遗传修饰的单细胞测序技术,从表观遗传修饰层面揭示了细胞异质性,并与其他组学技术结合,实现了单细胞多组学的检测。未来表观遗传技术的发展仍将依赖于酶学、化学等多学科参与,在单细胞分辨率上尽可能提高细胞通量以及数据质量,实现多组学同时检测,用以探究细胞多层面信息之间的复杂调控网络。

5.2.2　RNA 修饰的检测技术

绘制 RNA 表观转录修饰的图谱对理解它们的生物学功能变得越来越重要。和 DNA 类似,细胞中的 RNA 也含有多种化学修饰,这些修饰参与 RNA 代谢的各个方面,大量的 RNA 修饰也为基因调控增加了一个新的层次。最近开发的用于检测 RNA 修饰的高通量测序技术大大加速了表观转录组领域的发展。这里我们将主要关注 mRNA 上的修饰,包括 m^6A、m^6A_m、m^1A、Ψ 等。

目前最常用的鉴定方法是将免疫沉淀技术(immunoprecipitation,IP)和高通量测序技术结合起来研究 RNA/DNA 和蛋白质相互作用的技术,被称为免疫沉淀测序技术(immunoprecipitation sequencing,IP-seq),其中 ChIP-seq、RIP-seq、CLIP、PAR-CLIP 等技术已十分成熟并被广泛使用。对于有 IP 级别抗体的 RNA 修饰,可以类似地开发其 IP-seq 方法。目前分别有针对 m^6A 的 MeRIP-seq、m^6A-seq、PA-m^6A-seq 和 miCLIP 等技术,也有针对 m^1A 的 m^1A-seq 和 m^1A-ID-seq 技术。但对于更多的新发现的 RNA 修饰,由于目前没有特异性的抗体,因此需要发展特异性的化学手段对修饰位点进行标记和测序,假尿嘧啶(pseudouridine,Ψ)就是其中之一。假尿嘧啶的化学性质和尿嘧啶接近,都与腺嘌呤配对,而且目前没有特异性较好的假尿嘧啶抗体,因此只能依赖化学手段进行区分和鉴定。目前已有直接利用 CMC 标记进而测序的方法:Psi-seq、Pseudo-seq 和 Ψ-seq,以及最新的利用 CMC 衍生物进行测序的方法 CeU-seq(N3-CMC-enriched pseudouridine sequencing)。

1. m^6A 测序技术

m^6A 作为目前最受关注的 RNA 转录后修饰,已针对其开发出多种高通量测序技术。由于 RNA 中 m^6A 修饰并不改变原有碱基序列,也不会影响碱基互补配对,因此 m^6A 的全基因组分布一直是个难题。2012 年,研究人员首次利用免疫沉淀与高通量测序技术相结合,开发了 m^6A-seq 和 MeRIP-seq 两项技术,成功在 $100 \sim 200$ nt 的分辨率对 mRNA 上的 m^6A 分布进行全转录组水平的测绘[25, 57]。

对于 m^6A 这一类已有 IP 级别抗体的 RNA 修饰,可以针对性地开发对应的 IP-seq 方法。在这类技术中,只有含有 m^6A 的片段能在 IP 后被富集。在生物信息分析时,通过与对照样本对比可以发现,m^6A 附近区域有明显的富集峰。峰的宽度和片段的长度以及抗体的特异性有关,通常在 $100 \sim 200$ nt。由于 m^6A 在碱基配对中与腺嘌呤一样,也是和胸腺嘧啶配对，所以只能通过已知的 m^6A 的周围特异序列 RRACH（R 为嘌呤，H 为 A、C 或 U）对 m^6A 修饰位置进行推测，当然一个峰可能对应多个 m^6A 位点。因此，MeRIP - seq 和 m^6A - seq 技术在分辨率方面都有一定的局限性。2016 年，结合 PAR - CLIP 技术和传统的 m^6A - seq 技术，芝加哥大学何川团队创新性地开发了高分辨率的紫外交联辅助的 m^6A 测序技术 PA - m^6A - seq（photo-crosslinking-assisted m^6A -sequencing）。在 PAR - CLIP 技术中，首先用具有光活性的核糖核苷类似物 4 - 硫尿苷（4 - thiouridine，4sU）处理细胞，新生成的 mRNA 上会掺入这些类似物，然后用特定波长的紫外光照射细胞后，这些类似物会被诱导与 RNA 结合蛋白上位置临近的核苷酸发生交联，这种交联会产生 T→C 的碱基突变，从而可以精确地确定 RNA 与蛋白的作用位点[58]。PA - m^6A - seq 技术受 PAR - CLIP 技术启发，利用了 4sU 交联后会产生突变的特性。在进行生物信息分析时，研究人员可以根据富集峰中是否存在 T→C 的突变来去除假阳性。此外，交联后 RNA 酶 T1 的高效切割使得 PA - m^6A - seq 可以达到约 23 nt 的分辨精度，基本实现了 m^6A 位点的精确定位，相较于 MeRIP - seq 和 m^6A - seq 的技术，PA - m^6A - seq 在测序精度上有了突破性的进步。

虽然 PA - m^6A - seq 技术提高测序精度到了接近单碱基水平，但还需通过 m^6A 周边特殊的序列从而推测精确的修饰位点，对不符合 RRACH 基序的修饰位点不能做到准确的鉴定。为了实现单碱基分辨率的目标，研究人员又利用高特异性的 m^6A 抗体，开发出了单碱基分辨率的 m^6A 测序方法——甲基化的单碱基分辨率的交联和免疫沉淀方法（miCLIP，methylation individual-nucleotide-resolution crosslinking and immunoprecipitation）和 m^6A - CLIP[59, 60]。这两种方法可以在单碱基水平测定 m^6A 的位置，从而为后续的研究提供了有力的技术支持。

前期 iCLIP 技术的发展，研究人员发现紫外交联后共价结合在碱基上的氨基酸残基可以导致反转录终止。基于该特点，推测 m^6A 抗体在紫外交联后也可以产生类似的效应，从而可以作为特异识别标记用来确定 m^6A 的位点。因此，研究人员首先合成含有单个 m^6A 位点的模式 RNA 序列，再用几种不同的商业化 m^6A 抗体进行 IP 测试。筛选到合适的抗体之后，再对真实 mRNA 样品进行处理和文库构建。生物信息学的分析显示，这种方法可以准确地得到 m^6A 的位置信息，而通过和 input 比较有很高的信噪比，从而实现了单碱基分辨率。更重要的是，这一研究思路为其他已有高特异性抗体的核酸修饰提供了基于抗体结合的单碱基分辨率测序方法的重要参考。

尽管在 m^6A 检测分辨率方面已经有了很大的进展，但是对 m^6A 的化学计量仍然刚刚起步。最近 m⁶A‑LAIC‑seq（m⁶A‑level and isoform-characterization sequencing）
测序方法被开发出来，在全转录组范围对 m⁶A 进行化学计量（图 5‑4）。在 m⁶A‑
LAIC‑seq 技术里，m⁶A IP 实验中使用全长的 RNA，并使用过量的抗体使所有含有
m⁶A 的 RNA 片段都被拉下来（pull‑down）。并掺入 ERCC（External RNA Controls
Consortium）到 input 组、上清组和洗脱组作为矫正的标准。每个基因的 m⁶A 水平可以
通过不同组分的 RNA 丰度的比值进行量化［洗脱液/（洗脱液＋上清液）］。

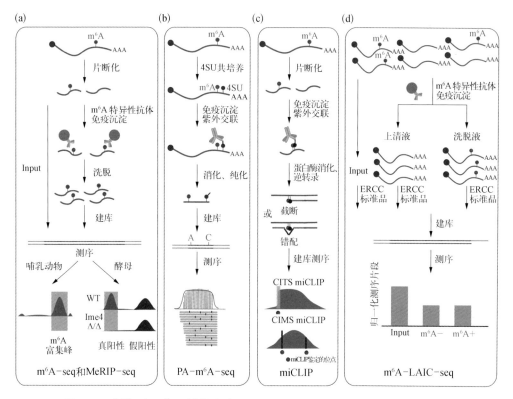

图 5‑4　全转录组 m⁶A 测序技术（引自 *Nat. Methods*，2016，14，23‑31.）

（a）m⁶A‑seq 和 MeRIP‑seq；（b）PA‑m⁶A‑seq，图中黑色粗条代表由 4SU 和交联引起的
T‑to‑C 转变；（c）miCLIP；（d）m⁶A‑LAIC‑seq

2. m⁶Aₘ 测序技术

m⁶Aₘ 是一种位点特异的修饰，研究人员于 1975 年就在病毒的 RNA 的 cap 上鉴定
到 m⁶Aₘ，但直到最近 m⁶Aₘ 的甲基转移酶（PCIF1）和去甲基化酶（FTO）才被鉴定到，从
而使人们重新了解这一可逆的 RNA 修饰。由于 m⁶Aₘ 和 m⁶A 有着相似的化学结构，所

以开发的 m^6A 抗体对 m^6A_m 也有着相同的富集效果。早期,研究人员通过构建 PCIF1 缺失的细胞系,使用商业化的 m^6A 抗体在全转录组水平对 m^6A 和 m^6A_m 进行富集,然后建库测序,再通过和野生型细胞系进行对比,从而确定 m^6A_m 的修饰位点。同样,通过比较 WT 和 PCIF1 敲除(KO)细胞系的 miCLIP 数据或 m^6A-EXO-seq 的数据也可以鉴定 m^6A_m 的位点。但是上述几种方法都依赖于构建 PCIF1 KO 的细胞系,并且不能精确地区分 m^6A_m 和 m^6A,极大地限制了使用范围。

2020 年,研究人员开发了基于位点特异去甲基化的 m^6A_m-seq 技术,通过特异地去除 m^6Am 位点的甲基化,从而可以精确地鉴定 m^6A_m 修饰位点。该方法以片段后的总 RNA 为起始,首先通过使用 cap m^7G 的特异性抗体将 mRNA 含有 cap 的片段进行富集,从而提高组分中 m^6A_m 的含量;再将 m^7G 富集后的组分分为两组,一组直接用 m^6A 的抗体进行富集,另一组首先在特定条件下将 m^6A_m 去甲基化,再使用 m^6A 的抗体进行富集;最终通过比较去甲基化组和未处理组的用 m^6A IP 后富集峰的差异就可以精确地对 m^6A_m 进行鉴定。这一方法摆脱了对 PCIF1 KO 细胞系的依赖,从而极大地扩展了应用范围。

3. 假尿嘧啶的测序技术

作为 RNA 上的第五种碱基,假尿嘧啶是目前已知的在总 RNA 中含量最多的化学修饰。目前没有针对假尿嘧啶的 IP 级别的抗体,因此只能利用化学手段进行区分和测序。化合物 CMC[1-环己基-2-(吗啉乙基)碳二亚胺,cyclohexyl-N'-(2-morpholinoethyl)-carbodiimide]和尿嘧啶、假尿嘧啶以及鸟嘌呤都可以发生反应,但在经过碱性条件 (pH = 10.4)处理之后,只有假尿嘧啶的 3 号氮原子(N3)和 CMC 的反应产物会得到保留。由于 N3 位于沃森-克里克碱基配对面,因此 CMC 的加成会阻止碱基配对,导致在反转录过程中反转录酶停在假尿嘧啶的 3'末端,产生截短的 cDNA 片段。利用 CMC 这一特异性的化学反应,结合高通量测序手段,近年来出现了多种假尿嘧啶单碱基分辨率的全转录组高通量测序方法,包括 Psi-seq、Pseudo-seq、Ψ-seq 和 CeU-seq[61-64]。

虽然 Psi-seq、Pseudo-seq 和 Ψ-seq 三种方法,可以实现假尿嘧啶的单碱基测序,但由于没有特异性地针对修饰位点进行富集,因此这三种方法对修饰比例较低或表达量较低的 RNA 上的位点,不能够做到有效鉴定,而且测序的背景噪声也比较高,会引入一些假阳性位点。在最新的 CeU-seq (CMC-enriched pseudouridien sequencing)方法中,研究人员利用点击化学反应改造出 CMC 衍生物,在 CMC 上引入了一个叠氮基团,之后将 mRNA 和叠氮 CMC 进行反应和进一步的碱处理,随后将处理后的 mRNA 和 DBCO - biotin 混合发生点击化学反应,生成 Ψ - CMC -生物素的反应产物,从而实现对 mRNA 片段进行 IP[62]。该处理实现了对含有假尿嘧啶片段的提前富集,从而显著地提高了信噪比,降低了假阳性,为深入研究假尿嘧啶的生物学功能提供了更为强大的技术手段。

4. m¹A 测序技术

m¹A 很早就被发现存在于 tRNA 的第 9 位和第 58 位以及 rRNA 上,后来人们才证实 mRNA 上也有 m¹A 修饰。早期,研究人员利用商业化的 m¹A 特异性抗体,开发出了低分辨率的 m¹A - seq 和 m¹A - ID - seq 技术。m¹A - seq 和 m¹A - ID - seq 的基本原理都是先利用特异性的抗体对含有 m¹A 的片段进行富集,然后再建库测序[65, 66]。m¹A - seq 直接使用抗体富集,而 m¹A 在碱基互补配对过程中会导致 A→T 的碱基错配,同时有一定的可能性使反转录酶停在其 3′末端后一位碱基处,这使得在直接 IP 测序组得到的一个峰的中间部分相对于两边较低,可作为判断 m¹A 修饰位点的特征。在 m¹A - seq 中,研究人员利用碱性条件下 m¹A 会发生 Dimroth 重排反应,转变为不影响碱基配对的性质;在 m¹A - ID - seq 中,研究人员利用了一个去甲基化酶,使得 m¹A 去甲基化转变为正常的 A。两种方法的基本思路相同,都是通过将 m¹A 进行转变,降低或消除其对碱基配对和反转录的影响,从而在生物信息分析的过程中可以与未经处理的 IP 测序组进行对比,减少假阳性信号,提高测序的可靠性。但是,上述两种测序方法都没有做到单碱基分辨率,检测精度在 50~200 nt,且这些方法在 mRNA 上仅鉴定到几十个到几百个 m¹A 位点,大大低于质谱鉴定到的含量。

为了弥补现有 m¹A 测序技术的不足,2017 年,研究人员又开发了单碱基分辨率的新 m¹A - seq 和 m¹A - MAP 技术[67, 68]。两种技术对逆转录条件做了调整,都使用了 TGIRT 逆转录酶,该策略会使 cDNA 更多地在 m¹A 处产生碱基错配。进而通过分析高通量测序数据中每一个位点的碱基错配信息,即可找到 m¹A 修饰位点。新的 m¹A - seq 技术利用 Dimroth 重排这一化学反应实现 m¹A 的去甲基化,而 m¹A - MAP 用去甲基化酶 AlkB 介导的酶促反应实现 m¹A 的去甲基化。相比之下,酶促反应的去甲基化效率更高,同时反应条件也更温和,减少了 RNA 的降解。此外,两者在 IP 后回收 RNA 的方法也不相同,新 m¹A - seq 方法洗脱回收所有的 RNA,m¹A - MAP 方法用 m¹A 单核苷竞争洗脱 RNA,因此后者回收得到的 RNA 的信噪比更高。同时,m^1A-MAP 方法在测序接头中引入了 10 个随机序列,用该随机序列可以去除 PCR 扩增造成的重复;新 m^1A-seq 方法直接根据比对结果去除 PCR 重复。两者相比,m^1A-MAP 去重方法的特异性和准确度更高。上述重要技术环节的不同,使得 m^1A-MAP 更为灵敏且有更高的信噪比,能够鉴定到更多可信的 m^1A 修饰位点。

除了上述几种修饰,针对 RNA 上的 5-甲基胞嘧啶(5-methylcytosine,m^5C)修饰、次黄嘌呤(inosine,I)、Nm 以及 RNA 内部的 m^7G 修饰,也分别发展出了多种测序技术。随着纳米孔测序技术的不断发展,利用修饰位点的特殊性质,通过检测纳米孔上的电流强度(每种碱基所影响的电流变化幅度不同),就可以对多种修饰进行区分。利用这些方法,可以深入解析 RNA 修饰法分布特征和规律,揭示不同生理条件下不同表观转录组学修饰的在时空上的可逆动态变化。但未来仍然需要更精确和更广谱的检测技术,从而解析各种修饰如何影响 RNA 的命运以及如何在各种生命活动中发挥调控功能。

5.2.3　总结和展望

在过去的 20 余年里,关于表观遗传调控的研究取得了重大的进展。核酸上的修饰是动态变化的,并且对高等真核生物的各个生理环节产生都有着至关重要的影响,这为更好地理解正常发育以及人类重大疾病的治疗提供了重要的理论依据。深入解析核酸修饰的分布特征和规律,揭示不同生理条件下不同表观遗传学修饰的动态变化,可以更好地帮助人们理解和研究各类生物学现象及其功能。

运用表观遗传学领域不断涌现的新的检测技术,我们能够更好地确定表观状态改变和基因表达改变之间的关系。但是,核酸上的表观遗传学的检测技术仍然有一些瓶颈,对于技术的许多要求有待满足,例如,(1) 定量要求:绝对定量某个位置上的修饰比例;(2) 分辨率要求:准确定位单碱基,而不是检测峰的区域;(3) 起始量要求:减少抗体富集步骤,以使得技术能运用到小量样品中甚至是单细胞层面;(4) 样本要求:技术能灵活运用于组织样本的细胞中。目前来看,虽然新技术层出不穷,对于很多修饰,还没有任何一项技术能够全面地满足这些要求。但是,日益旺盛的修饰检测需求,终将促进更具有竞争力的测序技术的出现。

除了对于单个修饰的技术要求,同时检测多修饰也将会是热点之一。由于修饰性质的不同,若能用不同的方式将其标记或富集,也许能够实现,难度在于具有特异性标记或富集修饰的过程。另外,随着第三代测序技术的出现,其测序性质也让直接的表观遗传学修饰检测成为可能。以 Pacbio sequel 为例,该平台可以直接检测到甲基化信息,同步进行表观遗传学性别识别。其原理是,当碱基有额外修饰时的 DNA 聚合酶的合成速度会减慢,对应的信号会被检测出来。每种碱基修饰事件都会使聚合酶的"停顿模式"产生微小差异,最终反映到荧光脉冲信号的间隔上。除了甲基化修饰,目前已确定还能检测 5 - hC、5 - hmU、5 - hU、1 - mA、6 - mA、8 - oxoA、BPDE、6 - mT、6 - mG 等碱基修饰,甚至可以鉴别传统亚硫酸氢盐测序法无法区分的甲基化修饰和羟甲基化修饰。随后,只需对测序数据选择合适的软件即可分析碱基修饰信息。当然,三代测序的起始量大,成本较高,这些问题往往让人望而却步。二代测序如果能够同时检测多种修饰,则会有更大的发展和应用空间。

正如德国哲学家莱布尼茨所言,天地间没有两片完全相同的树叶,在每个生命机体中,复杂的表观遗传体系使得就算相同基因组的细胞也可以呈现不同的表观基因组、转录组,从而分化出不同的形态功能。表观遗传学相关的研究充满魅力,也许还有许多欠缺,但研究人员始终在路上,让我们可以期待未来与之相关的突破性探索。

参考文献

[1] Chen K,Zhao B S,He C. Nucleic acid modifications in regulation of gene expression[J]. Cell Chemical Biology,2016,23(1):74 - 85.

[2] Fu Y,He C. Nucleic acid modifications with epigenetic significance[J]. Current Opinion in Chemical Biology,2012,16(5/6):516 - 524.

[3] Chen Y Q,Hong T T,Wang S R,et al. Epigenetic modification of nucleic acids:From basic studies to medical applications[J]. Chemical Society Reviews,2017,46(10):2844 - 2872.

[4] Lande-Diner L,Zhang J M,Ben-Porath I,et al. Role of DNA methylation in stable gene repression[J]. The Journal of Biological Chemistry,2007,282(16):12194 - 12200.

[5] Lander E S,Linton L M,Birren B,et al. Initial sequencing and analysis of the human genome[J]. Nature,2001,409(6822):860 - 921.

[6] Li E,Zhang Y. DNA methylation in mammals[J]. Cold Spring Harbor Perspectives in Biology,2014,6(5):a019133.

[7] Tahiliani M,Koh K P,Shen Y H,et al. Conversion of 5-methylcytosine to 5-hydroxymethylcytosine in mammalian DNA by MLL partner TET1[J]. Science,2009,324(5929):930 - 935.

[8] Ito S,Shen L,Dai Q,et al. Tet proteins can convert 5-methylcytosine to 5-formylcytosine and 5-carboxylcytosine[J]. Science,2011,333(6047):1300 - 1303.

[9] He Y F,Li B Z,Li Z,et al. Tet-mediated formation of 5-carboxylcytosine and its excision by

TDG in mammalian DNA[J]. Science，2011，333(6047)：1303 - 1307.

[10] Maiti A，Drohat A C. Thymine DNA glycosylase can rapidly excise 5-formylcytosine and 5-carboxylcytosine：Potential implications for active demethylation of CpG sites[J]. The Journal of Biological Chemistry，2011，286(41)：35334 - 35338.

[11] Gu T P，Guo F，Yang H，et al. The role of Tet3 DNA dioxygenase in epigenetic reprogramming by oocytes[J]. Nature，2011，477(7366)：606 - 610.

[12] Hu X，Zhang L，Mao S Q，et al. Tet and TDG mediate DNA demethylation essential for mesenchymal-to-epithelial transition in somatic cell reprogramming[J]. Cell Stem Cell，2014，14 (4)：512 - 522.

[13] Fu Y，Luo G Z，Chen K，et al. N^6-methyldeoxyadenosine marks active transcription start sites in *Chlamydomonas*[J]. Cell，2015，161(4)：879 - 892.

[14] Greer E L，Blanco M A，Gu L，et al. DNA methylation on N^6-adenine in C. elegans[J]. Cell，2015，161(4)：868 - 878.

[15] Zhang G Q，Huang H，Liu D，et al. N^6-methyladenine DNA modification in *Drosophila*[J]. Cell，2015，161(4)：893 - 906.

[16] Heyn H，Esteller M. An adenine code for DNA：A second life for N^6-methyladenine[J]. Cell，2015，161(4)：710 - 713.

[17] Motorin Y，Helm M. RNA nucleotide methylation[J]. Wiley Interdisciplinary Reviews RNA，2011，2(5)：611 - 631.

[18] Bokar J A，Rath-Shambaugh M E，Ludwiczak R，et al. Characterization and partial purification of mRNA N^6-adenosine methyltransferase from HeLa cell nuclei. Internal mRNA methylation requires a multisubunit complex[J]. The Journal of Biological Chemistry，1994，269(26)：17697 - 17704.

[19] Liu J Z，Yue Y N，Han D L，et al. A METTL3-METTL14 complex mediates mammalian nuclear RNA N^6-adenosine methylation[J]. Nature Chemical Biology，2014，10(2)：93 - 95.

[20] Dina C，Meyre D，Gallina S，et al. Variation in FTO contributes to childhood obesity and severe adult obesity[J]. Nature Genetics，2007，39(6)：724 - 726.

[21] Frayling T M，Timpson N J，Weedon M N，et al. A common variant in the *FTO* gene is associated with body mass index and predisposes to childhood and adult obesity[J]. Science，2007，316 (5826)：889 - 894.

[22] Jia G F，Fu Y，Zhao X，et al. N^6-Methyladenosine in nuclear RNA is a major substrate of the obesity-associated FTO[J]. Nature Chemical Biology，2011，7(12)：885 - 887.

[23] Jia G F，Yang C G，Yang S D，et al. Oxidative demethylation of 3-methylthymine and 3-methyluracil in single-stranded DNA and RNA by mouse and human FTO[J]. FEBS Letters，2008，582(23/24)：3313 - 3319.

[24] Zheng G Q，Dahl J A，Niu Y M，et al. ALKBH$_5$ is a mammalian RNA demethylase that impacts RNA metabolism and mouse fertility[J]. Molecular Cell，2013，49(1)：18 - 29.

[25] Dominissini D，Moshitch-Moshkovitz S，Schwartz S，et al. Topology of the human and mouse m^6A RNA methylomes revealed by m^6A-seq[J]. Nature，2012，485(7397)：201 - 206.

[26] Wang X，Lu Z K，Gomez A，et al. N^6-methyladenosine-dependent regulation of messenger RNA stability[J]. Nature，2014，505(7481)：117 - 120.

[27] Wang X，He C. Reading RNA methylation codes through methyl-specific binding proteins[J]. RNA Biology，2014，11(6)：669 - 672.

[28] Li A，Chen Y S，Ping X L，et al. Cytoplasmic m^6A reader YTHDF$_3$ promotes mRNA translation [J]. Cell Research，2017，27(3)：444 - 447.

[29] Shi H L, Wang X, Lu Z K, et al. YTHDF$_3$ facilitates translation and decay of N^6-methyladenosine-modified RNA[J]. Cell Research, 2017, 27(3): 315 - 328.

[30] Alarcón C R, Goodarzi H, Lee H, et al. HNRNPA2B1 is a mediator of m(6)A-dependent nuclear RNA processing events[J]. Cell, 2015, 162(6): 1299 - 1308.

[31] Hsu P J, Zhu Y F, Ma H H, et al. Ythdc2 is an N^6-methyladenosine binding protein that regulates mammalian spermatogenesis[J]. Cell Research, 2017, 27(9): 1115 - 1127.

[32] Roundtree I A, Luo G Z, Zhang Z J, et al. YTHDC1 mediates nuclear export of N^6-methyladenosine methylated mRNAs[J]. eLife, 2017, 6: e31311.

[33] Wojtas M N, Pandey R R, Mendel M, et al. Regulation of m 6 A transcripts by the $3'\to 5'$ RNA helicase YTHDC2 is essential for a successful meiotic program in the mammalian germline[J]. Molecular Cell, 2017, 68(2): 374 - 387.e12.

[34] Akichika S, Hirano S, Shichino Y, et al. Cap-specific terminal N^6-methylation of RNA by an RNA polymerase II-associated methyltransferase[J]. Science, 2019, 363(6423): eaav0080.

[35] Sun H X, Zhang M L, Li K, et al. Cap-specific, terminal N^6-methylation by a mammalian $m^6 A_m$ methyltransferase[J]. Cell Research, 2019, 29(1): 80 - 82.

[36] Boulias K, Toczyd\\u0142owska-Socha D, Hawley B R, et al. Identification of the m 6 Am methyltransferase PCIF$_1$ reveals the location and functions of m 6 Am in the transcriptome[J]. Molecular Cell, 2019, 75(3): 631 - 643.e8.

[37] Sendinc E, Valle-Garcia D, Dhall A, et al. PCIF$_1$ catalyzes $m^6 A_m^..$ mRNA methylation to regulate gene expression[J]. Molecular Cell, 2019, 75(3): 620 - 630.e9.

[38] Shapiro R, Servis R E, Welcher M. Reactions of uracil and cytosine derivatives with sodium bisulfite[J]. Journal of the American Chemical Society, 1970, 92(2): 422 - 424.

[39] Hayatsu H, Wataya Y, Kazushige K. The addition of sodium bisulfite to uracil and to cytosine[J]. Journal of the American Chemical Society, 1970, 92(3): 724 - 726.

[40] Lister R, Pelizzola M, Dowen R H, et al. Human DNA methylomes at base resolution show widespread epigenomic differences[J]. Nature, 2009, 462(7271): 315 - 322.

[41] Liu Y B, Siejka-Zielińska P, Velikova G, et al. Bisulfite-free direct detection of 5-methylcytosine and 5-hydroxymethylcytosine at base resolution [J]. Nature Biotechnology, 2019, 37 (4): 424 - 429.

[42] Wang T L, Hong T T, Tang T, et al. Application of N-halogeno-N-sodiobenzenesulfonamide reagents to the selective detection of 5-methylcytosine in DNA sequences[J]. Journal of the American Chemical Society, 2013, 135(4): 1240 - 1243.

[43] Lian C G, Xu Y F, Ceol C, et al. Loss of 5-hydroxymethylcytosine is an epigenetic hallmark of melanoma[J]. Cell, 2012, 150(6): 1135 - 1146.

[44] Yu M, Hon G C, Szulwach K E, et al. Base-resolution analysis of 5-hydroxymethylcytosine in the mammalian genome[J]. Cell, 2012, 149(6): 1368 - 1380.

[45] Booth M J, Branco M R, Ficz G, et al. Quantitative sequencing of 5-methylcytosine and 5-hydroxymethylcytosine at single-base resolution[J]. Science, 2012, 336(6083): 934 - 937.

[46] Han D L, Lu X Y, Shih A H, et al. A highly sensitive and robust method for genome-wide 5hmC profiling of rare cell populations[J]. Molecular Cell, 2016, 63(4): 711 - 719.

[47] Zeng H, He B, Xia B, et al. Bisulfite-free, nanoscale analysis of 5-hydroxymethylcytosine at single base resolution[J]. Journal of the American Chemical Society, 2018, 140(41): 13190 - 13194.

[48] Pfaffeneder T, Hackner B, Truß M, et al. The discovery of 5-formylcytosine in embryonic stem cell DNA[J]. Angewandte Chemie International Edition, 2011, 123(31): 7146 - 7150.

[49] Raiber E A, Beraldi D, Ficz G, et al. Genome-wide distribution of 5-formylcytosine in embryonic stem cells is associated with transcription and depends on thymine DNA glycosylase[J]. Genome Biology, 2012, 13(8): R69.

[50] Shen L, Wu H, Diep D, et al. Genome-wide analysis reveals TET- and TDG-dependent 5-methylcytosine oxidation dynamics[J]. Cell, 2013, 153(3): 692-706.

[51] Song C X, Szulwach K E, Dai Q, et al. Genome-wide profiling of 5-formylcytosine reveals its roles in epigenetic priming[J]. Cell, 2013, 153(3): 678-691.

[52] Booth M J, Marsico G, Bachman M, et al. Quantitative sequencing of 5-formylcytosine in DNA at single-base resolution[J]. Nature Chemistry, 2014, 6(5): 435-440.

[53] Lu X Y, Han D L, Zhao B S, et al. Base-resolution maps of 5-formylcytosine and 5-carboxylcytosine reveal genome-wide DNA demethylation dynamics[J]. Cell Research, 2015, 25(3): 386-389.

[54] Wu H, Wu X J, Shen L, et al. Single-base resolution analysis of active DNA demethylation using methylase-assisted bisulfite sequencing[J]. Nature Biotechnology, 2014, 32(12): 1231-1240.

[55] Xia B, Han D L, Lu X Y, et al. Bisulfite-free, base-resolution analysis of 5-formylcytosine at the genome scale[J]. Nature Methods, 2015, 12(11): 1047-1050.

[56] Zhu C X, Gao Y, Guo H S, et al. Single-cell 5-formylcytosine landscapes of mammalian early embryos and ESCs at single-base resolution[J]. Cell Stem Cell, 2017, 20(5): 720-731.e5.

[57] Meyer K D, Saletore Y, Zumbo P, et al. Comprehensive analysis of mRNA methylation reveals enrichment in 3' UTRs and near stop codons[J]. Cell, 2012, 149(7): 1635-1646.

[58] Chen K, Lu Z K, Wang X, et al. High-resolution N^6-methyladenosine (m^{6}A) map using photo-crosslinking-assisted m^{6}A sequencing[J]. Angewandte Chemie International Edition, 2015, 127(5): 1607-1610.

[59] Ke S D, Alemu E A, Mertens C, et al. A majority of m^{6}A residues are in the last exons, allowing the potential for 3' UTR regulation[J]. Genes & Development, 2015, 29(19): 2037-2053.

[60] Linder B, Grozhik A V, Olarerin-George A O, et al. Single-nucleotide-resolution mapping of m^{6}A and m^{6}A$_m$ throughout the transcriptome[J]. Nature Methods, 2015, 12(8): 767-772.

[61] Carlile T M, Rojas-Duran M F, Zinshteyn B, et al. Pseudouridine profiling reveals regulated mRNA pseudouridylation in yeast and human cells[J]. Nature, 2014, 515(7525): 143-146.

[62] Li X Y, Zhu P, Ma S Q, et al. Chemical pulldown reveals dynamic pseudouridylation of the mammalian transcriptome[J]. Nature Chemical Biology, 2015, 11(8): 592-597.

[63] Lovejoy A F, Riordan D P, Brown P O. Transcriptome-wide mapping of pseudouridines: Pseudouridine synthases modify specific mRNAs in S. cerevisiae[J]. PLoS One, 2014, 9(10): e110799.

[64] Schwartz S, Bernstein D A, Mumbach M R, et al. Transcriptome-wide mapping reveals widespread dynamic-regulated pseudouridylation of ncRNA and mRNA[J]. Cell, 2014, 159(1): 148-162.

[65] Dominissini D, Nachtergaele S, Moshitch-Moshkovitz S, et al. The dynamic N1-methyladenosine methylome in eukaryotic messenger RNA[J]. Nature, 2016, 530(7591): 441-446.

[66] Li X Y, Xiong X S, Wang K, et al. Transcriptome-wide mapping reveals reversible and dynamic N1-methyladenosine methylome[J]. Nature Chemical Biology, 2016, 12(5): 311-316.

[67] Li X Y, Xiong X S, Zhang M L, et al. Base-resolution mapping reveals distinct m 1 A methylome in nuclear- and mitochondrial-encoded transcripts[J]. Molecular Cell, 2017, 68(5): 993-1005.e9.

[68] Safra M, Sas-Chen A, Nir R, et al. The m1A landscape on cytosolic and mitochondrial mRNA at single-base resolution[J]. Nature, 2017, 551(7679): 251-255.

MOLECULAR SCIENCES

Chapter 6

RNA 表观遗传通路的
靶标发现

段洪超　魏连环　何川　贾桂芳

6.1 引言

在真核生物中,生物大分子的化学修饰主要包括 DNA、RNA 和蛋白质上的化学修饰。其中,DNA 甲基化和组蛋白的甲基化及乙酰化等可逆化学修饰为表观遗传修饰,通过调控染色质重塑的方式影响细胞命运。首个 RNA 甲基化修饰 N^6-甲基腺嘌呤(m⁶A)去修饰酶的发现,揭示了 RNA 上同样存在可逆的化学修饰,开启了"RNA 表观遗传学"或"表观转录组学"研究前沿新领域。与 DNA 表观遗传修饰类似,RNA 表观遗传修饰可以被三种功能蛋白——"修饰酶(writer)""去修饰酶(eraser)"和"结合蛋白(reader)"进行动态调控并发挥着生物学功能。近几年的研究陆续揭示 RNA 化学修饰在 mRNA 生命周期的每一个环节都发挥重要的生物学功能,参与多种生命活动的调控,并影响到多种疾病的发生与发展。其中 m⁶A 是 mRNA 上最丰富的修饰,对其的研究最为深入和广泛。m⁶A 三种功能蛋白的发现,推动了 m⁶A 的功能和调控研究"井喷式"的发展。大量数据表明,m⁶A 修饰影响 mRNA 的剪接、出核、稳定性、蛋白翻译及前体 miRNA 加工等,同时也参与 RNA 病毒感染、组织发育、(造血)干细胞修复分化、生物节律调控、紫外损伤的 DNA 修复、天然免疫调控及疾病(癌症)发生发展等生物学过程。探索 RNA 上 m⁶A 及其他各种化学修饰将有助于在转录水平理解生命遗传密码,从表观转录的角度去解析生命科学的前沿问题,同时也有助于阐明相关疾病,为转化医学研究及临床诊治提供理论基础和切入点。基于 m⁶A 作用机制深入研究表观转录紊乱导致的发病机制,开发以 m⁶A 调节蛋白为靶点的新药,具有前沿挑战的科学意义和原始创新的研究价值。同时针对植物中 RNA 化学修饰的研究还将对粮食及经济作物的抗病、抗逆、增产及品质改良有潜在的重要意义。

6.1.1 RNA 化学修饰的国内外主要进展

RNA 修饰的研究始于 19 世纪 50 年代。目前为止,在古细菌、细菌、病毒和真核生物中一共发现超过 160 种 RNA 转录后修饰类型。这些修饰广泛分布于各种类型的 RNA 中,如信使 RNA(mRNA)、转运 RNA(tRNA)、核糖体 RNA(rRNA)、核小 RNA(snRNA)、核小分子 RNA(snoRNA)、微小 RNA(miRNA)、长非编码 RNA(lncRNA)等[1]。RNA 修饰广泛存在于 A、U、C、G 四类核苷上,极少的 RNA 修饰发生在次黄嘌呤核苷(I)和7-去氮鸟苷酸上。不同类型的 RNA 修饰含量和功能存在很大差异,其中 RNA 核苷上的甲基化修饰是 RNA 修饰的主要形式之一,约占 RNA 修饰中总量的三分之二[2]。RNA 甲基化修饰主要发生在碱基的氮原子上、嘌呤和嘧啶的碳原子上,以及核糖第二位 $2'-OH$ 氧原子等特殊位置上。

长时间以来,研究人员普遍认为绝大多数 RNA 修饰都是组成性的,它们会在大多数情况下恒定存在,在分子层面上,RNA 修饰的功能主要是参与特定 RNA 结构的形成。tRNA 上含有最多的化学修饰,被研究得也最为广泛。tRNA 上含有超过 65 种化学修饰,且 tRNA 甲基化在生物进化过程中十分保守[3]。大多数真核生物的 tRNA 上 A58 存在保守的 N^1-甲基腺嘌呤(m^1A)修饰,25%的人源 tRNA 种类中这个位置上的修饰处于低甲基化状态。tRNA 的甲基化修饰主要参与 mRNA 解码和维持 tRNA 的结构和代谢稳定性。例如,tRNA 反密码子区的第 34 位和邻近的第 37 位上的甲基基团能够维持 mRNA 解码的精确性和效率,m^1A58 具有调控 tRNA 稳定性的功能。研究人员发现 tRNA 甲基基团的获取可通过 tRNA 甲基转移酶(Trm)以 SAM 为供体来完成。最近的研究发现最早被作为 DNA 甲基转移酶的 DNMT2 蛋白,能够催化天冬氨酸 tRNA 的反密码子区的 C38 位的甲基化修饰 5-甲基胞嘧啶(m^5C)的形成,从而保护 tRNA 不被 RNA 酶降解[4]。在 DNMT2 基因敲除的果蝇中 tRNA 的片段化增多。

rRNA 中的主要甲基化修饰是核糖第二位的羟基上的 $2'-O$-甲基化,称之为 N_m 修饰。该修饰是通过 snoRNA 作为引导 RNA,经 $2'-O$-核糖-甲基化酶系统催化而成。研究发现,rRNA 上 N_m 修饰调控着 mRNA 的翻译,并与线粒体中的转录紧密相关,也参与细菌对抗生素的抗药机制[5]。

具有调控功能的 miRNA 和 piRNA 上同样含有 $2'-O$-甲基化修饰(N_m)。例如,研究发现甲基转移酶 HEN1 能够催化植物中的 miRNA 和 siRNA 的末位核苷酸形成 N_m 甲基化修饰,从而阻止 $3'$ 末端的尿苷化。但在哺乳动物细胞中还没有发现类似的甲基化修饰。在果蝇中发现,与 Piwi 蛋白相互作用的 RNA(piRNA)和小干扰 RNA (siRNA)也是 HEN1 的作用底物,$2'-O$-甲基化修饰增加了 RNA 的稳定性。N_m 修饰也参与 RNA 修复过程,例如,在细菌中利用 HEN1 在 $2'-OH$ 位置上的甲基化可以阻止核糖毒素的降解。

在 mRNA 上的化学修饰早期研究主要集中在 $5'$ 帽子区的 7-甲基鸟嘌呤(m^7G)和 N_m 修饰,及中间化学修饰 N^6-甲基腺嘌呤(m^6A)。m^7G 是帽子结构中的主要化学修饰[6],其对 mRNA 的蛋白翻译、稳定性和剪接出核等具有重要的调控功能。在真核生物中，蛋白翻译分为帽子结构依赖性翻译(cap-dependent translation)和不依赖帽子结构的 IRES 介导翻译[IRES(internal ribosome entry site)- mediated translation]。m^7G 在帽子结构依赖性翻译中必不可少，通过激活帽子结构依赖性翻译的 eIF4F(eukaryotic initiation factor 4F)复合物中因子 eIF4E 特异性识别甲基化的 m^7G，从而防止细胞内自由的 GTP 干扰蛋白翻译的起动。m^7G 的另一个功能是可以促进 mRNA 的稳定性。鸟嘌呤加帽反应是可逆的，其可逆反应去帽子酶鸟苷酸转移酶(guanylyltransferase)可以去除非 m^7G 修饰的鸟嘌呤帽子，致使没有加帽的 mRNA 可以被 $5'→3'$ 核糖核酸外切酶快速降解。因此当鸟嘌呤帽子被甲基化成 m^7G 帽子后，则不被鸟苷酸转移酶识别发生脱帽反应，从而保护了 mRNA 的稳定性。此外，一些实验结果表明 m^7G 在某些物种如 *Xenopus laevis* 卵母细胞中可以调控 mRNA 出核和剪接。

在真核生物和许多病毒 RNA 的帽子结构中除了含有 m^7G，还在 mRNA 的 $5'$ 端第一个碱基或头两个碱基上存在 N_m 修饰，称之为帽子 1[cap1, $m^7G(5')ppp(5')N_m$]和帽子 2[cap2, $m^7G(5')ppp(5')N_mN_m$]。研究发现 N_m 修饰可以作为寄主细胞区分自己和外源 RNA 的信号分子，寄主细胞的 RNA 感应蛋白 Mda5 可以特异性地识别帽子结构中的 N_m 修饰，通过 IFIT 蛋白(IFN - induced proteins with tetratricopeptide repeats)介导的病毒防御体系发挥功能。当病毒 mRNA 帽子中也含有 N_m 修饰时，寄主的自我防御体系则失效[5]。早期研究发现帽子 1 上 A_m 修饰还可以被进一步甲基化形成 m^6A_m 修饰[$m^7G(5')ppp(5')m^6A_m$]，近期研究发现此类修饰对 mRNA 稳定性有调控功能，并且为 m^6A 去甲基化酶 FTO 的底物[7]。

mRNA 中除帽子区 m^7G 外，m^6A 修饰是含量最多的中间化学修饰，广泛存在各类真核生物中及病毒 RNA 中。早在 19 世纪 70 年代就被鉴定到，并发现该修饰发生在保守序列 RRACH(R 表示 A 或 G，H 表示 A、U 或 C)中。早期的研究推测 m^6A 修饰酶是一个很大的复合物，由至少两个亚复合物 MT - A(约 200 kDa)和 MT - B(约 800 kDa)组成，由于鉴定技术的缺乏，只有 SAM -结合功能的 METTL3(约 70 kDa)蛋白被鉴定到。在果蝇和植物拟南芥中缺失该基因功能导致胚胎死亡[8-10]。由于检测和研究技术的缺乏，m^6A 具体的分子功能一直处于未知阶段。直到 2011 年我们发现了首个 RNA 去修饰酶——FTO 蛋白为 mRNA 上 m^6A 去甲基化酶[11]，首次揭示了 RNA 上化学修饰是动态可逆的，开启了"RNA 表观遗传学(表观转录组学)"这一新研究领域。m^6A 抗体富集的高通量测序技术的开发极大地促进了 m^6A 功能研究领域的发展。从全转录水平绘制 m^6A 分布图谱，发现超过 25% 的转录本上被鉴定到了 10 000 个以上的 m^6A 峰，分布富集于长外显子、终止密码子附近以及 3′非翻译区(3′ UTRs)[12, 13]。

近几年来围绕 mRNA 上甲基化修饰(特别是 m^6A)调控研究"井喷式"的发展。在哺乳动物中,先后发现 2 个 m^6A 去修饰酶——FTO 和 ALKBH5[11, 14],发现数个 m^6A 修饰酶组分,包括 METTL3、METTL14、WTAP、KIAA1429(VIRMA)、RBM15、HAKAI、KIAA0853(ZC3H13)[15-22]和多个 m^6A 结合蛋白(图 6-1)。m^6A 依赖结合蛋白介导调控 RNA 加工和代谢,已经证明的结合蛋白主要为 YTH 结构域家族蛋白,例如细胞核中 YTHDC1 通过识别 m^6A,调控 pre-mRNA 选择性剪接和促进出核,细胞质中 YTHDF1 通过识别 m^6A,促进底物 mRNA 的蛋白翻译,YTHDF2 则促进 mRNA 降解等[23-25]。m^6A 还可以干扰 RNA 二级结构,从而调控蛋白(如 HNRNPC 或 HNRNPG)与 RNA 的相互作用[26]。m^6A 还存在于 pri-miRNA 中,并通过结合蛋白 HNRNPA2B1 调控 miRNA 的形成[27]。随着 m^6A 三大类功能调控蛋白的发现,m^6A 在多个生命活动中的调控作用也被陆续报道。m^6A 可以调控 RNA 病毒感染、组织发育、(造血)干细胞修复分化、生物节律调控、紫外损伤的 DNA 修复、天然免疫调控及疾病(癌症)发生发展,及调控 XIST 介导的基因沉默、果蝇性别决定等生物学过程。随着 m^6A 调控疾病的功能发现,以 m^6A 通路重要调控蛋白为靶标的小分子调节剂的研究也被陆续开展起来,目前还主要集中在去修饰酶抑制剂的开发阶段。本章将重点介绍 m^6A 甲基化修饰酶、去甲基化酶和结合蛋白的发现、功能研究、疾病调控机制及小分子抑制剂等方面的研究结果。

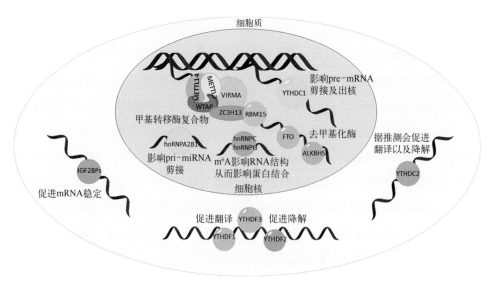

图6-1 m^6A 修饰调控元件及其生物功能

6.1.2 "RNA表观遗传学"概念的提出和新方向的开启

在中心法则中,遗传信息经转录过程由DNA流向RNA,再经翻译过程编码成蛋白质执行生命功能。DNA、RNA和蛋白质上都存在着化学修饰,其中DNA和蛋白质(组蛋白)上的可逆化学修饰对基因转录和众多生命活动具有重要的调控功能,称之为表观遗传学修饰。而RNA上存在更为丰富的化学修饰,它们是否也动态可逆,是否对基因表达具有调控功能,长久以来一直未被发现。2010年,美国芝加哥大学何川教授预测RNA上的甲基化修饰有可能同DNA甲基化修饰一样,是动态可逆的且具有调控基因表达的功能,率先提出"RNA表观遗传学(RNA Epigenetics)"概念[28]。随着芝加哥大学何川课题组发现首个RNA修饰去甲基化酶,开启了"RNA表观遗传学"这一新的研究方向,也被称为"表观转录组学(epitranscriptomics)"。随后,RNA化学修饰调控生物功能的重要性也被陆续揭示。

6.1.3 RNA表观遗传通路以及靶标发现的研究目标和策略

RNA化学修饰被预测可能会如同DNA表观遗传修饰5-甲基胞嘧啶(5mC),存在修饰酶(writer)、去修饰酶(eraser)和结合蛋白(reader)三个重要功能蛋白进行动态可逆调控,并发挥对RNA加工代谢的调控作用。科学家们开始寻找和研究RNA修饰的去修饰酶、修饰酶和结合蛋白这三种重要功能蛋白出发,揭示RNA修饰动态可逆和在RNA加工代谢中的调控功能,并进一步探索这三种重要功能蛋白在疾病中的调控作用和开发相应的化学小分子调控剂。具体地,从以下五个方面开展RNA表观遗传通路及其靶标发现的研究。

(1)探寻RNA化学修饰去修饰酶,揭示RNA上存在动态可逆化学修饰

人体中存在一类Fe^{2+}和α-酮戊二酸(α-KG)依赖的加双氧酶AlkB家族蛋白,可以特异性地对N-烷基化核酸去修饰。RNA化学修饰N^6-甲基腺嘌呤(m^6A)在信使RNA(mRNA)和长非编码RNA(lncRNA)上含量最为丰富。首先通过体外酶活实验寻找人体中9个AlkB家族蛋白中是否存在可以对m^6A去甲基化的去修饰酶。之后进行体内酶活的验证,在人体癌细胞中对体外具有m^6A去甲基化酶活的基因进行敲除或过表达,利用LC-MS/MS对mRNA上m^6A含量检测。在寻找到人体中的RNA去修饰酶后,利用同源蛋白序列比对等手段,开启了植物中RNA去修饰酶的研究。

（2）鉴定 RNA 化学修饰酶组分

20 世纪 90 年代对 mRNA 上 m^6A 修饰酶进行探索研究，发现它是由一个很大的复合物组成的，鉴定出核心酶活组分是 METTL3，具有 SAM 的能力。通过对 METTL3 进行蛋白 IP、体外酶活性重组等实验，寻找和鉴定更多的 m^6A 修饰酶复合物组分。

（3）发现和鉴定 RNA 化学修饰的结合蛋白，揭示 RNA 化学修饰对 RNA 加工的调控功能

通过细胞生物学、生物化学、结构生物学等手段对 RNA 表观遗传修饰及其结合蛋白的作用机制进行系统研究，揭示 RNA 表观遗传修饰调控 RNA 加工代谢的分子机理。首先，我们将利用含有 biotin-tag 的 m^6A 修饰 RNA pull－down 技术与蛋白质质谱技术联用寻找 m^6A 结合蛋白，并进一步利用光活性增强的核糖核苷交联和免疫共沉淀技术（PAR－CLIP）、甲醛交联技术（formaldehyde cross-linking）等技术展开对结合蛋白功能的研究。此外也进一步研究 RNA 化学修饰在植物中的生物功能和调控作用。

（4）发现 RNA 表观遗传修饰通路中的药物靶标

通过对 mRNA 化学修饰 m^6A 甲基转移酶酶活组分 METTL3 的研究发现，生物体若缺失 m^6A，则会在胚胎期死亡，表明 m^6A 对生长发育至关重要。通过细胞生物学、生物化学和分子生物学等手段，研究前期鉴定出的 RNA 化学修饰 m^6A 的三大重要调控蛋白在疾病发生发展中的调控功能。

（5）开发 RNA 化学修饰相关重要调控蛋白（如去修饰酶）的小分子抑制剂

针对前期发现的这些靶标蛋白，结合生物学和虚拟筛选的计算方法，发展针对这些靶标蛋白的小分子抑制剂的高通量筛选方法，并进行细胞和动物水平的活性筛选、安全性评价等研究，发现对它们有明显调控作用的先导化合物，以期获得对于肥胖症和癌症等相关疾病有疗效的先导药物[32，33]。

6.2 研究进展与成果

6.2.1 m^6A 去甲基化酶

1. 首个 RNA 去甲基化酶 FTO 的发现

2011 年，芝加哥大学何川课题组报道了第一个 m^6A 的去甲基化酶 FTO[11]。FTO

是第一个通过全基因组关联分析被确定的肥胖相关基因[34-36]。在小鼠中,FTO 高表达于下丘脑,过表达 FTO 可导致大鼠过度摄入能量和肥胖[37],而敲除 FTO 的大鼠形态消瘦,生长缓慢,并伴有致畸和致死现象[38, 39]。在人体中携带 FTO 酶活突变 R306Q 同样会影响发育,出现致畸和致死现象。FTO 基因还与 II 型糖尿病、多种癌症、阿尔茨海默病等疾病密切相关。对于如此重要的基因 FTO,人们对其分子机理一直未知。FTO 是大肠杆菌烷基化损伤修复蛋白 AlkB 的同源蛋白。在哺乳动物中,共有九个 AlkB 蛋白家族的成员,分别是 ALKBH1~8 以及 FTO。牛津大学 Christopher J. Schofield 课题组和芝加哥大学何川课题组早期分别发现 FTO 在体外可以对单链 DNA(ssDNA)3-甲基胸腺嘧啶(m^3T)和单链 RNA(ssRNA)3-甲基尿嘧啶(m^3U)进行氧化去甲基化[43, 44],但是 FTO 对这些底物的活性要远远低于之前报道的其他 AlkB 家族蛋白[45]。

鉴于 ALKBH8 功能的发现,何川课题组意识到 AlkB 家族蛋白的生理底物有可能不局限于 N1 或 N3 位的甲基化修饰。m^6A 是 mRNA 上最主要的甲基化修饰,哺乳细胞中平均每条 mRNA 含有 3~5 个 m^6A 修饰[46, 47]。他们首先使用大肠杆菌表达的 FTO 蛋白质与等量的含有单个 m^6A 碱基的 8-mer ssDNA 进行体外酶活反应(pH 7.0,室温过夜反应),利用 MOLDI-TOF 质谱仪观察到反应后的核酸相对分子质量减小 14 Da,表明去甲基化发生。我们又进一步合成了含有单个 m^6A 碱基的 15-mer 的 ssDNA 和 ssRNA,对 FTO 酶活进行了深入评价。使用 20 mol%FTO 蛋白与 15-mer 的定点插入 m^6A 的 ssDNA 和 ssRNA 在 pH=7.0 室温进行 3 h 的体外酶活反应,然后利用核酸酶 P1 和碱性磷酸酶将核酸底物完全消化成单个核苷,最后通过 HPLC 分析鉴定去甲基化程度。结果发现 FTO 蛋白可以完全将 ssDNA 和 ssRNA 上的 m^6A 去甲基化。为了证明所观察到的 m^6A 去甲基化能力确实依赖 FTO 的氧化去甲基化能力,我们对 FTO 的去甲基化活性中心进行了突变:分别将与 Fe^{2+} 的配位氨基酸突变 H231A/D233A 和 α-酮戊二酸配位氨基酸突变 R316Q/R322Q。结果发现突变后的 FTO 的去甲基化活性完全消失,表明 FTO 对 m^6A 的氧化去甲基化能力依赖 Fe^{2+} 和 α-酮戊二酸。进一步对 FTO 进行了酶动力学研究,在相同反应条件和相同核酸序列下对 m^6A 和 m^3U 活性进行了比较。他们发现 FTO 对 m^6A 的体外酶活要远远高于 m^3U,证实在目前发现的 FTO 底物中,m^6A 是最佳酶活底物(图 6-2)。

为了证明 FTO 蛋白在体内的 m^6A 去甲基化活性,在细胞中敲低或过表达 FTO 蛋白,结合 LC-MS/MS 技术检测 mRNA 上 m^6A 修饰的含量变化。在 HeLa 和 293FT 细胞中利用特异性 siRNA 敲低 FTO,采用 poly(dT)提取 mRNA 并进一步去除残余

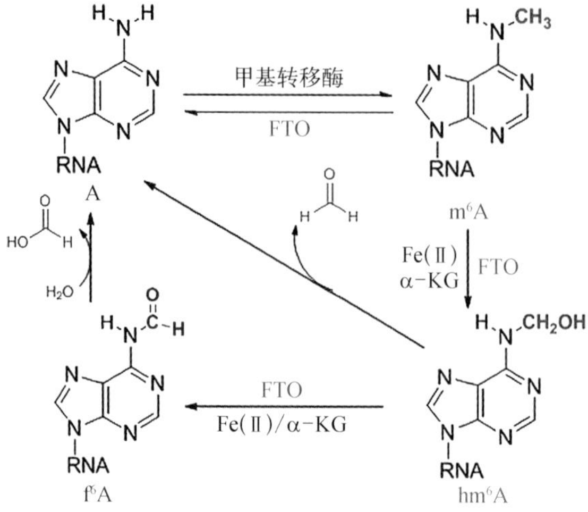

图 6-2　FTO 为 m^6A 氧化去甲基化化学反应机理

rRNA，核酸酶消解成单核苷后采用 LC-MS/MS 对总 mRNA 中 m^6A 的相对水平进行定量。发现敲低 FTO 48 小时后，总 mRNA 上 m^6A 水平在 HeLa 细胞内上升 23%，293FT 中上升 42%，在 HeLa 细胞中过表达 FTO 24 小时后，总 mRNA 上 m^6A 水平下降约 18%。早期检测发现 m^6A 存在于保守序列 Pu[G>A]m^6AC[A/C/U]中，很大部分的 m^6A 位于 G 后面[48]，因此作者也采用了二维薄层色谱法检测了上述 FTO 敲低和过表达样品中总 mRNA 的 G 后面 m^6A 的含量，发现实验结果与 LC-MS-MS 一致。利用 m^6A 抗体斑点杂交方法也同样得出了相同的实验结果。此外通过实验排除了在 FTO 敲低或过表达中看到的 m^6A 改变不是因为 METTL3 蛋白水平改变造成的。通过体内细胞实验，确证了 mRNA 上 m^6A 是 FTO 的体内底物。何川课题组进一步研究发现，FTO 在给 m^6A 去甲基化的过程中，会进行两次氧化反应，将 m^6A 先后氧化成 2 个中间体 N^6-羟甲基腺嘌呤（hm^6A）和 N^6-甲酰基腺嘌呤（f^6A），两者不稳定会自动分解成腺嘌呤（图 6-2）。虽然不稳定（半衰期约 3 小时），但是在细胞和小鼠组织中检测到了这两种新修饰的存在，表明有可能具有一定的生物功能[49]。

　　此外，芝加哥大学何川课题组与中科院基因组研究所杨运桂课题组合作，报道了另一个 m^6A 的去甲基化酶，即同属 AlkB 家族的 ALKBH5（图 6-3）。在此之前，人们仅了解 ALKBH5 受缺氧诱导因子 HIF-1α 的调控，ALKBH5 有可能具有结合 RNA 的功能。同样地，作者首先用大肠杆菌表达的 ALKBH5 蛋白进行体外酶活反应（16℃ 过夜），结果发现 ALKBH5 蛋白可以完全将 ssRNA 和 ssDNA 上的 m^6A 去甲基化。而将

ALKBH5 的二价铁离子结合位点 H204 或 H266 突变为丙氨酸后,它便丧失了 m⁶A 的去甲基化活性。他们同样证明了 ALKBH5 在体内的生物功能,用 siRNA 敲低 ALKBH5 后,HeLa 细胞 mRNA 的 m⁶A 水平显著上升,而过表达 ALKBH5 则导致 m⁶A 修饰水平的显著下降,说明 mRNA 上的 m⁶A 修饰的确实是 ALKBH5 在体内的底物。他们发现 ALKBH5 在小鼠精巢中高表达,敲除 ALKBH5 基因导致小鼠精巢发育受阻,且产生的精子形态异常,活动性降低,ALKBH5 对小鼠的生殖具有重要的作用[14]。

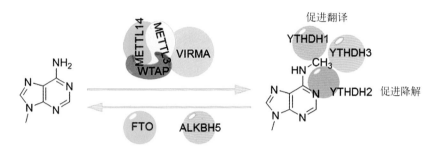

图 6-3   m⁶A 的甲基转移酶、去甲基化酶和结合蛋白

2. RNA 表观遗传修饰通路中药物靶标的发现

m⁶A 修饰状态的变化与相当多的疾病相关,例如,HIF 介导的 ALKBH5 表达对于肿瘤干细胞具有关键的作用:在乳腺癌干细胞中,ALKBH5 以多能性因子 NANOG 的 mRNA 为底物,降低其 3′UTR 的 m⁶A 修饰水平,由此增加了 NANOG mRNA 的稳定性,从而使癌症干细胞得以维持[50];而在恶性胶质瘤的干性细胞中,ALKBH5 以 FOXM1 信使 RNA 前体为底物,对其 3′UTR 的 m⁶A 修饰起去甲基化作用,并通过 RNA 结合蛋白 HuR(它倾向于结合不含 m⁶A 修饰的 mRNA)提高了 FOXM1 成熟 mRNA 的水平,从而维持了恶性胶质瘤干性细胞的致瘤性[51]。

美国希望之城国家医疗中心陈建军课题组和芝加哥大学何川课题组合作,着重探究了 FTO 对于急性髓性白血病的影响(图 6-4)。通过对急性髓性白血病患者的芯片数据进行分析,发现 FTO 在 MLL 重排的 AML 患者中的表达量高于正常人及非 MLL 重排的 AML 患者,而另一个 m⁶A 去甲基化酶 ALKBH5,则没有在 MLL 重排的患者中高表达。对其他一些大规模 AML 样本数据进行了分析后,在另外一些亚型的 AML 中,如 PML-RARA,以及包含有 FLT3-ITD 和/或 NPM1 突变的 NK-AML,同样发现了 FTO 高表达的情况。

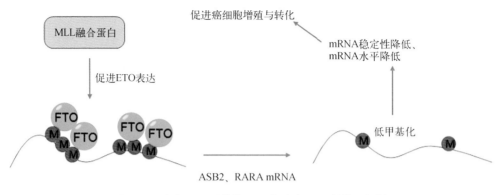

图 6-4　含有 MLL 重排的 AML 细胞中 FTO 的作用机制

　　为了进一步验证 FTO 上调是否与 MLL 重排相关,通过 ChIP 实验发现,在两种细胞系 MONOMAC-6 和 KOCL-48 中,相较于上游远离 FTO 基因的区域,MLL 融合蛋白的 N 端和 C 端均在 FTO 基因附近的 CpG 岛富集程度较高。常见的基因激活标记 H3K79me2/3 同样在 FTO 基因附近的 CpG 岛富集。作为对照,在 K562 细胞中,FTO 基因上的 MLL C 端、MLL N 端和 H3K79me2/3 的富集均不显著。这表明 FTO 过表达是直接由 MLL 融合蛋白引起的。

　　接下来,他们在两种 MLL 重排的 AML 细胞系——MONOMAC-6 及 MV4-11 中过表达 FTO,发现 FTO 促进了癌细胞的增殖和转化,而如果过表达活性位点突变的 FTO 则与对照组没有区别。相反,如果在 MONOMAC-6 和 MV4-11 中敲低 FTO,则会抑制癌细胞的增殖与转化。同时,FTO 还可以抑制 MLL 重排的 AML 细胞的凋亡。通过对过表达以及敲低 FTO 癌细胞及对照组的 m^6A 测序实验结果分析,发现 FTO 作用于 ASB2 mRNA 3′UTR 以及 RARA mRNA 5′及 3′UTR 的 m^6A。FTO 高表达降低了 ASB2 和 RARA 的 mRNA 的稳定性,从而降低了 ASB2 和 RARA 的 mRNA 水平,促进了癌细胞的增殖[52]。

　　此后有报道显示,含有 IDH1/2 突变的 AML 细胞中,在 FTO 和 ALKBH5 表达不发生变化的情况下,mRNA 上的 m^6A 修饰水平有显著的上升。IDH1/2 可以催化 α-酮戊二酸(α-KG)的生成,而突变的 IDH1/2 则催化产生 α-KG 的类似物 R-2HG,R-2HG 不但不能作为 FTO 去甲基化的辅酶,反而会抑制 FTO 的酶活。另一个事实是,过去 IDH1 突变导致的 R-2HG 一直被认为是有癌症诱发作用的代谢物,然而具有 IDH 突变的神经胶质瘤病人的预后比 IDH 野生型的病人要好。陈建军与何川课题组合作,继续对这一问题展开研究[53](图 6-5)。在用 R-2HG 对 27 个不含 IDH 突变的 AML

细胞系进行处理后,发现 R-2HG 可以抑制细胞的增殖,但不同细胞系对 R-2HG 的敏感度不同。在体内实验中,通过对植入不同细胞系的小鼠进行 R-2HG 注射或诱导 IDH 突变,结果表明,上述操作显著延长了植入 R-2HG 敏感细胞系小鼠的生存期。此外,实验还表明,只有在细胞因子 GM-CSF 存在的条件下,R-2HG 可以促进 TF1 细胞的增殖,而在标准培养条件下,R-2HG 则抑制细胞的生长。

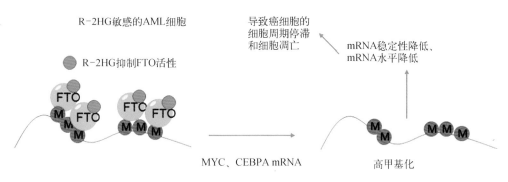

图 6-5　FTO 在 R-2HG 敏感的 AML 细胞中的作用

随后,对 R-2HG 敏感、R-2HG 耐受的 AML 细胞系以及正常血细胞进行了 RNA 测序,结果发现 Fe(Ⅱ)/α-KG 依赖的双加氧酶在 R-2HG 敏感的细胞系中高表达,而且其中只有 FTO 在白血病细胞中相比正常血液细胞显著高表达。通过 GSEA 分析,发现有 7 个通路与 AML 细胞 R-2HG 的敏感性相关,其中 MYC、G2M 和 E2F 信号通路在 R-2HG 不敏感的 AML 细胞中高度激活,但在 R-2HG 敏感的 AML 细胞系中相对于正常细胞仅稍有激活。这暗示着 MYC、G2M 和 E2F 信号通路的高度激活可能与白血病细胞 R-2HG 的不敏感有关。此外,在 R-2HG 敏感的 AML 细胞系中,R-2HG 处理会抑制其 MYC、G2M 和 E2F 信号通路,而在 R-2HG 不敏感的细胞系中则不会。鉴于 MYC、G2M 和 E2F 分别调控了 G0/G1、G1/S,以及 G2/M 细胞周期的转换,R-2HG 作用的机理很可能是其导致了 R-2HG 敏感 AML 细胞系的细胞周期停滞和细胞凋亡。

他们继续探究了 R-2HG 敏感性与 FTO 的关系。FTO 的表达在 AML 细胞中与 R-2HG 的敏感性具有显著的正相关关系。通过斑点印记和 LC-MS/MS 实验,发现 R-2HG 处理可以显著增加 R-2HG 敏感 AML 细胞的 m^6A 修饰水平,而对 R-2HG 不敏感的 AML 细胞,R-2HG 的处理并不能使 m^6A 上升。对 R-2HG 敏感的 AML 细胞进行了 m^6A-seq 和 RNA-seq 分析后发现,首先,受 R-2HG 影响的 m^6A 位点分布于 CDS 区及 5'UTR 的后部,这就排除了 FTO 另一潜在底物 m^6A_m 的影响;其次,在 R-2HG 敏感 AML 细胞中,MYC 基因 mRNA 的 m^6A 水平受 R-2HG 影响而上升,相应地,其 mRNA 水平下降,但是对于 R-2HG 耐受的 AML 细胞,R-2HG 则不会影响 MYC 基因 mRNA 的 m^6A 修饰水平。而如果敲低 FTO 后再进行 R-2HG 处理,则不能提高 MYC 基因 mRNA 的 m^6A 修饰水平,这表明 R-2HG 对 MYC mRNA 的影响是依赖 FTO 的。同时发现,m^6A 结合蛋白 YTHDF2 可以结合 MYC mRNA,这就证实了 R-2HG 通过抑制 FTO 的去甲基化功能,导致 MYC mRNA 的 m^6A 修饰水平升高,致使其稳定性降低,最终使得 MYC mRNA 水平降低,AML 细胞发生细胞周期停滞,从而抑制癌细胞的增殖。

除了直接抑制 FTO 的去甲基化活性外,作者还发现,持续的 R-2HG 的处理可以在 R-2HG 敏感细胞中降低 FTO 的蛋白水平,而且 R-2HG 对 FTO 的抑制不依赖于表观遗传修饰,而是通过转录调控机制产生的。通过对 FTO 核心启动子上可能结合的 92 个潜在转录因子的筛选,发现只有 CEBPA 在 R-2HG 处理后 m^6A 会显著增加而 mRNA 水平降低,而且 R-2HG 处理对 CEBPA 的抑制是依赖 YTHDF2 的。CEBPA 的表达受 R-2HG 和 m^6A 的抑制,其 mRNA 水平降低进一步抑制了 FTO 的表达。

3. FTO 抑制剂的开发

"RNA 甲基化修饰"是"表观遗传"基础研究领域的新方向。甲基化修饰在 RNA 生命周期的各个方面都发挥着关键的生物学功能,修饰紊乱是肿瘤等疾病发生的关键因素。借助化学探针调节 RNA 甲基化的动态修饰过程,有助于揭示维持基因组稳定的基本规律,在生命科学的基础前沿领域获得突破,同时基于这些新途径和新机制深入研究疾病发生机制,开发相应靶点的新药,符合生物医药发展的重大需求,具有原始创新的意义和价值。与 DNA 甲基化和组蛋白修饰的化学干预相比较,调控 RNA 甲基化修饰及其生物学功能的化学工具研究尚未取得实质性进展,高质量的化学探针十分稀缺。RNA 甲基化修饰丰度同时受到甲基转移酶、去甲基化酶,以及结合蛋白质的精准调控,彰显生物学功能的重要性,同时也为小分子靶向性干预 RNA 甲基化修饰带来极大的科学挑战。针对 RNA 甲基化修饰蛋白质开展靶向性化学调节研究,描述调节表型和分子机制,最终提供结构多样的高质量化学探针,促进 RNA 甲基化修饰基础生物学的探索以及创新药物作用靶标确证的转化研究。重点加强对 RNA 甲基化修饰相关蛋白化学调控剂的资助，可以实现我国在RNA甲基化修饰及其干预研究领域领跑的国际地位。

2012年，中科院上海药物所杨财广与罗成两个课题组合作，发现了FTO去甲基化酶的第一例小分子抑制剂——天然产物大黄酸（rhein）[32]。他们针对FTO识别甲基化RNA底物的口袋以及分子机制，运用计算机辅助设计与虚拟筛选寻找潜在化合物，并通过生化活性实验证实了大黄酸对FTO的抑制活性。大黄酸在细胞水平上可以干预mRNA上m^6A修饰的丰度，揭示了化学小分子通过调节RNA甲基化修饰相关的蛋白质干预m^6A丰度的可行性。然而大黄酸是具有多靶向性的活性天然产物，例如对AlkB、ALKBH2、ALKBH3等AlkB家族去甲基化酶也有不同程度的抑制作用[54]。因此，提高FTO抑制剂的选择性是下一步研究的关键。

ALKBH5是已知的第二个m^6A去甲基化酶，与FTO的作用机制相同，如何选择性抑制m^6A去甲基化充满挑战。杨财广、罗成和北京大学贾桂芳课题组合作，共同发展了一种对RNA-m^6A去甲基化酶与高度选择特异性的小分子抑制剂甲氯芬那酸（MA）[33]，MA选择性抑制FTO，而不影响ALKBH5的活性。在持续地针对AlkB家族蛋白质结构与机制的研究过程中，他们注意到核酸去甲基化酶识别底物的盖子各异，该结构特点决定了去甲基化酶特异性识别不同甲基化核酸的选择性，也为选择性干预FTO提供了切入点[55, 56]。针对该结构差异，设计高通量筛选方法，比较小分子化合物分别干扰FTO和ALKBH5识别m^6A修饰核酸能力的差异，发现了MA能够选择性竞争FTO与寡核苷酸的相互作用，而不影响ALKBH5与底物的结合。随后，测定了MA抑制FTO对其RNA底物去甲基化的IC50为$(8.6 \pm 1.1) \mu mol/L$，而体外活性显示MA对ALKBH5的酶活没有抑制作用。FTO-MA复合物晶体结构明确揭示出"底物识别盖子"的疏水性质决定了MA选择性结合FTO并抑制其活性。接下来，他们进一步探究了MA对其他AlkB族蛋白的选择性。MA对ALKBH2与ALKBH3对m^1A底物的去甲基化没有抑制作用。从晶体结构可以看出，由于FTO活性口袋中稳定结合MA的疏水氨基酸残基在ALKBH2中替换成了亲水的氨基酸残基，疏水作用力大大减弱。而在ALKBH3的活性口袋中，酪氨酸残基的空间位阻比较大，阻碍了MA的结合，由此MA对ALKBH2和ALKBH3蛋白具有选择性。

此外，作者也进一步探究了MA在细胞层面对FTO的抑制活性。由于MA对细胞膜的穿透作用较弱，将MA的羧基乙酯化，发现其在细胞内可以被代谢为MA，而使用MA乙酯处理HeLa细胞，在细胞存活率可被接受的浓度范围内，mRNA的m^6A水平显著上升了，这表明MA在细胞层面上同样对FTO有抑制作用。为了验证MA在细胞内的选择性,在 HeLa 细胞内用 siRNA 敲低 FTO,并用 MA2 处理。结果发现,对照组细胞中的 m⁶A 水平在 MA 的影响下显著提高了,但是敲低 FTO 细胞的 m⁶A 水平并没有受到 MA 的影响。如果此时过表达 ALKBH5,m⁶A 水平较对照组有所下降,但 MA2 处理并不能逆转这种减少,预示 MA 在体内对 ALKBH5(及其他潜在的去甲基化酶)也具有选择性。

希望之城贝克曼研究所 Shi Yanhong 课题组和芝加哥大学何川课题组合作,揭示 m⁶A 在神经胶质瘤干细胞自我更新以及肿瘤生成中扮演了重要的角色,特别是去甲基化酶 FTO 发挥了促癌作用。在肿瘤生物学研究的基础上,以 MA2 为 FTO 的小分子工具,揭示了 MA2 抑制 FTO,干预神经胶质瘤干细胞的生长以及更新。MA2 展现了细胞选择性特异性以及安全性,较小影响正常的神经元干细胞的生长。在小鼠移植瘤的模型实验上,MA2 有效抑制了神经胶质瘤干细胞诱导的癌变。这些研究结果阐明了化学小分子提高 RNA 上 m⁶A 修饰丰度是治疗神经胶质瘤的潜在新策略[57]。

化学探针既有"可控"其分子靶标的功能,又"可视"其分子靶标的定位。受 MA 和荧光素化学结构相似性的启发,武汉大学周翔团队与杨财广合作,设计并合成荧光素衍生物。生化水平上,荧光素及其衍生物选择性抑制 FTO 去甲基化活性。荧光素探针结合 FTO 去甲基化酶复合物的晶体结构的解析,进而揭示出荧光素衍生物通过与 MA 相似的识别机制实现选择性抑制 FTO,为荧光素类小分子探针的合理设计指明了可修饰的位点。然后设计荧光素衍生的小分子探针,实现共价修饰、荧光示踪细胞核定位的 FTO 蛋白,最后运用光交联以及点击化学等关键技术,鉴定 FTO 是小分子探针在胞内直接作用的靶标之一[58]。

4. 植物中 m⁶A 去甲基化酶 ALKBH10B 的发现

先前通过序列比对,发现 FTO 在高等植物中并不存在同源蛋白,仅有个别绿藻拥有 FTO,其被推测是通过基因的物种间水平转移获得的。然而早在 1979 年,人们就确认了玉米的 mRNA 拥有 m⁶A 修饰[59]。m⁶A 在对植物的发育起到至关重要的作用,m⁶A 修饰的甲基转移酶亚基 MTA(METTL3 的同源蛋白)和 FIP37(WTAP 的同源蛋白)的缺失会使拟南芥的胚胎死亡,*mta* 和 *fip37* 的纯合 T-DNA 插入突变体的发育会停滞在球形胚阶段初期,而不能进入球形胚阶段,最终导致胚胎的死亡。而如果用胚胎时期特异性表达的启动子回补上述 T-DNA 插入突变体,使得它们可以进行正常的胚胎发育,但是在幼苗的生长过程中,m⁶A 修饰的缺失会导致顶端分生组织的异常[8, 10]。

在模式植物拟南芥中包含有 13 个 AlkB 家族的蛋白(ALKBH1A、ALKBH1B、

ALKBH1C、ALKBH2、ALKBH6、ALKBH8A、ALKBH8B、ALKBH9A、ALKBH9B、ALKH9C、ALKBH10A，以及 ALKBH10B），尽管其中不包含有 FTO 的同源蛋白，而当通过 ALKBH5 的 AlkB 结构域进行序列比对时，发现 ALKBH9A、ALKBH9B、ALKH9C、ALKBH10A 及 ALKBH10B 同其有相对较高的相似性。ALKBH9 和 ALKBH10 都是植物特有的 AlkB 家族蛋白，在进化当中保守性很高，然而从未有研究者对其生物功能进行过研究。北京大学贾桂芳课题组推测它们很有可能是 m^6A 的去甲基化酶。在拟南芥中，ALKBH10B 是这几个基因中表达量最高的，他们从体内和体外两个方面探究了它的去甲基化功能。

他们在烟草中表达和纯化 ALKBH10B 蛋白，用含有 ALKBH10B 序列双源载体的农杆菌瞬时转化烟草叶片，并从烟草叶片中提纯 ALKBH10B 蛋白。在体外实验中，ALKBH10B 对 ssRNA 体现出显著的 m^6A 去甲基化活性，但对于包含结构的短链 RNA 活性较低。将 ALKBH10B 结合二价铁离子的 H366 和 E368 突变为丙氨酸后，ALKBH10B 丧失了 m^6A 的去甲基化功能，这样确证了 ALKBH10B 在体外具有m^6A去甲基化活性。

为了探究 ALKBH10B 在体内的去甲基化活性，我们选择了 ALKBH10B 的两个 T-DNA 插入突变体，*alkbh10b-1* 和 *alkbh10b-2*，并对 *alkbh10b-1* 做了自身启动子的回补以及酶活位点突变的回补，以及 ALKBH10B 蛋白过表达的拟南芥株系。上述株系 mRNA 经酶解后用 UPLC-MS/MS 进行检测，可发现相较于野生型 Col-0，突变体中的 m^6A 含量都有显著的上升。突变体的回补株中 m^6A 含量接近野生型的水平，与无活性回补株系有显著的差异。而除幼苗样品外，ALKBH10B 过表达植株中 m^6A 水平相较于野生型都有明显的降低。为进一步证明上述拟南芥 m^6A 含量的差异是直接由 ALKBH10B 导致的，通过定量 PCR 检测了不同基因型株系中甲基转移酶复合物组分，及其他潜在 m^6A 去甲基化酶的表达水平，它们在不同株系拟南芥中均无表达差异，进一步证明了不同基因型拟南芥 m^6A 含量变化是直接由 ALKBH10B 的缺失导致的。由此，在体内和体外两个方面确证了 ALKBH10B 的 m^6A 去甲基化功能（图 6-6）。

ALKBH10B 缺失导致的最明显的表型就是拟南芥晚开花（图 6-6）。*atalkbh10b-1* 突变体的开花显著晚于野生型，突变体回补株开花时叶片数目接近野生型，与无活性回补株差异显著。按照开花素模型，顶端分生组织是拟南芥发生成花作用的部位，叶片对成花作用的影响汇集到其最终输出开花素（FT 蛋白）上。由于 ALKBH10B 在顶端分生组织不表达，作者推测 ALKBH10B 主要通过影响 FT 来影响拟南芥的成花作用。实

植物RNA修饰去甲基化酶调控植物开花时间

N^6-methyladenosine (m^{6}A) → AtALKBH10B / Fe(II)/α-KG → Adenosine (A)

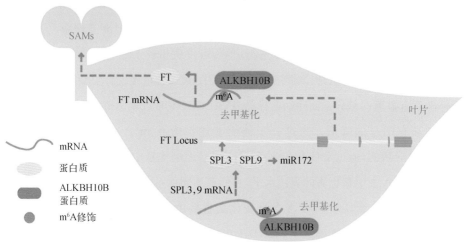

图6-6　m^{6}A去甲基化酶 ALKBH10B 调控拟南芥开花时间及分子机制

验结果表明,FT 的 mRNA 水平在 *atalkbh10b*-1 突变体中显著低于野生型 Col-0;在 ALKBH10B 缺失时,FT 的 mRNA 的甲基化水平升高;相应地,其 mRNA 稳定性也较野生型 Col-0 更低。这解释了 ALKBH10B 缺失导致的晚花表型。同样,FT 上游的 *SPL3*

和*SPL9*也在*atalkbh10b*-1突变体中也有更高的 mRNA 甲基化水平、更快的 mRNA 降解和更低的 mRNA 水平。此外,RNA 免疫沉淀实验证实,ALKBH10B 蛋白与 FT、*SPL3* 和 *SPL9* 的 mRNA 有着直接的相互作用,进一步证实了 ALKBH10B 调控成花诱导过程的机制(图 6-6)。

此外,分别对野生型 Col-0 和 *atalkbh10b*-1 突变体进行了 RNA-seq 和 m⁶A-seq。测序结果表明,ALKBH10B 广泛影响了拟南芥 mRNA 的甲基化谱。对覆盖突变体中高、低甲基化富集峰基因的功能注释显示,ALKBH10B 缺失影响的基因功能与所观察到的 *atalkbh10b*-1 突变体表型相吻合。数据表明,ALKBH10B 对 mRNA 甲基化状态的影响,并不是简单通过影响 mRNA 的稳定性从而影响 mRNA 水平,而是通过影响 mRNA 甲基化状态,来完成对 mRNA 代谢过程的更广泛的调节。事实上,mRNA 的稳定性仅仅是 m⁶A 功能的一个方面,这一功能更多地要靠相应的 RNA 结合蛋白来完成,而 m⁶A 去甲基化酶是更广泛、更底层的调节蛋白,ALKBH10B 缺失影响了 mRNA 转录后调控的方方面面[29]。

6.2.2　m⁶A 甲基转移酶

一直以来,对于 m⁶A 甲基转移酶复合物组分,唯一知道的就是 MT-A 中 70 kDa 的亚基 MT-A70,即人体中的 METTL3。在拟南芥中,通过对 METTL3 同源蛋白 MTA 的免疫共沉淀及酵母双杂交实验,发现了与之相互作用的蛋白 FIP37,它在人体中的同源蛋白是 WTAP。通过对 METTL3 的系统发生分析,芝加哥大学何川课题组发现另一个甲基转移酶复合物组分——METTL14,其与 METTL3 具有较高的序列相似性(图 6-3)。为了探究上述蛋白对于 m⁶A 修饰的作用,他们用 siRNA 敲低了 HeLa 细胞及 293FT 细胞中的 METTL3、METTL14 及 WTAP,结果显示,mRNA 中的 m⁶A 水平在敲低上述基因表达后均明显下降了[15]。

接下来,在昆虫细胞中表达纯化了 METTL3、METTL14 及 WTAP。凝胶尺寸排阻实验显示,METTL3 和 METTL14 可以以 1∶1 的比例形成一个稳定的复合物,WTAP 也可以与其相结合。相较之下,WTAP 与 METTL3 和 METTL14 间的相互作用则较弱,但与 WTAP 的相互作用使得 METTL3 和 METTL14 定位于核斑区域,从而调控甲基转移酶复合物与靶标 RNA 的结合[15, 16]。

6.2.3　m⁶A 结合蛋白

1. 人体中 m⁶A 结合蛋白 YTH 家族蛋白的功能研究

通过含 m⁶A 的寡 RNA 探针,共沉淀实验发现了一系列潜在的 m⁶A 结合蛋白,其中就包括 YTH 家族蛋白[12]。含有 YTH 结构域的蛋白广泛分布于各种门类的生物中,但在此之前人们对其功能却并不了解。芝加哥大学何川课题组首先报道了 m⁶A 结合蛋白 YTHDF2 的功能[23]。首先在体外表达纯化了 YTHDF2 蛋白,并检测了其在体外所富集 mRNA 的 m⁶A 水平,发现 YTHDF2 所结合的 mRNA 的 m⁶A 显著高于富集前的水平,而不被 YTHDF2 结合的 mRNA 的 m⁶A 则显著低于富集前的水平,这表明 YTHDF2 蛋白确实倾向于结合含有 m⁶A 的 mRNA。随后,用凝胶迁移实验考察了 YTHDF2 蛋白对含 m⁶A 寡核苷酸的结合能力,实验表明,针对相同的寡核苷酸序列,YTHDF2 对含有 m⁶A 寡核苷酸的结合能力比不含 m⁶A 的高 16 倍,体现了 YTHDF2 对 m⁶A 的高度选择性。在用 PAR‐CLIP 鉴定的 YTHDF2 底物中,有一半以上与 m⁶A 的富集峰相重叠,而这亦涵盖了四分之一以上的 m⁶A 位点,且多数富集于 mRNA 的 3′ 非编码区。

此后,他们用转录抑制剂放线菌素 D 处理 siRNA 敲低 YTHDF2 的细胞和对照组细胞来检测 mRNA 的寿命。通过对处理后不同时间点的细胞进行 RNA 测序,发现相较于不被 YTHDF2 作为底物的 mRNA,YTHDF2 底物 mRNA 的寿命延长了 30%。并且 mRNA 上 YTHDF2 结合位点数量越多,其寿命因 YTHDF2 敲低而延长得也越多。这意味着 YTHDF2 介导了其结合底物 mRNA 的降解。他们发现 YTHDF2 及其底物 mRNA 与 P‐Body 的标志物在细胞内共定位,为了进一步探究 YTHDF 介导 mRNA 降解的分子机制,分别考察了 YTHDF2 的 P/Q/N 富集的 N 端结构域及 C 端的 YTH 结构域,实验表明其 N 端结构域和 P‐Body 共定位,而其 C 端 YTH 结构域与其底物 mRNA 共定位。进一步的双荧光素酶实验表明,如果将其 N 端结构域与 λ 短肽(对 BoxB 具有强亲和力)融合,N‐YTHDF2‐λ 可以导致串联有 5xBoxB 的荧光素酶 mRNA 水平降低,这表明 YTHDF2 的 N 端的功能是介导 mRNA 降解,而 C 端 YTH 结构域的功能是识别带有 m⁶A 的 mRNA 结合底物。

芝加哥大学何川课题组还发现了另一个 m⁶A 结合蛋白 YTHDF1[24]。类似的方法表明,PAR‐CLIP 鉴定的 YTHDF1 底物涵盖了一半以上的 m⁶A 位点。而如果用 siRNA 敲低 HeLa 细胞的 YTHDF1,YTHDF1 底物 mRNA 的表达变化不显著,但

YTHDF1 底物的翻译效率和核糖体结合的 mRNA 片段数都显著下降，且 YTHDF1 结合位点越多，则该 mRNA 翻译效率的变化也越大。在通过 RNAi 沉默 METTL3 的 HeLa 细胞中，YTHDF1 底物的翻译效率也显著降低。敲低 YTHDF1 不影响总 mRNA 的 m^6A 修饰水平，但会导致不结合核糖体的 mRNA 组分其 m^6A 水平上升，而结合核糖体处于翻译状态的 mRNA 组分 m^6A 水平下降，这些都表明 YTHDF1 通过结合底物 mRNA 的 m^6A 促进其翻译过程。如果将 YTHDF1 的 N 端与 λ 短肽融合，发现 N-YTHDF1-λ 促进了 Luc-5BoxB 的翻译。这说明 YTHDF1 和 YTHDF2 一致，都是其 N 端结构域执行生理功能，C 端 YTH 结构域用来识别底物 mRNA。进一步，通过串联亲和纯化实验寻找与 YTHDF1 相互作用的蛋白，发现 eIF3 与 YTHDF1 结合，且不受 RNase 消化的影响，确认了 YTHDF1 和 eIF3 的相互作用。此外，stress granule 的标志物 G3BP1 也可以被 YTHDF1 免疫共沉淀，但其相互作用是依赖 RNA 的。

哺乳动物细胞中另一个位于细胞质的 YTH 家族蛋白是 YTHDF3[30]。何川课题组发现在体外实验中，YTHDF3 可以显著地富集含有 m^6A 的 mRNA，在用 PAR-CLIP 鉴定的 YTHDF3 底物中，有一半以上与 m^6A 的富集峰相重叠，而这也涵盖了 21% 的 m^6A 位点。研究表明，YTHDF3 所结合的底物有很大一部分与 YTHDF1 和 YTHDF2 相重合。如果用 siRNA 敲低 HeLa 细胞的 YTHDF3，其底物的翻译效率会显著降低。然而双荧光素酶实验表明，将 YTHDF3 的 N 端与 MS2 短肽（可以结合 MS2 核酸序列）融合，N-YTHDF3-MS2 不能促进 Luc-2MS2 的翻译，但如果同时串联 5xBoxB 和 2xMS2，N-YTHDF3-MS2 则可以提升 N-YTHDF1-λ 对翻译的促进，这表明 YTHDF3 促进翻译是依赖 YTHDF1 的。然而同时 YTHDF3 还促进了底物的降解。YTHDF3 充当了含 m^6A 的 mRNA 在细胞质当中的缓冲介质，它可以将底物 mRNA 分别呈递给 YTHDF1 或 YTHDF2 继续处理。

此外，YTHDC1 是定位于细胞核的 YTH 家族蛋白。杨运桂课题组利用 PAR-CLIP 实验发现，YTHDC1 的结合位点主要分布于 CDS 和 3′非编码区，显著富集与长外显子区域。YTHDC1 通过与 SRSF3 和 SRSF10 相互作用影响 mRNA 前体的剪接，其结合位点所在的外显子倾向于在剪接中被保留下来[25]。此外，YTHDC1 还可以结合长非编码 RNA XIST 上的 m^6A 修饰。此前通过甲醛交联实验，人们已经发现 XIST 与 WTAP、YTHDC1 及 SPEN（与 RBM15/RBM15B 含有相同的保守结构域）等蛋白质的相互作用[60]。而通过针对 YTHDC1 和 RBM15/RBM15B 的 CLIP 及 MeRIP-seq 实验表明，RBM15/RBM15B 可以向 XIST 引入 m^6A 修饰，YTHDC1 结合 m^6A 修饰并招募相关蛋白至长非编码 RNA 的相应位置,完成对 X 染色体的沉默[18]。

2. 植物中 m^6A 结合蛋白 ECT2 的功能研究

在拟南芥中开展 m^6A 功能的研究,同样需要从 m^6A 结合蛋白功能着手。拟南芥有 13 个含 YTH 结构域的蛋白,包括 ECT1~11 和 CPSF 等。贾桂芳课题组首先对含量最高的 ECT2 展开研究。ECT2 在拟南芥 13 个 YTH 家族蛋白中相对表达量最高,并且在顶端分生组织、根尖、花粉、表皮毛等快速分裂的组织中分布尤为丰富。通过 EMSA 实验、RIP‐LC‐MS/MS 实验,首先证明了 ECT2 为 m^6A 结合蛋白。ECT2 调控拟南芥表皮毛的形态建成,缺失 ECT2 导致拟南芥表皮毛分叉数增多,并且此表型与 ECT2 的 m^6A 结合蛋白功能直接相关[31](图 6‐7)。降低 m^6A 修饰酶组分 MTA 表达量的拟南芥中也同样存在表皮毛分叉数增多的表型[61]。表皮毛分叉数增多是由于过多的核内复制导致表皮毛的倍性增加,因而可以证明 ECT2 及 m^6A 对细胞周期具有重要的调节功能。

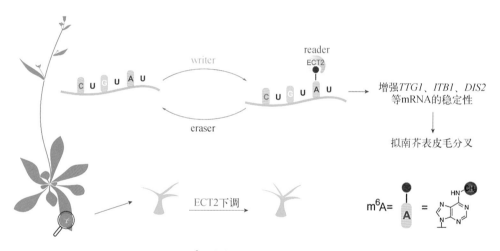

图 6‐7 m^6A 结合蛋白调控拟南芥表皮毛形态

利用甲醛交联和免疫共沉淀法(formaldehyde cross-linking and immunoprecipitation,FA‐CLIP),他们在转录组范围内鉴定到了 ECT2 的 RNA 底物结合位点,发现 ECT2 主要结合 mRNA 的 3′端非翻译区(3′UTR),并且识别保守序列 URUAY(R = G> A,Y = U> A,超过 90%是 UGUAY)。GO 分析发现 ECT2 的底物参与调控拟南芥多条重要的通路,如 RNA 及蛋白代谢过程、生物及非生物刺激响应、胚胎发育、表皮毛形态建成及昼夜节律等。进一步,通过体外 m^6A 甲基酶活实验证明了植物内源的 m^6A 修饰酶可以对 UGUAY 的保守序列进行甲基化反应,且体外活性要高于已报道的 m^6A 保守序列 RRACH,表明 UGUAY 可能是植物中一种特有的 m^6A 保守序列。利用 EMSA 实验验证了 ECT2 的 YTH 结构域除了可以特异性结合 m^6A 修饰后的 GGACU 外,还可以结合 UGUAY 序列,且结合力相当。通过高通量测序数据分析发现 ECT2 结合的底物 mRNA 在 ect2-1 突变体中更倾向不稳定,表明 ECT2 具有促进 mRNA 稳定性的功能,这与人体中的 YTHDF2 功能所不同。最后针对表型,也进一步做了机理研究,通过单基因验证发现 ECT2 可以特异性地识别表皮毛发育相关基因 ITB1 (irregular trichome branch 1)、TTG1 (transparent testa glabra 1) 和 DIS2 (distorted trichome 2) 上的 m^6A 修饰,进而促进这些基因 mRNA 的稳定性[31]。

同一时期,国外的两个课题组也报道了 ECT2 是 m^6A 的结合蛋白并调控表皮毛形态[62, 63]。ECT3 及 ECT4 协同 ECT2 调控表皮毛形态发育。ECT2、ECT3 和 ECT4 调控第一片真叶出现的时间及叶的形态发育。在刺激状态下,ECT2 的亚细胞定位会向压力小体(P-body)中聚集。

6.3 讨论与展望

RNA 修饰的研究始于 19 世纪 50 年代,"RNA 表观遗传学"新研究方向始于 2011 年首个 RNA 去修饰酶的发现。RNA 表观遗传修饰依赖于修饰酶(writer)和去修饰化酶(eraser)这两个重要功能蛋白的动态可逆调控,其对基因表达调控的功能则依赖于结合蛋白(reader)特异性识别,完成 RNA 修饰对 RNA 加工代谢的调控。m^6A 作为 mRNA 和 lncRNA 上含量最多的中间修饰,是第一个被发现的可逆 RNA 化学修饰,围绕 m^6A 的研究也最为广泛[64]。

在哺乳动物中,先后发现 2 个 m^6A 去修饰酶——FTO 和 ALKBH5;发现数个 m^6A 修饰酶组分,包括 METTL3、METTL14、WTAP、KIAA1429(VIRMA)、RBM15、HAKAI、KIAA0853(ZC3H13);多个 m^6A 结合蛋白被发现,例如 YTH 结构域家族蛋白成员 YTHDF1 通过识别 m^6A,促进底物 mRNA 的蛋白翻译,YTHDF2 则促进 mRNA 降解,YTHDC1 调控 pre-mRNA 选择性剪接和促进出核等。m^6A 还可以干扰 RNA 二

级结构从而调控蛋白-RNA的相互作用[64]。

随着RNA化学修饰m⁶A的三类功能蛋白被陆续发现,相应的分子机制和调控网络被解析。深入研究m⁶A对生命活动的调控功能也陆续被开展起来。譬如,m⁶A调控发育,在斑马鱼中,METTL3和WTAP基因敲低导致组织分化缺陷和凋亡;在小鼠中,METTL3或METTL14基因敲低的小鼠胚胎干细胞的克隆数明显变平变少,且细胞增殖速率降低;FTO敲除小鼠表现出产后发育迟缓,以及脂肪组织显著减少;FTO蛋白无功能的纯合子突变(R316Q)表现出高甲基化水平以及产后阻滞、生殖系统畸形和多倍体畸形等异常。m⁶A影响配子的形成,ALKBH5敲除导致雄性精子发生障碍。m⁶A调控细胞重编程,在植入前的外胚层和原始态胚胎干细胞中敲除METTL3,导致mRNA缺失m⁶A,促使这些细胞虽然能够存活,但无法完全终结原始态多能性,移植后的细胞会发生畸变,分化潜力也受到限制,出现早期胚胎死亡,表明m⁶A是调控原始态和始发态多能性的重要机制。m⁶A调控生物节律,通过敲低m⁶A甲基转移酶METTL3特异性抑制m⁶A甲基化修饰,能有效引发昼夜周期的延长和RNA加工出核的延迟。m⁶A调控母体-合子过渡(maternal-to-zygotic transition,MZT),研究发现超过三分之一的斑马鱼母体mRNA可以被m⁶A修饰并经过YTHDF2清除,在斑马鱼胚胎中敲除YTHDF2,会减缓m⁶A修饰母本mRNA的衰变,并且阻止合子基因组激活,胚胎无法及时启动MZT,就会引发细胞周期停顿,使整个幼虫发育延迟。m⁶A调控XIST介导的基因沉默,RBM15和RBM15B通过与WTAP的相互作用将METTL3/14招募到XIST进行m⁶A甲基化,m⁶A结合蛋白YTHDC1识别XIST上m⁶A并介导基因沉默。m⁶A调控果蝇性别决定,发现m⁶A和m⁶A结合蛋白YT521-B调控Sxl选择性剪接,决定果蝇性别。m⁶A调控疾病(如癌症)的发生发展,m⁶A甲基转移酶METTL3在肝细胞癌和白血病中高表达,促进癌细胞增殖;而FTO在白血病中高表达促进癌细胞增殖,ALKBH5在恶性胶质瘤中高表达,在乳腺癌低氧状态下ALKBH5高表达促使乳腺癌干细胞维持等。m⁶A修饰酶或去修饰酶在多种癌症中高表达发现促进癌细胞增殖,也表明m⁶A功能在疾病的分子机制存在一定的组织和细胞特异性。m⁶A在疾病中的研究才刚刚起步,未来还需要进一步深入研究。随着m⁶A修饰紊乱导致的发病机制被陆续发现,开发以m⁶A调节蛋白为靶点的新药也成为研究热点。目前这方面的研究还集中在m⁶A去修饰酶的小分子抑制剂的开发,筛选到FTO的选择性抑制剂,为今后理性设计特异性靶向单一m⁶A去修饰酶提供了思路。m⁶A还可以调控RNA病毒感染,研究发现RNA病毒的RNA在寄主细胞内可以被寄主的m⁶A修饰酶、去修饰酶和结合蛋白调控,干预

RNA病毒的复制与感染[64]。

此外,发现和开发新的 RNA 修饰的测序技术也成为近几年的研究热潮。在 mRNA 上陆续发现一些其他新的修饰如假尿嘧啶(Ψ)、$2'-O$-甲基化修饰(N_m)和 m^1A,并开发了化学辅助或抗体辅助的高通量测序技术。mRNA 上 m^1A 修饰被发现是可逆的,可以被另一个 AlkB 家族蛋白 ALKBH3 去修饰,在线粒体 mRNA 编码区的 m^1A 具有抑制蛋白翻译的功能。tRNA 上 58 位 m^1A 修饰为动态可逆,可以被另一个 AlkB 家族蛋白 ALKBH1 去修饰,并进一步验证 m^1A58 调控 tRNA 稳定性,进而影响蛋白翻译[64]。

迄今在 RNA 上发现的化学修饰超过 150 种。其中大多数修饰不能通过传统的测序方法分析,因而其功能还未知。RNA 的修饰通过影响碱基互补配对可以改变 mRNA 的编码信息,因此使遗传信息更加多样化。重要的是,和 DNA 与组蛋白上的表观修饰一样,RNA 上的化学修饰也可以被动态添加或去除,并通过不同结合蛋白的识别影响 RNA 的命运。已经鉴定出的结合蛋白影响 mRNA 的代谢包括可变加工、可变剪接、出核、亚细胞定位,稳定性及翻译。化学修饰通过对 RNA 的命运决定可以快速响应细胞内外环境的变化并快速做出应对。值得注意的是,RNA 修饰的改变被证明是引起众多疾病包括免疫疾病、神经退化疾病、癌症等的原因。表观遗传学发展到今天,预计在 RNA 层面会迎来与 DNA 及组蛋白修饰同样乃至更广泛的研究,将对生物医学、制药、畜牧业和农业发展产生更重要的影响[64]。

国际上的发展清楚地表明了表观转录组学研究是一个潜力巨大的新兴领域。许多国际和国家机构启动专项基金支持 RNA 表观转录组学研究。美国国立卫生研究院 (National Institutes of Health,NIH)成立了两个项目来研究表观转录组对癌症及大脑发育的影响。德国启动了表观修饰化学生物学和天然核酸修饰化学生物学两个研究项目。欧洲成立了欧洲表观转录组学网络"EPITRAN"(European Epitranscriptomics Network)来推进相关研究。表观转录组学的研究将为人类的健康、营养和环境等带来巨大影响。越来越多的证据表明 RNA 修饰的变化与疾病之间的紧密联系也为生命科学医疗领域带来新的契机。开发新方法检测 RNA 修饰的分布模式或操纵这些化学修饰会为新的诊断和治疗方法提供基础。未来受 RNA 表观遗传修饰影响的领域和最有潜力的研究方向预计包含以下几个方面。

(1) 生物标记物、诊断及个性化医疗

RNA 修饰的改变与细胞分化、癌症、免疫和神经系统疾病相关。因而可以通过开发方法将表观转录组修饰用作诊断的标志物。线粒体中 tRNA 上化学修饰的改变是引发神经肌肉疾病的常见原因。有针对性地对缺失或错位的化学修饰进行恢复是关键的治疗方案。细胞质内 tRNA 修饰的变化是肌萎缩侧索硬化（amyotrophic lateral sclerosis，ALS)或癫痫等神经组织退化疾病的常见原因,因而可作为诊断和具体新疗法的靶标。

（2）药物研发

研究对 RNA 修饰进行添加、去除及识别的功能蛋白及在疾病中药物靶标的发现,并发展相关的抑制剂具有重要的医疗价值。癌细胞等转化细胞的化学修饰模式的改变可用于设计特异、个性化的药物,例如专门靶向癌症特征化学修饰的药物。阐明表观化学修饰在病原菌及宿主细胞中的类型,分布和变化机理将有助于开发新型疫苗或抗生素。RNA 修饰的研究对于降低病原菌对现有抗生素的耐药性及开发新颖的抗生素非常重要。定点添加或去除 RNA 修饰可以调控具有治疗潜力的 RNA 的编码及命运。类似地,针对核酸的不期望的免疫应答可以通过适当的修改 RNA 修饰来屏蔽,从而促进基于核酸的疗法。

（3）农业生产

对识别表观转录组学修饰的蛋白进行深入研究可以培育适应性更强的作物。比如说,一系列基因的转录本都被表观修饰标记,但这些 RNA 是被翻译、储存,还是被降解,取决于不同识读蛋白对环境刺激的响应。从环境的角度看,化学修饰的改变与刺激应答及环境的变化相关。气候变化更剧烈时,需要作物具有更强的适应能力。RNA 化学修饰将是理解并操控植物及多细胞动物响应刺激的重要因子。深入研究 RNA 修饰的三种调控蛋白及功能调控网络,将帮助和指导今后农业科学育种。

（4）营养

鉴于化学修饰的前体是通过营养物质合成的,营养物质的改变会直接影响 RNA 翻译的效率及保真度。一些化学修饰在营养压力的情况下可被特异性添加。RNA 修饰相关蛋白与细胞的营养代谢相关,其表达量影响细胞的营养积累。因而 RNA 表观修饰可以为调控细胞的营养代谢提供新的方向。

（5）生物技术

由于目前绝大多数的表观转录组学修饰都还不能在单碱基水平上被准确测量,这就形成了一个发展新方法检测 RNA 化学修饰的空前市场。通过拓展 rRNA 和 tRNA 上的化学修饰,可以用正交反应翻译特异性标记的蛋白及新型蛋白。通过表观修饰操纵核糖体和 mRNA 可以改进蛋白质翻译机器。RNA 修饰将用于改进合成和分析 RNA 分子的生物技术。在新兴的表观转录组学领域进行世界领先的科学研究将会促进建立创业公司(例如制药公司)并吸引工业合作伙伴,从而创造出一个有大量的工作岗位的行业。目前已经涌现出 Elixcell Therapeutics Inc.和 Accent Therapeutics Inc.,这两家新公司专注于 RNA 表观遗传学的疾病治疗和药物研发。

显而易见,RNA 修饰研究的新时代已经到来。表观转录组学的研究将改变研究人员对化学生物学、生物学、生物医学、农业和生态学的理解。为了推进表观转录组学的研究,公司和软件开发商需要制订标准化研究工具和标准化的信息学解决方案,从而使兼容的研究成果易于分享,高质量的高通量数据易于传播。同样,表观转录组学在制药和农业行业方面的联系需要加强,需要及时将新的表观转录组学研究成果应用到生物标志物开发、医疗诊断、药物开发和新型作物生产方面。为了使我国的研究保持世界领先地位,以应对接下来的研究挑战,我国的研究者人员要进行广泛的合作,我国还需要对新一代的科学家及制药、农业研究人员提供合适的培训。总之,将 RNA 表观遗传学(表观转录组学)作为新的靶向通路可以使我国在新的生物标志物、医疗诊断、医药和农业生产等方面的发展处于世界领先地位。

参考文献

［1］Boccaletto P, Stefaniak F, Ray A, et al. MODOMICS: a database of RNA modification pathways. 2021 update[J]. Nucleic Acids Research, 2021, 50(D1): D231-D235.

［2］Zhao X L, Yu Y T. Detection and quantitation of RNA base modifications[J]. RNA, 2004, 10 (6): 996 - 1002.

［3］Chen P, Jäger G, Zheng B. Transfer RNA modifications and genes for modifying enzymes in *Arabidopsis thaliana*[J]. BMC Plant Biology, 2010, 10: 201.

［4］Schaefer M, Pollex T, Hanna K, et al. RNA cytosine methylation analysis by bisulfite sequencing [J]. Nucleic Acids Research, 2008, 37(2): e12.

［5］Daffis S, Szretter K J, Schriewer J, et al. 2'-O methylation of the viral mRNA cap evades host restriction by IFIT family members[J]. Nature, 2010, 468(7322): 452 - 456.

［6］Kiriakidou M, Tan G S, Lamprinaki S, et al. An mRNA m7G cap binding-like motif within human Ago2 represses translation[J]. Cell, 2007, 129(6): 1141 - 1151.

［7］Mauer J, Luo X B, Blanjoie A, et al. Reversible methylation of $m^6 A_m$ in the 5' cap controls mRNA stability[J]. Nature, 2017, 541(7637): 371 - 375.

［8］Zhong S L, Li H Y, Bodi Z, et al. MTA is an *Arabidopsis* messenger RNA adenosine methylase and interacts with a homolog of a sex-specific splicing factor[J]. The Plant Cell, 2008, 20(5): 1278 - 1288.

［9］Hongay C F, Orr-Weaver T L. *Drosophila* Inducer of MEiosis 4 (IME4) is required for Notch signaling during oogenesis[J]. PNAS, 2011, 108(36): 14855 - 14860.

［10］ Shen L S，Liang Z，Gu X F，et al. N^6-methyladenosine RNA modification regulates shoot stem cell fate in *Arabidopsis*［J］. Developmental Cell，2016，38(2)：186 - 200.

［11］ Jia G F，Fu Y，Zhao X，et al. N^6-Methyladenosine in nuclear RNA is a major substrate of the obesity-associated FTO［J］. Nature Chemical Biology，2011，7(12)：885 - 887.

［12］ Dominissini D，Moshitch-Moshkovitz S，Schwartz S，et al. Topology of the human and mouse m6A RNA methylomes revealed by m6A-seq［J］. Nature，2012，485(7397)：201 - 206.

［13］ Meyer K D，Saletore Y，Zumbo P，et al. Comprehensive analysis of mRNA methylation reveals enrichment in 3′ UTRs and near stop codons［J］. Cell，2012，149(7)：1635 - 1646.

［14］ Zheng G Q，Dahl J A，Niu Y M，et al. ALKBH$_5$ is a mammalian RNA demethylase that impacts RNA metabolism and mouse fertility［J］. Molecular Cell，2013，49(1)：18 - 29.

［15］ Liu J Z，Yue Y N，Han D L，et al. A METTL3-METTL14 complex mediates mammalian nuclear RNA N^6-adenosine methylation［J］. Nature Chemical Biology，2014，10(2)：93 - 95.

［16］ Ping X L，Sun B F，Wang L，et al. Mammalian WTAP is a regulatory subunit of the RNA N^6-methyladenosine methyltransferase［J］. Cell Research，2014，24(2)：177 - 189.

［17］ Schwartz S，Mumbach M R，Jovanovic M，et al. Perturbation of m6A writers reveals two distinct classes of mRNA methylation at internal and 5′ sites［J］. Cell Reports，2014，8(1)：284 - 296.

［18］ Patil D P，Chen C K，Pickering B F，et al. M(6) A RNA methylation promotes XIST-mediated transcriptional repression［J］. Nature，2016，537(7620)：369 - 373.

［19］ Guo J，Tang H W，Li J，et al. Xio is a component of the *Drosophila* sex determination pathway and RNA N^6-methyladenosine methyltransferase complex［J］. Proceedings of the National Academy of Sciences of the United States of America，2018，115(14)：3674 - 3679.

［20］ Knuckles P，Lence T，Haussmann I U，et al. Zc3h13/Flacc is required for adenosine methylation by bridging the mRNA-binding factor Rbm15/Spenito to the m 6 A machinery component Wtap/Fl(2) D［J］. Genes & Development，2018，32(5/6)：415 - 429.

［21］ Wen J，Lv R T，Ma H H，et al. Zc3h13 regulates nuclear RNA m 6 A methylation and mouse embryonic stem cell self-renewal［J］. Molecular Cell，2018，69(6)：1028 - 1038.e6.

［22］ Yue Y N，Liu J，Cui X L，et al. VIRMA mediates preferential m6A mRNA methylation in 3′ UTR and near stop *Codon* and associates with alternative polyadenylation［J］. Cell Discovery，2018，4：10.

［23］ Wang X，Lu Z K，Gomez A，et al. N^6-methyladenosine-dependent regulation of messenger RNA stability［J］. Nature，2014，505(7481)：117 - 120.

［24］ Wang X，Zhao B S，Roundtree I A，et al. N(6) -methyladenosine modulates messenger RNA translation efficiency［J］. Cell，2015，161(6)：1388 - 1399.

［25］ Xiao W，Adhikari S，Dahal U，et al. Nuclear m6A reader YTHDC1 regulates mRNA splicing［J］. Molecular Cell，2016，61(4)：507 - 519.

［26］ Liu N，Dai Q，Zheng G Q，et al. N^6-methyladenosine-dependent RNA structural switches regulate RNA-protein interactions［J］. Nature，2015，518(7540)：560 - 564.

［27］ Alarcón C R，Goodarzi H，Lee H，et al. HNRNPA2B1 is a mediator of m6A-dependent nuclear RNA processing events［J］. Cell，2015，162(6)：1299 - 1308.

［28］ He C. Grand challenge commentary：RNA epigenetics？［J］. Nature Chemical Biology，2010，6(12)：863 - 865.

［29］ Duan H C，Wei L H，Zhang C，et al. ALKBH10B is an RNA N^6-methyladenosine demethylase affecting *Arabidopsis* floral transition［J］. The Plant Cell，2017，29(12)：2995 - 3011.

［30］ Shi H L，Wang X，Lu Z K，et al. YTHDF$_3$ facilitates translation and decay of N^6-methyladenosine-modified RNA［J］. Cell Research，2017，27(3)：315 - 328.

[31] Wei L H, Song P Z, Wang Y, et al. The m 6 A reader ECT2 controls trichome morphology by affecting mRNA stability in *Arabidopsis*[J]. The Plant Cell, 2018, 30(5): 968 - 985.

[32] Chen B E, Ye F, Yu L, et al. Development of cell-active N^6-methyladenosine RNA demethylase FTO inhibitor[J]. Journal of the American Chemical Society, 2012, 134(43): 17963 - 17971.

[33] Huang Y, Yan J L, Li Q, et al. Meclofenamic acid selectively inhibits FTO demethylation of m6A over ALKBH$_5$[J]. Nucleic Acids Research, 2014, 43(1): 373 - 384.

[34] Dina C, Meyre D, Gallina S, et al. Variation in FTO contributes to childhood obesity and severe adult obesity[J]. Nature Genetics, 2007, 39(6): 724 - 726.

[35] Frayling T M, Timpson N J, Weedon M N, et al. A common variant in the *FTO* gene is associated with body mass index and predisposes to childhood and adult obesity[J]. Science, 2007, 316 (5826): 889 - 894.

[36] Scuteri A, Sanna S, Chen W M, et al. Genome-wide association scan shows genetic variants in the *FTO* gene are associated with obesity-related traits[J]. PLoS Genetics, 2007, 3(7): e115.

[37] Church C, Moir L, McMurray F, et al. Overexpression of Fto leads to increased food intake and results in obesity[J]. Nature Genetics, 2010, 42(12): 1086 - 1092.

[38] Boissel S, Reish O, Proulx K, et al. Loss-of-function mutation in the dioxygenase-encoding *FTO* gene causes severe growth retardation and multiple malformations[J]. American Journal of Human Genetics, 2009, 85(1): 106 - 111.

[39] Fischer J, Koch L, Emmerling C, et al. Inactivation of the Fto gene protects from obesity[J]. Nature, 2009, 458(7240): 894 - 898.

[40] Aas P A, Otterlei M, Falnes P Ø, et al. Human and bacterial oxidative demethylases repair alkylation damage in both RNA and DNA[J]. Nature, 2003, 421(6925): 859 - 863.

[41] Westbye M P, Feyzi E, Aas P A, et al. Human AlkB homolog 1 is a mitochondrial protein that demethylates 3-methylcytosine in DNA and RNA[J]. The Journal of Biological Chemistry, 2008, 283(36): 25046 - 25056.

[42] Fu Y, Dai Q, Zhang W, et al. The AlkB domain of mammalian ABH$_8$ catalyzes hydroxylation of 5-methoxycarbonylmethyluridine at the wobble position of tRNA[J]. Angewandte Chemie International Edition, 2010, 49(47): 8885 - 8888.

[43] Gerken T, Girard C A, Tung Y C L, et al. The obesity-associated *FTO* gene encodes a 2-oxoglutarate-dependent nucleic acid demethylase[J]. Science, 2007, 318(5855): 1469 - 1472.

[44] Jia G F, Yang C G, Yang S D, et al. Oxidative demethylation of 3-methylthymine and 3-methyluracil in single-stranded DNA and RNA by mouse and human FTO[J]. FEBS Letters, 2008, 582(23/24): 3313 - 3319.

[45] Lee D H, Jin S G, Cai S, et al. Repair of methylation damage in DNA and RNA by mammalian AlkB homologues[J]. The Journal of Biological Chemistry, 2005, 280(47): 39448 - 39459.

[46] Wei C M, Gershowitz A, Moss B. Methylated nucleotides block 5′ *Terminus* of HeLa cell messenger RNA[J]. Cell, 1975, 4(4): 379 - 386.

[47] Narayan P, Rottman F M. An *in vitro* system for accurate methylation of internal adenosine residues in messenger RNA[J]. Science, 1988, 242(4882): 1159 - 1162.

[48] Harper J E, Miceli S M, Roberts R J, et al. Sequence specificity of the human mRNA N^6-adenosine methylase *in vitro*[J]. Nucleic Acids Research, 1990, 18(19): 5735 - 5741.

[49] Fu Y, Jia G F, Pang X Q, et al. FTO-mediated formation of N^6-hydroxymethyladenosine and N^6-formyladenosine in mammalian RNA[J]. Nature Communications, 2013, 4: 1798.

[50] Zhang C Z, Samanta D, Lu H Q, et al. Hypoxia induces the breast cancer stem cell phenotype by HIF-dependent and ALKBH$_5$-mediated m^{6}A-demethylation of NANOG mRNA[J]. Proceedings

of the National Academy of Sciences of the United States of America，2016，113（14）：
E2047-E2056.

［51］ Zhang S C，Zhao B S，Zhou A D，et al. M⁶A demethylase ALKBH₅ maintains tumorigenicity of glioblastoma stem-like cells by sustaining FOXM1 expression and cell proliferation program［J］. Cancer Cell，2017，31（4）：591 – 606.e6.

［52］ Li Z J，Weng H Y，Su R，et al. FTO plays an oncogenic role in acute myeloid leukemia as a N^{6}-methyladenosine RNA demethylase［J］. Cancer Cell，2017，31（1）：127 – 141.

［53］ Su R，Dong L，Li C Y，et al. R-2HG exhibits anti-tumor activity by targeting FTO/m 6 A/MYC/ CEBPA signaling［J］. Cell，2018，172（1/2）：90 – 105.e23.

［54］ Li Q，Huang Y，Liu X C，et al. Rhein inhibits AlkB repair enzymes and sensitizes cells to methylated DNA damage［J］. The Journal of Biological Chemistry，2016，291（21）：11083 – 11093.

［55］ Yi C Q，Chen B E，Qi B，et al. Duplex interrogation by a direct DNA repair protein in search of base damage［J］. Nature Structural & Molecular Biology，2012，19（7）：671 – 676.

［56］ Chen B E，Gan J H，Yang C G. The complex structures of ALKBH₂ mutants cross-linked to dsDNA reveal the conformational swing of β-hairpin［J］. Science China Chemistry，2014，57（2）：307 – 313.

［57］ Cui Q，Shi H L，Ye P，et al. M 6 A RNA methylation regulates the self-renewal and tumorigenesis of glioblastoma stem cells［J］. Cell Reports，2017，18（11）：2622 – 2634.

［58］ Wang T L，Hong T T，Huang Y，et al. Fluorescein derivatives as bifunctional molecules for the simultaneous inhibiting and labeling of FTO protein［J］. Journal of the American Chemical Society，2015，137（43）：13736 – 13739.

［59］ Nichols J L. N^{6}-methyladenosine in maize poly（A）-containing RNA［J］. Plant Science Letters，1979，15（4）：357 – 361.

［60］ Chu C，Zhang Q C，da Rocha S T，et al. Systematic discovery of Xist RNA binding proteins［J］. Cell，2015，161（2）：404 – 416.

［61］ Bodi Z，Zhong S L，Mehra S，et al. Adenosine methylation in *Arabidopsis* mRNA is associated with the 3′ end and reduced levels cause developmental defects［J］. Frontiers in Plant Science，2012，3：48.

［62］ Scutenaire J，Deragon J M，Jean V，et al. The YTH domain protein ECT2 is an m6A reader required for normal trichome branching in *Arabidopsis*［J］. The Plant Cell，2018，30（5）：986 – 1005.

［63］ Arribas-Hernández L，Bressendorff S，Hansen M H，et al. An m⁶ A-YTH module controls developmental timing and morphogenesis in *Arabidopsis*［J］. The Plant Cell，2018，30（5）：952 – 967.

［64］ Roundtree I A，Evans M E，Pan T，et al. Dynamic RNA modifications in gene expression regulation［J］. Cell，2017，169（7）：1187 – 1200.

Chapter 7

脑神经信号转导过程
活体分析方法

汪铭　毛兰群

7.1 引言

细胞信号转导是生命体中最基本的活动之一,这一过程涉及多种重要生理活性物质,如蛋白质、核酸、神经递质和神经调质及能量物质代谢产物等的动态变化。在不同层次高效、准确地获取这些信号物质的变化规律及其调控的分子机制是阐明信号转导过程的关键。因此,发展信号转导过程中化学物质的分析化学新原理和新方法,并在活体水平实现其原位、实时分析检测,可以为阐明信号转导机制以及发展化学小分子探针干预信号转导提供新的研究手段。

大脑是人类最复杂的器官,也是调控人体各项生理功能正常发挥的最重要部位,因此探索脑生物学功能的奥秘,揭开脑神经信号转导过程中的化学本质是现代科学的重要研究前沿,也是人们全面认识自然、认识自我的终极目标之一。脑神经活动过程中的信息传递和信号转导,以及各种生理和病理活动过程中,无不有化学物质的参与。[1]化学信息传递是神经系统中最常见、最重要的信息传递方式,它主要是通过一系列小分子神经传递物质在脑神经系统突触间的传递来完成的:神经递质从突触前神经元释放,被突触后神经元膜受体捕获后引起后者的兴奋性突触后电位或抑制性突触后电位,进而使信息通过突触传入下一级神经元,从而完成神经的传导过程。[2]同时,作为神经元赖以生存的微环境,脑细胞外液中存在着大量的化学物质,包括各种神经递质和神经调质,如儿茶酚胺、谷氨酸、γ-氨基丁酸(GABA)、乙酰胆碱等,还有其他各种重要的生理活性物质,如神经信使分子(钙离子,镁离子)、能量代谢物质(葡萄糖、乳酸、丙酮酸、ATP、次黄嘌呤等)、抗氧化物质(谷胱甘肽、抗坏血酸、尿酸等),以及自由基(活性氧、一氧化氮自由基等)等。[3]这些神经化学物质构成了大脑的生物功能基础,任何神经化学物质浓度的失衡都会对神经系统造成严重影响,甚至会导致神经元死亡并引发神经退行性疾病。因此要了解大脑神经活动的基本过程,以及诸如学习记忆、感觉与运动控制等脑高级功能和很多重大神经系统疾病(如帕金森病、阿尔茨海默病、脑缺氧、脑缺血等)的发病机制和病理过程,发展具有高时空分辨率、高选择性、高灵敏度的活体分析方法,实现脑内生理活性小分子的有效测定,掌握这些化学物质的变化规律有助于人们从分子层次上认识和了解脑神经过程的化学本质,是研究脑功能和脑神经系统信号转导,以及生理和病理过程的前提和基础,对于揭示大脑功能的化学本质具有极其重要的意义。[4,5]

大脑内神经化学物质的分析检测主要在以下四个层次展开,即突触体水平、细胞水平、脑切片水平和活体水平。其中突触体、细胞和脑切片研究需要把待检测部位从大脑中分离出来,研究神经化学信号的传递过程。突触体分析适用于研究没有调节干预的情况下,发生在轴突终端的神经递质囊泡释放和再吸收过程。由于这一方法无法研究调控干预条件下的神经化学过程,因而难以真实地反映生理情况下神经元的功能。细胞水平研究可以针对细胞信号转导过程进行干预和调控,研究局部的神经元调节过程,在一定程度上可以代表生理情况下神经元的功能,但是这一方法仍然不能真实地反映发生在完整大脑内的调节过程。脑切片技术保持了局部神经循环的完整性,能够详细地研究特定脑区的局部循环,是神经科学研究中最常用的体外分析技术之一。[6]虽然脑切片技术可以得到相关的化学信息,但脑切片周围存在坏死组织,切片组织的代谢活性与在体组织差别仍然很大。同时脑切片的活性需要在较为苛刻的条件下才能保持,且其保存时间很短,因此对于周期较长的生理功能的研究仍无能为力。所以要想真正了解脑神经活动的化学过程还需要在尽量保证大脑完整性的前提下展开研究。

与突触体、细胞、脑切片层次的神经化学传递和信号转导研究相比,活体分析方法保持了大脑的完整性,对大脑的损伤相对较小,因而有利于保持大脑在正常代谢情况下脑神经生理和病理过程化学机制的研究。目前,活体组织研究分为非侵入式和侵入式两类方法。非侵入式技术包括各种成像方法,如磁共振成像(magnetic resonance imaging,MRI)、功能磁共振成像(functional magnetic resonance imaging,fMRI)、磁共振波谱(magnetic resonance spectroscopy,MRS)、正电子发射断层显像(positron emission tomography,PET)、单光子发射计算机断层显像(single photon emission computed tomography,SPECT)和荧光成像等。[7-9]非侵入式技术具有无损的优势,但是目前这些技术主要侧重于结构成像,而且可分析的神经递质种类少、时间和空间分辨率低,且设备昂贵,限制了它们在活体神经信号转导过程中的研究。侵入式分析研究通过向大脑引入化学物质或植入检测电极探针实现神经化学信号的活体分析检测,主要包括微电极伏安法、脑内微透析技术、微穿刺技术、脑片推挽灌流等。侵入式技术能够准确获取化学物质的信息,具有更好的化学特异性以及更高的时空分辨率。同时此类方法具有仪器设备简单等优点,更容易为生理学家所接受。以上两种活体分析方法可互为补充,为在活体动物层次研究神经细胞化学信息传递和信号转导过程,进一步揭示神经化学的奥秘和脑生物学功能的奥秘提供重要的研究工具和手段。

本章将介绍可用于脑神经科学研究的活体分析化学方法基本原理,并重点阐述近期围绕神经信号转导过程中重要化学信号,包括能量代谢分子、神经递质和神经调质等分子的活体实时原位分析研究进展。

7.2 研究进展与成果

7.2.1 活体电分析化学方法基础研究

目前用于神经化学信号活体分析的方法主要可以分为三种:微透析活体取样-样品分离-电化学检测、微透析活体取样-在线电化学检测以及微电极活体法。前两种方法都是基于微透析技术建立起来的,而第三种方法则是直接通过向脑部植入微电极实现神经化学信号的原位在线分析。微透析技术是一种动态的微量生化采样技术,主要用于从生物活体内进行微量生化采样,并排除大分子等物质干扰的在线采样技术。在微透析过程中,脑细胞外液中的生理活性小分子物质如神经递质、神经调质、能量代谢物质和活性氧自由基的代谢产物(如过氧化氢)以及金属离子(如 Ca^{2+}、Mg^{2+}、K^+、Na^+ 等)等,均可以通过透析膜而被采集,并进一步用于后续的分离分析;而对于脑内的大分子蛋白和酶等物质,由于其相对分子质量较大,会被透析膜截留不进入脑透析液,因此不会对所收集待测物的分析产生干扰。1974 年 Ungersted 和 Pycock 首次将微透析技术应用于脑神经化学过程中多巴胺的检测。[10] 自此之后,活体微透析作为一种有效的动态、微量生化采样技术,被广泛应用于脑神经科学研究领域。

微透析活体取样-样品分离-电化学检测过程中,微透析样品通常经过高效液相色谱(high performance liquid chromatography,HPLC)分离纯化后再进行分析检测,这一方法可以有效避免复杂样品体系的干扰。微透析活体取样-在线电化学检测和微电极活体法(图 7 - 1)则不需要分离样品,且具有较高的时间分辨率,因而在活体分析研究中得到了广泛应用。典型的微透析活体取样-在线电化学检测的装置如图 7 - 1(a)所示,[11]利用微透析技术取样后,可直接使用电化学方法进行检测。该方法具有分析时间短、仪器简单、样品保真,以及可实现样品近似在线分析的优点。由于这一方法中微透析样品没有经过 HPLC 分离而直接进行电化学检测,所以其在线检测的电化学传感器应该具备以下条件：（1）高选择性，脑透析液中其他的电活性物质，特别是抗坏血酸、尿酸和多巴胺及代谢产物等物质对所测定物质不产生干扰；（2）高灵敏度，较低浓度的神经化学物质，如多巴胺和乙酰胆碱等物质经微透析活体取样后被稀释后浓度更低，因此对分析灵敏度要求更高；（3）较好的稳定性和重现性，可以满足长时间持续的流动分析；（4）多组分同时测定时，电极间没有交叉干扰；（5）具有高生物兼容性，能在实际生理病理条件下使用。微电极活体法在三种活体分析方法中最能直接检测神经系统中化学物质动态变化，且能进一步结合电生理技术，研究神经活动中化学信号和电生理信号的同步变化，为进一步深入研究脑神经信号转导提供重要的方法手段。然而无论是微透析活体取样-在线电化学检测还是微电极活体法，发展神经化学信号的高选择性、高灵敏度的分析检测方法均是活体分析研究中的关键问题，而微电极活体法还对电极植入方法的生物兼容性有较高的要求，以及面对电极植入后大量蛋白质对检测电极的污染和对后续分析检测的干扰等难题。

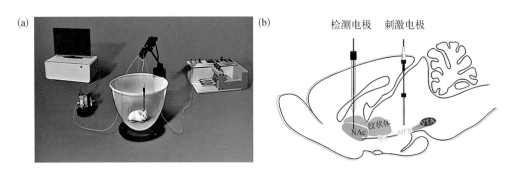

图 7-1　微透析活体取样-在线电化学检测装置（a）和微电极活体法原理（b）的示意图

　　针对脑神经信号转导活体分析研究中的关键和瓶颈问题进行深入分析，我们认为，其解决方法在于新型的活体电分析化学方法的建立，可以通过两种策略实现。第一种是发展电化学电极表界面化学调控新策略，[11, 12] 利用功能化的微纳材料合理设计和构筑电极/溶液界面，提高分析方法的选择性和灵敏度，从而发展出新的活体电化学分析方法，并将其用于脑化学研究。参与脑神经信号转导的生理活性分子大都具有直接电化学活性，或者可以间接转换为电化学可检测的物质。例如儿茶酚胺类神经递质、抗坏血酸、尿酸以及一氧化氮（NO）等均具有良好的电化学活性；而电化学相对惰性的葡萄糖、乳酸、丙酮酸、谷氨酸、次黄嘌呤、胆碱和乙酰胆碱等可以通过设计专一性的氧化酶或脱氢酶转变成电化学可检测的物质，如过氧化氢（H_2O_2）和还原型烟酰胺腺嘌呤二核苷酸磷酸（reduced nicotinamide adenine dinucleotide phosphate，NADPH）
等。从而实现脑内生理物质的近实时在线分析。第二种是引入新的电化学原理和方
法，如将基于原电池原理的生物传感器应用于脑神经信号转导研究，[13]引入新的微电
子技术发展活体无线传感等。在重大研究计划的资助下，我们通过合理设计电化学电
极界面，并利用微透析活体取样-在线电化学检测或微电极活体法，发展了一系列活
体分析化学新原理和新方法，并将其应用于脑神经信号转导过程中能量物质代谢、
神经递质和神经调质的释放，以及其他重要生理活性分子的实时动态变化规律
研究。

我们基于碳纳米管对抗坏血酸的催化作用，系统研究了抗坏血酸在碳纳米管电极
上发生电化学氧化的机制，率先发现了碳纳米管加快抗坏血酸界面电子转移的独特性
能，建立了基于碳纳米管电极的脑内抗坏血酸活体在线新原理和新方法，并将此方法应
用于脑缺血过程中抗坏血酸的变化规律的研究。[14]通过发展碳纳米管修饰碳纤维电极
的化学原理和方法，发现了一系列高选择性和高灵敏度的抗坏血酸电化学分析方法，并
进一步在活体层次实现了不同生理过程中脑内抗坏血酸的原位分析。[15-17]同时，利用染
料亚甲基绿对 NADH（还原型辅酶Ⅰ）良好的催化效果，通过在电极表面交联相应的脱
氢酶，建立了葡萄糖和乳酸的电化学传感器。[18]为了避免抗坏血酸对葡萄糖和乳酸电极
的干扰，将抗坏血酸传感器设计在葡萄糖和乳酸传感器的上游，成功地实现了鼠脑内葡
萄糖、乳酸和抗坏血酸的同时实时在线检测。[19]

近期，通过调控分子间弱相互作用，我们发展了一系列电化学活体分析新原理和新
方法。[12]分子间弱键相互作用是自然界实现化学选择性的基础，设计和调控分子间弱相
互作用为活体分析化学研究提供了新思路。我们设计、合成了一系列具有咪唑基团的
阳离子聚合物，研究了其与具有负电性的染料分子 2,2′-联氮-双-3-乙基苯并噻唑啉-
6-磺酸（ABTS）在水中的离子自组装行为，发现这种阳离子聚合物对 ABTS 具有很好的
包覆性能，并且可以用于生物电化学传感的研究。[20]在此基础上，我们发现这一阳离子
聚合物对带正电的罗丹明 6G 具有良好的包覆性能且具有较好的选择性，基于此，我们
发展了一种高选择性测定乙醇的分析新原理和新方法，为发展活体分析新方法的研究
奠定了基础。[21]同时，我们设计合成了聚咪唑阳离子刷，通过离子间相互作用实现了对
ATP、ADP 和 AMP 的选择性识别。利用核酸适配体对腺嘌呤的高选择性，可以区分其
他分析物的干扰。以铁氰化钾作为电化学探针，利用电极界面电荷量的变化，我们成功
实现了脑内 ATP 的高选择性分析（图 7 - 2）。[22]

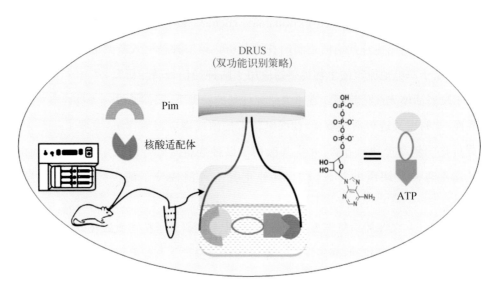

图 7‑2　基于阳离子聚合物刷的双功能识别调控的活体分析化学新原理

通过合理设计和构筑电极/电解质溶液的界面，界面上所固定的生物识别单元，如氧化酶、脱氢酶等可以与待测物质发生特定识别，可以实现神经化学物质的活体分析检测。由于这种识别过程中常伴随着氧化还原过程的发生，因此需要使用恒电位仪在电极表面施加合适的电位将该识别过程转变为电信号输出，从而达到选择性测定的要求，但这一过程容易对神经元细胞本身造成干扰。鉴于此，我们提出并发展了基于自驱动原理的电位型活体分析新方法。通过调控界面识别能力和选择性，建立了抗坏血酸自驱动活体分析新方法。并进一步利用选择性检测抗坏血酸的电化学微电极和记录单细胞放电的电生理微电极，提出并建立了一种简单有效、高时空分辨的同时测定脑内抗坏血酸和神经元电信号的活体分析方法，并将其用于原位实时记录鼠脑缺血/再灌注过程中脑内抗坏血酸和神经元电活动信号的动态变化，为研究脑神经信号转导过程中化学与电信号的实时分析提供了新的思路。[13, 23]

7.2.2　活体分析化学与神经信号转导研究

1. 神经信号转导过程中能量代谢物活体分析

葡萄糖和乳酸是脑内重要的能量物质，他们对于维持神经元胞体和轴突之间的物质传输，以及细胞间的信息传递等过程至关重要。葡萄糖和乳酸作为脑内两个代表性的能量代谢物质,被广泛地用来作为衡量脑活动能力的标志物,也与神经信号转导过程密切相关。因此,建立和发展神经系统中葡萄糖和乳酸的分析方法对研究生理和病理、神经信号转导等过程具有非常重要的意义。

葡萄糖和乳酸均为非电化学活性物质,研究人员大多通过设计酶催化的化学反应将它们转换成具有电化学活性的物质,进而发展葡萄糖和乳酸分析方法。常用的酶型生物传感器大多通过设计氧化酶(如葡萄糖氧化酶)催化的葡萄糖氧化反应产生电化学活性物质,如过氧化氢(H_2O_2),来实现葡萄糖的活体分析。但 H_2O_2 的氧化还原的动力学过程非常缓慢,导致其直接氧化或还原的过电位很高,活体分析容易受到氧气还原的干扰。我们发现催化剂普鲁士蓝(Prussian blue,PB)具有可以加快 H_2O_2 的还原的现象,并基于此实现了在比氧气还原电位更正的电位下进行 H_2O_2 的电催化还原,由此发展了简单可靠的、高选择性的葡萄糖和乳酸活体分析方法(图 7-3)。[18] 通过联用微透析技术,我们测定了大鼠在自由活动状态下脑内纹状体中葡萄糖和乳酸的基础浓度分别为(200 ± 30)$\mu mol/L$ 和(400 ± 50)$\mu mol/L$,为脑内葡萄糖和乳酸的活体、动态分析及代谢过程研究奠定了基础。同时,这一策略也适用于氧化酶型的其他非电活性物质的活体在线分析。

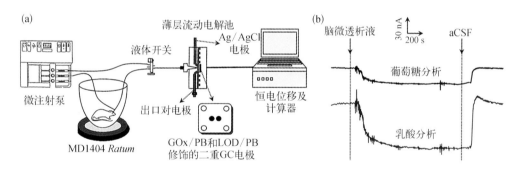

图 7-3 基于"人工模拟酶"普鲁士蓝电催化的葡萄糖和乳酸活体分析

(a) 微透析活体取样-在线电化学检测葡萄糖和乳酸示意图;(b)脑内葡萄糖和乳酸的同时在线分析

最近,我们设计合成了基于咪唑的阳离子聚合物,该聚合物与多壁碳纳米管(multiwall carbon nanotube,MWCNT)之间存在较强的 π-π 相互作用。同时,由于这种阳离子聚合物表面带有大量的正电荷,并且与电子媒介体 $Fe(CN)_6^{3-}$ 的相互作用强于其还原态产物 $Fe(CN)_6^{4-}$,因此可以通过静电相互作用将 $Fe(CN)_6^{3-}$ 固定到 MWNT 表面。由于 MWNT、阳离子聚合物和 $Fe(CN)_6^{3-}$ 两两之间存在着强相互作用,因此这三者可以形成均匀的纳米复合物。基于这一原理我们将该纳米复合物修饰到电极表面,发展了新型葡萄糖分析检测方法。[24]由于$Fe(CN)_6^{3-}$在电极表面的强吸附作用，$Fe(CN)_6^{3-}$/$Fe(CN)_6^{4-}$在电极表面的氧化还原电位发生了显著的负移（例如，从$+0.25$ V到$+0.17$ V）。当使用葡萄糖氧化酶作为分子识别单元时，该生物传感器对葡萄糖有很好的响应性。更重要的是，$Fe(CN)_6^{3-}$/$Fe(CN)_6^{4-}$电位的负移大大减少了脑内其他电活性物质在电极表面的氧化，鉴于这一方法的独特优势，我们实现了豚鼠脑内的葡萄糖的在线连续检测（图7-4）。

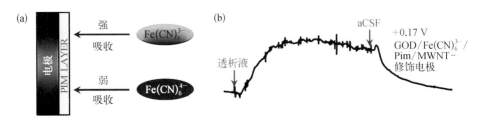

图7-4　聚咪唑阳离子电极表面构建（a）及其活体葡萄糖分析检测（b）

　　尽管基于氧化酶催化葡萄糖氧化的策略实现了葡萄糖和乳酸的原位活体分析检测，但这一类型电化学传感器的响应灵敏性对体系中的氧气和溶液 pH 依赖性较高，因而在活体分析过程中，如脑缺血过程中脑内氧气和 pH 发生波动时，难以得到广泛应用。针对这一难题，我们构建了一种基于脱氢酶的、不受脑缺血过程中氧气浓度变化影响的葡萄糖和乳酸在线分析方法。同时，为了避免活体分析检测中 pH 的变化，在微透析活体取样过程中，我们利用三通阀调节脑缺血/再灌注过程中脑透析液的 pH，保证了传感器的稳定工作。[25]其基本设计原理如下：利用碳纳米管和亚甲基绿（methylene green，MG，一种对 NADH 具有电催化性能的染料分子）之间较强的电荷转移和疏水作用，制备了具有电化学活性的亚甲基绿/碳纳米管复合物，并用于修饰玻碳电极。研究发现该电极对 NADH 的氧化反应具有良好的电催化性能，为进一步发展基于脱氢酶的电化学传感奠定了基础。通过制备葡萄糖脱氢酶（glucose dehydrogenase，GDH）或乳酸脱氢酶（lactate dehydrogenase，LDH）与 MG/碳纳米管的纳米复合电极，我们发展了高选择性葡萄糖和乳酸的电化学分析新方法，并应用于人工脑脊液（artificial cerebrospinal fluid，aCSF）中葡萄糖和乳酸的检测。由于 GDH 和 LDH 催化底物的反应具有高选择性，因此该活体分析方法对葡萄糖和乳酸的检测表现出高专一性。同时，大脑中其他的电化学活性物质，如抗坏血酸、多巴胺、DOPAC、尿酸、5-羟色胺（5-HT）等对葡萄糖和乳酸的检测均不产生干扰。基于这一分析方法的高灵敏度和高选择性，我们使用添加了

NAD^+ 的人工脑脊液进行微透析活体取样，实现了鼠脑中葡萄糖和乳酸的在线实时分析。利用这一方法检测到鼠脑中葡萄糖和乳酸的基础浓度分别为 $(0.39 \pm 0.03) \, mmol/L$ 和 $(0.93 \pm 0.05) \, mmol/L(n=5)$。同时，我们发现在全脑缺血 20 min 后，鼠脑中葡萄糖浓度降低至正常情况下基础值的 $23.0\% \pm 4.0\%$（$n=3$），而当发生缺血再灌注时，这一浓度值升高到基础值的 $119.3\% \pm 55.0\%$。而乳酸则表现出不同的变化趋势，在发生脑缺血时，鼠脑中乳酸浓度增加了 2～3 倍，而在发生缺血/再灌注 10 min 后，其浓度回落到接近基础浓度。我们认为这一过程可能与缺血/再灌注中糖解过程加速有关。利用这一方法，我们发现了丹参异丙酯对脑缺血过程中能量代谢紊乱具有抑制作用。脑缺血过程中的能量衰竭被公认为缺血性神经元损伤的最初引发因素，其能量代谢障碍可以引发一系列后继神经化学过程，如兴奋性氨基酸增多、自由基大量生成等，并最终导致细胞凋亡和神经元坏死等神经变性。我们发展的葡萄糖和乳酸在线分析体系具有高选择性和稳定性，克服了脑缺血过程中氧气浓度和 pH 变化对分析检测的影响，为认识和了解脑缺血过程中的能量代谢提供了新的方法，对能量代谢相关的生理、病理研究具有非常重要的意义。

在基于酶催化反应设计的葡萄糖和乳酸活体分析过程中，通常需要将所有的生物传感单元，包括生物识别单元（氧化酶或脱氢酶）、电子导体（辅酶、电子媒介体或电催化剂）等复合修饰到电极表面，这一过程步骤较为烦琐，不可避免地导致生物传感器的制备过程复杂耗时，且重复性较差，难以在生理学研究领域获得广泛应用。针对这一难题，我们近期利用无限配位聚合物（infinite coordination polymer，ICP）组装的策略发展了"一步修饰"法，大幅简化了电化学传感器的制备过程（图 7-5）。ICP 是通过金属离子和多齿配体通过配位作用形成的一类新型超分子聚合物。我们发现辅酶 NAD^+ 的核酸碱基和磷酸基与镧系金属离子 Tb^{3+} 可以形成 ICP，在此复合物中 NAD^+ 依然保持其电化学活性，可以与脱氢酶复合且具有很高的催化效率。[26] 基于这一发现，我们在 ICP 合成过程中将所有的生物传感单元（即氧化 NADH 的电化学催化剂和识别元件脱氢酶）包裹到 ICP 中，形成具有生物电化学功能的 ICP 纳米粒子。但 ICP 纳米粒子导电性较差，将其直接滴涂到基底电极上时，仅有修饰在电极表面的纳米颗粒可以与电极进行电子传递，这使得多数 ICP 纳米粒子无法在光滑、平坦的电极表面进行电子传递。鉴于此，我们将包裹生物传感单元的 ICP 纳米粒子与导电性碳纳米管进行复合，形成了具有三维网络结构的导电杂化纳米粒子。利用这一策略，几乎所有的 ICP 纳米粒子均能通过临近的"导线"实现有效的电子传递。因此，利用碳纳米管/ICP 纳米粒子复合物与电极之间的电子传递大大提高了电化学传感的灵敏度。与微透析技术联用,我们发展了高灵敏度、高选择性的葡萄糖活体电化学分析方法,并用于在线检测豚鼠脑透析液中的葡萄糖浓度变化。与传统酶型电化学传感方法相比,这一策略可以在基于辅酶 NAD^+ 与金属离子 Tb^{3+} 的无限配位聚合物自组装形成的过程中,将其他生物传感元件(如电催化剂亚甲基绿、葡萄糖脱氢酶)一并包裹其中。这种方法不仅操作简单,制备可重现,更重要的是相比于未掺杂单壁碳纳米管而构建的 ICP 生物传感器,该电化学生物传感器表现出了更高的灵敏度、选择性和稳定性。[27]

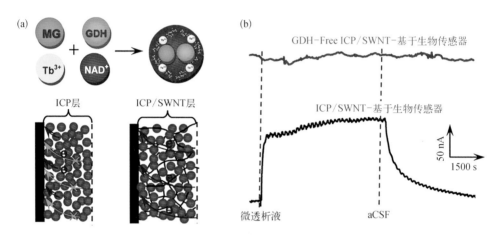

图 7-5　基于无限配位聚合物组装生物识别单元的活体葡萄糖分析

在上述研究工作的基础上,我们近期发展了一种基于原电池原理的活体分析新方法,其可用于脑内葡萄糖的连续监测。生物燃料电池是一种自发电式的发电机,它可以将各种生物化学反应中的化学能转变为电能。生物燃料电池的原电池原理可以用于设计有别于常规电化学传感器的生物分析方法,特别是发展针对清醒动物的活体分析,以及避免常规活体分析中外加电压对神经信号转导的影响。生物燃料电池的自发电式的特性使得其在发展活体化学分析领域有着独特的优势以及潜在的应用前景,但是直接将这种自发电式的生物发电机用于动物脑内神经物质的检测仍然存在着巨大的挑战。第一,生物燃料电池中常用的阴极生物催化剂(如漆酶)通常只能在弱酸性介质中工作,在中性溶液中会很快失去其催化活性。这一性质使得所有基于漆酶构建的生物发电机无法在生理条件下实现脑内神经化学物质的传感。第二,脑内氧气浓度相对较低(约 $50\,\mu mol/L$),并且在某些生理和病理过程(如大脑缺血/再灌注过程)中会发生剧烈的变化。这些特点同样使得基于生物燃料电池的活体分析方法直接用于神经化学物质的传感面临相当大的困难。因为在这些情况下生物燃料电池的性能将由发生氧还原的阴极所决定,而不是由脑内神经化学物质发生氧化的阳极所决定。第三,脑内存在各种具有电活性的物质(特别是抗坏血酸),它们的存在使得利用自发电式的生物发电机高选择性地检测脑内神经物质的方法面临着巨大的挑战。针对以上挑战性难题,我们近期利用微流控技术设计了自发电式的生物发电机并用于活体葡萄糖分析(图7-6)。[23] 微流控芯片内部独特的流体力学性质可以在同一流体孔道内为该生物发电机两极的酶催化剂提供适宜的、各自独立的工作环境;同时还可以有效抑制来自阳极透析液中的漆酶抑制物对基于漆酶的阴极的干扰,初步实现了原电池型生物传感器在活体分析中的应用。该方法在生理条件下对葡萄糖检测表现出很高的稳定性和良好的选择性。更重要的是,由于它是通过原电池的原理而非常规的电解池的方法来检测脑内化学物质,因此使得神经化学物质的无线监测技术成为可能,激励我们进一步发展原理简单、操作便捷、可用于探索脑化学的新方法。

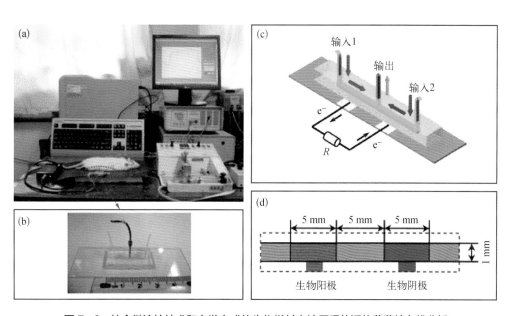

图7-6 结合微流控技术和自发电式的生物燃料电池原理的活体葡萄糖在线分析

2. 抗坏血酸活体分析

抗坏血酸(ascorbic acid,AA)作为一种脑内非常重要的抗氧化剂,其在大脑缺血/再灌注、耳鸣、眩晕等过程中扮演着非常重要的角色。作为脑内的神经调质,它可以通过异相交换的方式调节脑内兴奋性氨基酸——谷氨酸的释放和吸收。抗坏血酸具有良好的电化学活性,可以在电极表面发生直接氧化,因而可以利用电化学的方法实现检测。但是抗坏血酸在常规电极上的氧化具有较大的过电位,导致脑内的儿茶酚胺类物质如多巴胺(dopamine,DA)和DOPAC(多巴胺的氧化产物)等对抗坏血酸的分析干扰很大。尤其是DOPAC,它在细胞间液中的浓度约为$10\ \mu mol/L$,严重干扰了脑内抗坏血酸的选择性分析。因此,传统方法测定脑内抗坏血酸时,大多通过对碳纤维微电极进行预处理以降低抗坏血酸在电极表面氧化的过电位,或在微电极附近引入特异性的抗坏血酸氧化酶(AAOx),通过测定电化学信号的降低来实现抗坏血酸的活体伏安分析。

我们研究发现在真空条件下经过高温处理后的单壁碳纳米管(single-walled carbon nanotube,SWNT)可以加速抗坏血酸在SWNT表面的电子转移,因此在较低的过电位下(ca. −0.05 V vs. Ag/AgCl)就可以实现抗坏血酸的氧化,从而为选择性测定抗坏血酸奠定了基础(图7-7)。[14]此外,SWNT可以有效避免抗坏血酸的氧化产物在电极表面的吸附,进一步提高抗坏血酸的分析检测灵敏度。基于这一设计原理,我们建立了脑内抗坏血酸的在线电化学分析方法,测得脑透析液中抗坏血酸的基础浓度是$(5.0 \pm 0.5)\ \mu mol/L$($n=5$)。在发生脑缺血3 h后,抗坏血酸下降了$50\% \pm 10\%$($n=3$)。我们进一步将该方法应用于脑缺血模型下鼠脑不同脑区的抗坏血酸的空间变化规律研究,以及不同缺血程度下鼠脑纹状体的抗坏血酸变化差异的实时监测。

尽管利用微透析活体取样-在线电化学检测的策略实现了抗坏血酸的活体分析检测,但抗坏血酸化学性质不稳定,在微透析活体取样过程中易被空气氧化,从而导致分析结果不准确。因此,活体原位实时测定的策略不仅具有更好的时空分辨率,而且避免了体外长时间取样的测定过程中抗坏血酸的氧化,能获得更准确的测定结果。我们通过在碳纤维电极(carbon fiber electrode,CFE)表面修饰电化学催化剂来改变电极的表面化学性质,进而调控抗坏血酸与电极的相互作用,加速抗坏血酸在电极表面的电子转移速率和电化学反应速度,实现了活体原位抗坏血酸的测定。最初,我们利用滴涂的方式制备了碳纳米管修饰的CFE电极,实现了活体抗坏血酸的测定。但这一方法通常导致碳纳米管在电极表面覆盖不均匀,且修饰难度大,不同修饰电极间的误差也较大。[28]随后,我们进一步通过直接在CFE表面垂直生产碳纳米管的方法制备了可用于活体原位分析的碳纤维电极,在一定程度上克服了人工修饰的问题,但该方法需要复杂的合成实验条件,所用电极也难以大规模制备。[29, 30]近期,我们发展了一种可控的且重现性极高的电泳沉

(a)

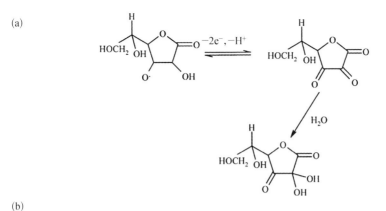

(b)

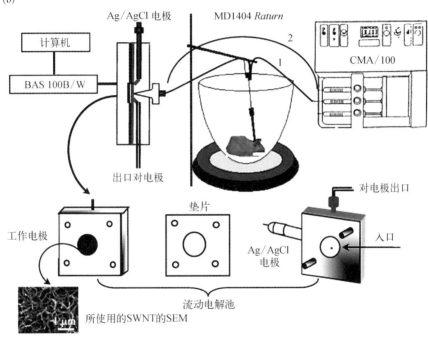

Ag/AgCl 电极
MD1404 *Return*

计算机

BAS 100B/W

CMA/100

出口对电极

工作电极

垫片

对电极出口

Ag/AgCl
电极

入口

流动电解池

1 μm 所使用的SWNT的SEM

(c)

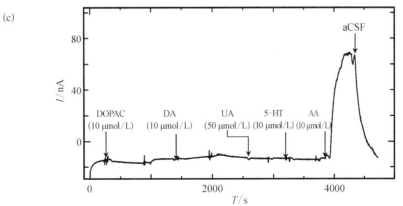

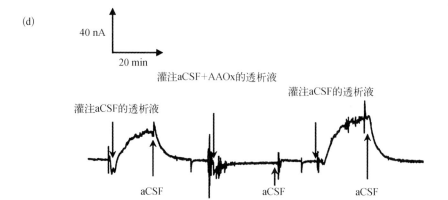

图7-7 基于单壁碳纳米管表界面修饰的抗坏血酸活体分析

（a）抗坏血酸的电化学氧化反应；（b）抗坏血酸活体分析示意图；（c）高选择性抗坏血酸分析；（d）抗坏血酸在线分析

积碳纳米管修饰碳纤维电极的方法，并将其用于抗坏血酸的活体原位分析（图7-8）。在电场的作用下，单壁碳纳米管能够朝向电极方向移动并均匀沉积在电极上。在经过热处理和电化学处理后，该电极对抗坏血酸的电化学氧化表现出良好的催化作用。[31]利用这一发现，我们实现了鼠脑皮层由电刺激引发的扩散性抑制（spreading depression，SD）过程中抗坏血酸浓度的动态变化。SD是一种在脑内神经细胞去极化后受到抑制并在神经及胶质细胞间进行传播的现象。SD发病过程与偏头痛、癫痫发病过程非常相似，常被认为是这些病理传播过程的基础。因此，SD的机理研究对于相关疾病的发病

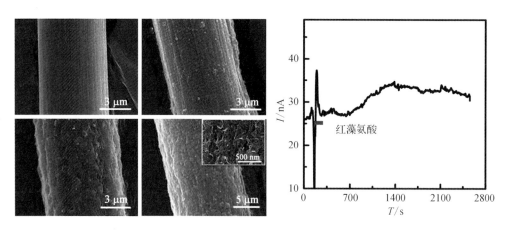

图7-8 电泳沉积法制备碳纳米管修饰的碳纤维电极（左：透射电镜表征）及癫痫过程中大鼠海马区的抗坏血酸变化活体分析研究

机制研究和治疗均具有重要意义。利用电泳碳纳米管修饰 CFE 的方法，我们能在非常高的时空分辨率的情况下测定 SD 过程中抗坏血酸的变化规律。研究发现，在 SD 传播的过程中，抗坏血酸的浓度显著升高，且随着 SD 在皮层传播，整个大脑也会出现抗坏血酸升高的现象。同时，我们还发现谷氨酸在 SD 抗坏血酸释放过程中发挥了重要的作用，但不是通过谷氨酸和抗坏血酸的异相交换过程。这一研究结果对 SD 过程中抗坏血酸的释放机理探讨具有重要意义。

近期，我们进一步拓展了基于生物燃料电池的原电池原理的活体分析化学技术，构建了可以直接在鼠脑原位工作的抗坏血酸/氧气生物燃料电池。通过使用单壁碳纳米管修饰的碳纤维电极作为生物阳极，利用内充有弱酸性缓冲液的玻璃微毛细管为漆酶生物阴极提供适宜又独立的工作环境，克服了脑内复杂环境对漆酶的干扰。当两个生物电极被植入鼠脑内时，该活体抗坏血酸/氧气生物燃料电池可以持续、稳定地将鼠脑内的抗坏血酸直接转化为电能。我们进一步使用电子媒介体 ABTS 加速阴极的生物电催化反应，使抗坏血酸在阳极的氧化成为该活体生物燃料电池输出的决速步骤。以自身产生的电能作为输出信号读出，利用这一技术实现了原位实时监测大鼠生理/病理过程中脑内抗坏血酸的动态变化。通过该方法，我们检测到大鼠安静状态下皮层内抗坏血酸的浓度约为 220 μmol/L。当大鼠经历全脑缺血 20 min 并再灌注 50 min 后，皮层胞外的抗坏血酸浓度急剧提高，升高至基础值的 790%；继续进行再灌注后，抗坏血酸的浓度开始缓慢下降。这主要是由于发生缺血/再灌注后，大脑因缺氧发生去极化，神经反应和功能下降，进而导致该脑区酸中毒以及后续的神经损伤。这一变化过程与我们以前的研究发现一致。[23]

通过发展单细胞层次分析化学新方法，我们研究了神经细胞抗坏血酸的量子化释放规律和过程。利用碳纤维为电极的单细胞安培法，选择性地记录了大鼠肾上腺髓质嗜铬细胞内源性抗坏血酸的释放（图 7-9）。实验结果表明，碳纤维电极在弱碱溶液中电化学处理后，可以实现抗坏血酸在低电位下（0.0 V vs. Ag/AgCl）的电化学氧化，进而实现其在其他物质（如肾上腺素、去甲肾上腺素以及多巴胺）共存情况下的选择性测定。基于此，我们成功地直接观察了大鼠肾上腺髓质嗜铬细胞内抗坏血酸的囊泡释放过程，并且发现这种释放过程与经典的囊泡传输机制类似，具有细胞外钙离子的依赖性。同时，利用所建立的方法，我们还定量分析了抗坏血酸囊泡释放的动力学过程。[32]

基于抗坏血酸活体分析方法的系统研究，我们发现了经由腹腔注射 3-甲基吲哚

（3-methylindole,3-MI)导致的急性嗅觉功能障碍期间嗅球内抗坏血酸的动态变化(图7-10)。利用单壁碳纳米管对抗坏血酸的氧化良好的催化效果实现了嗅球内抗坏血酸的高选择性、高稳定性检测。通过这种手段,我们检测到嗅球透析液中抗坏血酸的基础浓度为(48.64±5.44)μmol/L。腹腔注射3-MI后,该脑区透析液中抗坏血酸的浓度明显升高;在腹腔注射3-MI 10 min后,静脉注射抗坏血酸或还原性谷胱甘肽,抗坏血酸的升高会明显得到缓解。这一研究表明在3-MI诱导的嗅觉功能障碍早期阶段,抗坏血酸可能参与了其中的化学过程。[33]

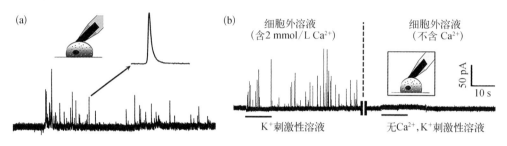

图7-9　单细胞电分析化学及抗坏血酸量子化释放（a）及其钙离子依赖性研究（b）

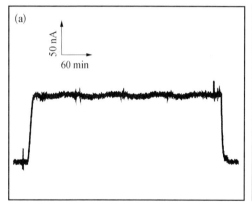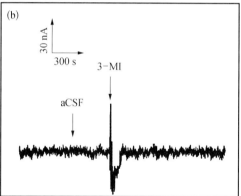

图7-10　急性嗅觉功能障碍过程中嗅球内抗坏血酸动态变化活体分析

　　我们通过在体多道记录技术证实,在水杨酸钠诱导耳鸣的动物模型中,小脑旁绒球神经元电活动发生了显著改变,兴奋性神经元自发放电增加,而抑制性神经元自发放电减少,由此推测小脑旁绒球兴奋性的增加可能与水杨酸钠诱导有关。而电刺激小脑旁绒球可使听皮层活动发生改变,基础自发放电率高的神经元降低,而基础自发放电率低的神经元升高,动作电位幅值高的神经元自发放电率明显降低,这提示小脑旁绒球与听皮层之间可能存在神经联系,并可通过这一联系调节听皮层的神经活动,可能是小脑旁绒球参与了耳鸣调控的神经机制。[34]通过微透析技术结合高效液相色谱-荧光检测法,发现在水杨酸钠诱导的急性耳鸣动物模型中,小脑旁绒球内兴奋性神经递质谷氨酸含量明显增加,而利多卡因可使升高的谷氨酸明显降低,这提示了谷氨酸的变化可能为小脑旁绒球参与了耳鸣发生的分子机制。同时,为了深入研究耳鸣过程中抗坏血酸的作用和变化规律,我们利用碳纳米管修饰的碳纤维电极,发展了原位测定耳蜗内抗坏血酸的原位活体新方法。通过组装对电极、工作电极和参比电极到毛细管中,我们制备了微型电化学探针用于耳蜗内抗坏血酸的变化规律研究。利用水杨酸钠刺激诱导的耳鸣模型研究了这一过程中抗坏血酸的变化规律,研究发现正常情况下耳蜗外淋巴液抗坏血酸的基础浓度为$(45 \pm 5.1)\mu mol/L(n=6)$。注射水杨酸钠以后,外淋巴液的抗坏血酸水平降至原来的$28\% \pm 10\%(n=6,P<0.05)$,表明抗坏血酸的降低可能是由于水杨酸钠诱导的耳鸣引起的,这一结果对研究耳鸣过程及相关信号转导的化学本质具有重要意义。[35]

3. 多巴胺活体分析检测

多巴胺(dopamine,DA)在神经信号转导以及神经退行性疾病(如帕金森病)过程中起着重要作用,脑神经系统中多巴胺的选择性测定是活体分析化学和神经生物学研究中的重要科学问题。多巴胺属于儿茶酚胺类神经递质,其分子结构中的两个酚羟基为电活性基团,在中性溶液中,多巴胺的电化学反应经历两电子和两质子的氧化还原过程,因此被用于设计多巴胺的电化学传感器。但在中枢神经系统中有大量电化学活性物质与多巴胺共存,尤其是抗坏血酸和多巴胺的代谢产物DOPAC,其电化学氧化电位与多巴胺的氧化电位非常接近,因此传统的电化学方法难以适用于活体层次多巴胺的选择性分析检测。尽管设计酶型电化学传感可以用于多种神经系统能量代谢物质的活体分析,但这一策略并不适用于构建多巴胺的在线活体分析方法,因为催化多巴胺氧化的酶并不具有反应专一性,因此发展活体层次多巴胺的选择性分析检测面临多种挑战。

我们总结发现多巴胺可以通过可逆的电化学反应或被漆酶不可逆化学催化氧化,转化为多巴胺邻醌,这一产物进一步去质子化后可以发生分子内Michael加成反应生成5,6-二羟基吲哚醌(图7-11),而5,6-二羟基吲哚醌比多巴胺邻醌更容易电化学还原。常见的脑内干扰物质,如抗坏血酸和DOPAC等,在漆酶的作用下也被发生催化反应,但其反应产物不具有电化学活性,很难在电极上发生电化学氧化或还原,利用这一原理可以发展多巴胺的高选择性活体分析方法。基于上述多巴胺自身的特殊化学性质以及漆酶的多功能催化活性,我们提出并建立了基于磁性漆酶微反应器的多巴胺在线电化学分析新方法。通过共价作用对磁性纳米粒子进行漆酶功能化修饰,然后在磁场作用下将漆酶功能化的磁性颗粒填充到石英毛细管内壁形成磁性漆酶微反应器,并将其置于在线电化学检测器上游,实现了多巴胺的高选择性检测。这一方法检测多巴胺具有重现性好,利用同一磁性漆酶微反应器和电极使用一周,每天使用5~6 h,没有观察到电极灵敏度的显著降低,表明这一方法具有良好的稳定性和重现性。结合微透析技术,将脑透析液流经磁性微反应器进入在线电化学检测器,实现了多巴胺在线检测。[36]基于同一原理,我们还设计了固定胆碱氧化酶和过氧化氢酶的磁性微反应器,成功地排除了生理浓度的胆碱对乙酰胆碱测定的干扰,实现了乙酰胆碱的选择性在线连续测定。[37]

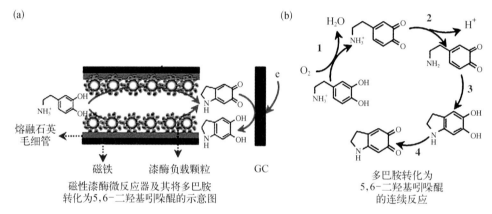

图 7-11　基于磁性漆酶微反应器的多巴胺在线电化学分析原理（a）及多巴胺电化学氧化反应（b）

4. 金属离子活体电化学分析

金属离子在神经信号转导以及神经化学信号传递过程中发挥着重要作用。例如,钙离子是神经活动不可缺少的离子。神经细胞膜两侧的生物电位、正常的神经传导功能,以及神经-肌肉传导等功能均需要依靠钙离子维持,还有一些激素的作用机制也是通过钙离子表现出来的。在中枢神经系统,钙离子作为"第二信使"具有非常重要的功能,比如基因表达、控制神经递质的释放、神经突触的生长调节、突触发生和突触间的传递等。镁离子在中枢神经系统中同样具有重要的代谢和调节功能。它能够激活体内多种酶,抑制神经异常兴奋性,维持核酸结构的稳定性,参与体内蛋白质的合成、肌肉收缩及体温调节等。同时,镁离子还能影响钾离子、钠离子、钙离子细胞内、外移动的"通道",可以通过离子泵、离子载体调节离子转运,进而调节信号转导,以及胞液中的钙离子、钾离子等的浓度。另外,镁离子还是多种酶的辅基或辅助因子,参与机体糖、脂肪、蛋白质的代谢。鉴于钙离子、镁离子在脑内具有重要生理功能,建立钙离子、镁离子的活体实时分析方法对于了解脑生理过程具有重要的意义。目前,报道的钙离子、镁离子的测定方法有很多,比如光谱法、色谱法、离子选择性电极法等,但是这些方法均不能满足活动物脑内钙离子、镁离子的在线连续分析的要求。此外,钙离子、镁离子的电化学活性很差,在常规的电位窗中很难观察到它们的氧化还原行为,同时也没有相应的酶可以将它们转化成电化学可测的物种。因此,利用常规在线电化学方法检测鼠脑内的钙离子、镁离子具有很大的难度。

近期,我们基于钙离子、镁离子增强 NADH 的电化学催化氧化的电化学现象提出并建立了钙离子、镁离子的活体电化学测定新方法(图 7-12)。[38] 通过采用有机染料聚甲苯胺蓝修饰电极,结合在线系统泵入恒定浓度的 NADH,再结合微透析活体取样建立了脑内钙离子、镁离子的活体在线分析。为了分别得到脑内钙离子、镁离子各自的浓度,向系统中加入钙离子选择性掩蔽剂——乙二醇双 2-氨基乙醚四乙酸[ethylene glycol bis (2-aminoethyl ether) tetraacetic acid,EGTA],仅保留镁离子的电化学响应信号。基于这一原理,我们测得鼠脑透析液中钙离子浓度为 $(267.7 \pm 106.2) \mu mol/L$,镁离子浓度为 $(230.3 \pm 124.3) \mu mol/L$,首次实现了脑内钙离子、镁离子的浓度基础值的在线电化学同时测定。在此基础上,我们将该方法用于实时监测大鼠内的镁离子浓度以及脑缺血/再灌注过程中镁离子的动态变化,结果显示大鼠全脑缺血 20 min 后脑透析液中镁离子浓度下降了 $26.3\% \pm 2.8\%$。利用这一方法,我们第一次连续在线监测到脑缺血过程总鼠脑中镁离子的动态变化过程,为深入了解脑神经化学过程中镁离子相关的化学机制提供了参考依据,并为脑缺血过程中生化机制研究提供了一种新的方法。

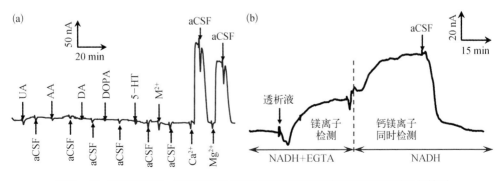

图 7-12　基于钙离子、镁离子增强 NADH 的电化学催化氧化的鼠脑活体分析检测

我们进一步发展了离子选择性电极法，实现了钙离子的直接测定。离子选择性电极法是一种常见的检测离子的方法，其对复杂样品无需进行预处理，且所需仪器设备简单，有利于连续分析和自动分析。[39]我们通过选择对钙离子具有选择性响应的钙离子载体 ETH129 作为敏感膜修饰在碳纤维电极表面，该修饰电极对 Ca^{2+} 标准溶液的电位响应为 0.1～10 mmol/L，包含在脑内 Ca^{2+} 的生理浓度范围内。该分析方法对脑内存在的其他物质，如 DA、DOPAC、AA 以及其他的金属离子（Mg^2、Na^+、K^+）等均没有响应，表明其对 Ca^{2+} 检测具有高选择性。我们将这一方法应用于 Ca^{2+} 的活体电位分析。通过将该电极植入鼠脑皮层，提出并建立了鼠脑皮层中 Ca^{2+} 的活体电位分析法，实现了鼠脑内 Ca^{2+} 的活体原位检测，测得鼠脑细胞外液中 Ca^{2+} 浓度为（1.20 ± 0.02）mmol/L（n = 3），与文献报道值基本一致。同时，我们研究发现了大鼠在全脑缺血/再灌注过程中细胞外液中 Ca^{2+} 的变化情况。大鼠在全脑缺血后，Ca^{2+} 浓度立刻出现下降趋势，至缺血 1 h 后，细胞外液中的 Ca^{2+} 浓度下降了 59% ± 2.5%（n = 3）。缺血 1 h 后进行再灌注，Ca^{2+} 浓度继续下降，至再灌注 1 h 后，细胞外液中的 Ca^{2+} 浓度下降至基础值的 59% ± 2.5%（n = 3）。钙离子浓度下降的原因可能是缺血后细胞能量耗竭、钾离子通道受阻，导致膜电位降低、神经末梢释放谷氨酸，通过谷氨酸受体使得细胞膜上的钙离子通道开放，引起钙离子内流，从而导致细胞外液中钙离子浓度的下降。

5. 次黄嘌呤的活体在线电化学分析

次黄嘌呤是神经系统中腺嘌呤核苷酸代谢降解的主要产物。研究表明次黄嘌呤在脑内的水平反映了大脑的代谢过程，其也可以作为神经系统疾病的生物标志物。次黄嘌呤具有一定的电化学活性，但其氧化过电位较高，在活体分析中难以避免测定体系中共存的电活性物种的干扰，因此发展高选择性的电化学传感器对于活体检测次黄嘌呤至关重要。我们利用次黄嘌呤氧化酶（xanthine oxidase，XOD）氧化次黄嘌呤产生 H_2O_2，并进一步利用"人工过氧化物酶"普鲁士蓝（PB）作为 H_2O_2 选择性的电化学催化剂，建立了次黄嘌呤的高选择性活体在线电化学分析方法。在上述研究工作的基础上，我们利用硫堇作为 XOD 的介体，进一步优化了次黄嘌呤的活体分析方法，避免了脑中其他化学物质的干扰。结合微透析技术，我们测得鼠脑纹状体透析液中次黄嘌呤的浓度为（2.2 ± 0.7）$\mu mol/L$（n = 3），且能观测到次黄嘌呤向邻近纹状体扩散的过程，为研究与次黄嘌呤相关的脑神经信号转导过程的分子基础提供了新的途径。[40]

7.3 讨论与展望

综上所述,脑内信息传递及与脑神经相关的各种生理和病理过程中无不存在化学物质的参与。这些生理活性小分子物质在脑神经活动过程中具有重要作用,因此开展这些分子的活体化学分析对于从分子层次上了解和认识脑神经过程的物质基础具有十分重要的意义。如今,分析化学的飞速发展大大推动了脑科学领域的研究;相反,脑科学对于大脑更深入的认识又反过来对分析方法提出了更加严苛的要求。微电极活体法虽然可以原位监测脑内生理活性物质的动态变化,但是它仅能提供脑活动过程中的化学信息,难以和神经元之间的信号转导过程直接联系起来。微透析活体取样-在线电化学检测方法选择性好、分析步骤简便易行、具有近实时的时间分辨率,但是装置仍然比较复杂,难以实现脑内化学信息的无线传感,另外,该方法可以检测的物质仍然非常有限且对于生理和病理过程中多组分的同时分析仍面临着众多挑战。

这些挑战主要包括以下内容。

(1)复杂体系活体分析:在活体尤其是脑这样一个复杂体系中,如何选择性地对某一种成分进行分析或对某一种功能进行成像,是发展神经分析化学的关键瓶颈问题之一。活体体系中多种化学物种不仅共存,而且它们的结构和反应性质相近、彼此间干扰严重;另外,活体中不仅有化学物质,而且有各种细胞(如神经元和胶质细胞),这些化学物质相对分子质量大小不一、浓度高低迥异,这为发展选择性分析方法和选择性功能成像提出了极大的挑战。目前除了能量代谢物质、谷氨酸、乙酰胆碱、儿茶酚胺类等能有效检测,各种氨基酸、自由基、多肽的分析测定仍然是一个难题。如何能够在诸如脑这样异常复杂的化学和生理环境中开展分析化学研究,是神经分析化学一直面临且无法规避的挑战性问题。因此活体分析化学新原理和新方法,如基于智能配体的识别模式或纳米孔技术,将能进一步提高活体分析的选择性和灵敏度依然是未来该领域的研究重点。

(2)高时空分辨活体分析:很多生理活性分子在生理病理过程中形成、迁移、降解速度甚快,而且生理活性物质在神经系统不同区域变化不同(如突触间隙、细胞间和不同脑区)。因此,发展高时空分辨的新方法和成像技术,准确捕获这些分子的实时变化信息,是神经分析化学研究中的另一个瓶颈。活体伏安法和微透析活体取样-在线电化学检测虽然与微透析活体取样- HPLC分离-在线电化学检测相比,时间分辨率提高了,但是该方法不能反映神经传递过程中突触间隙的递质浓度的瞬时变化,表现的仅仅是特定时间单位内的平均变化,突触间隙内的化学物质和寿命比较短的物质如自由基等无法用微透析-体外检测方法进行分析。如何减小微电极的尺寸以及提高微透析的速度将是下一步发展趋势。

(3)高灵敏度活体分析:神经化学传递中涉及的重要的神经递质和神经调质(如多巴胺、谷氨酸等)往往具有较低的浓度(nmol/L级),而目前使用的碳纤电极和成像的方法都很难实现对基础浓度的准确分析。例如,已报道的快速扫描伏安法虽然能够记录多巴胺的释放,但是由于该方法在信号处理的过程中需要扣除由于快的扫描速度而引起的大的电极双层充电电流,所以该方法不能用于多巴胺基础水平的测定。同样,这种方法学上的缺陷也导致目前的方法很难满足单细胞神经递质分泌检测的要求。因此,发展重要生理活性分子的高灵敏度分析以及成像新原理和新方法,是神经分析化学研究中的重要研究方向之一。

(4)活体分析方法兼容性:与现有的分析化学学科方向不同,神经分析化学研究需要更加关注方法的兼容性。虽然目前基于电化学原理而建立的活体神经分析原理和方法能够在一定程度上满足脑神经生理和病理过程(如成瘾、脑缺血、学习与记忆等)化学机制的研究,但神经信息的传递主要是通过神经元电信号和神经传递物质(即化学信号)两种模式来实现的。传统的神经电化学分析往往是通过电解池原理来实现的,很难实现化学信号和电生理信号的同步记录。此外,神经分析方法兼容性也体现在植入脑内记录化学信号和电生理信号的电极与内源性蛋白等的相互作用。植入的碳纤维电极或电生理电极容易由于蛋白质分子的非特异性吸附,造成电极表面的污染及活性的降低。这种污染一方面导致检测信号不精准,另一方面容易诱发附近细胞的炎症反应,很难用于长时间植入和信号记录。因此,如何有效提高方法的兼容性是神经分析化学研究的另一个重要研究方向。

(5)活体分析化学与调控:结合活体分析化学技术与前沿生物学技术,如光遗传、基因编辑以及电生理和成像等技术,开展神经元活动过程中化学信号分子的动态变化时空分辨分析及其分子机制研究。在发展和建立高时空分辨的神经化学信号分子活体原位分析方法时,利用前沿生物学技术调控神经化学信号传递中的关键信号通路,可以展开重要神经化学信号在体内的分布、迁移与变化研究,力争能从分子水平上理解包括神经退行性疾病在内的多种神经信号转导和神经活动的机制和规律。

参考文献

[1] Stevens C F. Neurotransmitter release at central synapses[J]. Neuron，2003，40(2)：381－388.

[2] Stamford J A，Justice J B，. Peer reviewed：Probing brain chemistry：Voltammetry comes of age [J]. Analytical Chemistry，1996，68(11)：359A-363A.

[3] Stuart J N，Hummon A B，Sweedler J V. Peer reviewed：The chemistry of thought：Neurotransmitters in the brain[J]. Analytical Chemistry，2004，76(7)：120A-128A.

[4] Paul D W，Stenken J A. A review of flux considerations for *in vivo* neurochemical measurements [J]. The Analyst，2015，140(11)：3709－3730.

[5] Andrews A M，Bhargava R，Kennedy R，et al. The chemistry of thought：The role of the measurement sciences in brain research[J]. Analytical Chemistry，2017，89(9)：4757.

[6] Raichle M E. Behind the scenes of functional brain imaging：A historical and physiological perspective[J]. Proceedings of the National Academy of Sciences of the United States of America，1998，95(3)：765－772.

[7] Girod M，Shi Y Z，Cheng J X，et al. Desorption electrospray ionization imaging mass spectrometry of lipids in rat spinal cord [J]. Journal of the American Society for Mass Spectrometry，2010，21(7)：1177－1189.

[8] Stanley J A，Raz N. Functional magnetic resonance spectroscopy：The "new" MRS for cognitive neuroscience and psychiatry research[J]. Frontiers in Psychiatry，2018，9：76.

[9] Ross A J，Sachdev P S. Magnetic resonance spectroscopy in cognitive research[J]. Brain Research Brain Research Reviews，2004，44(2/3)：83－102.

[10] Ungerstedt U，Pycock C H. Functional correlates of dopamine neurotransmission[J]. Bulletin der Schweizerischen Akademie der Medizinischen Wissenschaften，1974，30(1－3)：44－55.

[11] Zhang M N，Yu P，Mao L Q. Rational design of surface/interface chemistry for quantitative *in vivo* monitoring of brain chemistry[J]. Accounts of Chemical Research，2012，45(4)：533－543.

[12] Yu P，He X L，Mao L Q. Tuning interionic interaction for highly selective *in vivo* analysis[J]. Chemical Society Reviews，2015，44(17)：5959－5968.

[13] Wu F，Yu P，Mao L Q. Self-powered electrochemical systems as neurochemical sensors：Toward self-triggered *in vivo* analysis of brain chemistry[J]. Chemical Society Reviews，2017，46(10)：2692－2704.

[14] Zhang M N，Liu K，Gong K P，et al. Continuous on-line monitoring of extracellular ascorbate depletion in the rat striatum induced by global ischemia with carbon nanotube-modified glassy carbon electrode integrated into a thin-layer radial flow cell[J]. Analytical Chemistry，2005，77(19)：6234－6242.

[15] Liu K，Yu P，Lin Y Q，et al. Online electrochemical monitoring of dynamic change of hippocampal ascorbate：Toward a platform for *in vivo* evaluation of antioxidant neuroprotective efficiency against cerebral ischemia injury[J]. Analytical Chemistry，2013，85(20)：9947－9954.

[16] Gao X，Yu P，Wang Y X，et al. Microfluidic chip-based online electrochemical detecting system for continuous and simultaneous monitoring of ascorbate and Mg^{2+} in rat brain[J]. Analytical Chemistry，2013，85(15)：7599－7605.

[17] Liu K，Lin Y Q，Xiang L，et al. Comparative study of change in extracellular ascorbic acid in

different brain ischemia/reperfusion models with *in vivo* microdialysis combined with on-line electrochemical detection[J]. Neurochemistry International, 2008, 52(6): 1247 - 1255.

[18] Lin Y Q, Liu K, Yu P, et al. A facile electrochemical method for simultaneous and on-line measurements of glucose and lactate in brain microdialysate with Prussian blue as the electrocatalyst for reduction of hydrogen peroxide[J]. Analytical Chemistry, 2007, 79(24): 9577 - 9583.

[19] Lin Y Q, Yu P, Hao J, et al. Continuous and simultaneous electrochemical measurements of glucose, lactate, and ascorbate in rat brain following brain ischemia[J]. Analytical Chemistry, 2014, 86(8): 3895 - 3901.

[20] Zhang L, Qi H T, Hao J, et al. Water-stable, adaptive, and electroactive supramolecular ionic material and its application in biosensing[J]. ACS Applied Materials & Interfaces, 2014, 6(8): 5988 - 5995.

[21] Zhang L, Qi H T, Wang Y X, et al. Effective visualization assay for alcohol content sensing and methanol differentiation with solvent stimuli-responsive supramolecular ionic materials[J]. Analytical Chemistry, 2014, 86(15): 7280 - 7285.

[22] Yu P, He X L, Zhang L, et al. Dual recognition unit strategy improves the specificity of the adenosine triphosphate (ATP) aptamer biosensor for cerebral ATP assay[J]. Analytical Chemistry, 2015, 87(2): 1373 - 1380.

[23] Cheng H J, Yu P, Lu X L, et al. Biofuel cell-based self-powered biogenerators for online continuous monitoring of neurochemicals in rat brain[J]. The Analyst, 2013, 138(1): 179 - 185.

[24] Zhuang X M, Wang D L, Lin Y Q, et al. Strong interaction between imidazolium-based polycationic polymer and ferricyanide: Toward redox potential regulation for selective *in vivo* electrochemical measurements[J]. Analytical Chemistry, 2012, 84(4): 1900 - 1906.

[25] Lin Y Q, Zhu N N, Yu P, et al. Physiologically relevant online electrochemical method for continuous and simultaneous monitoring of striatum glucose and lactate following global cerebral ischemia/reperfusion[J]. Analytical Chemistry, 2009, 81(6): 2067 - 2074.

[26] Huang P C, Mao J J, Yang L F, et al. Bioelectrochemically active infinite coordination polymer nanoparticles: One-pot synthesis and biosensing property[J]. Chemistry - A European Journal, 2011, 17(41): 11390 - 11393.

[27] Lu X L, Cheng H J, Huang P C, et al. Hybridization of bioelectrochemically functional infinite coordination polymer nanoparticles with carbon nanotubes for highly sensitive and selective *in vivo* electrochemical monitoring[J]. Analytical Chemistry, 2013, 85(8): 4007 - 4013.

[28] Zhang M N, Liu K, Xiang L, et al. Carbon nanotube-modified carbon fiber microelectrodes for *in vivo* voltammetric measurement of ascorbic acid in rat brain[J]. Analytical Chemistry, 2007, 79(17): 6559 - 6565.

[29] Xiang L, Yu P, Hao J, et al. Vertically aligned carbon nanotube-sheathed carbon fibers as pristine microelectrodes for selective monitoring of ascorbate *in vivo*[J]. Analytical Chemistry, 2014, 86(8): 3909 - 3914.

[30] Xiang L, Yu P, Zhang M N, et al. Platinized aligned carbon nanotube-sheathed carbon fiber microelectrodes for *in vivo* amperometric monitoring of oxygen[J]. Analytical Chemistry, 2014, 86(10): 5017 - 5023.

[31] Xiao T F, Jiang Y N, Ji W L, et al. Controllable and reproducible sheath of carbon fibers with single-walled carbon nanotubes through electrophoretic deposition for *in vivo* electrochemical measurements[J]. Analytical Chemistry, 2018, 90(7): 4840 - 4846.

[32] Wang K, Xiao T F, Yue Q W, et al. Selective amperometric recording of endogenous ascorbate

secretion from a single rat adrenal chromaffin cell with pretreated carbon fiber microelectrodes [J]. Analytical Chemistry, 2017, 89(17): 9502 – 9507.

[33] Li L J, Zhang Y H, Hao J, et al. Online electrochemical system as an *in vivo* method to study dynamic changes of ascorbate in rat brain during 3-methylindole-induced olfactory dysfunction[J]. The Analyst, 2016, 141(7): 2199 – 2207.

[34] Du Y L, Liu J X, Jiang Q, et al. Paraflocculus plays a role in salicylate-induced tinnitus[J]. Hearing Research, 2017, 353: 176 – 184.

[35] Liu J X, Yu P, Lin Y Q, et al. *In vivo* electrochemical monitoring of the change of cochlcar perilymph ascorbate during salicylate-induced tinnitus[J]. Analytical Chemistry, 2012, 84(12): 5433 – 5438.

[36] Lin Y Q, Zhang Z P, Zhao L Z, et al. A non-oxidative electrochemical approach to online measurements of dopamine release through laccase-catalyzed oxidation and intramolecular cyclization of dopamine[J]. Biosensors and Bioelectronics, 2010, 25(6): 1350 – 1355.

[37] Lin Y Q, Yu P, Mao L Q. A multi-enzyme microreactor-based online electrochemical system for selective and continuous monitoring of acetylcholine[J]. The Analyst, 2015, 140(11): 3781 – 3787.

[38] Zhang Z P, Zhao L Z, Lin Y Q, et al. Online electrochemical measurements of Ca^{2+} and Mg^{2+} in rat brain based on divalent cation enhancement toward electrocatalytic NADH oxidation[J]. Analytical Chemistry, 2010, 82(23): 9885 – 9891.

[39] Hao J, Xiao T F, Wu F, et al. High antifouling property of ion-selective membrane: Toward *in vivo* monitoring of pH change in live brain of rats with membrane-coated carbon fiber electrodes [J]. Analytical Chemistry, 2016, 88(22): 11238 – 11243.

[40] Zhang Z P, Hao J, Xiao T F, et al. Online electrochemical systems for continuous neurochemical measurements with low-potential mediator-based electrochemical biosensors as selective detectors [J]. The Analyst, 2015, 140(15): 5039 – 5047.

MOLECULAR SCIENCES

Chapter 8

核酸 G-四链体结构及功能

唐亚林　孙红霞　张虹　王立霞　程靓

　　DNA 是生命过程中的重要遗传信息物质,是由腺嘌呤(A)、鸟嘌呤(G)、胞嘧啶(C)和胸腺嘧啶(T)四种碱基与戊糖通过糖苷键连接形成核苷,再通过 3′ 或 5′ 位的羟基与磷酸基团脱水连接起来形成的大分子脱氧核苷酸。四种核苷酸按照有序的顺序排列形成 DNA 的一级结构,其决定了遗传信息的种类和数量。由两条或多条核苷酸链通过氢键相互连接或由一条核苷酸链折叠所形成的规则构象成为 DNA 二级结构。DNA 的二级结构具有多态性,不仅包括经典的 B 型双螺旋结构,还包括其他形式的双螺旋,以及三链和四链结构。DNA 二级结构在基因的转录及复制等重要生理过程中起着十分关键的调控作用,在近几十年来一直是化学、生物学、医学等多个学科领域研究的重点。在这些 DNA 二级结构中,G‑四链体(G‑quadruplex)结构因其独特的物理化学性质以及与癌基因密切相关的生理机制备受关注,其相关研究在生命科学和纳米技术领域均飞速发展。

　　G‑四链体结构是由富含鸟嘌呤的核酸序列在阳离子(如 K⁺ 或 Na⁺)诱导下,通过 Hoogsteen 氢键连接形成的一种四螺旋结构,即四个鸟嘌呤通过氢键连接形成一个 G‑四集体(G‑tetrad 或 G‑quartet)平面,两个或多个 G‑四集体通过 π‑π 堆叠形成 G‑四链体(图 8‑1)。G‑四链体可以由一条 DNA 链自主折叠形成,也可由 2～4 条 DNA 链相互连接形成,分别被称为分子内 G‑四链体和分子间 G‑四链体。相较于分子间 G‑四链体,分子内 G‑四链体在形成时不受 DNA 浓度的限制,在生物体内可能更易形成。生物信息学分析表明,大约有 376 000 个假定的 G‑四链体形成序列存在于人类基因组中,

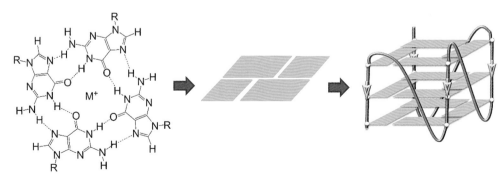

图 8‑1 G‑四集体堆叠形成 G‑四链体结构示意图

如染色体末端(端粒)、原癌基因启动子区域(c-myc、VEGF、K-ras、Bcl-2、c-kit、PDGF等)。这些序列至少包含四段鸟嘌呤簇,每个鸟嘌呤簇通常含有至少三个鸟嘌呤碱基,其通式表示为 $d(G_{3+}N_{1-7}G_{3+}N_{1-7}G_{3+}N_{1-7}G_{3+})$,其中 N 代表任何氮碱基。G-四链体的最初研究一直是在体外模拟的生理溶液环境中对实验室制备的 DNA 进行分析,因此 G-四链体结构在生物体内是否真实存在一直备受争议。直到 2013 年,Balasubramanian 等利用体外筛选的 G-四链体特异性抗体 BG4 在细胞内直接观察到了 G-四链体结构,才证实 G-四链体在细胞内真实存在[1]。

　　DNA G-四链体结构具有多态性,DNA 链的立体异构、极性、糖苷扭转角的变化、连接回路、阳离子的配位作用等多个因素都可能导致 G-四链体拓扑结构的不同。根据 DNA 链的走向不同,G-四链体结构可分为平行、混合、反平行三种拓扑类型(图 8-2)。平行 G-四链体结构的四条链均为相同的取向;反平行 G-四链体结构中两条链为顺式取向,另外两条链为反式取向;混合型 G-四链体结构则是三条链为顺式取向或反式取向,而另一条链为反式或顺式取向。由于不同 G-四链体拓扑结构的核酸链取向存在差异,各类型 G-四链体结构的沟槽也不尽相同。在 B-DNA 中,碱基与糖苷之间都是反式构型,而在 DNA G-四链体结构中,既可能是反式构型、也可能是顺式构型。在 B-DNA 双螺旋结构中,有一个宽 1.2 nm、深 0.85 nm 的大沟槽和一个宽 0.6 nm、深

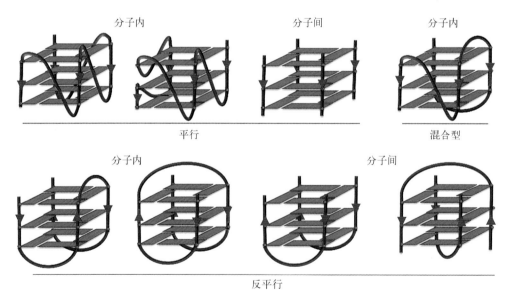

图 8-2　各种拓扑类型 G-四链体结构示意图

0.75 nm 的小沟槽。而在 G-四链体结构中,有四个沟槽存在,其大小主要取决于碱基与糖苷之间的扭转[2]。平行 G-四链体结构中,四个鸟嘌呤的糖苷键角相同,因此有四个等同的中等大小的沟槽;反平行 G-四链体结构中,则会有不同大小的沟槽同时存在。不同 G-四链体拓扑结构之间的另一差异是连接两个 G-四集体平面的 loop 环。根据 loop 的位置及组成特点可分为连接 G-四集体平面对角的对角线 loop、连接相邻核酸链的侧边 loop 以及螺旋桨 loop。其中对角线 loop 由三个以上的碱基组成,侧边 loop 包含两个以上的碱基,而螺旋桨 loop 则可少至一个碱基。loop 区域对 G-四链体的结构性质具有重要影响,并且可直接影响配体分子在 G-四链体结构上的键接亲和性和作用位点。

8.2　G-四链体结构的影响因素

G-四链体结构的类型主要与核酸序列的碱基排布、外界溶液环境如极性、离子种类及浓度、pH、温度等因素有关。改变 DNA 序列其中的一个碱基,有可能使 G-四链体构型发生巨大的变化甚至可抑制 G-四链体的形成。例如,端粒 DNA 序列 (TTAGGG)$_4$ 在 K$^+$ 存在的条件下,可以形成包括反平行和混合型在内的至少两种 G-四链体结构;而如果把第一个腺嘌呤 A 放至序列最后形成 TTGGG (TTAGGG)$_3$A,则该序列形成的 G-四链体结构为单一混合型。又如 Bcl-2 基因 P1 启动子区的一段 DNA 序列,在 Na$^+$、K$^+$ 条件下可形成多种 G-四链体结构共存的混合物。将其中两个鸟嘌呤碱基突变为胸腺嘧啶后,该段序列则形成单一的混合型 G-四链体。

外界溶液环境是影响 G-四链体结构的又一重要因素。通常情况下,降低溶剂的极性、pH、温度和增加 Na$^+$/K$^+$ 的浓度都利于 G-四链体的形成和稳定。在无金属离子的中性缓冲溶液环境中,大部分富含鸟嘌呤的核酸序列无法形成 G-四链体结构。但是在水溶液中增加聚乙二醇或乙醇的比例可以促进 G-四链体的形成。其原因是聚乙二醇和乙醇可有效降低水的张力而有利于 DNA 柔性链的折叠。除此之外,聚乙二醇也可促使已形成的端粒 G-四链体结构发生转变。端粒 G-四链体在水体系内主要以反平行结构存在,而在用聚乙二醇构建的高黏度环境中端粒 G-四链体会被转变为平行结构。

    pH 对 G-四链体结构的影响主要取决于 Watson-Crick 双链与四链的竞争性平衡[3]。近几年有研究发现 G-四链体核酸的互补序列在酸性 pH 下可形成一种四链结构 i-motif。G-四链体的互补序列是富含胞嘧啶 C 的核酸 DNA。在酸性条件下,核酸序列中的部分胞嘧啶碱基发生质子化,而与未被质子化的胞嘧啶碱基配对形成 $C-C^+$ 结构,$C-C^+$ 结构相互交错堆积形成 i-motif(图 8-3)。在生理条件下,DNA 主要以双螺旋的形式存在,仅有解螺旋后核酸序列才能够形成 G-四链体结构,因此 i-motif 结构的形成将促使四链-双链平衡向 G-四链体形成方向移动。综上所述,体内的 G-四链体在偏酸性环境中更可能形成。

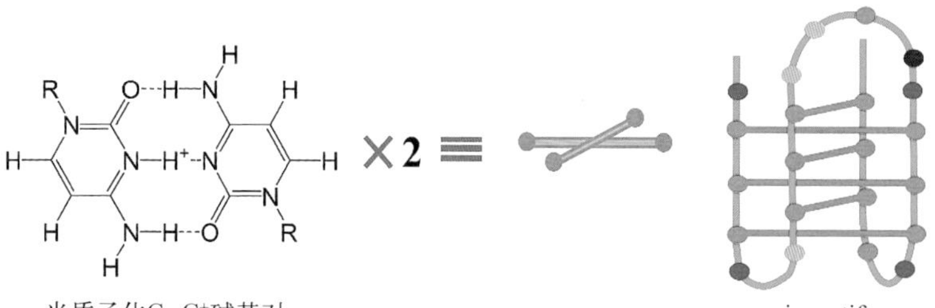

图 8-3 胞嘧啶 C 通过氢键连接形成 i-motif 结构示意图

    金属阳离子的类型和浓度对 G-四链体结构的稳定性起着决定性的作用。在鸟嘌呤形成的 G-四集体平面,其中心通道处的 O^6 氧原子产生了很强的负电势能,导致 G-四链体内部存在很大的静电排斥力,而金属阳离子能够通过与 G-四集体平面中鸟嘌呤氧原子配位来降低 G-四链体结构中的静电斥力,以此诱导和稳定 G-四链体结构。研究显示 I 和 II 阳离子稳定 G-四链体的顺序通常如下:$Sr^{2+} > Ba^{2+} > Ca^+ > Mg^+$ 和 $K^+ > Rb^+ > Na^+ > Cs^+ > Li^+$[4]。但针对某些特定的 G-四链体结构时,该顺序可能会有些差异。如阳离子稳定人端粒 G-四链体顺序表现为:$Sr^{2+} > K^+ > Na^+ > Rb^+ > Li^+ > Cs^+$。

    由于阳离子与鸟嘌呤碱基上的 O^6 的空间配位,阳离子的半径大小可能会直接影响某些核酸序列的 G-四链体构象。Na^+ 的半径较小,刚好能在 G-四集体的平面中心位置与鸟嘌呤残基上的 O^6 匹配。K^+ 的半径比 G-四集体平面的中心孔径稍大,因而只能位于两个 G-四集体平面之间。人端粒 DNA 重复序列在 Na^+ 的溶液中形成反平行 G-四链体,而在钾离子条件下形成的 G-四链体为平行构型;尖毛虫端粒 DNA($G_4T_4G_4$)在钾离子诱导下形成 G-四链体单体,而随着二价阳离子如 Zn^{2+}、Ca^{2+}、Mg^{2+} 的加入而转变为 G-四链体纳米线;我们发现的一段 Bcl-2 基因序列($G_3CCAG_3AGCG_4CGGAG_5$)在 Na^+ 条件下形成反平行 G-四链体,而在 K^+ 条件下形成单一混合型 G-四链体[5],上述构象可能与离子半径大小密切相关。离子半径的大小也被认为是影响 G-四链体稳定性的主要因素。但是,虽然 Na^+ 和 Ca^{2+} 具有相似的离子半径(分别是 0.95 Å 和 0.99 Å),但对 G-四链体稳定性的影响差异巨大,这说明其他方面的因素(如去水能力和配位数目)也起着一定的作用。

8.3 G-四链体的生理功能

近年来研究表明,G-四链体结构不仅广泛分布在人端粒 DNA、癌基因(例如 c-myc、Bcl-2、VEGF 等)、HIF-1 整合酶启动区,其在外显子、内含子、$3'$非编码区等均存在富含鸟嘌呤的序列且都能形成 G-四链体结构。G-四链体的形成涉及人体内一些重要生理过程的调控,其对端粒酶活性、对基因转录、复制以及翻译过程均具有重要调控作用[6](图 8-4 和表 8-1)。

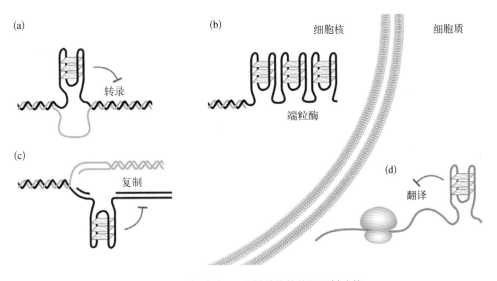

图 8-4 细胞中 G-四链结构的位置及其功能

表 8-1　G-四链体主要分布位置及功能[2]

分布位置	生 物 功 能	影 响 阶 段	作 用 机 制
随从链	阻碍 DNA 合成	DNA 复制	阻碍 DNA 聚合酶的滑动
端粒	抑制端粒合成	端粒复制	抑制端粒酶活性
启动子区	调节转录	DNA 转录	调节转录和启动子区的结合
外显子区	调节选择性剪接	转录后的修饰	影响活性蛋白酶水平
内含子区	转录调节	DNA 转录	阻碍 RNA 聚合酶的滑动
非编码区	翻译调节	蛋白翻译	阻碍翻译起始复合物的组装

8.3.1　对端粒酶的抑制作用

端粒是唯一的能保护染色体末端退化的端粒 DNA 和端粒结合蛋白组成的复合物。端粒的结构和稳定在癌症、老化等方面有重要作用。细胞生命周期是有限的,染色体端粒随细胞的分裂不断丢失,当端粒长度减少到一定程度,细胞会进入衰老、死亡程序。端粒被认为是细胞有丝分裂的"生物钟",而端粒的复制受端粒酶的监控。人端粒酶主要包括 3 个部分:端粒酶 RNA、端粒酶催化亚单位和端粒酶相关蛋白。端粒酶依靠其蛋白质成分结合到端粒 DNA 上,同时以自身的 RNA 分子作为模板合成端粒 DNA,使得端粒得以延长。端粒酶延长端粒的过程:细胞内富含 G 的端粒区 $5'$-(TTAGGG)-$3'$ 与端粒酶 RNA 模板区配对结合;以端粒酶 RNA 模板区的 $3'$-(CCCUAA)-$5'$ 为模板,在端粒酶的聚合作用下,以 dGTP、dTTP、dATP 为底物合成 $5'$-TTAGGG-$3'$ 序列;新合成的 DNA 与 RNA 模板配对氢键打开,并向 $5'$ 方向移动 6 个核苷酸的位置,新的端粒末端重新与模板区结合,并进入下一个循环的合成,端粒得以有效延伸。研究表明,85% 以上的恶性肿瘤细胞和绝大多数的永生化细胞中端粒酶均存在异常激活的情况,而正常体细胞中无端粒酶的活性。端粒酶的正常活性是生殖细胞、干细胞保持增殖能力的基础,而端粒酶的异常活化则是恶性肿瘤细胞无限增殖的关键。

研究显示,端粒由一段双链区域和一段富含鸟嘌呤(G)$3'$ 端突出构成。这段单链 DNA 末端长度在 50~200 个碱基不等,是基因组中 DNA 中富含鸟嘌呤序列最为集中的区域,其可形成 G-四链体结构[图 8-5(a)]。研究发现纤毛虫体内存在端粒结构蛋白 TEBPa 和 TEBPl3 以及酿酒酵母体内的 Rapl 端粒结构蛋白,这些蛋白能够促进 G-四链体结构的形成[图 8-5(b)]。研究也表明,G-四链体的形成可有效阻止端粒酶对端粒 DNA 引物的识别,阻断端粒酶对端粒的 3′端进行延长,因而对端粒酶的活性具有抑制作用。由此人们研究了许多特异性结合并稳定 G-四链体的小分子配体,希望这些配体分子能通过稳定端粒 DNA 的结构,抑制端粒酶活性进而达到抑制肿瘤增殖的作用。例如,端粒霉素能结合并稳定分子内反平行链 G-四链体结构,从而抑制端粒酶活性,逐渐缩短端粒,最终导致人类组织培养癌细胞生长停止或凋亡。

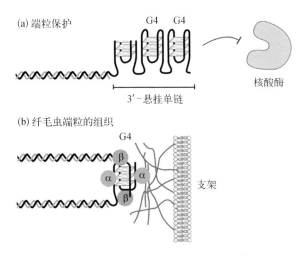

图 8-5　端粒中 DNA G-四链体的功能

(a) 富含 G 的端粒能形成 G-四链结构,抑制端粒酶的活性;(b) 在对纤毛虫端粒的研究发现,其可形成的分子间 G-四链体结合蛋白能促进并稳定端粒 G-四链体结构,保护端粒并使其结合到核支架结构上

8.3.2　对转录和翻译的影响作用

40%以上的人类基因组启动子区域含有 1 个或 1 个以上 G-四链体序列,但是 G-四链体序列在肿瘤抑制基因中很少,而在促进肿瘤发生或增殖的原癌基因中比例却很高,其可能影响基因表达或导致基因组不稳定性。Tracy A Brook 等研究发现,肿瘤在转化和恶性增殖过程中,有 6 个关键的细胞和微环境过程失去调控[7],具体包括:细胞自我供给生长信号、对增殖信号不敏感、逃避凋亡、血管持续生长、细胞无限增殖、组织浸润和转移。上述这些进程的关键蛋白,在其核心区域或启动子区域均发现可形成G-四链体的序列(图 8-6)。这些研究,对研究和发现新的受 G-四链体调节功能的基因具有重要指导意义。下文将针对一些重要的癌基因(例如 c-myc、Bcl-2、VEGF)进行介绍。

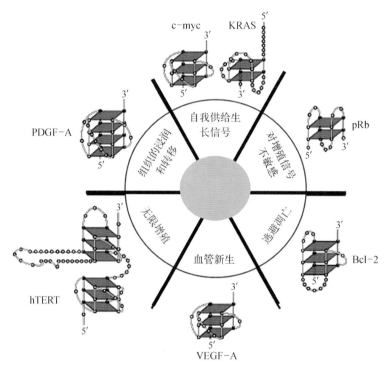

图 8-6 肿瘤的六个特点与对应基因启动子区域形成 G-四链体的关联性

c-myc 基因家族属于核蛋白类调控基因,其基因产物 myc 蛋白在细胞增殖生长中起着重要调控作用。在许多肿瘤细胞中,myc 家族蛋白(c-、m-、l-myc)均存在过度表达。近十几年的研究表明,c-myc 在肿瘤的发生、发展中扮演一个非常重要的作用,其与肿瘤细胞的周期变化、细胞的生长代谢、基因的不稳定性、新生血管形成、肿瘤细胞的分化、凋亡等环节均具有重要的调控作用。c-myc 位于人染色体 8q24(图 8-7),是一种典型的异位激活原癌基因,常异位于人 14 号、22 号和 2 号染色体。c-myc 蛋白羧基端有碱性螺旋-环-螺旋-拉链区(bHLHZ),可与 Max 结合形成异二聚体,与特定的序列——如人端粒酶逆转录酶(hTERT)启动子内的 E-box 序列结合,从而促进 hTERT 的转录。

c-myc 启动子近端的核酸酶超敏单元(NHE Ⅲ₁)是转录激活因子的结合区,是对 c-myc 实施转录调控的重要结合位点,其控制了 85%～90% c-myc 基因的转录激活。位于 c-myc P1 启动子上游 142-115 碱基对处的一段富含鸟嘌呤的 27 个碱基对组成的 DNA 片段(Pu27,图 8-7),对 DNaseI 和 S1 核酸酶高度敏感,因此被称为核酸酶超敏单元。在生理条件下,c-myc 启动子主要以稳定的 Watston-Crick 双螺旋的二级结构存在,而在一些条件下可以形成 G-四链体或 i-motif 结构。当 c-myc Pu27 保持单链状态时,转录激活因子能够识别并结合,促进转录的顺利进行。当 G-四链体形成时,转录激活因子无法识别并结合到 DNA 上,从而抑制转录。因此该 G-四链体结构可以看作是 c-myc 基因的负调控因子。

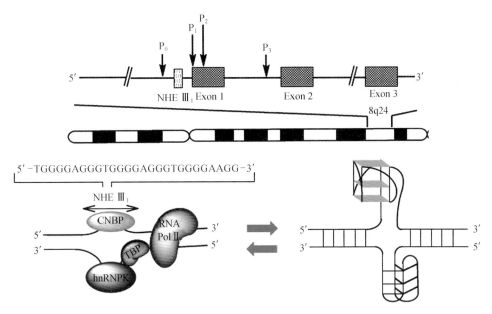

图 8-7　人 c-myc 基因 NHE Ⅲ₁ 两种形式示意图

左边代表转录活性形式,能调节约 90% 的 c-myc 转录。右边是沉默形式,有 G-四链体和 i-motif 结构,抑制 c-myc 的转录

原癌基因 Bcl-2 在 B 淋巴细胞瘤、乳腺癌、子宫癌、非小细胞癌、淋巴细胞癌等多种肿瘤细胞中均存在高表达。Bcl-2 的高表达使得肿瘤细胞永生,而且还可以诱导肿瘤细胞产生耐药性。Bcl-2 是一个很大的基因,它包括三个外显子(约 200 kb):一个未翻译的第一外显子,一个含有 220 bp 的内含子Ⅰ和一个大的 370 kb 的内含子Ⅱ。Bcl-2 有两个启动子:P1 和 P2。研究表明,Bcl-2 启动子 P1 启动子(-1 439～-1 412)区富含鸟嘌呤,可以形成 G-四链体结构,并对 Bcl-2 基因转录的抑制作用中起到主导作用。在人体缓冲条件下,P1 启动子区可以形成分子内的平行 G-四链体结构(P1 G4),并且存在 1:12:1 和 1:1:11:1 两种 G-四链体结构的动态平衡。位于 Bcl-2 P1 启动子上游的 58-19 碱基处存在一段聚合鸟嘌呤的核心序列(Pu39),其包含多个串联在一起的富含鸟嘌呤的序列,能形成三个不同的分子内 G-四链体(5′G4、Mid G4 和 3′G4),其中位于序列中间的 G-四链体(Mid G4)结构最为稳定,其可以形成混合型 G-四链体

结构,并存在三种 loop 异构体(图 8 - 8)。Pu39 和 P1 G4 均对 Bcl - 2 基因的表达具有重要调控作用。除了 P1 G4 和 Pu39 WT G -四链体外,在 P1 启动子的上游还存在一段长度约 456 个碱基且富含鸟嘌呤的序列(-1 906〜-1 875)——P32 G -四链体。P32 G -四链体可以形成稳定的混合 G -四链体结构(熔点高达 82℃)。与其他启动子区域 G -四链体不同的是,P32 G -四链体可以导致 Bcl - 2 转录的上调。

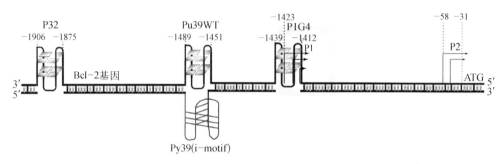

图 8 - 8 Bcl - 2 P1 启动子区和非编码区附近的多种 G -四链体结构[8]

肿瘤新生血管的形成对肿瘤的发生、发展和转移起着极其重要的作用。选择性抑制肿瘤新生血管形成过程中的一些重要环节,可以很好地抑制肿瘤新生血管的形成,能够预防处于早期阶段的肿瘤或无系统性转移实体瘤的转移和恶化。血管内皮生长因子(vascular endothelial growth factor,VEGF)是特异性作用于血管内皮细胞的生长因子。它能够促进血管内皮细胞的增殖、迁移,诱导血管形成,同时可增加血管通透性,对血管成长具有强诱导作用。VEGF 的启动子近端(-85〜-50 碱基处)对 VEGF 的表达具有非常重要的作用。该区域除了包括 Egr - 1 和 AP - 2 元件外,还是其转录因子 Sp1 重要的结合位点。Daekyu Sun 等的研究表明,VEGF 启动子可形成 1∶4∶1 平行 G -四链体结构(图 8 - 9)[9]。其他研究结果也表明,在多种肿瘤细胞中,小分子配体 TMPyP4 和 Se2SAP 能有效稳定 VEGF 启动子的 G -四链体结构,从而抑制 VEGF 的转录。近几年的研究表明,喹啉类衍生物对该序列 G -四链体的稳定作用以及化合物对 VEGF 的表达和肿瘤血管新生的抑制作用。喹啉类衍生物可有效稳定 VEGF 启动子区域内的 G -四链体结构,并对 VEGF 的表达以及肿瘤血管的新生具有抑制作用。除了 VEGF 外,VEGFR - 2 基因近端启动子区域也存在富含鸟嘌呤的序列,该序列可以形成反平行结构 G -四链体。VEGFR - 2 启动子区的 G -四链体结构可直接影响其与 VEGF 的结合,并可在抑制肿瘤血管新生中发挥重要作用。

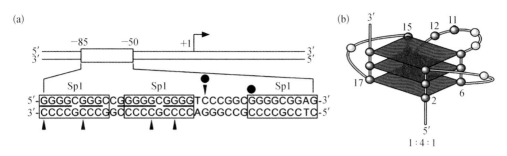

图8-9 VEGF 启动子区富含鸟嘌呤的 DNA 序列所形成的 G-四链体结构

除上述癌基因启动子和端粒区外，基因外显子区、内含子、5′和3′侧翼端同样存在富含鸟嘌呤的 DNA 序列，该序列不仅能够形成 G-四链体结构并且同样参与基因的转录调控过程，并发挥着重要的生物学功能。有相关小组研究了 C9orf72 基因内含子区有一段富含鸟嘌呤的重复序列(GGGGCC)n，该序列可以形成 G-四链体结构，并且其与神经退行性疾病(例如肌萎缩侧索硬化症和额颞叶痴呆)的发生、发展密切相关。研究表明，该内含子区域 G-四链体结构的形成阻碍了转录过程中 RNA 聚合酶 II 的滑动进而使得转录中止，结果不仅可导致正常蛋白质物质的缺失，而且可以产生很多不完整的转录片段。这些不完整的转录片段同样富含鸟嘌呤，其可折叠形成 G-四链体结构。该 G-四链体结构不仅可以和细胞核内的核仁素相互结合，导致核仁应力增加损伤细胞，而且会逃出细胞核，在细胞质内翻译成毒性的二肽物质进一步破坏细胞[10]。

8.3.3 影响 DNA 的复制

超螺旋是公认的真核和原核生物基因转录的重要因素。双链 DNA 在复制过程中，DNA 的双螺旋结构被解旋酶解开，解开后的一条单链作为前导链的模板，另一条单链作为滞后链的模板。但是由于 DNA 复制方向都是 5′向着 3′端方向进行，因此前导链的复制过程是连续的，但是在滞后链的复制是非连续的。复制过程中有暂时以单链形式存在的这种情况，这为 G-四链体结构的形成提供了可能。而这种对 DNA 复制过程中的影响对生物机体调节具有重要的影响作用。DNA 在复制过程中所形成的 G-四链体结构，可能会导致基因的稳定性下降，但有时也可成为阻碍疾病发展的关键因素。在对 Fanconi 贫血患者的研究中发现，FANC 基因的突变可以导致贫血症状的产生，发生突变后的 FANC 基因无法形成 G-四链体结构并由此导致了该疾病的进展加速。

8.4　G‑四链体结构的配体设计

小分子化合物与 DNA 二级结构的相互作用可以影响 DNA 的构型和热稳定性,进而影响 DNA 的生物功能,比如含 N 碱基的错位、DNA 骨架的破坏或 DNA‑蛋白复合物的结合等。相对于其他类型 DNA 二级结构,比如双链 DNA、三链 DNA、i‑motif 等,富 G 序列形成的 G‑四链体结构中的 G‑四集体结构的存在,使其具有能与小分子化合物结合的特异位点,尤其是 G‑四集体结构与邻近 Loops 序列形成的末端半封闭空腔是小分子配体与之作用的重要位点。G‑四集体是 G‑四链体有别于其他类型 DNA 结构(单链、双链、三链等)的典型特征之一。为了实现配体对 DNA G‑四链体高选择性的识别,已报道的 G‑四链体配体中绝大多数都具有平面芳香构型且带有阳离子特征,使其能同时以分子间 π‑π/静电等相互作用模式堆积到 G‑四链体末端位点。基于配体分子的结构特点,DNA G‑四链体的配体分子主要可以概括为三大类型[11]: 大环化合物、非大环类化合物和金属复合物。

8.4.1　大环化合物

卟啉衍生物 TMPyP4(图 8‑10)是 G‑四链体大环化合物配体的一个典型代表[1],它也是第一个被报道的可稳定 G‑四链体的配体。通过 X‑射线研究发现,TMPyP4 与 G‑四链体有多个结合位点,包括末端平面堆积、loop 环结合、沟槽嵌入和磷酸双脂骨架结合等多种结合方式。TMPyP4 在水中的荧光量子产率是 0.04,但是和 G‑四链体结合后会与鸟嘌呤残基发生能量转移,进而引起荧光猝灭。另一种典型的大环代表是 Telomestatin,它是一种多聚杂环化合物,是从链霉菌中提取出的天然代谢产物,对分子内 G‑四链体结合的选择性要明显强于与双链 DNA 的结合,可以有效地抑制端粒酶。不同 G‑四链体之间的结构差异主要源于环状(loop)结构的差异,我们发展了一类环状配体——甲基氮杂杯[6]吡啶(MACP[6])[12],它可以与 G‑四链体结合并被诱导产生手性 CD 信号。MACP[6]的手性诱导信号与 G‑四链体的 loop 构型以及 loop 碱基种类有关,倾向结合在 G‑四链体的 loop 区域。进一步研究发现,MACP[6]可以实现对端粒 G‑四链体序列 H22 混合型与反平行两种不同构型的选择性识别。

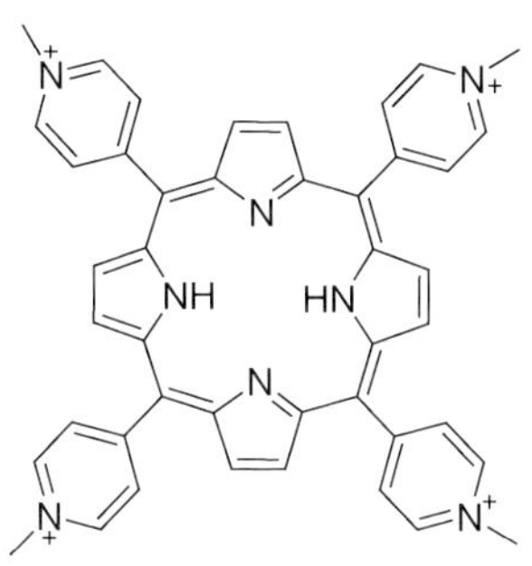

TMPyP4

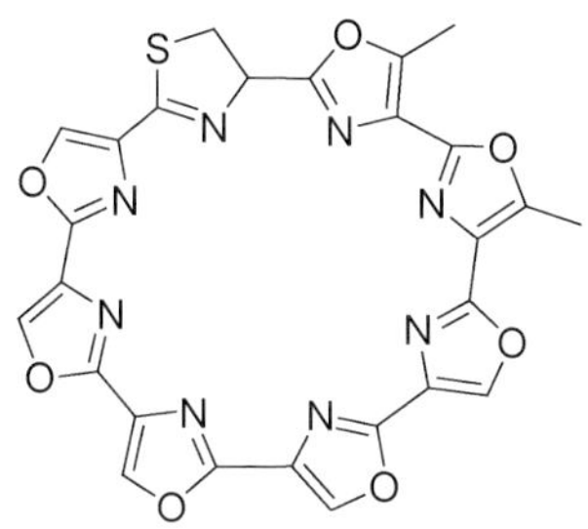

Telomestatin

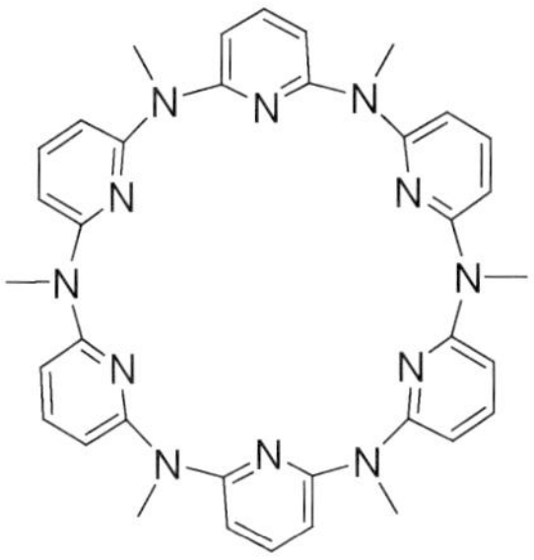

MACP[6]

图 8－10　DNA G－四链体的大环化合物结构

8.4.2　非大环类化合物

DNA G－四链体的非大环类化合物被报道得较多，这类探针中比较有代表性的有吖啶类衍生物、溴乙非啶类衍生物、酰二亚胺类衍生物，以及吡啶喹啉二酰胺 PDS（图 8－11）等。熟知的 BRACO－19 是 3，6，9－三取代基的吖啶类化合物，它和 G－四链体的结合能力很强，K_d 能达到 32 nmol/L，而与双链的结合能力很弱，K_d 只有 1 μmol /L。BRACO－19 是以 π－π 堆积的方式作用到 G－四链体末端位点。在溴乙非啶类的衍生

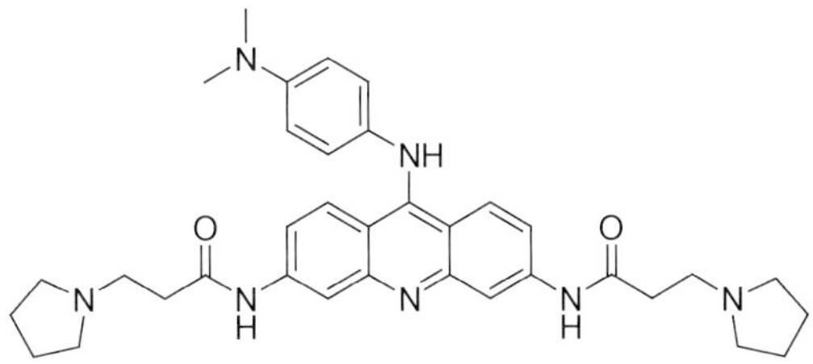

BRACO－19

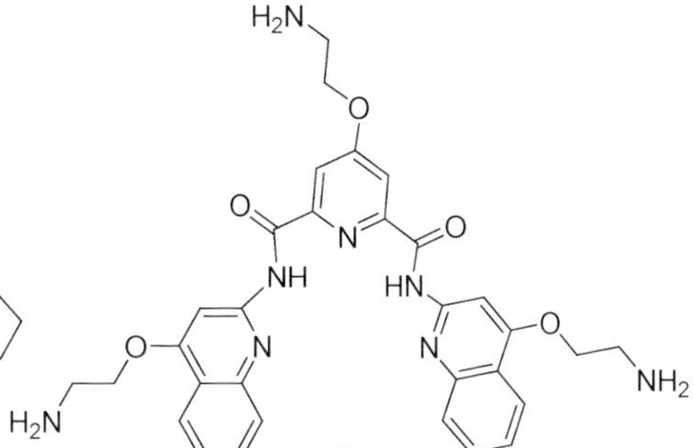

PDS

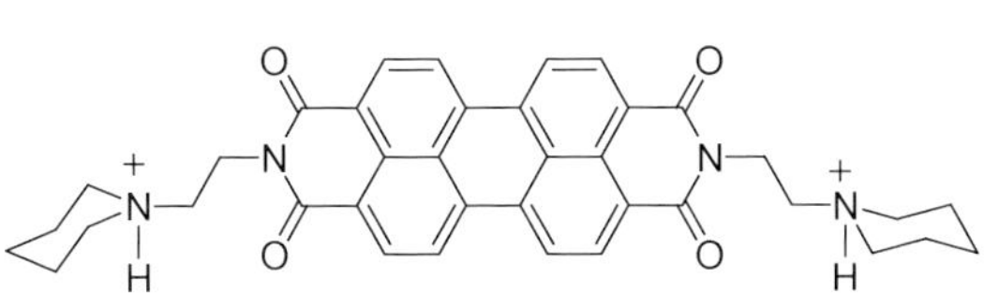

PIPER

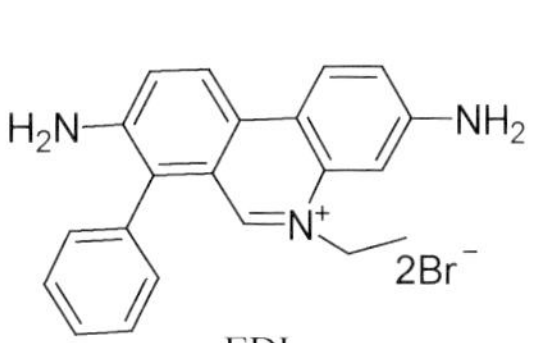

EDI

图 8－11　DNA G－四链体的非大环类配体结构

物中，ED1 可以很好地与分子内反平行 G-四链体结合，K_d 能达到 90～120 nmol/L，而与双链结合的 K_d 只有 1.1 μmol/L。N,N'-双[2-(1-哌啶基)乙基]-3,4,9,10-菲四甲酰二亚胺(PIPER)分子两侧末端分别含有一阳离子电荷，现已通过实验证实 PIPER 是一种强特异性与 G-四链体作用的化合物，而与单链或双链 DNA 作用微弱。PIPER-G-四链体复合物的 NMR 结构分析显示其与 G-四链体的结合模型与卟啉类化合物相似(即外向堆积在 G-四集体上)。吡啶喹啉二酰胺 PDS[1] 是一类新配体，能特异性地结合多种构型的 G-四链体，包括端粒 G-四链体和启动子区域 G-四链体。更重要的是，PDS 对 G-四链体具有非常好的稳定性，可以用它来检测细胞不同分裂时期 G-四链体在细胞中的含量，这也是首次在活细胞中找到 G-四链体真实存在的证据。

除了上面的提到的结构，CX-3543 和 CX-5461 也是典型的非大环类 DNA G-四链体配体(图 8-12)，且均进入临床研究阶段，有可能发展为疗效独特的抗癌药物。CX-3543 是氟喹诺酮的衍生物，在体外可以诱导 c-myc 启动子形成稳定的 G-四链体结构。在体内，CX-3543 对 c-myc 的表达没有直接的抑制作用，而是作用在肿瘤细胞核中的核糖体 DNA(rDNA)。目前，CX-3543 已经处于 II 期临床试验阶段，主要用于晚期实体瘤或淋巴瘤患者的治疗。CX-5461 也是 G-四链体稳定剂，目前处于 I 期临床 BRCA1/2 缺陷肿瘤患者试验阶段[13](加拿大，NCT02719977)。CX-5461 和 CX-3543 均可结合并稳定体外 G4 DNA 结构，阻碍 DNA 复合物的复制进行，导致体内 G-四链体结构的增加。

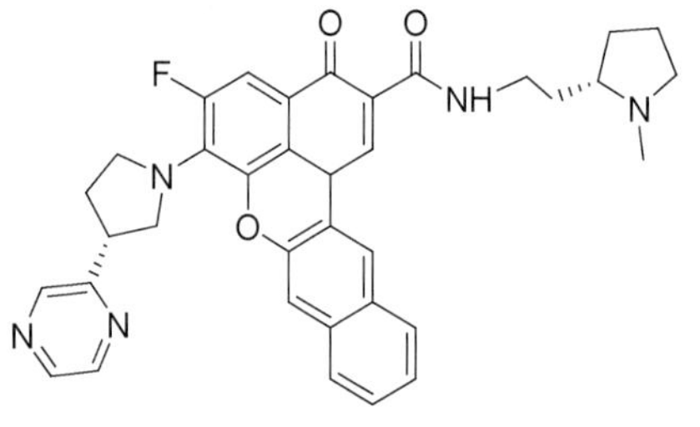

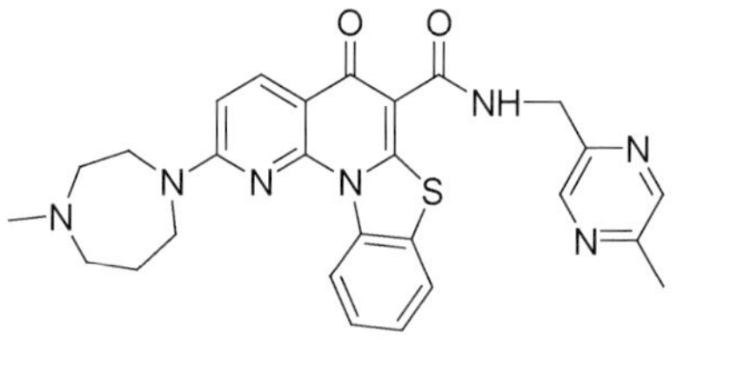

图 8-12　CX-3543 和 CX-5461 的结构

小分子化合物在与特定 DNA G-四链体结合之后，其骨架结构通常更刚性，所以一般都具有明显的荧光增强特征。因此，为了提高对 DNA G-四链体的特异性响应，有很多的非环状类配体发展为靶向 DNA G-四链体的有机探针。硫黄素 ThT 是一种水溶性的荧光染料，其本身的荧光强度很弱，但是当其与 G-四链体特异性结合后会发出很强的荧光信号,被发现能够用于特异性识别人类端粒 DNA G-四链体,可以有效区分 RNA G-四链体和其他核酸结构。在 ThT 结构的基础上,我们开发了一种可用于标记活细胞内 DNA G-四链体的荧光探针,设计了苯并噻唑类荧光探针 IMT[14]。IMT 可以有效地插入 G-四链体序列末端位点,与 G-四集体发生分子间 π-π 相互作用和静电相互作用。IMT 可以直接用于活细胞染色质 DNA G-四链体结构,实现对活细胞内的 DNA G-四链体进行动态监测(图 8-13),具有很好的光稳定性和极低的细胞毒性。

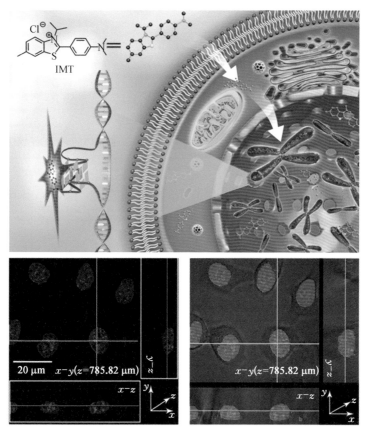

图 8-13 IMT 检测活细胞 DNA G-四链体[14]

在 G-四链体特异性探针的开发上,我们首次提出了利用纳米超分子聚集体对环境的高度敏感性来进行探针设计的新策略(图 8-14),同时提高了对生物大分子检测的灵敏度与特异性。我们构建的菁染料的 ETC J-聚集体探针,成功将特定 G-四链体的选择性从以往报道的 5~8 倍,提高到了 20~40 倍。进一步地,我们又设计了另一种探针体系 DMSB。该探针分子可以在特定 G-四链体作用下激活自组装能力,从而在 G-四链体表面形成手性超分子结构,将单分子的识别信号放大为超分子整体的信号。通过这种级联放大的效应,我们将特定 G-四链体的检测限降低了三个数量级,达到 10 nmol/L 以下。

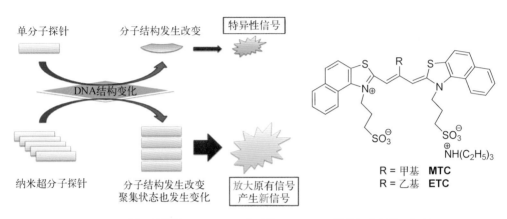

图 8-14 基于菁染料 MTC/ETC 构建的 DNA G-四链体纳米超分子探针

基于菁染料探针对特定 DNA G-四链体的响应,通过分析 DNA G-四链体的变化,我们构建了特异性检测钾离子、钠离子,以及钠/钾比率的探针。基于半胱氨酸络合 Ag^+ 诱导 G-四链体结构的构型变化及菁染料聚集体的转变,设计了一种新型比色及偏光双模式的半胱氨酸检测探针,此探针不会受其他氨基酸的影响,具有较高的特异性,显示了良好的应用前景。针对凝血酶适配体 TBA 与凝血酶结合时可以诱导菁染料 DMSB 的超分子聚集形态的改变,开发了一种以菁染料 DMSB 超分子聚集体为探针的凝血酶检测新方法(图 8-15),与传统的适配体荧光检测方法相比,该方法具有操作简便、无需对适配体进行荧光修饰和标记、灵敏度高、特异性好等明显优势[15]。

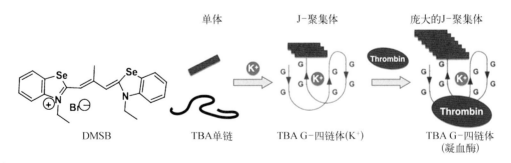

图 8-15 基于菁染料 DMSB 的超分子探针对凝血酶的检测示意图

miRNA 作为肿瘤诊断和预后判断的标志物,其超灵敏检测和多重检测已成为临床检测的重要辅助手段。我们利用 DNA G-四链体结构多样且易于控制的独特性质,将 G4 DNAzyme 的催化特性和 G4 构象转换机制进行结合,通过目标 miRNA 触发 G4 探针输出信号"ON"到"OFF"的转换,构建了一种基于信号衰减策略实现 miRNA 可视化识别的检测方法(图 8-16)[16]。该体系设计简便、无需标记,具有优秀的选择性及灵敏度,并且能够在总 RNA 水平区分不同细胞系目标 miRNA 表达差异。该方法为 miRNA 的检测提供了一种新的研究策略,也为 G4 结构的应用提供了一种新思路。

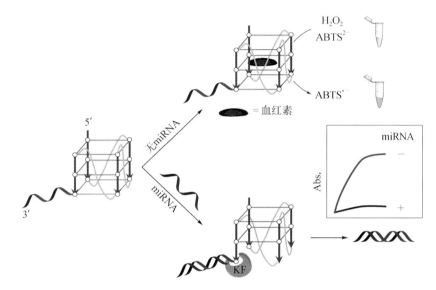

图 8-16   基于 G4 DNAzyme 催化特性和 G4 探针的 miRNA 可视化识别示意图

8.4.3   金属复合物

含氮多齿配体通过与过渡金属离子螯合可形成金属复合物,因金属离子的吸电子效应使 π 电子的离域范围扩大,复合物配体与 G-tetrad 的 π/π 作用增强,金属复合物配体通常表现出更强的 G-四链体稳定作用。G-四链体的金属复合物配体有金属-卟啉复合物、金属-Terpyridine、金属-Salphen(图 8-17)等,在时间分辨磷光成像中有广泛应用,这类配体也大都以末端堆积的方式结合到 G-四链体末端位点。

基于卟啉的多种金属复合物都可以表现出对 DNA G-四链体的良好选择性,比如

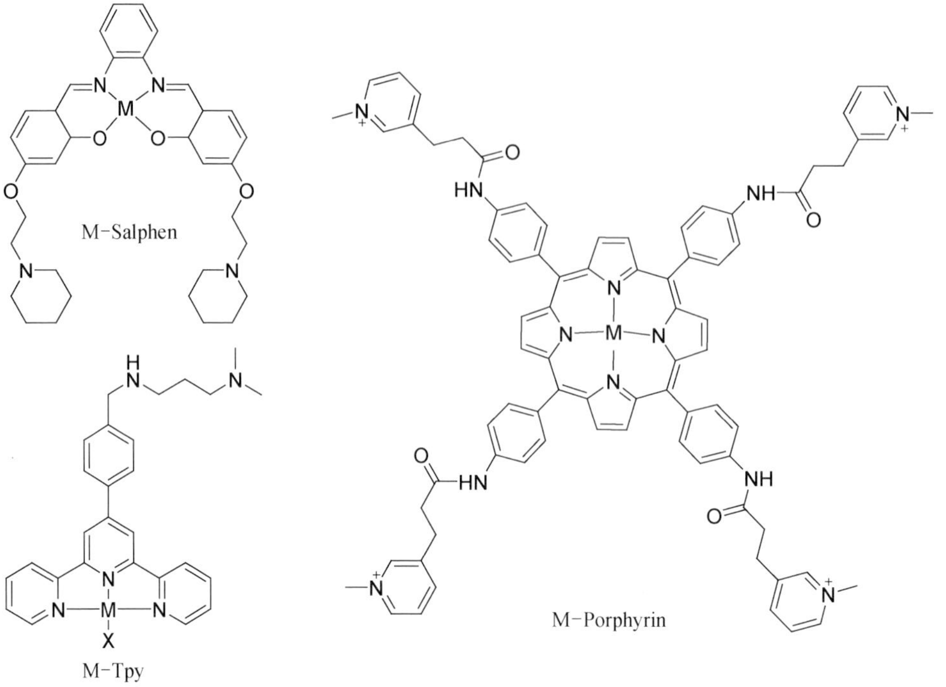

图 8‑17　DNA G‑四链体的金属复合物结构

Zn‑TMPyP4 能够诱导富 G 单链 DNA 形成平行构型的 G‑四链体结构,表现出良好的抑制端粒酶活性[17]。二价锰离子卟啉化合物对人端粒末端序列形成的 G‑四链体具有很高的亲和性,其与 G‑四链体结合的选择性是与双链 DNA 结合的 1 000 倍[18]。这类复合物对 DNA G‑四链体的结合力要明显强于 TMPyP4,且能更显著地抑制端粒酶的活性。平面结构的金属 Salphen 复合物[19]也是出色的 DNA G‑四链体配体,然而八面体 Pt(Ⅳ)‑Salphen 复合物在 pH 7.4 的水溶性介质中则不与 DNA 发生相互作用,但是,在加入生物还原剂(如抗坏血酸或谷胱甘肽)后,Pt(Ⅳ)‑Salphen 复合物容易被还原为相应的方形平面 Pt(Ⅱ)‑Salphen 复合物,其对 DNA G‑四链体则表现出良好的亲和力[20]。Terpyridine 是典型的三齿含氮配体,具有很好的平面性,以及汇聚的螯合金属能力,容易转化为金属‑Terpyridine 复合物[21]。Cu(NO₃)₂ 与 Tolyl‑Terpyridine 结合形成的金属‑Terpyridine 复合物对 DNA G‑四链体具有很强的亲和力和选择性[22]。通过 X‑射线衍射分析所示,它的伪正方形金字塔结构在 DNA G‑四链体的选择性起了独特的作用。复合物的平面芳香结构可以通过 π 堆积与 G‑tetrad 发生分子间相互作用,其中心位置的 Cu²⁺ 金属中心直接位于 G‑四链体的中心离子通道上方。呈金字塔形状的复合物结构可以有效阻止对双链 DNA 的插入,以及金属中心与 Terpyridine 配位键的高极化性则有利于与脱氧核糖核酸负电荷 loop 链的结合。

G-四链体的形成、解聚以及不同 G-四链体结构之间的转变可能涉及体内一些重要生理过程的调控,比如细胞凋亡、细胞增殖、信号转导和肿瘤形成等。研究表明,85%~90%恶性肿瘤的发病都与端粒酶的活性异常高有关,而诱导染色体端粒 G-四链体结构的形成和稳定 G-四链体结构可以有效抑制端粒酶的活性。近年来,G-四链体结构已经成为一个非常有潜力的肿瘤检测标志物和抗肿瘤药物设计靶点。基于 G-四链体结构位点特征与已报道配体核心特征的系统研究,结合先进计算机算法,我们构建了全球唯一一个 G-四链体配体分子在线设计系统 G4LDB[23]®(软著字第 0386535号),专门用于开展高灵敏度、高选择性、高特异性 G-四链体探针设计及靶向 G-四链体的药物研究工作。我们所构建的 G-四链体活性配体数据库收录了迄今为止绝大多数已报道的 G-四链体配体结构信息及相关生物活性信息,共收录 1 183 条配体信息、3 000余项 G-四链体与配体相互作用研究结果。该数据库具有以下四大功能。

(1) 配体检索

该数据库可以从配体自身性质和 G-四链体靶点两个方面入手进行相关配体的检索。从配体自身性质出发,可以通过"配体名称""配体种类""结合模式"等关键词检索库中相应配体的信息;从 G-四链体靶点出发,可以通过"G-四链体序列""核酸类型(DNA 或 RNA)""是否有修饰"及"G-四链体结构类型"等限制条件浏览特定 G-四链体靶点已报道的活性配体。除了以上两种直接针对具体相互作用体系的检索方式外,该数据库还提供了按"配体发表时间"及"配体发表杂志"等两种检索方式,以便使用者更快速地了解某一时间段或某一应用领域内的配体研究概况。

(2) 配体筛选

该数据库信息系统内嵌了 G-四链体受体对接模型、G-四链体配体药效团模型、G-四链体配体定量构效关系模型以及 G-四链体配体分子辨识比对模型四大 G-四链体配体筛选模型。可以分别从 G-四链体受体结构、G-四链体药效特征、G-四链体构效关系以及 G-四链体配体分子结构相似性的角度,针对已知或未知分子,高效地进行 G-四链体配体筛选工作。

另外,由于人体内大约有 37 万可以形成 G-四链体的基因序列,而目前国内外对 G-四链体的研究仅集中于其中数百条序列。对于一些报道较少或新发现的 G-四链体序列,目前尚无有效方式进行相应的配体筛选。为此,该数据库将核酸序列比对技术结合到筛选方法模型中,从而实现了对库中未收录的 G-四链体序列进行有效的配体筛选,拓展了 G-四链体序列的筛选范围。

为了拓展该筛选工具的应用范围,该数据库设计了第三方应用程序接口,实现与不同药物筛选软件包的整合与连接。使用者除了可以利用本数据库中的筛选方法进行配体筛选外,还可以通过第三方应用程序接口导入或导出各化合物数据库信息,并利用第三方软件进行配体筛选,为用户提供更多筛选方法,供其选择。

(3) 配体设计

除了从已知结构的化合物中筛选潜在的 G-四链体活性配体外,该数据库系统还包含了用户在线配体设计功能。该数据库信息系统基于已报道的各类 G-四链体配体结构特征,内嵌了 G-四链体活性片段结构库,使用者可以直接利用片段库以及整合的配体设计模块,在线进行新型 G-四链体配体结构的设计。设计完成的配体分子进一步通过受体-配体结合自由能计算,令使用者能够直接观察到设计的配体分子与 G-四链体的基团作用位点、空间匹配情况等信息,为进一步进行配体结构优化提供有力的依据。

(4) 配体活性预测

基于 G-四链体受体-配体结合自由能计算技术,G-四链体配体三维定量构效关系技术以及 G-四链体配体分子结构指纹谱比对分析技术,该 G-四链体配体数据库信息系统可从受体匹配、活性片段属性以及配体结构辨识等方面,利用计算分子药理学方法,对 G-四链体配体活性进行系统的预测与评价。此方法从整体角度将受体-配体结构互补、配体活性片段以及配体结构特征等各种对配体活性产生影响的因素涵盖其中,是目前最为有效的 G-四链体配体活性预测技术之一。

8.5 讨论与展望

G-四链体作为一种特殊的核酸结构,与双链 DNA 相比,在细胞中的含量很低,在染色体或细胞水平检测的难度很大,目前一些新型特异性抗体和小分子配体的出现,实现了染色体和细胞水平的 G-四链体的检测。同时,可以预见未来不仅能区分 G-四链体和双链 DNA,而且能够识别各种不同的 G-四链体拓扑结构的小分子配体会被设计和合成出来。这些多功能的探针的开发设计为实现 G-四链体结构在染色体和活体细胞水平的检测，进而为深刻认识 G-四链体与生命过程的关系提供了重要工具，同时，也为开发新的疾病诊疗方法提供思路。

当然，在核酸 G-四链体领域，还有很多科学问题亟待回答，还有更多领域的应用研究需要开展，例如：

（1）G-四链体新结构的发现及鉴定

在广阔的基因海洋中，G-四链体凭借其独特的物理化学性质和重要的生理功能而引起了研究者的广泛关注。相对于传统核酸结构而言，G-四链体虽是少量的，但其形成的结构类型却极其多样。在一段核酸序列中，任何一个碱基的突变都可能引起 G-四链体结构的变化。不仅如此，G-四链体结构还受到金属离子、黏度、pH、温度等环境因素的影响。深入了解这些 G-四链体结构特征是十分必要的，因为这些结构不仅与特定的生理功能有着密切的联系，而且是实现配体分子精准靶向的前提基础。但由于诸多因素的影响，G-四链体结构的精确解析仍然面临着巨大的挑战。但随着谱学技术等新型检测技术的发展，今后将会有越来越多的 G-四链体结构被发现和解析，G-四链体结构折叠的动力学特征也会逐渐被揭示。这些问题的解决将为 G-四链体功能发现、作用机制研究以及检测调控等后续研究奠定坚实的基础。

（2）G-四链体的生物功能的发现

近几十年来，科学家们在证实生物体内 G-四链体的存在、内源性 G-四链体对生物体重要生理过程（复制、转录以及翻译等）的调控等方面取得了许多有价值的进展。但是，对 G-四链体生物功能的研究仍主要集中在人类基因组的端粒和少量原癌基因方面，绝大多数分布在其他基因中的 G-四链体结构和功能仍是未知的。因其含量很低且体内 G-四链体的形成需要克服 DNA 互补双链的竞争，因此如何在生物体的体液或活细胞中精准证实 G-四链体的存在方式及其功能仍是 G-四链体研究领域的关键科学问题之一。

（3）高灵敏、高特异性新型 G-四链体探针的设计

对于结构各异的 G-四链体，新型高灵敏、高特异性的探针设计仍是研究 G-四链体的重要课题。G-四链体具有手性，且可以作为手性模板去诱导与之作用的探针或底物，使探针或底物过渡态呈现独特的手性。因此，针对特定结构的 G-四链体构建手性探针，尤其是手性的超分子探针，可能会具有更优异的识别能力。G-四链体构型多样，如何根据特定 G-四链体的手性特征开发特征信号强烈、灵敏度高的手性超分子探针，并将其应用于识别肿瘤相关 DNA 结构是非常重要的科学问题。

（4）G-四链体在疾病诊疗中的应用研究

伴随G-四链体结构、功能及其配体分子等各方面研究的飞速发展，G-四链体作为疾病检测或治疗的有效靶点正在给人类带来新的希望。目前G-四链体与癌症、神经退行性疾病、糖尿病、艾滋病、衰老等多种重大疾病的相关性正日渐明确。同时还可能有更多的疾病与G-四链体结构存在密切的联系，正等待着人们去揭示。除此之外，针对细菌或病毒等微生物中的G-四链体结构进行研究也将为人类疾病的检测治疗打开另外一扇大门。当前新冠病毒肆虐流行，对人类的身体健康造成了严重的威胁，新冠疫苗的研究虽有望实现新冠疾病的有效防治，但考虑到新冠病毒有可能与人类长期共存，针对新冠病毒的检测和治疗手段仍是十分必要的。近期有关新冠病毒RNA序列形成G-四链体结构的研究正在多个实验室推进，这有可能为新冠肺炎的治疗开拓一条新的道路。

参考文献

［1］Biffi G，Tannahill D，McCafferty J，et al. Quantitative visualization of DNA G-quadruplex structures in human cells[J]. Nature Chemistry，2013，5(3)：182-186.

［2］Simonsson T. G-quadruplex DNA structures：Variations on a theme[J]. Biological Chemistry，2001，382(4)：621-628.

［3］Bucek P，Jaumot J，Aviñó A，et al. pH-modulated Watson-crick duplex-quadruplex equilibria of guanine-rich and cytosine-rich DNA sequences 140 base pairs upstream of the c-kit transcription initiation site[J]. Chemistry — A European Journal，2009，15(46)：12663-12671.

［4］Sen D，Gilbert W. A sodium-potassium switch in the formation of four-stranded G4-DNA[J]. Nature，1990，344(6265)：410-414.

［5］Sun H X，Xiang J F，Gai W，et al. Quantification of the Na^+/K^+ ratio based on the different response of a newly identified G-quadruplex to Na^+ and K^+ [J]. Chemical Communications (Cambridge，England)，2013，49(40)：4510-4512.

［6］Rhodes D，Lipps H J. G-quadruplexes and their regulatory roles in biology[J]. Nucleic Acids Research，2015，43(18)：8627-8637.

［7］Brooks T A，Hurley L H. The role of supercoiling in transcriptional control of MYC and its importance in molecular therapeutics[J]. Nature Reviews Cancer，2009，9(12)：849-861.

［8］Sengupta P，Chattopadhyay S，Chatterjee S. G-Quadruplex surveillance in *BCL-2* gene：A promising therapeutic intervention in cancer treatment[J]. Drug Discovery Today，2017，22(8)：1165-1186.

［9］Sun D，Guo K X，Shin Y J. Evidence of the formation of G-quadruplex structures in the promoter region of the human vascular endothelial growth factor gene[J]. Nucleic Acids Research，2011，39(4)：1256-1265.

[10] Haeusler A R, Donnelly C J, Periz G, et al. C9orf72 nucleotide repeat structures initiate molecular cascades of disease[J]. Nature, 2014, 507(7491): 195 - 200.

[11] Sun Z Y, Wang X N, Cheng S Q, et al. Developing novel G-quadruplex ligands: From interaction with nucleic acids to interfering with nucleic Acid-Protein interaction[J]. Molecules (Basel, Switzerland), 2019, 24(3): 396.

[12] Guan A J, Zhang E X, Xiang J F, et al. Effects of loops and nucleotides in G-quadruplexes on their interaction with an azacalixarene, methylazacalix[6]pyridine[J]. The Journal of Physical Chemistry B, 2011, 115(43): 12584 - 12590.

[13] Xu H, di Antonio M, McKinney S, et al. CX-5461 is a DNA G-quadruplex stabilizer with selective lethality in BRCA1/2 deficient tumours[J]. Nature Communications, 2017, 8: 14432.

[14] Zhang S G, Sun H X, Wang L X, et al. Real-time monitoring of DNA G-quadruplexes in living cells with a small-molecule fluorescent probe[J]. Nucleic Acids Research, 2018, 46(15): 7522 - 7532.

[15] Shen G, Zhang H, Yang C R, et al. Thrombin ultrasensitive detection based on chiral supramolecular assembly signal-amplified strategy induced by thrombin-binding aptamer[J]. Analytical Chemistry, 2017, 89(1): 548 - 551.

[16] Lan L, Wang R L, Liu L, et al. A label-free colorimetric detection of microRNA via G-quadruplex-based signal quenching strategy[J]. Analytica Chimica Acta, 2019, 1079: 207 - 211.

[17] Shi D F, Wheelhouse R T, Sun D, et al. Quadruplex-interactive agents as telomerase inhibitors: Synthesis of porphyrins and structure-activity relationship for the inhibition of telomerase[J]. Journal of Medicinal Chemistry, 2001, 44(26): 4509 - 4523.

[18] Dixon I M, Lopez F, Tejera A M, et al. A G-quadruplex ligand with 10000-fold selectivity over duplex DNA[J]. Journal of the American Chemical Society, 2007, 129(6): 1502 - 1503.

[19] Arola-Arnal A, Benet-Buchholz J, Neidle S, et al. Effects of metal coordination geometry on stabilization of human telomeric quadruplex DNA by square-planar and square-pyramidal metal complexes[J]. Inorganic Chemistry, 2008, 47(24): 11910 - 11919.

[20] Bandeira S, Gonzalez-Garcia J, Pensa E, et al. A redox-activated G-quadruplex DNA binder based on a platinum(IV)-salphen complex[J]. Angewandte Chemie International Edition, 2018, 57(1): 310 - 313.

[21] (a) Hofmeier H, Newkome G R, Schubert U S. Modern terpyridine chemistry[M]. New Jersey: John Wiley & Sons, Inc. 2006; (b) Constable E C. 2, 2′: 6′, 2″-terpyridines: From chemical obscurity to common supramolecular motifs[J]. Chemical Society Reviews, 2007, 36(2): 246 - 253.

[22] Bertrand H, Monchaud D, de Cian A, et al. The importance of metal geometry in the recognition of G-quadruplex-DNA by metal-terpyridine complexes[J]. Organic & Biomolecular Chemistry, 2007, 5(16): 2555 - 2559.

[23] Li Q, Xiang J F, Yang Q F, et al. G4LDB: a database for discovering and studying G-quadruplex ligands[J]. Nucleic Acids Research, 2012, 41(D1): D1115 - D1123.

MOLECULAR SCIENCES

Chapter 9

核酸适配体的化学与
生物学研究

郗涛　张振　方晓红　上官棣华

9.1 引言

核酸适配体(aptamer)又名核酸适体、适配子,是一类新型的识别分子,其本质是由一段单链核酸通过分子内碱基堆积、疏水作用、氢键和静电作用等折叠形成独特的三维结构,从而与靶分子高亲和力、高特异性结合。核酸适配体的识别特性与抗体相似,因而也被称为"化学抗体"[1]。但与抗体相比核酸适配体具有一些独特的优势:可在体外筛选(无需生物体或细胞)、靶分子范围广(包括毒素等各类分子);相对分子质量较小;没有免疫源性和毒性;可化学合成、改造与标记;化学稳定性好,能可逆变性与复性;还可用酶扩增、剪切等。这些优点使核酸适配体在生物医学应用中显示出广阔的前景,因而近年来受到各领域科学家的广泛关注[1]。目前已有很多特异识别各种分子的核酸适配体被筛选出来,各种基于核酸适配体的分析、检测方法和技术已呈现出简便、快速、灵敏和低成本等优点。在本章中,我们将简要评述国内外核酸适配体的研究进展,重点介绍近年来我们实验室在核酸适配体领域所开展的一些研究工作,并探讨核酸适配体研究与应用中所面临的挑战以及未来的发展前景。

9.1.1 国内外核酸适配体研究的主要进展

核酸是生命的最基本物质之一,它不仅在遗传信息的储存与传递、蛋白质的生物合成中起着决定性的作用,而且在生命过程中起着重要的调控作用。双链的 DNA 通过碱基互补配对形成双螺旋结构,而单链的 DNA 与 RNA 则可通过分子内的碱基配对、碱基堆积、疏水作用、氢键和静电作用等形成三链(triplex)、发夹(hairpin)、凸环(bulge)、假结(pseudo knot)、G‐四链体(G‐quadruplex)等二级结构,进一步折叠形成独特的三维空间结构,从而发挥着类似蛋白质的识别、催化等功能。1990 年,L. Gold 和 J. W. Szostak 两个研究组先后独立从人工合成的随机 RNA 文库中,通过体外筛选分别获得了能与噬菌体 T4 DNA 聚合酶和有机染料高特异性、高亲和力结合的 RNA 核酸适配体,标志着核酸适配体的诞生。L. Gold 等将这种体外筛选核酸适配体的技术称为指数富集的配体系统进化技术(systematic evolution of ligands by exponential enrichment, SELEX)。而 aptamer 一词即源于拉丁语 aptus,即 to fit,"适合"的意思。

SELEX 技术在一定程度上是一个模拟自然进化的过程,通过重复的结合与选择的过程最终得到核酸适配体。典型的核酸适配体筛选过程包括以下步骤：（1）构建单链寡核苷酸（DNA 或 RNA）文库，文库序列包括中间的随机序列和两边用于 PCR 扩增的固定序列，随机序列通常含有 20～80 个碱基，理论上库容量为 $4^{20}\sim4^{80}$，包含大量结构多样性的核酸分子；（2）将一定量的随机寡核苷酸文库和靶标在一定条件下孵育，分离出与靶标结合的序列；（3）以 PCR 或 RT - PCR 技术扩增与靶标结合的序列，制备次一级文库，用于下一轮的筛选，重复（2）和（3）的过程，经多轮筛选即可富集到和靶标分子具有高亲和力和特异性结合能力的序列；（4）对富集的文库中的序列进行克隆测序，鉴定核酸适配体的序列。整个 SELEX 过程周期较长、过程复杂、影响因素很多，因此成功率不高。多年来人们持续对筛选过程进行改进，除去传统筛选方法，发展了如毛细管电泳筛选、磁珠筛选、细胞筛选、体内筛选、一轮筛选和虚拟筛选等筛选方法，甚至发展了自动化的筛选仪器[2]。这些方法在一定程度上提高了筛选的成功率，或缩短了筛选周期，或简化了筛选的操作步骤，或更适合于特定靶标筛选的需要。但是并没有从根本上解决筛选的问题，目前筛选依然是制约核酸适配体发展的瓶颈之一。

用于筛选核酸适配体的靶标范围很广，目前筛选的对象涵盖金属离子、有机小分子、多肽、蛋白、血液、细菌、细胞和组织等[3]。由于核酸适配体的筛选不依赖于活细胞和活动物，因此在获得可在非生理条件下工作的核酸适配体，以及筛选生物毒素、化学毒性分子等靶标的核酸适配体方面具有独特的优势，所以在环境监测、食品安全和毒物监测等领域受到了越来越多的重视[4]。以红细胞膜和完整细胞等复合靶标筛选核酸适配体，可以无需分离纯化靶标分子，从而获得复合靶标中多种特定分子的核酸适配体[5]；2006 年，笔者和谭蔚泓院士报道了以肿瘤活细胞为靶标同时筛选多条特异性识别肿瘤细胞的核酸适配体探针，并利用这些核酸适配体开展了特定肿瘤细胞的检测、分型、分离、靶向载药以及肿瘤标志物鉴定的工作[6]，提出了以 Cell - SELEX 技术发现疾病标志物和未知的分子事件的策略，极大地促进了 Cell - SELEX 技术在生物医学中的应用。目前以 Cell - SELEX 技术筛选核酸适配体已成为发展疾病相关分子探针、发现疾病标志物以及发展靶向药物载体甚至药物的重要手段之一[5]。

由于核酸适配体独特的优越性，大多数核酸适配体的研究集中在分析检测中的应用。结合光学、电化学、纳米技术、分子工程技术、质谱技术、压电传感技术和酶放大技术等手段，人们发展了多种多样的基于核酸适配体的传感分析方法以及亲和分离方法。但是这些方法大多数还只停留于概念验证和方法学的探索阶段，且分析对象大都集中于几个特定的靶分子上（如凝血酶、ATP 等）。目前最成功的应用是在食品和环境中毒素的传感分析上,不同的核酸适配体传感器可检测牛奶、废水、尿液、土壤等不同的实际样品中的病原体、生物毒素和化学毒素等,检测限从 fmol/L 到 μmol/L[7]。

由于核酸适配体具有优良的分子识别性能以及良好的生物兼容性,其在生物医学领域有着广泛的应用前景,例如,在核酸适配体上偶联荧光染料、纳米材料或放射性元素可直接实现肿瘤的活体成像;将核酸适配体与药物分子通过共价键或非共价键偶联可实现药物的靶向运输。部分核酸适配体与靶标蛋白结合后,可以抑制靶标蛋白的生物学功能,因而具有直接作为药物的潜力。一个里程碑式的进展是,2004 年第一个核酸适配体药物 Macugen 获得美国食品药品监督管理局(FDA)批准,随后在美国和欧洲上市用于治疗老年性湿性黄斑病变。目前有十余种核酸适配体处在临床试验中[3]。2019年 8 月 19 日,香港浸会大学张戈教授与吕爱平教授发现的骨硬化素核酸适配体获得美国 FDA 孤儿药认定,用于治疗成骨不全症(DRU－2019－6966),这对推动核酸适配体的实际应用有重要的意义。谭蔚泓院士研究团队在核酸适配体的筛选和生物医学应用中开展了大量的系统性研究工作,一直引领着该领域的发展,尤其是近期在核酸适体-药物偶联物(ApDC)、核酸适配体分子机器、核酸适配体分子成像以及核酸适配体介导的生物学功能等方面做了一系列原创性的工作,极大地推动了该领域的发展[8-10]。目前他的团队正在大力推动核酸适配体研究成果的产业化转化。

虽然核酸适配体在生物医学基础研究、疾病诊断和治疗、食品分析、环境监测等领域均显示出独特的优势,科学家们对核酸适配体的研究也越来越重视,每年都有大量的论文发表,但是目前核酸适配体的实际应用还远远滞后于其研究发现,真正达到实际应用的核酸适配体和基于核酸适配体的分析检测方法屈指可数。造成这种现状有多方面的原因,我们将结合本实验室近年来在核酸适配体方面的研究,讨论核酸适配体筛选和应用中所面临的一些科学上的挑战。

9.1.2　主要研究内容

目前实际应用的核酸适配体很少,造成此现状的主要原因之一是核酸适配体筛选与表征的过程复杂、影响因素多、周期长且成功率不高,导致可用的核酸适配体缺乏。因此,大量的分析应用研究都集中于几个靶分子(如凝血酶、ATP 等)的核酸适配体上,大大制约了核酸适配体的应用。另外,Cell－SELEX 筛选技术在生物医学研究中具有重要的应用前景,但是所筛选的适配体分子靶标鉴定较困难,也严重制约了该技术的广泛应用。针对核酸适配体研究与应用中的问题,北京分子科学国家研究中心的研究团队开展了系统深入的研究工作,并进一步拓展和深化了核酸适配体的生物医学应用。所开展的工作主要包括以下几个方面。

(1)针对核酸适配体应用的瓶颈问题——筛选与表征,我们搭建了针对生物活性分子和细胞的核酸适配体筛选与表征平台,优化了筛选步骤和条件,建立了核酸适配体的表征方法和流程,成功筛选和优化了大量的核酸适配体,并吸引了多家研究单位在平台上开展相关研究。

(2)探索了核酸适配体结构与功能的关系,通过分子工程设计,构建了系列基于核酸适配体的分子探针、生物传感器、分离分析方法等。

(3)探索了 Cell‐SELEX 技术在发现生物标志物或新的分子事件方面的应用。建立了核酸适配体膜蛋白分子靶标的鉴定新方法,发展了一系列细胞特异性核酸适配体,鉴定了一系列潜在的生物标志物,构建了核酸适配体探针用于细胞、肿瘤的分子成像。

(4)开展了核酸适配体在临床检测中的应用研究,从疾病相关蛋白、循环肿瘤细胞、外泌体及肿瘤组织切片等多层次入手,以临床实际样品为研究对象,建立了一系列检测方法并开发了部分试剂盒。

9.2　研究进展与成果

9.2.1　核酸适配体筛选平台

核酸适配体筛选成功率不高,源于其流程长、影响因素多、步骤烦琐,需要丰富的经验。SELEX 筛选其实是一个持续富集的过程,即在每一轮的筛选过程中,要尽可能地保留特异性结合的序列,尽可能地去除非特异性结合的序列。其中的关键步骤就是将与靶分子特异性结合的核酸序列与未结合序列进行分离。相对于 Cell‐SELEX 中通过简单离心即可将与细胞结合的序列从未结合的序列中分离出来,有效分离与纯的分子靶标(如小分子化合物、多肽或蛋白质)结合的序列则要难得多。目前最常用的方法是将靶标分子固定于固相载体上(高分子微球、多糖微球、磁性微球等),通过离心或磁分离手段收集与靶标结合的序列。但是固相载体的引入也带来了很多的问题,其中载体材料对核酸的非特异性吸附程度是导致筛选失败的重要原因之一,其他的影响因素还有固定化的方法、固定化的效率和固定化本身对靶标结构的影响。基于此,我们系统研究了固相基质和固定化方法对筛选的影响,尝试了包括 PGMA 高分子微球、修饰链霉亲和素的葡聚糖微球、磁纳米球以及带环氧基的葡聚糖球等基质;尝试了环氧基与羟基反应、环氧基与氨基反应、羧基与氨基反应以及链亲和素与生物素结合等靶标固定化方法,最后确定带环氧基的葡聚糖球具有较小的非特异性吸附。我们优化了三个随机的寡聚 DNA 文库,改进了筛选流程,发展了一些实验装置,优化了核酸适配体筛选的每一步骤的条件,建立了一个高效的生物活性分子核酸适配体筛选平台。我们和合作者利用该平台已筛选出针对多种靶分子的核酸适配体,包括丙型肝炎病毒(hepatitis C virus, HCV)相关蛋白(如 core、NS2、NS5A)、链霉亲和素(蛋白)、系统素(多肽、植物激素)、反式玉米素、L-色氨酸、L-酪氨酸、对硝基苯磺酰 L-赖氨酸、可待因、恩诺沙星等。

9.2.2 核酸适配体表征及其作用机理研究

1. 核酸适配体结构表征

核酸适配体的表征包括结合力与选择性表征、结合条件优化、结构优化与表征、结合机理研究等。其中结合力与选择性表征以及结合条件优化是核酸适配体表征的最基本要求,而结合力或亲和力的测定则是完成这些表征的基本技术手段。测定分子间相互作用力的方法有很多,如吸附洗脱法、荧光滴定法、表面等离子体共振法、量热法、色谱法、电泳法、石英晶体微天平法等,这些方法各有优、缺点,可根据核酸适配体与靶标性质,以及实验室的仪器设备情况灵活采用。此外,为了更直观地研究核酸适配体与靶蛋白相互作用性质和机理,我们建立了基于原子力显微镜的核酸适配体与靶蛋白的相互作用的研究方法。与其他方法只能给出相对结合力的大小或平衡解离常数不同,该方法可直接测定作用力的大小[11]。利用原子力显微镜证实了核酸适配体经过组合后能够产生二价增强效应,通过测定力学曲线的方法,我们发现将两条识别凝血酶不同结合域的核酸适配体连接在一起后,新序列与凝血酶蛋白的结合概率得到了提高[12]。

SELEX 技术相对于其他筛选技术的一个优势是可以通过 PCR 技术对每一轮选出来的序列进行扩增。因此,核酸文库除了含有随机序列外,还包括用于 PCR 扩增的固定序列,导致筛选出的核酸适配体序列较长,但不是所有的碱基都参与识别。长的核酸序列合成产率低、稳定性较差、结合能力也会受影响,需要进一步的优化。另外,筛选后还需对核酸适配体的结构、结合位点、识别机理进行研究才能有助于其后续的应用(如分子探针的设计与改造、与药物偶联等)。但由于缺少简便、有效的研究方法,很多适配体筛选出来后并没有进一步优化与表征,严重地影响了后续的应用。这也就是为什么大部分的核酸适配体的应用研究集中于几个结构明确、识别机理清楚的序列上。针对这个问题,我们组合运用多种方法对得到的核酸适配体进行了优化和表征,同时发展了一些简便可行的表征方法。

例如,在链霉亲和素核酸适配体筛选中,对筛选富集后的文库进行测序得到了一系列的核酸适配体候选序列,通过二级结构预测软件对这些序列的二级结构进行了预测和对比,发现大部分序列中均含有一个凸起的发夹结构[图 9-1(a)]。一般认为结合同一蛋白位点的不同核酸序列应具有相同的二级结构,我们预测该含凸起的发夹结构可能为这些序列结合链霉亲和素的核心部分。通过对这个结构的一级序列分析发现,在这个核心结构中只有环上的几个碱基保守,其他碱基随序列不同而不同[图 9-1(b)]。我们进一步比较了其他三个实验室报道的链霉亲和素核酸适配体序列,发现这些序列

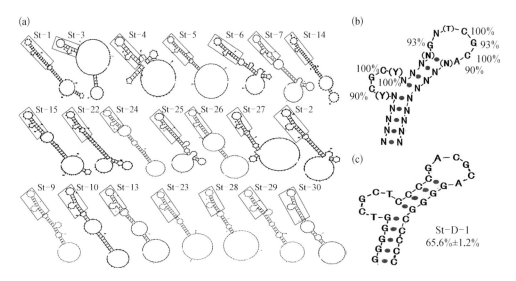

图 9-1 (a) 测序得到的链霉亲和素核酸适配体的预测二级结构[13],红色框内为所有序列都有的含凸起的发夹结构;(b) 推测出的链霉亲和素核酸适配体的结构,百分数表示每个核苷酸在我们实验室筛选克隆得到的序列中所占比例;(c) 茎部分替换的核酸适配体 St-D-1,百分数表示 St-D-1 与荧光素标记的核酸适配体 St-2-1 竞争的百分比,每个数据代表三次重复实验的平均值±标准偏差

中也含有相似的凸起的发夹结构以及环上相似的保守碱基。进一步合成核心结构序列,以及对核心序列进行突变证实该含有凸起的发夹结构即为链霉亲和素核酸适配体的结合结构,替换发夹结构的茎部分(stem)不影响其与链霉亲和素的结合[图 9-1(c)]。这些结果说明我们获得的核酸适配体均结合于链霉亲和素的相同位点,也说明这个位点有利于核酸适配体的筛选[13]。链亲和素核酸适配体的部分序列可变的核心结构的发现为基于该适配体的分子设计提供了更加灵活的空间,很多实验室基于该结构构建了不同的核酸适配体传感器。这种通过比较筛选到的核酸适配体二级结构而推测其核心结合部分的方法大大简化了核酸适配体的表征与优化过程,在我们实验室筛选的其他核酸适配体的表征中也得到了很好的应用,均获得了优化的序列的核酸适配体,具有重要的推广价值。

我们对文献报道的含有 91 个碱基的乙醇胺核酸适配体的序列进行了分析,发现其含有一段富含 G 碱基的序列。富含 G 碱基序列可以形成 G-四链体结构,基于此我们合成了该富 G 序列以及基于该序列的系列突变序列,通过亲和色谱、CD 光谱、热变性分析和电泳分析发现 91 个碱基的乙醇胺核酸适配体中真正与乙醇胺结合的部分为含有 16 个碱基的 G-四链体结构。而且发现一类 G-四链体结构均可与乙醇胺结合,它们由三层 G-四分体(G-quartet)通过 dT、dC、d(TT)或 d(GT)连接环形成非常稳定的分子内平行结构,初步研究认为其与乙醇胺的结合位点位于连接环处。我们后续通过大量有关 G-四链体的研究发现乙醇胺与 G-四链体结合的特异性并不高,但该研究让我们更关注核酸适配体中的 G-四链体结构。在对我们后续筛选的一些适配体的结构进行优化后发现,很多适配体优化的结构为茎环(stem-loop)结构,其中环部分可进一步形成不同的 G-四链体结构,并在识别中起主要作用,而茎部分则主要起稳定识别结构的作用。

我们筛选的可待因的核酸适配体也是一个富 G 序列,但其并不形成上述的含 G-四链体的茎环结构。我们综合运用圆二色光谱法、等温滴定量热技术、碱基突变、硫酸二甲酯足迹法、一维核磁技术和分子理论模拟等方法对可待因核酸适配体的结构进行了系统研究,发现可待因可诱导核酸适配体序列形成一个三-四链的杂合结构。该结构由一个 G-四链体和一个 G·GC 三链结构杂合而成,可待因结合于三-四链衔接处所形成的空腔内[图 9-2(a)]。将该核酸适配体序列分成两部分后,两部分均不能独立形成特定结构,也不能结合可待因。但将两部分混合后,可待因可诱导两部分重新形成三-四链杂合结构。而且这种可待因诱导的三-四链杂合结构的形成具有抑制 DNA 聚合酶的功能[图9-2(b)(c)],具有基因调控的应用价值[14]。该三-四链杂合结构是一种新的核酸二级结构,该结构的发现拓宽了人们对于核酸适配体结构的认识。

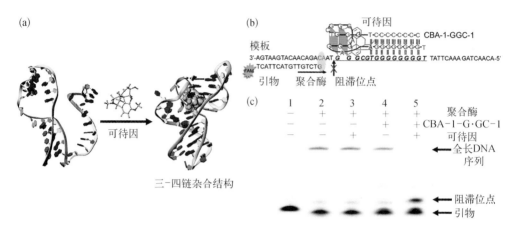

图9-2 (a)可待因分子诱导可待因核酸适配体形成三-四链杂合结构示意图;(b)可待因分子诱导
形成的三-四链杂合结构抑制聚合酶扩增原理示意图;(c)三-四链杂合结构抑制聚合酶扩增
实验电泳图[14]

基于我们的研究经验,核酸适配体的表征是一个非常复杂的过程,所花费的时间甚至比筛选的时间还长,但也是必不可少的步骤,只有当核酸适配体的结构清楚,识别机理明确,才有助于进一步的应用。目前用于核酸适配体识别机理研究和结构研究的手段还是非常缺乏的,因此我们目前主要是采用多种间接的方法来进行相关的研究。尤其是我们提出的基于序列分析和二级结构预测的方法,对核酸适配体核心结构的预测和优化具有很高的成功率。但是目前对于核酸适配体的三维空间结构的研究还存在很大的挑战,由于核酸性质的特殊性,用于蛋白结构研究的方法很难直接移植到核酸结构的研究中,因此需要与从事结构生物学研究的实验室合作,专门开展相关研究。

2. 富含 G 碱基核酸适配体细胞毒性作用机理研究

富含 G 碱基的核酸序列 AS1411 可以形成 G-四链体结构,被认为是核仁素的核酸适配体,且靶向细胞膜表面的核仁素,被广泛用于肿瘤的靶向治疗和分子成像,并曾作为抗肿瘤药物进入 II 期临床研究[3]。另外一些富含 G 碱基的核酸序列被报道具有抑制肿瘤细胞生长的功能。为了进一步研究富含 G 碱基的序列与细胞相互作用的构效关系以及其抗肿瘤机理,我们合成了系列富含 G 碱基的序列,发现可形成 G-四链体的序列对肿瘤细胞具有选择性的结合能力和选择性抑制肿瘤细胞的活性。进一步研究发现耐核酸酶的序列抑制肿瘤增殖活性较低,而易被核酸酶降解的序列(如 AS1411)抗肿瘤细胞增殖的活性较高。同时发现含鸟嘌呤的核苷或核苷酸以及鸟嘌呤具有剂量依赖性的抗肿瘤细胞增殖作用,且抗肿瘤细胞谱与 AS1411 相同;而其他碱基、核苷和核苷酸则没有抗肿瘤细胞增殖作用。细胞凋亡和细胞周期分析也证明 AS1411 与含鸟嘌呤的化合物具有类似的作用效果,但 AS1411 活性起效的时间较晚。液相色谱分析发现 AS1411 在完全细胞培养基中可逐步降解为核苷酸和核苷。这些结果说明富含 G 碱基序列对肿瘤细胞的增殖抑制作用可能不是由文献报道的 G-四链体与细胞内、外相关蛋白结合而引起的,而是由富含 G 碱基序列被核酸酶降解后产生的含鸟嘌呤的代谢产物引起的[15]。该发现为富含 G 碱基序列的抗肿瘤活性研究提供了新的方向。在此基础上我们进一步研究了含鸟嘌呤化合物选择性抑制肿瘤细胞增殖的机理,发现细胞中鸟嘌呤脱氨酶(guanine deaminase,GDA)的缺乏是导致含鸟嘌呤的化合物选择性抑制细胞增殖的原因。GDA 催化鸟嘌呤脱氨形成黄嘌呤,以维持鸟嘌呤类化合物在细胞内的平衡。当缺乏 GDA 的细胞暴露于较高浓度的含鸟嘌呤化合物中时,由于细胞不能及时清除这些化合物,导致这些化合物的积累,从而反馈抑制其他核苷酸的合成与相互转化,进而抑制细胞 DNA 的合成,使细胞周期停滞在 S 期,长时间暴露则引起细胞凋亡。若同时加入其他核苷酸,则可有效解除和逆转鸟嘌呤化合物对 DNA 合成的抑制作用[16]。这些发现为核酸和核苷类药物、保健品的安全性评价提供了依据,为 AS1411 的 II 期临床失败提供了合理的解释。

9.2.3 核酸适配体的应用研究

1. 基于核酸适配体的亲和分离

核酸适配体能特异性、高亲和力地识别靶分子,是亲和分离的理想配基,我们将 L-色氨酸的核酸适配体固定化于琼脂糖载体上,构建了色氨酸亲和分离小柱;用该小柱实现 D 型与 L 型色氨酸的分离;对含色氨酸的多肽也可实现部分分离。该研究说明核酸适配体具有高的特异性,可通过筛选特定靶分子的核酸适配体,来构建相应靶分子的亲和分离材料,尤其是针对一些较难分离的手性分子。

2. 核酸适配体探针的分子设计与应用

核酸适配体与抗体相比,其最大的特点是其可设计性,在了解了特定核酸适配体的识别结构（如参与识别的关键位点和稳定结构的序列）后，即可利用碱基配对策略对核酸适配体进行分子设计，构建用于靶标检测的分子探针。例如，系统素核酸适配体S‐5‐1可以形成发夹结构，在其两端分别标记荧光素（FAM）和罗丹明B（TAMRA），再加入一段与其部分互补的序列使发夹结构打开形成传感体系。该体系在没有系统素存在时由于两荧光基团间距离较远，具有强的荧光；在与系统素结合后，诱导其形成发夹结构，使TAMRA和FAM的距离靠近，从而发生荧光共振能量转移（FRET），导致FAM的荧光被TAMRA猝灭；该探针对系统素具有特异性的响应，而对与系统素结构类似的多肽响应较弱，因此可用于系统素的鉴别。基于类似的策略，通过在对硝基苯磺酰L‐赖氨酸的核酸适配体M6b‐M14的5′端标记FAM，并与另一段标记了黑洞猝灭基团（BHQ）的互补序列杂交，构建了荧光分子探针。由于荧光分子与猝灭分子距离很近，该探针自身只有很弱的荧光，当有对硝基苯磺酰基保护的烷基胺类分子存在时，核酸适配体分子与其结合，导致结构发生变化从而释放互补序列，使猝灭的荧光得以恢复，导致检测体系的荧光强度随靶分子浓度的增加而增强，检测限可达0.1 μmol/L［图9‐3（a）］。该探针可用于带烷胺基的化合物的鉴别，可直接在反应液中检测烷基胺类化合物与对硝基苯磺酰氯的反应产物，副产物不干扰测定；由于核酸适配体与对硝基苯磺酰α‐氨基酸不结合，该探针还可从对硝基苯磺酰氯与氨基酸混合物的反应液中检测L‐赖氨酸[17]。

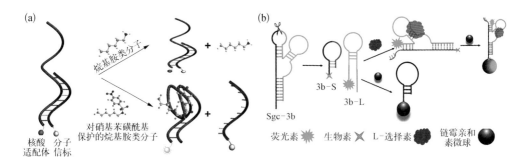

图9‐3 （a）M6b‐M14核酸适配体信标识别含对硝基苯磺酰胺类化合物的原理示意图[17]。（b）基于裂开型核酸适配体建立的流式蛋白定量技术的示意图[19]。核酸适配体Sgc‐3b剪切为3b‐L和3b‐S，在没有L‐选择素的情况下，只有生物素标记的3b‐S被链霉亲和素包被的微球捕获（无荧光）；在L‐选择素存在下，FAM‐3b‐L、生物素‐3b‐S和L‐选择素形成三元复合物并被链霉亲和素包被的微球捕获（强荧光）；进而用流式细胞仪进行分析

通过将FAM标记在反式玉米素的核酸适配体tZ5‐2‐4的第21位碱基T上，将其

与氧化石墨烯结合构建了检测玉米素的石墨烯-核酸适配体传感器。在没有玉米素存在时,核酸适配体吸附于石墨烯上,导致 FAM 的荧光猝灭,当有反式玉米素时,核酸适配体与玉米素结合后其结构发生变化从而与石墨烯解离,导致被石墨烯猝灭的 FAM 的荧光恢复,使得检测体系的荧光随玉米素浓度升高而增强。该探针对生理活性较高的反式玉米素和反式玉米素核苷具有优异的选择性,可检测到 0.1 μmol/L 的反式玉米素[18]。该石墨烯-核酸适配体传感器在玉米素检测、分离和功能研究领域具有潜在的应用前景。

有些核酸适配体序列被裂成两段后仍具有识别功能,这些裂开的适配体为分子探针的构建提供了方便。但是因为对适配体的结构了解甚少,目前只有少数裂开型核酸适配体被报道。我们对 L-选择素(L-selectin)的适配体进行了研究,通过 DMS 足迹法和突变分析阐明了它的靶结合区和结构稳定区。将结构稳定区的双链裂开获得了裂开型的 L-选择素适配体。进一步通过序列优化后,以裂开的 L-选择素适配体代替双抗体,将其中一段序列标记生物素偶联到链霉亲和素微球上,另一段序列标记荧光分子,结合流式细胞分析建立了一种基于微球的三明治分析方法。在有 L-选择素存在时,两段序列与 L-选择素形成复合物并结合于微球上,即可通过流式细胞仪进行定量分析。该方法对 L-选择素具有高的灵敏度和选择性,并成功用于血清中 L-选择素的分析[图9-3(b)][19]。该方法可拓展到其他的裂开型核酸适配体。另外以单分散链霉亲和素微球为载体,通过生物素和荧光染料双标记的单链 DNA 或核酸适配体作为探针,结合以猝灭基团标记的互补 DNA 构建了一个简单的通用性多靶标检测平台,探针与检测靶标结合后导致猝灭基团离开探针,引起微球荧光增强,可直接用流式细胞仪检测。该检测平台对靶标核酸序列或适配体的靶标蛋白具有高的选择性和灵敏度,成功用于血清中靶标的分析,并可用于多靶标的同时检测。

3. 具调控功能的核酸适配体荧光探针的设计与应用

在了解了特定核酸适配体的识别结构后,还可通过分子设计将多个识别不同靶标的核酸适配体进行组合,或在核酸适配体中引入具有调控功能的序列,以实现对核酸适配体功能的调控。我们以一段短的 DNA 序列将链霉亲和素核酸适配体和凝血酶核酸适配体连接在一起,构建了一个新的智能型双功能核酸适配体(BCA)。新的核酸适配体通过分子内折叠形成一个与原核酸适配体完全不同的二级结构,因此其不与链霉亲和素单独结合;只有先与凝血酶结合游离出链霉素核酸适配体部分后才能进一步与链霉亲和素结合,而且结合的量与凝血酶的浓度直接相关[图9-4(a)]。因为链霉亲和素是很多商品化分离材料的配基,因此在新的双功能核酸适配体上标记荧光分子后即可用于同时分离和荧光检测混合体系中的凝血酶。与常用的生物素-链霉亲和素分离体系不同的是,该双功能核酸适配体可用非常温和的缓冲液条件(如 pH = 9 的 Tris 缓冲液)洗脱结合在链霉亲和素固相载体上的核酸适配体与凝血酶,从而再生链霉亲和素固相载体,多次循环使用不降低链霉亲和素的结合特性[20]。同样的策略可用于构建针对其他靶分子的触发型核酸适配体探针,还可用于特定靶分子或特定核酸序列的同时分离与检测。

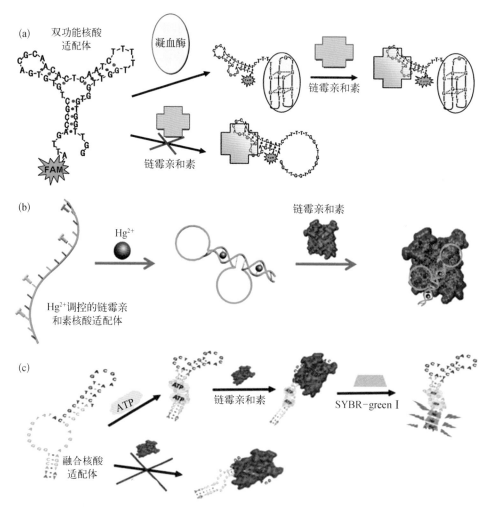

图9-4 (a)双功能核酸适配体(BCA)的工作原理[20]: BCA由于不具有与链霉亲和素结合的构象而不与链霉亲和素结合。加入凝血酶后,诱导凝血酶结合部分形成能够与凝血酶作用的 G-四链体结构,从而释放出链霉亲和素结合部分进而与链霉亲和素作用;(b)Hg^{2+} 介导链霉亲和素核酸适配体的原理示意图[21];(c)ATP调控的链霉亲和素核酸适配体的原理示意图[22]

前文提到我们筛选的链霉亲和素的核酸适配体形成含凸起的发夹结构,其茎的部分可以用其他的双链替换,不影响其结合能力。另外核酸碱基 T 可与汞离子特异性地形成 T-Hg-T 碱基对。基于此,我们构建了新的汞离子调控的智能型核酸适配体探针,即以 T-T 错配的碱基对替换链霉亲和素核酸适配体结构中双链部分的少量碱基,从而实现汞离子对链霉亲和素核酸适配体结合功能的调控。在没有汞离子存在时,新的核酸适配体不能形成与链霉亲和素结合的二级结构而不与其结合,只有在汞离子存在时,所构建的核酸适配体才与链霉亲和素结合,且结合的量与汞离子浓度正相关[图9-4(b)]。将荧光标记的核酸适配体与链霉亲和素微球结合,用流式细胞仪可检测50 nmol/L 的汞离子。在该核酸适配体上加入可形成 G-四链体结构的核酸序列(与血红素形成复合物具有过氧化物酶功能),结合链霉亲和素微球构建了通过汞离子调控的G-四链体过氧化物酶平台,实现了汞离子对酶量的调控[21]。该研究首次在没有引入新的核酸序列的情况下构建了其他分子调控的智能型核酸适配体。我们还以链霉亲和素核酸适配体为模型,将 ATP 分子的核酸适配体分成两段,以其替换链霉亲和素核酸适配体中的一部分茎结构,构建了一种 ATP 调控的智能型核酸适配体。新构建的核酸适配体不能与链霉亲和素结合,只有在 ATP 存在下先与 ATP 结合后才能与链霉亲和素结合[图9-4(c)]。通过固定链霉亲和素的微球分离富集,该探针成功用于生物样品中 ATP 的检测。该策略可推广用于构建其他分子或蛋白调控的链霉亲和素核酸适配体,然后通过链霉亲和素的信号放大功能用于生物标志物蛋白的高灵敏度检测[22]。

9.2.4　Cell‐SELEX 与应用

生物标志物及其检测方法是现代生物医学研究和疾病诊治的必备工具,是实现精准医疗的分子基础。目前生物标志物远不能满足科研与临床的需要,迫切需要发现标志物的新方法和发现新的生物标志物。Cell‐SELEX 技术是直接以疾病细胞为靶标,在无需知道靶分子信息的情况下,直接在生理条件下筛选得到特异性识别靶细胞的一组核酸适配体。通过以另一种细胞(正常细胞、不同分期的病变细胞或其他病变细胞)反向筛选,去除与两种细胞上共有分子结合的适配体,得到特异性结合靶细胞,而不与反筛细胞结合的适配体[23]。由于所得的核酸适配体只与特定疾病细胞结合,因此该核酸适配体在靶细胞上的分子靶标就可能是潜在的疾病标志物,而该核酸适配体则可作为标志物的探针用于标志物的检测、分子成像,以及疾病的治疗(图9-5)[5]。基于此设想,我们利用 Cell‐SELEX 技术成功筛选了肺癌、乳腺癌、前列腺癌、结直肠癌、宫颈癌、卵巢癌、神经母细胞瘤、口腔癌、膀胱癌等不同肿瘤细胞的核酸适配体,发展了核酸适配体分子靶标的鉴定方法,鉴定了系列的潜在生物标志物,并将这些适配体用于各种生物医学检测中。

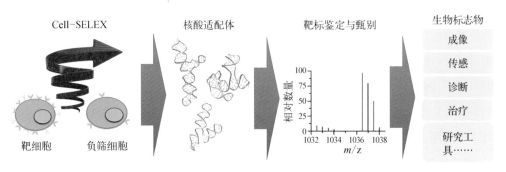

图 9‐5　基于 Cell‐SELEX 技术的生物标志物或新的分子事件发现示意图[5]

1. 靶向细胞的核酸适配体的分子靶标鉴定

由于以 Cell‐SELEX 筛选得到的核酸适配体可以特异性地区分靶细胞与对照细胞,以这些核酸适配体作为亲和配基,即可选择性分离并鉴别其靶分子,从而获得一组疾病特异性的潜在的生物标志物。以活细胞筛选的核酸适配体主要结合于细胞表面,其靶标一般是膜蛋白,但由于膜蛋白疏水性强、丰度低,且细胞中存在大量核酸结合蛋白的干扰,相关膜蛋白靶标鉴别工作难度大,因此大量经 Cell‐SELEX 筛选的核酸适配体的靶标分子未知,严重制约了该领域的发展。笔者早期在佛罗里达大学建立了一个核酸适配体靶标的鉴定方法,成功鉴定了核酸适配体 Sgc‐8 的分子靶标为蛋白酪氨酸激酶 7(protein tyrosine kinase 7,PTK7)[6]。但该方法的成功率较低,原因在于:(1) 核酸适配体的靶标往往是膜蛋白,其疏水性强、丰度低等;(2) 细胞裂解液中高丰度蛋白的非特异结合;(3) SDS‐PAGE 电泳分析的灵敏度不够高,难以发现低丰度靶标蛋白的目标条带;(4) 质谱鉴定灵敏度高,往往给出包括污染和非特异性结合蛋白在内的多个蛋白,难以确认目标蛋白;(5) 整个鉴定过程包含很多步骤,如果出现失败,很难确定哪一步出现问题。面对以上的挑战,我们与加州大学河滨分校的汪寅生教授合作,建立了基于 SILAC 的定量蛋白质组学技术和原位化学交联技术的核酸适配体的蛋白靶标的鉴定和甄别方法(图 9‐6)。以两个与肿瘤细胞结合的核酸适配体(Sgc‐3b 和 Sgc‐4e)互为对照序列,分别与"重型"同位素和"轻型"同位素标记的肿瘤细胞结合,同时分离与鉴定了两个与肿瘤相关的膜蛋白靶标(L-选择素和整合素 α4),这两个蛋白在白血病细胞中高表达,有可能作为白血病的蛋白质标志物[24]。该方法的关键点如下。

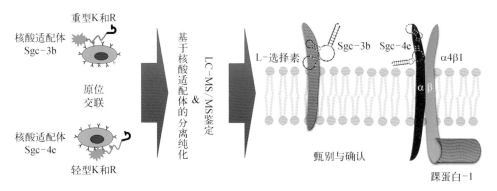

图 9-6　核酸适配体靶标鉴定流程图[24]

　　两个不同的核酸适配体(互为对照序列)分别与"重型"同位素、"轻型"同位素标记的细胞结合,然后原位交联、提取靶标蛋白;将提取物混合、酶切、质谱鉴定和数据分析。最后对鉴定的潜在靶标利用化学和分子生物学等手段予以甄别和确认。核酸适配体(或对照序列)一端标记生物素用于分离纯化,另一端标记荧光染料,用于实时监控结合、交联、裂解、纯化、电泳等各环节;核酸适配体与靶标分子特异性交联,有利于非特性结合蛋白的有效去除;利用 SALIC 技术可进一步区分靶标蛋白和非靶标蛋白

　　(1)分别在核酸适配体的 3' 端和 5' 端标记荧光染料和生物素。生物素用于核酸适配体-靶标复合物的富集;荧光染料用于核酸适配体与细胞结合、洗涤、原位交联、核酸适配体-靶标复合物的分离提取等各个步骤的监控与条件优化。

　　(2)核酸适配体与细胞孵育结合后,洗涤除去过量的核酸适配体,再利用甲醛或其他双功能交联剂实现核酸适配体与靶标的原位交联。交联前的洗涤步骤除去了未与细胞结合的适配体,大大减少了与这部分适配体非特异性结合蛋白的干扰。原位交联后,在后续操作中可以利用苛刻的洗涤条件去除非特异性结合在微球和适配体上的干扰蛋白。

　　(3)利用稳定同位素标记的定量蛋白质组学技术进行靶标鉴定。细胞分别用含有"重型"同位素的氨基酸(^{13}C 和 ^{15}N 标记的 L-lysine 和 L-argine)和"轻型"同位素标记的氨基酸(^{12}C 和 ^{14}N 标记的 L-lysine 和 L-argine)培养。在正向实验中,核酸适配体和对照序列分别与"重型"和"轻型"同位素标记的细胞结合,经原位交联、细胞裂解、微球分离后,将捕获的蛋白-DNA 复合物混合,然后酶切和质谱鉴定。比较所鉴定蛋白的"重型/轻型"同位素的比值,即对应于适配体/对照序列所捕获的蛋白,核酸适配体结合

的靶标蛋白的"重型/轻型"比值一般远大于1,而非特异性结合蛋白的比值接近于1,因此可以很容易地从质谱给出的大量蛋白中确定靶标蛋白。反之,在反向实验中,核酸适配体和对照序列分别与"轻型"和"重型"同位素标记的细胞结合,核酸适配体结合的靶标蛋白的"轻型/重型"比值一般远大于1,而非特异性结合蛋白的比值接近于1。另外,细胞内源化的生物素化蛋白的比值接近于1,可以作为定量蛋白质组学鉴定的内参。

(4) 该方法无需确定 SDS-PAGE 电泳中目标蛋白的条带,而仅需将所有的蛋白一起酶解、质谱鉴定即可,因此 该方法不受 SDS-PAGE 电泳的分辨率的限制。

利用该方法我们已经先后鉴定了多个核酸适配体靶标,包括 L-选择素[24]、整合素 α4[24]、转铁蛋白受体、L1CAM[25]、碱性磷酸酶异源二聚体[26]、朊蛋白[27]等 10 余个潜在的肿瘤生物标志物,进一步说明该方法具有高效率和高成功率。

2. 靶向细胞核的核酸适配体探针

通过 Cell-SELEX 技术筛选得到了一个特异性识别细胞核的核酸适配体(Ch4-1)。该核酸适配体对细胞核具有高亲和力和特异性,平衡解离常数为(6.65 ± 3.40)nmol/L。通过基于 SILAC 的定量蛋白质组学技术鉴定其靶标为细胞核中的核相关蛋白。由于核酸适配体相对分子质量较大、带有负电荷,难以通过完整的细胞膜进入活细胞,该核酸适配体可特异性染色死细胞的细胞核,成功用于流式细胞分析中死细胞与活细胞的区分,还可用于组织切片中细胞核的染色[28]。与传统的 DNA 嵌入剂类的小分子核染料相比,该核酸适配体无活细胞毒性、对细胞核的亲和力高,且能够标记不同的荧光染料,因此,Ch4-1 可作为新型的高亲和力、高特异性死细胞探针,用于细胞培养和医学实践中的死细胞分析。

3. 肺癌细胞核酸适配体的筛选与靶标鉴定

肺癌是世界上最常见的恶性肿瘤之一,已成为我国城市人口恶性肿瘤死亡原因的第一位。我们以占 NSCLC 病例 40% 的 A549 细胞系作为细胞筛选的靶标,大细胞癌 HLAMP 细胞系作为对照细胞,筛选获得多条具有高亲和力的核酸适配体。这些核酸适配体对非小细胞肺癌细胞系 A549 具有特异识别功能,并可以识别病理组织切片样本。如图 9-7 所示,在小细胞肺癌、鳞癌、大细胞癌、腺癌(A549)和正常肺组织切片中,以荧光标记的多条核酸适配体能识别肺腺癌患者的临床组织切片,有望成为肺癌检测和研究的新型分子探针[29]。

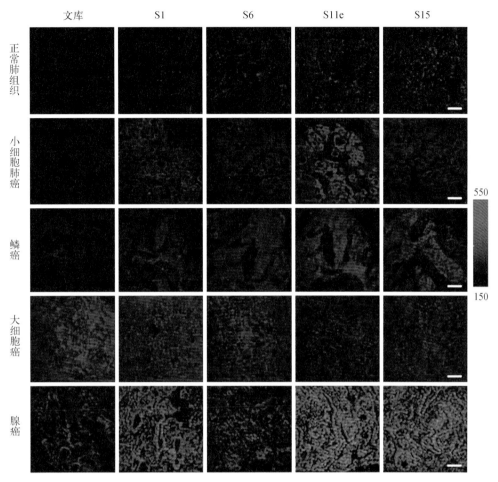

图9-7 以肺癌细胞筛选获得核酸适配体与不同亚型肺癌组织切片结合情况（标尺为 100 μm）[29]

我们与国家癌症中心宋咏梅教授等合作，通过核酸适配体靶标鉴定，发现核酸适配体 R14 的靶标是 LRPPRC（leucine rich pentatricopeptide repeat containing）蛋白[30]。通过大样本临床切片检测及大样本公共数据库分析，表明 LRPPRC 蛋白是一个在 PP 亚型肺腺癌中特异性高表达的新的肿瘤标志物，与病人的病理分期及预后生存高度相关。针对 LRPPRC 蛋白的结构特点，我们进一步开发了一种基于核酸适配体荧光偏振信号检测的高通量药物筛选体系，成功筛选到与 LRPPRC 蛋白直接结合的小分子抑制剂——醋酸棉酚（GAA）（图9-8）。作为传统避孕老药的 GAA 能特异性结合 LRPPRC 蛋白，进一步引起 LRPPRC 通过一种泛素-蛋白酶体非依赖的形式靶向降解。GAA 不仅在细胞水平上可以抑制 LRPPRC 阳性肿瘤细胞生长，在人源肿瘤异种移植模型 PDX

上也显示出较好的疗效。该研究为现阶段无法通过药物进行靶向治疗的高恶性肺腺癌病人提供了一个新的治疗型标志物及其对应的治疗候选药物，同时也提出了一种不同于现有 PROTAC 技术的疾病相关蛋白靶向降解新策略。

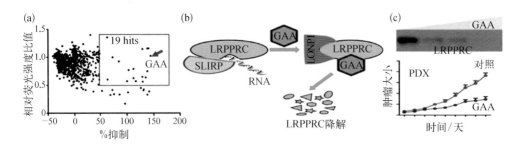

图 9-8　（a）使用基于核酸适配体荧光偏振信号检测的高通量药物筛选体系发现 GAA 是 LRPPRC 蛋白特异性的小分子抑制剂；（b）GAA 诱导 LRPPRC 蛋白靶向降解的模式图；（c）GAA 降低细胞 LRPPRC 蛋白水平，抑制 LRPPRC 阳性 PDX 肿瘤的生长[30]

　　小细胞肺癌患者约占到所有肺癌患者的 10% 左右，虽然占比比较低，但是小细胞肺癌却是现今恶性程度最大的人类肿瘤，五年生存率仍然小于 7%。现阶段临床上对于小细胞肺癌的治疗手段还极为原始，外科手术只能应用于不到 5% 的病人，绝大部分小细胞肺癌患者初次就诊就处于广泛期，并发多处淋巴结转移及远端脏器转移，丧失手术机会。在将近 20 年没有新药在小细胞肺癌中获得批准，小细胞肺癌仍然以化疗及放疗治疗为主。现阶段对小细胞肺癌分子机理的研究还不够透彻，极度缺乏有临床意义的诊断和治疗靶点。鉴定发现对小细胞肺癌发生、发展至关重要的分子靶点，研究其分子机制和相应的干预手段对小细胞肺癌的临床干预至关重要。利用谭蔚泓院士团队报道的小细胞肺癌特异性的核酸适配体[31]，我们成功鉴定了核酸适配体 C12 的特异性蛋白靶点为高密度脂蛋白结合蛋白（high density lipoprotein binding protein，HDLBP）[32]。免疫组化分析发现 HDLBP 在正常肺组织中不表达，在小细胞肺癌组织中高表达，证明 HDLBP 是一个新的小细胞肺癌生物标志物。功能实验发现敲降 HDLBP1 可以抑制小细胞肺癌细胞的生长、侵袭迁移及体内成瘤能力，抑制肿瘤细胞的恶性表型。进一步的机制研究发现 HDLBP 可以调控小细胞肺癌细胞系的细胞周期进程，敲降 HDLBP 能将小细胞肺癌细胞系阻滞在 G0、G1 期。因为 HDLBP 已经被证明可以被天然产物 Aralin 所阻断进而产生较强的肿瘤抑制效果，所以 HDLBP 也是小细胞肺癌一个特异性的治疗性靶点。

4. 神经突核酸适配体的筛选和标志物蛋白 L1CAM

神经突生长和突触形成是神经系统发育和神经疾病发生的一个重要生物学过程，神经突生长的监控对神经功能评估、治疗神经疾病药物的筛选以及化合物神经毒性的评估具有十分重要的意义。目前，最常用的神经突生长检测探针是染料标记的微管蛋白抗体、微管相关蛋白抗体和用于染色肌动蛋白的染料标记的鬼笔环肽，但是这些细胞骨架蛋白探针可以染色所有细胞，对神经突和神经细胞的特异性较差。一些标记荧光染料的神经元特异性抗体，例如神经丝、突触后密度蛋白、脑发育蛋白、neurabin、突触体素等的抗体，则只可用于染色神经突的特定部位。为了获得可识别神经突的分子探针，我们以经维甲酸和脑源性神经生长因子诱导分化神经母细胞瘤细胞 SH－SY5Y 产生的神经突网络为靶标，建立了神经突－SELEX 筛选技术，经过四轮 SELEX 筛选得到了特异结合神经突的核酸适配体 yly1，经优化后得到核酸适配体 yly12，其与靶标的平衡解离常数为 (3.51 ± 2.40) nmol／L。经 SILAC 定量蛋白质组学鉴定 yly12 的分子靶标为 L1 细胞黏附分子（L1CAM）；通过抗体共染成像、siRNA 干扰试验、凝胶阻滞电泳实验等进一步证实 L1CAM 为核酸适配体 yly12 的分子靶标[25]。染料标记的核酸适配体 yly12 成功用于分化的 SH－SY5Y 细胞所形成的三维神经突网络的成像[图 9－9(a)]，在分化的 SH－SY5Y 细胞与胶质瘤细胞 U87－MG 的混合培养体系中能特异性地识别神经突，并用于人脑组织切片中神经纤维的成像。进一步研究发现核酸适配体 yly12 能通过结合 L1CAM 抑制神经突的生长。因此该核酸适配体可以作为神经科学研究的重要工具。另外，染料标记的核酸适配体 yly12 可以与高表达 L1CAM 的肿瘤细胞特异性结合。L1CAM 在很多恶性肿瘤中高表达，且是重要的治疗性靶标，因此该核酸适配体可用于

(a)

(b)

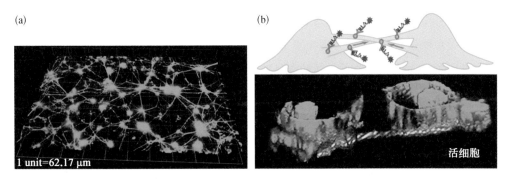

图 9－9 （a）核酸适配体 yly12 用于三维神经突网络成像[25]；（b）耐药乳腺癌 MCF－7R 细胞核酸适配体 M17A2 用于细胞间连接的检测[33]

高表达 L1CAM 肿瘤细胞的检测，且具有用于靶向肿瘤治疗的潜力。

5. 耐药细胞核酸适配体的筛选和细胞成像研究

为了发展与肿瘤耐药相关的分子探针，我们以耐药乳腺癌肿瘤细胞 MCF－7R 为靶细胞，以对药物敏感的乳腺癌肿瘤细胞 MCF－7 为反筛细胞，利用 Cell－SELEX 技术筛选得到了能与耐药细胞具有强亲和力、高特异性结合的核酸适配体 M17A2[33]；以 M17A2 为识别单元构建了荧光分子探针，该探针不与 MCF－7R 细胞的胞体结合，而是选择性识别细胞间的一些特殊的连接结构，该结构的骨架蛋白为 Actin[图 9－9(b)]，形态类似细胞隧道纳米管。细胞混合培养发现该连接结构不仅在 MCF－7R 细胞之间形成，也可在 MCF－7R 细胞与其他肿瘤细胞间形成。该结构还可在 MCF－7R 细胞间，以及由 MCF－7R 细胞向其他细胞运输耐药相关蛋白 MRP1 和 P－gp，提示该结构可能是肿瘤耐药性传染的途径之一[33]。该探针为研究细胞间的通信方式提供了新的工具。以相同的策略，我们筛选获得了特异性识别耐紫杉醇的卵巢癌细胞系(A2780T)的核酸适配体 HF3－58 和 HA5－68，并作为分子探针用于相关细胞的成像。[34]

6. 碱性磷酸酶异源二聚体核酸适配体的筛选及其应用

蛋白的二聚化是细胞中发挥着极其重要的生物学功能的生理现象，与细胞信号的传导密切相关。但是，由非共价键所形成的蛋白二聚体，其形成与解离是一个动态过程，难以获得完整、稳定的蛋白二聚体用于抗体的制备。到目前为止，没有单个探针可以实现细胞或组织水平的蛋白二聚体的原位检测，严重制约了蛋白二聚体的功能研究。我们利用 Cell－SELEX 技术得到了核酸适配体 BG2，通过基于 SILAC 的定量蛋白质组技术以及多种分子生物学技术鉴定了 BG2 的分子靶标为碱性磷酸酶异源二聚体。核酸适配体 BG2 只特异性结合碱性磷酸酶异源二聚体，而不识别碱性磷酸酶单体。利用该核酸适配体为亲和配基实现了碱性磷酸酶异源二聚体的分离纯化。我们利用该核酸适配体作为分子探针首次发现了数种肿瘤细胞高表达碱性磷酸酶异源二聚体，并实现了荷瘤小鼠中高表达碱性磷酸酶异源二聚体肿瘤的原位成像(图 9－10)[26]。碱性磷酸酶同工酶广泛分布在生物体内，但是碱性磷酸酶异源二聚体的分布和功能尚未知，因此核酸适配体 BG2 可以为其相关研究提供有效的分子探针。该研究也证明 Cell－SELEX 是获得蛋白二聚体探针的有效技术手段。

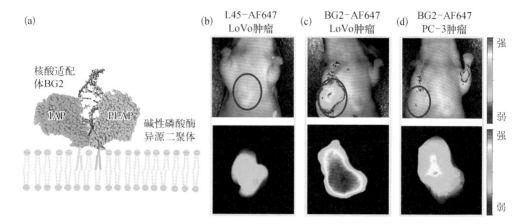

図9-10 （a）核酸适配体 BG2 特异性结合碱性磷酸酶异源二聚体示意图；（b）对照序列 L45 对
LoVo 荷瘤小鼠成像情况；（c）核酸适配体 BG2 对 LoVo 荷瘤小鼠成像情况；（d）核酸适
配体 BG2 对 PC‐3 荷瘤小鼠成像情况[26]

9.2.5　核酸适配体的生物医学应用

1. 核酸适配体在循环肿瘤细胞捕获、释放和检测中的应用

循环肿瘤细胞(circulating tumor cell，CTC)是从实体肿瘤脱落侵入血液循环中的肿瘤细胞,在肿瘤的转移过程中起着至关重要的作用。通过检测患者血液中的 CTC 可以为肿瘤诊断和癌症实时监测提供一种微创的方法。特别是当肿瘤组织无法获取时,可以采用 CTC 检测指导临床用药和疗效评价。然而,CTC 在每毫升血液中只有 $1\sim20$ 个,而白细胞有 $10^6\sim10^7$ 个。如何避免大量白细胞的干扰,从患者血样中分离完整的 CTC 并进行基因分析成为一项技术挑战。此外,肿瘤细胞的异质性也严重地影响了 CTC 的富集效果,成为高效捕获 CTC 的另一个主要障碍。针对 CTC 在血液中的捕获、释放和检测,我们发展了一系列基于核酸适配体的新方法和新技术。

为探索核酸适配体用于肺癌 CTC 检测的可行性,将我们筛选的两条结合肺癌细胞的核酸适配体修饰到自主设计的 CTC 芯片中,对加入健康人外周血中的 A549 细胞进行了检测。实验中使用的微流控芯片由两部分组成[图9‐11(a)][35]：微流控芯片的底部是一枚硅芯片,利用湿法刻蚀在硅片上制备了特殊的纳米线结构,并在硅纳米线的表面修饰上了核酸适配体；芯片的顶部是一枚由 PDMS 材料制成的混合通道,通过引入湍流的方法增加肿瘤细胞与底部硅片的接触概率,从而提高细胞捕获效率。一方面,由于纳米结构的拓扑效应,芯片与肿瘤细胞间的作用力得以显著增强;另一方面,借助微混合通道的流体动力学效应,肿瘤细胞与核酸适配体的接触概率得到大幅提高。得益于这两种效应的共同作用,利用这套装置在芯片内取得了约90%的细胞捕获效率。核酸适配体作为识别分子与抗体相比有一个独特的优势,即能在无损细胞的条件下对捕获的细胞实现释放。我们利用全能核酸酶在室温下消化芯片内的适配体,对捕获的肿瘤细胞实现了选择性释放。由于该过程对于非特异性吸附的白细胞影响微乎其微,因此

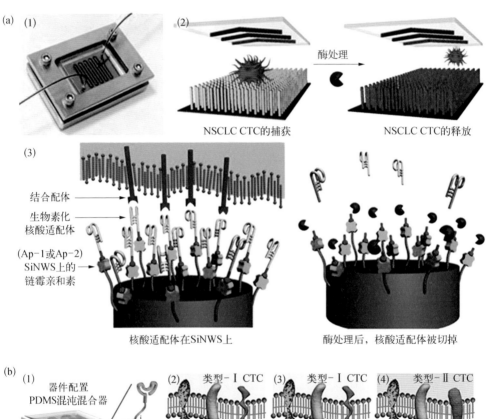

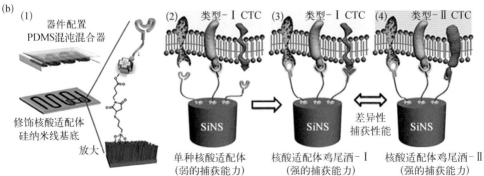

图9-11 (a)循环肿瘤细胞的捕获与释放[35];(b)核酸适配体 cocktail用于CTC异质性的研究[36]

在释放后的样品中肿瘤细胞的纯度明显得到提高。在原本的模拟血样中 A549 细胞浓度太低,其特有的 KRAS 突变被白细胞的野生型 KRAS 基因掩盖,无法直接检出。然而通过两个循环的选择性捕获和释放后,肿瘤细胞的纯度得到大幅提高,利用测序成功检测到了 A549 细胞的 KRAS 突变,实现了 A549 细胞高效率地捕获及释放[35]。

考虑到细胞膜上通常会存在多种靶标分子,通过核酸适配体组合的方式借助多价加成效应,应该能够提高与肿瘤细胞的亲和力,降低因标志物表达量差异导致的漏检。我们以非小细胞肺癌为模型,以具有代表性的若干细胞系为模拟样本,利用流式细胞术建立了一套在体外对备选核酸适配体进行优化的方法,该方法能够筛选出结合能力较强且相互间不存在竞争作用的若干核酸适配体序列。最重要的是,该方法不受肿瘤类型限制,实验证明即便对于表面标志物不明的癌种,也可以通过体外筛选获得若干能与靶细胞特异性结合的适配体组合。

由于 CTC 的异质性,以仅固定一种核酸适配体的芯片对 CTC 负荷进行监控,并不能很好地反应患者的实际情况。在细胞实验和临床患者样本的 CTC 检测上,都证明了相比单个核酸适配体,多个核酸适配体组合因其多价效应的存在,在捕获存在异质性的细胞时具有显著优势,成功实现了患者样本的 CTC 检测以及疗效监测[图 9 - 11 (b)][36]。同时我们发现随着治疗的进行,患者 CTC 的异质性会不断发生变化,而单一的 CTC 检测方法可能无法对患者的病情进行全面的反映。因此,结合磁珠与微阵列芯片我们又提出了一种基于微孔芯片辅助的核酸适配体组合免疫磁性分离方法,用来对异质性 CTC 进行分离和基因分析(图 9 - 12)。通过将两种对耐药肺癌细胞和非耐药肺

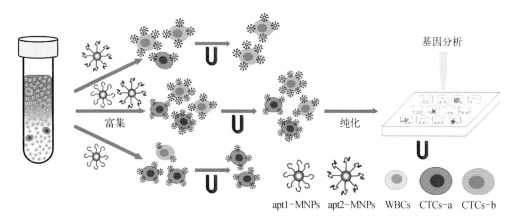

图 9-12 微孔芯片辅助的核酸适配体组合修饰磁珠技术用于耐药异质性循环肿瘤细胞的捕获与基因分析[37]

癌细胞具有更高亲和力的核酸适配体分别连接在磁性纳米颗粒上并进行组合,有效地降低了细胞异质性的影响。与单种核酸适配体捕获相比,CTC的捕获效率得到显著提升。在缓冲液、T淋巴细胞白血病细胞Jurkat和从健康人外周血中提取的单核细胞中的捕获CTC的效率分别达到91.6%±2.1%,84.4%±5.0%和80%±2.8%。进一步在微孔芯片的辅助下,CTC的纯度达到了基因分析需要的纯度,符合基因分析要求。最终,我们对从微孔芯片上分离的CTC进行了肺癌常见KRAS和EGFR基因突变分析,并首次利用核酸适配体在病人血样中实现了CTC的捕获及单个CTC的基因分析[37]。该方法进一步提高了CTC产物的纯度,为之后的分子诊断奠定了基础。

2. 循环肿瘤相关物质的检测新方法

循环肿瘤细胞可用于肿瘤的诊断,肿瘤转移、术后复发与转移的监测,抗肿瘤药物的敏感性与患者预后的评估以及为选择个体化治疗的策略提供依据。目前CTC的检测过程包括CTC富集和富集后CTC的检测,CTC的检测主要通过细胞染色后进行显微成像分析,但在实际血液中完整CTC很少,往往需要较多的血液(7.5 mL)才能检测出,灵敏度不高,重现性较差。其实,大部分CTC进入外周血后会发生凋亡或被免疫系统攻击,形成CTC凋亡小体或碎片;这些碎片的量远大于血液中CTC的量,但它们依然携带肿瘤信息,可作为标志物用于肿瘤的检测,我们将血液中这些来源于肿瘤的物质统称为循环肿瘤相关物质。基于此,我们结合核酸适配体BG2对碱性磷酸酶异源二聚体特异性的识别作用,以及内源性碱性磷酸酶的信号放大策略,建立了循环肿瘤相关物质的高灵敏、高特异性的检测方法[图9-13(a)][38]。基于该方法,实现了结直肠癌患者血液样本中循环肿瘤相关物质的高灵敏度检测;临床样本研究发现结直肠癌患者(50例)和健康个体(39例)血液中表达碱性磷酸酶异源二聚体的循环肿瘤相关物质存在显著性差异($p < 0.000\ 1$),ROC曲线的AUC值达0.93[图9-13(b)(c)],说明该方法具有用于临床结直肠癌诊断和疗效预测的潜力[38](专利:201910001280.0,PCT/CN2019/072749)。该结果进一步证明我们发现的碱性磷酸酶异源二聚体是潜在的肿瘤标志物。与传统的CTC分析相比,我们发展的循环肿瘤相关物质的检测是通过基于酶放大的比色法实现的,操作简单且灵敏度高。

3. 基于核酸适配体的外泌体检测

外泌体具有独特的物理和生物学特征,例如包含高度异质的生物分子、尺寸为30~

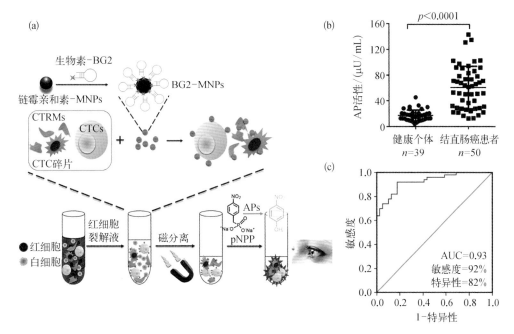

图 9 - 13 基于核酸适配体 BG2 和内源性碱性磷酸酶的循环肿瘤相关物质的检测[38]

（a）示意图；（b）分别从健康个体（$n=39$）和结直肠癌患者（$n=50$）血液中捕获的循环肿瘤相关物质的碱性磷酸酶活性；（c）基于（b）数据获得的 ROC 曲线

100 nm，远小于细胞（10～30 μm），但比普通生物分子要大，且这些特征并不具有特异性，因此外泌体的分离和检测难度很大。利用核酸适配体与膜蛋白特异性识别以及外泌体天然的荧光偏振放大能力，我们建立了首个基于核酸适配体——荧光偏振方法的无需放大的高灵敏外泌体检测平台（图 9 - 14）[39]，可以在血浆样本中进行外泌体的定量分析。该方法利用了外泌体的双重性质，即可用于荧光偏振测定的大质量/体积，以及可被小相对分子质量的核酸适配体识别。当染料标记的核酸适配体与外泌体结合，核酸适配体的相对分子质量将显著改变，导致荧光偏振信号变化。对于肿瘤细胞直接来源的外泌体，利用该方法检测限可达每微升 500 个颗粒。更重要的是，由于荧光偏振受环境干扰较小，测定人体血浆中的外泌体时不需要任何烦琐的样品预处理，成功实现了从肺癌患者和健康供体的临床样本中外泌体的定量检测。该方法作为一种新的、简单的液体活检方法，可用于肿瘤诊断和治疗监测。

此外，针对液体活检中肿瘤标志物含量低、体液组分复杂的特点，结合肿瘤标志物的核酸适配体相对分子质量较小、易扩增等优势，我们还采用无差别捕获分离方法分离富集外泌体。同时，为了克服目前检测外泌体的方法主要集中在外泌体 RNA 或蛋白质

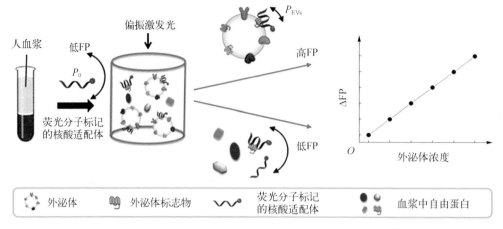

图 9‑14 基于核酸适配体的无需分离外泌体定量检测方法[39]

中的一类,并没有充分利用外泌体携带的肿瘤标志物信息,导致了样本消耗量和操作步骤的增加。我们首次提出将基于核酸适配体的免疫 PCR 用于同时测量外泌体的膜蛋白和 RNA。通过 DSPE 修饰的磁珠对外泌体进行无差别捕获,再利用连接引物的核酸适配体对外泌体膜蛋白进行特异性识别,并磁性分离释放得到外泌体。然后凭借 PCR 进行指数扩增,将带有引物的核酸适配体和外泌体 RNA 进行信号放大,对外泌体的检测灵敏度可达 50 个 /μL(图 9‑15)。我们采用该方法实现了细胞系外泌体及临床样本中外泌体 PD‑L1 蛋白和 IDO1 RNA 的同时检测,为外泌体上肿瘤标志物的综合分析提供了新思路[40]。

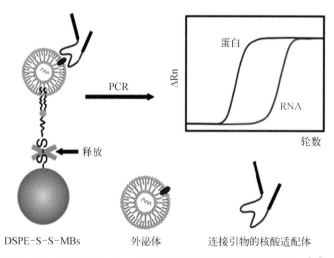

图 9‑15 核酸适配体免疫 PCR 同时表征外泌体膜蛋白与 RNA[40]

4. 基于核酸适配体的蛋白质检测

我们开发了一种新型的基于 DNA 电荷传导的核酸适配体生物传感器,并将其用于未稀释的血清中凝血酶的检测,检测灵敏度达到 1.2 pmol/L[41]。该方法将 DNA 电荷传导对复杂生物质体系的强抗干扰的特性、DNA 电荷传导介导的荧光猝灭在单链 DNA 与双链 DNA 之间的巨大差异以及核酸适配体在血清中的优异分子识别性能整合在一起,通过简单的荧光强度的测量实现了血清中凝血酶的高灵敏度、高选择性检测。因为所有的 DNA 核酸适配体大多会包含能够促进 DNA 电荷传导的腺嘌呤和鸟嘌呤,所以只要筛选出靶标蛋白质的核酸适配体,理论上就可以构建一个基于 DNA 电荷传导的核酸适配体生物传感器。这种生物传感器为在复杂生物质体系中检测蛋白质或其他靶标分子提供了一种新的思路。

与北京大学郭雪峰课题组合作,我们还发展了一种将分子电子器件与核酸适配体生物识别功能结合在一起的蛋白质检测新方法,实现了非标记、实时、可循环利用的单个蛋白质分子的检测。通过将单个核酸适配体分子连接到刻蚀之后的单根单壁碳纳米管之间,组装成核酸适配体单分子器件,利用核酸适配体的识别能力,并结合微流控技术,实现了单个凝血酶分子的检测[42]。将单个生物分子与单壁碳纳米管连接的方法还有望用于单分子水平研究生物分子间的相互作用。这种快速响应、无需标记的蛋白质单分子器件将在基因组学以及疾病早期诊断等方面表现出巨大的潜力。

丙型病毒性肝炎是严重危害人类健康的流行性血液传染病,目前尚未开发出有效的 HCV 疫苗,发展 HCV 早期检测方法具有非常重要的意义。由于 core 蛋白在 HCV 感染一周后就会出现在血液中,因此检测 HCV core 蛋白有望实现 HCV 窗口期检测。我们通过筛选得到了丙肝核心蛋白的核酸适配体,并对筛选得到的核酸适配体进行结构优化裁剪,这些适配体具有明显的病毒感染抑制效果,在丙型病毒性肝炎的早期诊断上具有重要意义。为应对不同实际样品的检测需求,我们先后发展了多种基于核酸适配体的生物分子检测和信号放大方法,实现了丙型病毒性肝炎核心蛋白的血清检测[43]。我们将生物素修饰的核酸适配体固定于商品化的链霉亲和素包被的 96 孔板中,通过结合使用辣根过氧化物酶(horseradish peroxidase, HRP)修饰的 HCV core 蛋白单克隆抗体,实现了高灵敏度的 HCV core 蛋白检测,其检测灵敏度高于市场上基于抗体的商品化试剂盒一个数量级。在对 1 686 例丙肝病人的检测中,其检测成功率(94.7%)远超过商品化试剂盒(88.3%),表明了核酸适配体在临床诊断上的可行性。随后我们利用纳米颗粒放大技术,建立了首个基于核酸适配体的临床诊断试剂盒,检测体液中(血清、房水)肿瘤标志物人血管内皮生长因子(VEGF)的含量,检测灵敏度超过商品化抗体试剂盒。

5. 核酸适配体在组织切片分析中的应用

组织切片是临床诊断的重要材料,核酸适配体可特异性地与切片上的生物标志物结合,将其进行信号标记即可用于切片的染色或荧光成像分析。我们与中国医科大学方瑾教授合作,采用 Cell‐SELEX 技术以高转移性结肠癌细胞 LoVo 细胞为靶细胞,以非转移性结肠癌细胞 HCT‐8 为反筛细胞筛选得到了 7 个高特异性、高亲和力结合靶细胞的核酸适配体。利用核酸适配体 W14 作为阿霉素的载体,成功地实现了阿霉素的靶向输送,大大降低了其对非靶细胞的毒性。利用核酸适配体 W3 与量子点偶联构建了纳米荧光探针,成功用于高转移性肿瘤细胞、鼠肺转移肿瘤组织以及病人转移性结直肠癌组织切片的荧光分子成像[44]。我们与中山大学附属第三医院高新教授合作,以恶性程度高的骨转移前列腺癌细胞株 PC‐3 为靶标,筛选到一组特异性识别恶性前列腺癌细胞 PC‐3 的核酸适配体。以荧光标记的核酸适配体 wy‐5a 为分子探针,实现了对临床来源的前列腺癌组织切片的荧光成像分析。研究发现 wy‐5a 可对恶性程度高的前列腺癌组织染色,其染色的荧光强度随癌症恶性程度升高而升高,对正常前列腺增生组织不染色。说明 wy‐5a 可以作为恶性肿瘤的分子探针用于肿瘤的检测,其靶蛋白可能与肿瘤转移和恶性程度相关[45]。近期,我们用定量蛋白质组学技术,成功鉴定了核酸适体 wy‐5a 的分子靶标为细胞膜表面的朊蛋白,进一步通过大量临床肿瘤组织切片分析,发现朊蛋白高表达与前列腺癌和乳腺癌具有相关性,朊蛋白可作为前列腺癌和乳腺癌潜在的分子标志物[27]。

9.3 讨论与展望

核酸适配体研究成为一门涉及化学、生物学、医学、药学、物理学、纳米材料学、信息学等多学科和技术的交叉学科。经过近三十年研究,范围不断扩展,内容不断丰富,用途日益广泛。虽然核酸适配体在分析检测、疾病诊断和治疗等领域具有独特的优势,很多实验室在核酸适配体方面做了出色的工作,但其实际应用还处于起步阶段,面临着更大的发展空间和挑战。

要推动核酸适配体的实际应用,还需要大量地识别各种靶标的核酸适配体,虽然我们的筛选平台可成功用于大部分靶标的筛选,但筛选周期最少两周,需要有更高效的筛选方法才能满足应用的需要。另外,核酸适配体筛选的靶标性质不同,应用场景不同,难有一个标准的筛选方法可确保任意靶分子的筛选成功。因此针对不同类靶标发展自动化的筛选仪器则有望节省大量人工和时间。

其次,核酸适配体的表征与结构优化也是项艰巨的任务,往往需要比筛选更多的时间,且难以用仪器替代,需要研究者具有丰富的核酸适配体研究经验以及技术储备。我们建立的基于核酸适配体候选者二级结构的快速优化表征方法,还处于以经验为主的人工操作阶段,可进一步结合生物信息学技术、分子模拟技术、人工智能技术来提高表征与优化的效率。核酸适配体结构研究远落后于蛋白质的结构研究,须与结构生物学研究单位合作,开发基于核磁共振、X射线-晶体衍射、冷冻电镜等技术的核酸适配体结构研究方法,阐明一些典型适配体的三维结构及其与靶分子相互作用的分子模型,建立核酸适配体三维结构的模拟方法。

Cell-SELEX技术在发现生物标志物以及发现新的分子事件方面有着独特的优势。一方面,Cell-SELEX是在实际的细胞环境下进行筛选的,所获得的适配体结合的是实际真实细胞环境下的活性分子结构,因此这些适配体可直接作为分子探针用于细胞分析或临床诊断,也可直接偶联相应的药物用于靶向治疗,甚至有直接作为药物的潜力。另一方面,细胞表面分子种类很多,且随细胞的不同变化很大,其复杂程度远远超过人类目前对它的了解,Cell-SELEX技术是在未知靶标信息的情况下针对复杂体系筛选适配体,通过所得的适配体有望发现新的生物标志物或新的分子事件。随着更多生物标志物的发现,Cell-SELEX技术有望成为推动分子医学发展的一个重要力量。目前我们已经获得一些重要的潜在疾病标志物的核酸适配体,其他团队也有一些重要核酸适配体报道。相关的临床样品检测应用开发和基于核酸适配体偶联药物的研究工作正在开展中,有望在不久的将来有基于核酸适配体的产品用于临床中。

参考文献

[1] Zhou G,Wilson G,Hebbard L,et al. Aptamers:A promising chemical antibody for cancer

therapy[J]. Oncotarget, 2016, 7(12): 13446 – 13463.

[2] Darmostuk M, Rimpelova S, Gbelcova H, et al. Current approaches in SELEX: An update to aptamer selection technology[J]. Biotechnology Advances, 2015, 33(6): 1141 – 1161.

[3] Zhou J H, Rossi J. Aptamers as targeted therapeutics: Current potential and challenges[J]. Nature Reviews Drug Discovery, 2017, 16(3): 181 – 202.

[4] Nguyen V T, Kwon Y S, Gu M B. Aptamer-based environmental biosensors for small molecule contaminants[J]. Current Opinion in Biotechnology, 2017, 45: 15 – 23.

[5] Bing T, Zhang N, Shangguan D H. Cell-SELEX, an effective way to the discovery of biomarkers and unexpected molecular events[J]. Advanced Biosystems, 2019, 3(12): 1900193.

[6] Shangguan D H, Cao Z H, Meng L, et al. Cell-specific aptamer probes for membrane protein elucidation in cancer cells[J]. Journal of Proteome Research, 2008, 7(5): 2133 – 2139.

[7] Hong K L, Sooter L J. Single-stranded DNA aptamers against pathogens and toxins: Identification and biosensing applications[J]. BioMed Research International, 2015, 2015: 419318.

[8] Zhou F, Fu T, Huang Q, et al. Hypoxia-activated PEGylated conditional aptamer/antibody for cancer imaging with improved specificity[J]. Journal of the American Chemical Society, 2019, 141(46): 18421 – 18427.

[9] Zhou F, Wang P, Peng Y B, et al. Molecular engineering-based aptamer-drug conjugates with accurate tunability of drug ratios for drug combination targeted cancer therapy[J]. Angewandte Chemie International Edition, 2019, 58(34): 11661 – 11665.

[10] You M X, Lyu Y F, Han D, et al. DNA probes for monitoring dynamic and transient molecular encounters on live cell membranes[J]. Nature Nanotechnology, 2017, 12(5): 453 – 459.

[11] Li W H, Kou X L, Xu J C, et al. Characterization of hepatitis C virus core protein dimerization by atomic force microscopy[J]. Analytical Chemistry, 2018, 90(7): 4596 – 4602.

[12] Ge L, Jin G, Fang X H. Investigation of the interaction between a bivalent aptamer and thrombin by AFM[J]. Langmuir: the ACS Journal of Surfaces and Colloids, 2012, 28(1): 707 – 713.

[13] Bing T, Yang X J, Mei H C, et al. Conservative secondary structure motif of streptavidin-binding aptamers generated by different laboratories[J]. Bioorganic & Medicinal Chemistry, 2010, 18(5): 1798 – 1805.

[14] Bing T, Zheng W, Zhang X, et al. Triplex-quadruplex structural scaffold: A new binding structure of aptamer[J]. Scientific Reports, 2017, 7: 15467.

[15] Zhang N, Bing T, Liu X J, et al. Cytotoxicity of guanine-based degradation products contributes to the antiproliferative activity of guanine-rich oligonucleotides[J]. Chemical Science, 2015, 6 (7): 3831 – 3838.

[16] Wang J Y, Bing T, Zhang N, et al. The mechanism of the selective antiproliferation effect of guanine-based biomolecules and its compensation[J]. ACS Chemical Biology, 2019, 14(6): 1164 – 1173.

[17] Mei H C, Bing T, Yang X J, et al. Functional-group specific aptamers indirectly recognizing compounds with alkyl amino group[J]. Analytical Chemistry, 2012, 84(17): 7323 – 7329.

[18] Qi C, Bing T, Mei H C, et al. G-quadruplex DNA aptamers for Zeatin recognizing [J]. Biosensors & Bioelectronics, 2013, 41: 157 – 162.

[19] Shen L Y, Bing T, Liu X J, et al. Flow cytometric bead sandwich assay based on a split aptamer [J]. ACS Applied Materials & Interfaces, 2018, 10(3): 2312 – 2318.

[20] Bing T, Liu X J, Cheng X H, et al. Bifunctional combined aptamer for simultaneous separation and detection of thrombin[J]. Biosensors & Bioelectronics, 2010, 25(6): 1487 – 1492.

[21] Mei H C, Bing T, Qi C, et al. Rational design of Hg^{2+} controlled streptavidin-binding aptamer

[J]. Chemical Communications (Cambridge, England), 2013, 49(2): 164 - 166.

[22] Bing T, Mei H C, Zhang N, et al. Exact tailoring of an ATP controlled streptavidin binding aptamer[J]. RSC Advances, 2014, 4(29): 15111.

[23] Shangguan D H, Li Y, Tang Z W, et al. Aptamers evolved from live cells as effective molecular probes for cancer study[J]. Proceedings of the National Academy of Sciences of the United States of America, 2006, 103(32): 11838 - 11843.

[24] Bing T, Shangguan D H, Wang Y S. Facile discovery of cell-surface protein targets of cancer cell aptamers[J]. Molecular & Cellular Proteomics: MCP, 2015, 14(10): 2692 - 2700.

[25] Wang L L, Bing T, Liu Y, et al. Imaging of neurite network with an anti-L1CAM aptamer generated by neurite-SELEX[J]. Journal of the American Chemical Society, 2018, 140(51): 18066 - 18073.

[26] Bing T, Shen L Y, Wang J Y, et al. Aptameric probe specifically binding protein heterodimer rather than monomers[J]. Advanced Science, 2019, 6(11): 1900143.

[27] Bing T, Wang J Y, Shen L Y, et al. Prion protein targeted by a prostate cancer cell binding aptamer, a potential tumor marker? [J]. ACS Applied Bio Materials, 2020, 3(5): 2658 - 2665.

[28] Shen L Y, Bing T, Zhang N, et al. A nucleus-targeting DNA aptamer for dead cell indication[J]. ACS Sensors, 2019, 4(6): 1612 - 1618.

[29] Zhao Z L, Xu L, Shi X L, et al. Recognition of subtype non-small cell lung cancer by DNA aptamers selected from living cells[J]. The Analyst, 2009, 134(9): 1808 - 1814.

[30] Zhou W, Sun G G, Zhang Z, et al. Proteasome-independent protein knockdown by small-molecule inhibitor for the undruggable lung adenocarcinoma [J]. Journal of the American Chemical Society, 2019, 141(46): 18492 - 18499.

[31] Chen H, Medley C, Sefah K, et al. Molecular recognition of small-cell lung cancer cells using aptamers[J]. ChemMedChem, 2008, 3(6): 991 - 1001.

[32] Zhou W, Zhao L B, Yuan H Y, et al. A new small cell lung cancer biomarker identified by Cell-SELEX generated aptamers[J]. Experimental Cell Research, 2019, 382(2): 111478.

[33] Zhang N, Bing T, Shen L Y, et al. Intercellular connections related to cell-cell crosstalk specifically recognized by an aptamer[J]. Angewandte Chemie International Edition, 2016, 55(12): 3914 3918.

[34] He J Q, Wang J Y, Zhang N, et al. *In vitro* selection of DNA aptamers recognizing drug-resistant ovarian cancer by cell-SELEX[J]. Talanta, 2019, 194: 437 - 445.

[35] Shen Q L, Xu L, Zhao L B, et al. Specific capture and release of circulating tumor cells using aptamer-modified nanosubstrates[J]. Advanced Materials, 2013, 25(16): 2368 - 2373.

[36] Zhao L B, Tang C H, Xu L, et al. Enhanced and differential capture of circulating tumor cells from lung cancer patients by microfluidic assays using aptamer cocktail[J]. Small, 2016, 12(8): 1072 - 1081.

[37] Dong Z Z, Tang C H, Zhao L B, et al. A microwell-assisted multiaptamer immunomagnetic platform for capture and genetic analysis of circulating tumor cells[J]. Advanced Healthcare Materials, 2018, 7(24): 1801231.

[38] Shen L Y, Jia K K, Bing T, et al. Detection of circulating tumor-related materials by aptamer capturing and endogenous enzyme-signal amplification[J]. Analytical Chemistry, 2020, 92(7): 5370 - 5378.

[39] Zhang Z, Tang C H, Zhao L B, et al. Aptamer-based fluorescence polarization assay for separation-free exosome quantification[J]. Nanoscale, 2019, 11(20): 10106 - 10113.

[40] Dong Z Z, Tang C H, Zhang Z, et al. Simultaneous detection of exosomal membrane protein and

RNA by highly sensitive aptamer assisted multiplex-PCR[J]. ACS Applied Bio Materials, 2020, 3 (5): 2560 - 2567.

[41] Zhang X Y, Zhao Z L, Mei H C, et al. A fluorescence aptasensor based on DNA charge transport for sensitive protein detection in serum[J]. The Analyst, 2011, 136(22): 4764 - 4769.

[42] Liu S, Zhang X Y, Luo W X, et al. Single-molecule detection of proteins using aptamer-functionalized molecular electronic devices[J]. Angewandte Chemie International Edition, 2011, 123(11): 2544 - 2550.

[43] 张振, 赵子龙, 徐丽, 等. 基于核酸适体的丙肝病毒核心蛋白检测新方法[J]. 中国科学: 化学, 2011, 41(8): 1312 - 1318.

[44] Li W M, Bing T, Wei J Y, et al. Cell-SELEX-based selection of aptamers that recognize distinct targets on metastatic colorectal cancer cells[J]. Biomaterials, 2014, 35(25): 6998 - 7007.

[45] Wang Y Y, Luo Y, Bing T, et al. DNA aptamer evolved by cell-SELEX for recognition of prostate cancer[J]. PLoS One, 2014, 9(6): e100243.

Chapter 10

第 10 章

金属抗肿瘤药物
化学生物学

房田田　戚鲁豫　侯垠竹　汪福意

10.1 引言

随着社会经济的飞速发展,科学技术日新月异地进步,人类对自身生活质量、身体健康越来越关注。药物发现对保障人类生命健康至关重要,是各国政府和科研组织机构重点支持的研究领域,也是《中国制造 2025》十大领域"生物医药及高性能医疗器械"中的重点研究领域,即"发展针对重大疾病的化学药、中药、生物技术药物新产品"。美国食品药品监督管理局(FDA)和世界其他主要监管机构批准的药物数量一直在波动中上升。2005—2009 年,平均每年批准 29 种新药。在 2010 年和 2011 年,年平均批准数量下降到 24 个。相比之下,2012—2014 年,每年平均批准新药快速上升到 37 个。在 FDA 批准的药物中,只有一小部分是Ⅰ类新药,但其代表了药物创新的最高水平。

药物发现是一个涉及化学、生物学和药理学等学科的多学科交叉研究领域。随着现代科学的发展,尤其是人类基因组测序完成之后,研究人员逐渐认识到药物筛选、发现和开发需借助药学、化学、生命科学等学科研究成果和技术手段。因而,逐渐发展出"药物化学生物学"这一学科,以期推动药物发现领域的纵深发展。药物化学生物学是指在化学生物学和传统药物化学理论的指导下,运用现代化学生物学技术和研究方法,从分子、细胞及机体等多个水平研究药物分子的作用靶点、传导通路及生理学功能,揭示药物分子与机体细胞和生物大分子之间的相互作用规律。其主要研究内容包括:研究药物分子的作用靶点和分子机制;利用生物技术和化学合成技术等多学科交叉综合开展新药创制;发现药物新靶点、新机制、药物先导化合物等,进行旧药新用的生物功能研究;在分子水平上探讨疾病发生机制、药物对生命过程的调控过程。药物化学生物学的研究过程主要是以传统的药物化学理论为指导,借助现代分析化学、合成化学、药理学、生物工程、生物信息学及医学等技术手段,以药物分子为工具研究药物作用靶点、分子机制、疾病发生发展的基本规律,促进新药发现,为人类健康提供服务和保障。

确定药物分子的作用位点能够更准确地诠释药物作用的分子机制。例如,对铂类抗肿瘤药物的研究发现,顺铂和卡铂进入肿瘤细胞后在细胞内被激活,随后不可逆转地与脱氧核糖核酸结合,更具体地说就是与鸟嘌呤或腺嘌呤的 N7 原子配位,形成链间或链内交联复合物,这些铂- DNA 复合物的形成扭曲 DNA 双螺旋结构,抑制 DNA 的复制和转录,最终导致肿瘤细胞凋亡。但是,研究发现顺铂类似物奥沙利铂并非通过 DNA 损伤响应来诱导细胞凋亡。奥沙利铂既可以引发免疫原性细胞死亡(immunogenic cell death，ICD），还可以通过诱导核糖体产生应激促进肿瘤细胞死亡[1]。

在过去的几十年里，确认的药物靶点从几百个增加到几千个，而每年能够应用于临床的药物却很少。大规模药物筛选过程复杂又费时，因此利用生物信息学简化筛选过程变得尤为重要。在 20 世纪 90 年代初期，组合化学和高通量筛选（high throughput screening，HTS）被认为是合成和筛选药物文库的关键技术。该技术的应用发现了几种后来在临床上得到广泛应用的先导化合物，如抗癌药物 Gleevec™。但是 HTS 的低命中率（单剂量 HTS 通常低于 0.1%）和大量的假阳性结果限制了其在药物发现中的应用。之后，人类基因组计划提供的潜在治疗靶点为先导化合物的发现提供了理论基础，逐渐发展出虚拟筛选方法。基于生物信息学和化学信息学的大数据，应用不同的计算方法将大型数据库缩减为筛选候选对象的简短列表，筛选出先导化合物，在此基础上可以进一步筛选出给定药物靶标的候选药物。

从发现、开发到将一种新药推向市场，临床试验是最昂贵的步骤，占总成本的一半以上。为此，药物重新定位——为现有药物寻找新的治疗适应症——是一种有效的平行药物发现方法，因为现有药物已经具有广泛的临床历史和毒理学信息。基于正向化学遗传学理论，通过对现有药物的蛋白质活性谱分析，有可能发现新的药物靶点，确认药物新的临床适应病症。如伊马替尼（Imatinib）最初通过靶向 BCR‐ABL 融合蛋白被批准用于治疗慢性髓系白血病，但后来由于其具有有效抑制 c‐KIT 的能力而被批准用于胃肠道间质瘤。赛立多胺（Thalidomide）最初用于治疗晨吐，后来被批准用于治疗麻风病，最近又被用于治疗多发性骨髓瘤。基于类似的研究方法，可以对现有药物的功能进行扩展。如抗抑郁药物度洛西汀（Cymbalta）也可用于治疗压力性尿失禁。四硫代钼酸铵能够降低人体中的铜含量，常用于治疗威尔逊疾病，因为铜也是血管生长因子，因而该药物也被用来抑制肿瘤的转移。

近年来，金属配合物作为一类治疗癌症的药物受到愈来愈多的关注，包括铂、钌、锇、铜、金和钛配合物。铂类药物进入细胞后，仅有极少的药物分子与 DNA 结合而发挥抗肿瘤作用，大量的药物与细胞中生物小分子、蛋白质等结合。研究铂类药物与蛋白质的相互作用可以在分子水平上更全面地了解耐药及药物毒副作用机制。已有研究表明，顺铂通过诱导细胞膜蛋白的内化，下调癌细胞的铜转运蛋白（CTR1）表达，导致细胞出现耐药性。由于 CTR1 调节铂（Ⅱ）类抗癌药物如顺铂和卡铂的细胞摄取，高表达CTR1 蛋白有利于克服肿瘤细胞的耐药性，因此将铂药物与上调 CTR1 表达的药物联合给药能够提高治疗效果。比如，通过铜螯合剂诱导铂耐药细胞中 CTR1 的表达，细胞对铂类药物的敏感度显著提高。除联合给药外，多靶点铂药物的设计也是提高其治疗效果和克服耐药的策略之一。多靶点铂类药物包含一个以上生物活性基团，不仅能与DNA结合，还能结合具有独特生物学功能的肿瘤特异性靶标。如，癌细胞需要大量的葡萄糖才能存活，对厌氧糖酵解的过度依赖导致细胞表面的葡萄糖转运蛋白高表达。因此，葡萄糖转运蛋白是一个有吸引力的药物靶标。将铂药物的配体用糖缀合物取代后，糖缀合物选择性地将药物分子运送到过表达葡萄糖转运蛋白的癌细胞中，其对A549、H460、SKOV-3、MCF7、HT29和DU145等肿瘤细胞的细胞毒性显著提高，而对正常细胞的杀伤能力下降。

药物化学生物学是建立在化学、生物学及药学基础之上的一门新兴交叉学科，旨在传统药物化学的基础上进一步强调现代化学、生物学技术在药学研究中的应用。细胞内药物浓度的测定和药物分子到达细胞内靶亚细胞器内的可视化对于药物发现、药理和临床治疗研究都非常重要。二次离子质谱（secondary ion mass spectrometry，SIMS）作为到目前为止唯一一种可以在单细胞水平上实现内、外源化学物质可视化分析的质谱成像技术，在药物化学生物学研究领域受到越来越多的青睐。二次离子质谱包括NanoSIMS和ToF-SIMS，具有免标记、空间分辨率高和化学特异性高的优点。在许多情况下，SIMS对药物的检测主要基于天然卤化分子，例如含碘和溴的分子[2]。近年来，SIMS成像技术也被应用于单个细胞中金属抗癌药物的可视化，如多靶点钌抗癌化合物的亚细胞分布[3]。SIMS成像技术在单细胞中可视化跟踪药物分子在细胞内的摄取和分布，有助于理解金属药物的作用机制，为新型金属药物的合理设计提供实验依据。然而，除了少数具有特异性形态的亚细胞器之外，SIMS很难识别特定的细胞器。而激光扫描共聚焦显微镜（laser scanning confocal microscope，LSCM）可以定量、实时地观察活细胞的亚细胞结构以及细胞中特定分子的分布。因此，SIMS和LSCM成像的联用不仅能对亚细胞进行准确定位，还可以利用SIMS无需标记的优势研究目标药物分子的细胞摄入和亚细胞分布，在细胞生物学、药物发现等研究领域具有很高的应用价值。其他光学显微镜和电子显微镜通过与SIMS联用，也可以达到优势互补的目的。将SIMS与透射电子显微镜（transmission electron microscope，TEM）、原子力显微镜（atomic force microscope，AFM）、荧光成像等分析技术相结合，充分利用这些技术在形貌分析，特别是亚细胞器定位方面的优势，克服SIMS成像的局限，可以获得更多关于药物作用分子的信息。在TEM-SIMS和AFM-SIMS这两种联用成像方法中，SIMS提供了高灵敏度的元素或化学信息，而TEM和AFM等显微技术则以超高的空间分辨率呈现亚细胞器形态,助力精确定位金属药物的亚细胞分布,还可以原位研究药物分子和生物靶标分析的相互识别和相互组作用。各种显微组合方法充分显示了现代分析技术在药物化学生物学研究中的巨大应用潜力。

化学生物学对基础科学和药物发现的主要贡献之一,是通过表型筛选对生物活性小分子进行新靶点识别和验证,这也是化学生物学的核心之一。药物发现过程侧重于不同的策略,从靶标发现开始,然后是药物设计方法、分子模拟和数据集成的研究。通过基因组学、蛋白质组学分析确定特定药物靶标后,需要根据靶标结构设计药物,再通过高通量筛选或虚拟筛选得到先导药物或候选药物。该过程需要综合的药物发现策略。药物新靶标发现和识别主要通过亲和色谱分离以及基因组学、蛋白质组学、代谢组学和生物信息学等技术实现。这些过程通过提供新的或现有的小分子和治疗相关疾病的靶蛋白,开辟药物发现的新途径。

本章将基于汪福意研究组在金属抗肿瘤药物化学生物学研究中的进展和成果,评述药物化学生物学领域的研究现状和进展。

10.2 疾病生物标志物和药物靶标的发现

10.2.1 疾病生物标志物的发现

疾病在发生发展过程中往往伴随着各种基因的突变、蛋白质的上调或下调表达及各种代谢分子的异常,这些生物大分子或小分子可以作为疾病独特的生物标志物,针对这些生物标志物的检测将有助于我们及时诊断疾病,制订合适的治疗方案。近几十年来,随着基于质谱技术的蛋白质组学和代谢组学等组学研究方法的发展,重大疾病生物标志物的筛选和发现取得了突破性的进展。

蛋白质是负责细胞生长和功能的活性分子,针对生物标志物的发现最有效的方法就是蛋白质组学分析。在全蛋白质组水平上分析正常组织和疾病组织中的差异蛋白质,我们可以发现在疾病组织中异常表达的蛋白质。通过进一步的分析和验证,疾病组织中异常表达的蛋白质有可能成为在临床疾病诊断中的生物标志物。长期以来,蛋白质组学方法的低灵敏度一直被认为是限制该技术广泛应用的主要瓶颈。然而,最近的研究已证明蛋白质组学提供的数据的深度和广度与使用传统遗传学方法得到的数据相当。而且与遗传学研究方法相比，蛋白质组学分析的突出优势是蛋白质比核酸具有更高的稳定性，因而，可以通过分析已存储多年的病理样品获得具有临床价值的实验数据。临床上常用于生物标志物研究的材料主要是体液（如血液、尿液）和固体组织。体液的好处在于它相对而言更容易获得。但是，生物标志物一般在体液中的浓度非常低，不利于检测。而固体组织中约95%的蛋白质动态含量在3~4数量级，更有利于生物标志物的筛选和发现。同时，由于蛋白质翻译后修饰也会改变蛋白质的生物功能，如蛋白质的糖基化、甲基化、乙酰化、泛素化、磷酸化等，都在蛋白质功能的精密调控方面起着至关重要的作用。因而，针对各种蛋白质翻译后修饰而发展起来的功能蛋白质组学，如磷酸化蛋白质组学、糖基化蛋白质组学，可以在全蛋白质组水平上检测病理样品中哪些蛋白质发生了不正常的磷酸化/去磷酸化、糖基化/去糖基化，进而筛选出与疾病发生、发展密切相关的生物标志物。

在过去的十年中，代谢组学作为系统生物学的重要组成部分，在为生物学过程的潜在机制提供系统性见解方面做出了巨大的贡献。同时还在许多重大疾病，例如癌症、肥胖症和2型糖尿病等的潜在生物标志物发现方面取得了显著进展。不同于基因组研究，其结果不能预测可能发生的生物过程，代谢组学研究既可以描述已经发生了的生物事件，还可以预测可能发生的生物过程，有助于我们寻找、发现合适的疾病生物标志物。代谢组学涵盖了具有异质结构的广泛代谢物以及生物系统中化合物的广泛动态浓度变化。因此，全面检测生物系统的代谢状况是一个巨大的挑战。各种各样的检测平台都被运用到代谢物的检测中，如核磁共振波谱技术（nuclear magnetic resonance spectroscopy，NMR spectroscopy）、气相色谱-质谱联用技术（gas chromatography-mass spectrometry，GC－MS）、超高效液相色谱质谱联用技术（ultra-high performance liquid chromatography-mass spectrometry，UHPLC－MS）等。到目前为止，人类代谢组数据库（HMDB：http://www.hmdb.ca/，version 3.6）中已经收录了超过72 600种小分子代谢物及其在生物系统中的浓度变化。蛋白质组学技术和代谢组学技术筛选和发现生物标志物都依赖于高灵敏度、宽动态检测范围的质谱分析（图10-1）。在临床实验室中，三重四极杆质谱仪最常被用于小分子代谢物的定量分析。一些新型的混合（或串联）质量分析器质谱仪，如Q－TOF、Triple－TOF、Q－Orbitrap等，因其无与伦比的分析特异性而在生物标志物发现研究中无处不在。除此以外，基质辅助激光解吸电离质谱（matrix-assisted laser desorption ionization-mass spectrometry，MALDI－MS）和二次离子质谱(SIMS)还可以通过成像的方法在二维,甚至三维的水平上可视化小分子代谢物的分布和含量,为筛选和发现合适的疾病生物标志物提供了进一步的实验依据。

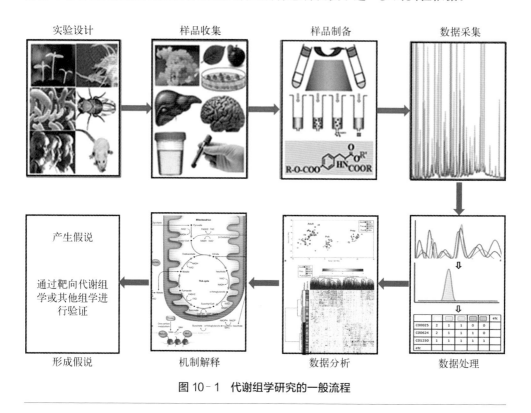

图 10-1　代谢组学研究的一般流程

随着化学生物学研究技术的发展,我们对于各种疾病的发生、发展机制都有了一定程度的了解。高通量基因组测序使我们可以从根源上对一个疾病的发生机制进行诠释。肝癌在全球肿瘤相关死亡中排第三位,关于肝癌的基因组学研究近年来有了很大的进展。肝癌的癌基因、抑癌基因及其相关的致癌通路都陆续被发现。通过肝癌全外显子组测序,Totoki 等发现了 TSC1 基因的失活,表明 mTOR 信号通路在肝癌发生、发展中扮演着重要的角色(图 10-2)[4]。通过对肝癌患者的全基因组水平测序,Jiang 等发现了 255 个 HBV 整合位点,证实 HBV 的 DNA 整合进入肝癌基因组 DNA 中是 HBV 感染诱发肝癌的主要原因[5]。

随着"后基因组"时代的到来,以大规模测序为基础的多种组学技术相继出现,其中应用得最为广泛的包括转录组学、蛋白质组学及代谢组学等,而各种组学技术的整合使我们对于疾病的发生机制有了更全面的了解。通过转录组学分析,可以在 RNA 水平获

图 10‐2　肝癌基因组学的重要发现及时间表

得有关基因的表达信息，并探索在正常和病理条件下基因表达与生命现象和疾病发生之间的内在联系。通过蛋白质组学分析，可以从整体的角度分析蛋白质的动态组成以及细胞和组织中的表达水平，了解蛋白质之间的相互作用，从而阐明所有蛋白质的表达和功能模式。代谢组学是转录组学和蛋白质组学的下游研究领域，代谢成分的变化是机体对遗传、环境或疾病影响的最终反应。一个疾病的发生往往是多种因素共同造成的，因此，整合多组学的数据一起分析疾病的发生、发展机制显得很有必要。

　　近年来，小分子化学探针在研究包括癌症在内的重大疾病发生、发展的基本生物学机制中发挥着越来越重要的作用。化学探针是适当表征的小分子，理想情况下它具有明确的生物学潜能、选择性和细胞通透性，人们可以放心地将其应用于复杂的生物系统。通过使用这种高质量的小分子探针，尤其是与互补的生物试剂和分子技术相结合，我们已经在药物化学生物学研究领域取得了一系列的突破性进展。例如，利用有效的化学探针JQ1、I‐BET和不活跃的分子作为对照，科学家们对溴结构域生物学和药理学功能的认识有了革命性的提升。

10.2.2　药物靶标的发现研究

　　在了解疾病的发生、发展机制后，药物学家就可以设计合成能与目标分子特异性结合的小分子作为药物靶向目标分子，达到治疗疾病的目的。药物"靶标"是什么意思？如何发现具有临床应用前景的药物靶标？人们普遍接受的安全有效的药物是它们通过与一种或多种离散的生物靶标特异性结合而引起细胞功能的抑制或激活，从而提供（病理）生理学上的适当调节，达到控制和治疗疾病的目标。实际上，目前市场上大多数药物的治疗靶标以及这些靶标在疾病中的作用是获得公认的，通常涉及与单个生物靶标的特异性相互作用。用于评价一个药物靶标潜在价值的标准有两个,包括:(1)靶标的可靠性,即该靶标已被证明对于蛋白质功能或表达的调节将以安全有效的方式达到缓解疾病的作用;(2)靶标的可操作性,即已有实验证据支持,如果基于该靶标筛选和发现药物,其与靶标的作用将会以一种安全有效的方式展现出预期的生物功能和治疗效果。

通常,分子靶标的识别是研究药物作用机理的起点,也是理解许多生理和病理生物学过程的关键步骤。尽管最近几年开发了各种各样的靶标识别方法(如基因组学、蛋白质组学、生物信息学等),但是仍有许多生物活性化合物的靶标尚未被揭示。化学遗传学方法利用小分子探针调节生物大分子的功能,从而揭示对生物机制的见解,确定小分子探针的生物靶标。"化学遗传学"一词源于与经典遗传学方法的比较。化学遗传学利用小分子探针调节蛋白质功能,相反,经典遗传学通过相应基因的突变间接调节蛋白质的功能。化学遗传学和经典遗传学的特征有很大的不同,使得两种方法具有广泛的互补性。

与经典遗传学研究相比,小分子探针的使用可带来许多优势。首先,小分子对靶标蛋白功能的影响是有条件的,而且通常是快速的(通常是扩散控制的)和可逆的。其次,通过改变小分子探针的浓度,能以精细的方式调节目标蛋白质的活性。第三,化学遗传方法有时可以使单个蛋白质的多种功能受到独立调节。第四,通过多个小分子探针组合,多种蛋白质的功能也可以独立调节。最后,当经典遗传学研究难以进行时,化学遗传学非常有用。例如,对含有二倍体基因组,且繁殖速度较慢的生物体(尤其是哺乳动物),化学遗传学方法可用于研究紧密协调的动态生物学机制,特别是在经典遗传学研究可能使生物无法生存的情况下,化学遗传学方法将成为不可替代的研究手段。

化学遗传学方法有两种不同的形式,即正向化学遗传学和反向化学遗传学(图10-3)。在正向化学遗传学方法中,小分子调节剂的靶标在研究之初尚不清楚。因此,根据对活性配体诱导的特定表型变化来鉴定小分子的作用靶标。正向化学遗传方法的主要挑战是对靶标蛋白质的后续鉴定。正向化学遗传学和经典正向遗传学方法大致相似,两种情况下均会引起生物系统的表型改变:通过使用任何一种小分子探针(有时称为"扰动原")进行调节(正向化学遗传学)或随机诱变(经典正向遗传学)。相反,反向化学遗传学方法始于发现特定靶标蛋白的小分子调节剂。通常情况下是基于对纯化蛋白质的活性的调节来鉴定小分子的生物功能。但是,有时也可以检测特定蛋白质的细胞活性、确认具有生物活性的小分子。反向化学遗传学和经典反向遗传学都可调节特定蛋白质的功能：直接通过配体的结合（反向化学遗传学）或间接通过相应基因的定向诱变（经典反向遗传学）进行调节。

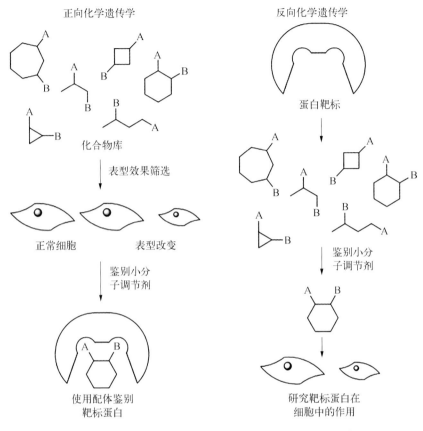

图 10-3　正向化学遗传学和反向化学遗传学的操作流程示意图

　　由于药物与细胞内生物靶标之间的相互作用是药物发挥治疗作用的基础，因而药物靶标鉴定成为药物发现中的关键步骤。根据 PubMed 数据库中已发表的研究论文统计，许多潜在药物靶标是通过基因组学验证的。伴随基因组学的发展，很多高通量、高效的生物分析技术如雨后春笋般涌现。诸如全基因组关联研究（genome-wide association study，GWAS）和全外显子测序（whole-exome sequencing，WES）等方法，作为人类基因组学研究的基石，最早被用于鉴定疾病基因。使用现代遗传学和基因组技术，第一步可以先筛选人类基因组中潜在的药物靶标，再在模型生物中进行更多基于该靶标的药物筛选。例如，顺铂是临床上使用得最为广泛的癌症治疗药物，其能够杀死癌细胞的主要原因是其对癌细胞基因组 DNA 的损伤。但是，在实现治疗功能的同时，顺铂也会损伤正常细胞中的某些基因，导致一些严重的毒副作用，如肾毒性、耳毒性、神经毒性等。因此，通过亲和色谱方法富集、分离被顺铂损伤的基因组 DNA，再利用高通量基因组测序方法，在全基因组水平上确定顺铂损伤了哪些基因，通过对这些基因集的生物信息学分析，找出相关的关键信号通路，以及关键信号通路中的关键分子，进而分析出顺铂对哪些基因的损伤导致了毒副作用，对哪些基因的损伤起到了治疗效果，这将为我们更全面地了解顺铂的药效靶标和毒副作用机制提供直接的实验依据。

尽管基因组学研究支持了几个药物靶标的发现，但基因本身却很少作为药物靶标，它们的发现通常作为其所表达的蛋白质（基因产物）的代表。只有少部分药物（如抗癌药物阿霉素、顺铂等）直接作用于基因 DNA，通过插入或损伤基因 DNA 抑制 DNA 的复制和合成。因此，后基因组学研究（例如转录组学和蛋白质组学）更具有发现药物靶标的潜力。通过对特定人体组织中信使 RNA(mRNA)或蛋白质表达的定量分析，转录组学和蛋白质组学研究可提供在给定时间、特定组织中全基因或全蛋白质组表达水平的动态信息。在肿瘤/正常组织中或经过药物治疗/未经治疗的组织中基因差异表达和蛋白质差异表达的定量信息，可以提供分子证据，阐明特定疾病的起因或药物对基因表达的调控作用。然而，遗憾的是，与基因组学一样，转录组学和蛋白质组学在追求基于靶标的药物开发方法，特别是针对诸如癌症等复杂的多基因疾病的药物开发方面的真正价值尚未完全确立，有待于进一步的研究开发。在技术广泛重叠的转录组学领域中，微阵列在早期临床研究中起到了重要的作用，但这种作用一直集中在生物标志物发现领域，而不是在可操作的药物靶标筛选和发现领域。测序研究是药物靶标发现的首选转录组学方法。但是，RNA 测序研究本身导致较高的假阳性率。一种可能的解释是差异基因表达模式通常揭示了疾病对基因表达的下游效应，而不是疾病本身的原始生物效应。蛋白质组学虽然涵盖了许多不同的方法来量化特定组织中蛋白质的表达水平，但是这些研究很少能够自给自足地确定药物靶标。Frantzi 等人在经过广泛的文献搜索后，曾撰文表示无法找到基于蛋白质组学研究确定的、具有临床应用价值的单一药物靶标[6]。虽然单一的组学研究很少发现有用的药物靶标，但是多组学领域的数据整合仍然很有价值。到目前为止，已有多个基于多组学研究发现的药物靶标及其应用的研究报道。其中的一个例子就是 Zhang 和 Rogaeva 进行的一项多组学联合研究，确定了 9 种作用于 COX2 和 ADRA2A 的药物，分别可用于 1 型和 2型糖尿病的临床治疗[7]。

10.3 药物设计、合成与筛选

长久以来,基于病理、生理学的药物发现方法一直是药物开发的主要手段。这种方法利用动物疾病模型评估和优化候选药物,但该方法是低通量筛选,而且在开发阶段缺乏对药物靶标作用模式的认识。以生物靶标为基础的药物开发方法侧重于发现与期望分子靶标特异性结合的化合物,这些分子靶标通常通过遗传学分析或通过生理、病理学研究确定的与疾病相关的位点。基于靶标的药物发现具有高通量筛选能力,并且可以分析有效化合物的分子作用机制。随着近年来人们对生物分子靶标功能和结构的认识越来越深入,基于靶标的药物设计已成为药物发现领域的主流。

10.3.1 计算机辅助药物设计与开发(CADD)

天然产物及其化学合成衍生物在药物发现和开发方面发挥着重要作用,但新分子的设计、合成和纯化是一个漫长而复杂的过程。生物信息学分析可以最大限度地降低药物发现的成本和时间。因此,计算机辅助药物设计和开发(computer aided drug design,CADD)成为药物研究的新工具。在 CADD 技术中,常用的技术为基于结构的药物设计(structure-based drug design,SBDD)和基于配体的药物设计(ligand-based drug design,LBDD)两大类。

10.3.2 基于结构的药物设计(SBDD)

目前,SBDD 技术应用计算机算法将化合物、配体、多肽或化学片段等集中到选定的蛋白质结构区域,通过这种定位获得各种分子与特定结构域的契合度,据此构建新的、活性更高的蛋白质抑制剂、激动剂或拮抗剂分子。具体如下。

(1) 分子对接(molecular docking)可以预测配体(药物分子)与靶标蛋白质的结合方式、配体分子最有利的构象取向以及配体-受体复合物的能量值,继而预测配体-蛋白质的稳定复合物结构。该方法可用于新化合物的设计或提高新药化学合成的效率,也可用于"旧药新用"的研究。将小分子药物与靶标蛋白进行大规模的分子对接模拟,映射药物与生物靶标的相互作用位点,还可以发现已有药物的新靶点。例如,通过分子对接模拟 252

个人类蛋白质药物作用靶标与 4 621 个已批准使用或仍处于实验研究阶段的小分子药物的三维结合,研究发现抗癌药物尼洛替尼(Nilotinib)是 MAPK14 的有效抑制剂。MAPK14 是炎症疾病的药物靶标,表明尼洛替尼也可用于类风湿性关节炎的临床治疗。

(2) 反向对接(reverse docking)是一种有效的药物靶标识别方法,主要用于识别大量受体中给定配体的有效受体。反向对接可用于发现现有药物和天然化合物的新靶点,解释药物的多药理学分子机制,寻找药物的替代适应证,或发现药物的不良反应和药物毒副作用。反向对接法能够预测配体与受体的结合位点和构象,为先导化合物的优化设计提供依据。Lauro 等针对一系列与癌症发生和发展相关的药物靶点,对一组酚类天然产物进行反向虚拟筛选[8],根据计算获得的配体-受体结合能,结合体外抑制活性实验结果,最终确定两种化合物黄腐酚和异黄腐酚为 PDK1 和 PKC 的抑制剂。

(3) 基于结构的虚拟筛选(structure-based virtual screening)通过与目标受体的结构或模型进行高通量对接,预测每个化合物与生物靶标的结合方式和亲和力,常用于药物开发和先导化合物的设计优化。该方法既可以识别已知配体范围之外的新化合物类型,也能够为活性化合物可能的结合方式提供机理分析。虚拟筛选是级联反应过程,大量药物首先通过快速通用的筛选程序,丢弃或标记不适合生化筛选的分子,例如共价作用药物或对多个靶点呈阳性的化合物。初次筛选获得的药物再进入针对特定目标的筛选,如配体小分子虚拟筛选和结构虚拟筛选等。这些筛选条件设置取决于已报道的研究结果。与随机筛选相比,这种目标筛选可以提高虚拟筛选的命中率。Xing 等利用可溶性环氧化物水解酶(sEH)晶体结构进行虚拟筛选,寻找以苯并恶唑为模板的 sEH 有效抑制剂。通过设计组合文库,在随后合成的几百种化合物中,90%的化合物对 sEH 酶呈现出抑制活性,证明该方法具有较高的成功率[9]。Budzik 等人使用 M1 mAChR 同源模型,针对 M1 mAChR 的变构结合位点进行配体虚拟筛选,发现了作为毒蕈碱乙酰胆碱受体 M1 的潜在和选择性激动剂小分子,被证实具有治疗痴呆和认知障碍的潜力[10]。

(4) 药效团模型(pharmacophore modeling)已经成为药物开发的主要工具之一。该方法从蛋白质-化合物的晶体结构获得蛋白质与配体相互作用所必需的特征空间排列,分析活性位点互补化学特征及其空间关系。基于结构的药效团模型分为基于大分子-配体复合物方法和仅基于大分子(不含配体)的方法。基于大分子-配体复合物的方法可以定位目标靶点的配体结合位点,确定配体与大分子之间的关键相互作用。这种方法的局限性在于需要大分子-配体复合物的三维结构,不能应用于没有已知靶标结合位点的化合物的情况。但这种缺陷可以通过基于大分子的方法来克服。药效团模型已被用于多靶点药物设计,每个靶点有对应的药效基团,但相互之间有不同的化学特征。基于多靶点药物相互作用的药理过程已被应用于中枢神经系统疾病的治疗。药效团模型与虚拟筛选、分子对接等技术的并行结合,极大地提高了寻找新药物分子的效率,在转运药物的发现、先导药物优化和药物开发等方面的应用得到极大的拓展。

虽然每一种基于结构的药物设计技术都有局限性,但是可以通过各种方法的结合加以弥补。基于结构的药物设计应用范围不断扩大,使这些技术得以进一步丰富,并促进了计算方法的发展和应用。

10.3.3　基于配体的药物设计(LBDD)

当作用靶点的结构没有足够的信息时,可以根据已知活性或非活性分子的化学信息设计新的药物分子。研究基于活性分子的新化合物对某些疾病的治疗是必要的,可以对调节生物活性的化学分子进行化学修饰提高活性,减少毒性或副作用,以期获得具有更好的物理化学性质的药物分子。根据一个活性分子就足以确定与靶点结合所需的基本特性,利用化合物文库就可以筛选出与活性分子行为相似的新化合物。该方法为设计药理作用更有效、靶标亲和力更高、靶点选择性更好的新分子或多肽提供了开发工具。因此,基于配体的药物设计方法也已经成为药物发现的一个非常重要的工具,可以作为先导化合物发现和优化的预测模型。

(1)基于配体的虚拟筛选(ligand-based virtual screening,LBVS)根据相似模型搜索和发现新的先导化合物,是对制药行业高通量筛选(HTS)的补充。结构相似的分子通常表现出相似的生物活性。因此,LBVS通常收集已知靶标的活性化合物,从这些化合物中提取信息,然后利用这些信息设计新的活性化合物。如Schaller等将配体引导的同源建模应用于新型组蛋白H3受体配体的识别,对1 000个同源模型评估后进行虚拟筛选,最终筛选出两种具有纳摩尔级亲和力的新型H3配体[11]。Swiss Similarity是一种新颖的在线LBVS工具,可以快速筛选大规模的药物文库、具有生物活性的小分子和商用化合物库,以及通过简单有机化学反应从商用试剂合成虚拟化合物。通常可以使用六种不同的筛选方法进行预测,包括二维分子指纹以及叠加和快速非叠加三维相似方法等。通过二维指纹图谱筛选锌药物文库,发现从虚拟文库筛选得到锌药物类似物的概率比随机筛选概率更高。

(2)在缺乏大分子靶标结构的情况下,以配体为基础的药效团模型(pharmacophore

modelling)也是一种有效的计算机辅助药物设计方法。尽管该方法已经取得了很大进展,但基于配体的药效团模型在建模方面仍然存在一些挑战。第一个具有挑战性的问题是配体建模的灵活性。目前,有两种方法可以解决这个问题:第一种是预列举法,即预先计算每个分子的多个构象并将其保存在数据库中;第二种是动态方法,即在药效团建模过程中进行构象分析。"Cyndi"是一种基于多目标进化算法的构象采样方法,通过对 329 个化合物进行生物活性构象重现,发现 Cyndi 明显优于其他构象生成器。CAESAR 是一种基于分治递归构造方法的构象生成器。该方法考虑局部旋转对称,消除系统搜索中由于拓扑对称而产生的同形重复项,对于拓扑高度对称的分子或需要大量构象采样的分子,其作用更加显著。基于配体的药效团建模的另一个难题是分子排列。根据其基本性质,排列方法可以分为基于点的方法和基于属性的方法。在基于点的算法中,对原子、碎片或化学特征点使用最小二乘法拟合叠加;基于属性的算法通常由一组高斯函数表示分子场而进行排列。

(3) 药物毒性预测评估可以减少动物试验过程,节省研发时间和经费。定量构效关系(quantitative structure-activity relationship, QSAR)是一种常用的预测毒理学计算方法,可以了解结构和化学因素对药理活性和生物毒性的影响,进而设计和开发具有改进和最佳生物学特性的药物分子。化合物的 2D‐QSAR 和 3D‐QSAR 特性可用于构建具有生物活性的模型,在此基础上估算新化合物的活性,识别分子的哪些变化适合增强亲和力、降低毒性并最优化其他理化性质。目前,QSAR 方法已被用于模拟分子的生物学、物理学和药理学特性,是药物发现研究必不可少的一部分。

(4) 基于碎片的药物设计(fragment based drug design, FBDD)可用于创建完全符合给定药效团要求的新候选结构。该方法通过计算机算法搜索具有理想药理活性的化合物,然后基于先导片段分子快速生成候选药物。使用 FBDD 获得的分子可能显示出不同的物理化学特性,这使得它们不适合进行后续优化。但在药物研发过程中,Lipinski 规则被用于对化合物数据库的初筛,摒除不适合成为药物的分子,缩小筛选的范围并降低药物研发成本。符合 Lipinski 规则的化合物具有更好的药代动力学性质,在生物体内代谢过程中有更高的生物利用度,更可能成为口服药物。截至 2010 年,基于碎片的先导化合物设计已经发现至少 13 种化合物进入了Ⅰ期和Ⅱ期临床试验。如 Taylor 等以高分辨率晶体结构为指导,结合虚拟筛选和基于碎片的药物设计方法,筛选鉴定出一种新的基于吲哚的基质金属蛋白酶(MMP‐13)抑制剂,其表现出一种迄今为止在其他MMP‐13 抑制剂中没有观察到的新的相互作用模式[12]。

10.3.4 多靶点金属抗肿瘤配合物

基于靶标的药物研发的中心法则是"一个化合物——一个靶标——一种疾病",单靶标药物通过特异性地结合靶标而降低毒副作用。但是,单靶点药物在治疗癌症、代谢紊乱和中枢神经系统疾病等复杂疾病时往往效果较差。此外,仅针对一种蛋白的药物可能由于靶标结合位点的突变而产生耐药性。多靶点药物的设计和开发可以在降低用药剂量、消除毒副作用、提高疗效的同时规避耐药性。基于过渡金属元素,特别是贵金属元素独特的配位性质,将一个或多个单靶标有机小分子作为配体,设计合成多靶点金属抗肿瘤药物是提高肿瘤化疗效率、克服耐药问题的一个有效的解决方案。

1. 铂类多靶点抗肿瘤配合物

近年来,通过添加靶向基团或引入与 DNA 以外的其他生物靶点相互作用的配体,以期增强铂类药物肿瘤细胞靶向传输效率的研究日益增多。已有研究发现,癌细胞过表达某些受体,如叶酸受体、生长激素抑制因子受体和表皮生长因子受体(epidermal growth factor receptor,EGFR)等。在大多数乳腺癌细胞(60%~70%)中雌激素受体(estrogen receptor,ER)蛋白是过度表达的,利用雌激素等甾体类药物作为载体或配体合成两价铂配合物,不仅可以破坏 ER 的生物学功能,还可以促进药物靶向乳腺癌细胞。生物素(也被称为维生素 H)可以迅速被吸收到肿瘤细胞中,因此可作为药物转运体使用。Chakravarty 和 Kondaiah 等合成了铂(Ⅱ)-生物素复合物,利用生物素对肿瘤细胞的靶向性实现药物特异性结合,使得铂类药物抗肿瘤治疗效果更佳,而生物素的光激活特性使得该药物具有一定的智能特性[13]。

与两价铂配合物相比,四价铂前药配合物对配体取代具有抵抗力,这种化学惰性可以降低铂类药物在达到细胞核之前的反应活性,进而降低药物毒副作用。此外,将四价铂配合物的两个轴向配体进行适当功能化还可以增加药物的靶向传输效率。将轴向配体进行修饰还可以促进它们与载药系统的结合,基于药物可控释放规避耐药性。非甾体抗炎药阿司匹林可以预防结直肠癌,长期低剂量阿司匹林治疗后,腺瘤和结直肠癌的发病率将出现下降。Dhar 等人合成轴向配体含有阿司匹林的铂(Ⅳ)前药,发现其具有与顺铂相近的细胞毒性,且通过抑制 COX‐2 而具有抗炎作用[14]。细胞实验发现,阿司匹林铂配合物在等物质的量抗坏血酸存在下释放顺铂类似物和阿司匹林,对顺铂耐药的肿瘤细胞有很高的细胞毒性[15]。该复合物还下调 Bcl‐2 表达,导致细胞色素 C 被释放到胞质中,最终通过激活 caspase 通路促进细胞凋亡。

目前的研究发现,铂类药物中的靶向配体如葡萄糖衍生物、类固醇和多肽等选择性地靶向肿瘤细胞,临床上单独使用的药物也可以作为配体结合到铂上,产生不同于经典铂类药物作用机制的多靶点药物。

2. 钌类多靶点抗肿瘤配合物

由于其良好的配位化学性质,钌配合物已成为具有多种生物活性和独特作用机制的潜在抗癌药物,极大地拓宽了金属药物的应用范围。钌(Ⅲ)配合物在动力学上是惰性的,但在肿瘤细胞的低氧环境中,它们可以被还原成钌(Ⅱ)类似物,这种特性成为钌药物运输和应用的优势。含有生物活性配体的多靶点钌配合物对某些耐药癌细胞也表现出良好的抗癌活性,且金属中心的存在可以增强生物配体的生物活性,产生显著的协同效应。如金属钌(Ⅱ)连接周期蛋白依赖性激酶(CDK)抑制剂,可以增强酶抑制剂本身的抑制活性及钌配合物的治疗效果。

表皮生长因子受体(EGFR)是一类重要的跨膜蛋白,其可以调节与癌症相关的效应因子,如 Src 激酶、PI3 激酶和 Ras 蛋白等,是肿瘤细胞潜在的药物作用靶点。EGFR 小分子抑制剂与铂类药物联合用药已经在各种固体肿瘤的临床治疗中得到应用。Schobert 等开发含有酪氨酸磷酸化抑制剂(EGFR 抑制剂的一种)衍生物的钌(Ⅱ)-芳烃配合物,发现这些配合物对人类 518A2 黑色素瘤、HL-60 白血病、Kb-V1/Vbl 宫颈癌具有增强的细胞毒性和选择性,且在不改变其拓扑结构的情况下都表现出与 DNA 的强结合能力。EGFR 抑制剂类似物 4-苯胺喹唑啉(4-AQs)在临床上常用于治疗非小细胞肺癌,我们的研究工作表明,将其取代细胞毒性的金属钌配合物中的一个或多个配体,生成的多靶点有机金属钌配合物可以显著增强苯胺喹唑啉药物诱导细胞早期凋亡的能力[16, 17],同时与 4-苯胺喹唑啉配体的偶联不仅使钌配合物对 EGFR 具有较高的抑制活性,而且金属钌中心也通过金属配位和沟槽结合表现出更高的 DNA 亲和力,表明该化合物在分子水平上具有潜在的双靶向特性[18],是一类具有临床应用前景的抗肿瘤先导化合物。

通过合理的分子设计,钌配合物的配体还可以靶向多种酶。如环氧化酶(COX)在肿瘤细胞中过表达,含有 COX 抑制剂配体的钌配合物对非小细胞肺癌细胞 A549 和乳腺癌细胞 MCF7 具有明显的抑制增殖活性。此外,靶向谷胱甘肽转移酶、碳酸酐酶、硫氧还蛋白还原酶等靶标的钌类配合物也被大量报道,多靶点协同效应使这类金属配合物对耐药细胞表现出优良的增殖抑制活性。

10.4 药物分子作用机理研究

药物在通过适当的给药方式进入人体后，会逐步扩散至目标区域与靶分子发生相互识别和相互作用。脱氧核糖核酸（DNA）和蛋白质是一切生命活动的物质基础，在生物体内发挥着各种重要的作用，因此，药物在体内的靶标多是以 DNA 和蛋白质为主的。从分子水平上研究药物与蛋白质及 DNA 等生物大分子的相互作用，有助于我们更加清楚地了解药物在生物体内的药理作用，同时也能为设计和筛选药用效果更佳、毒副作用更小的新型药物提供科学的指导。

药物分子与生物靶标相互作用按化学键划分为共价键相互作用和非共价键相互作用。共价键结合包括亲核反应、亲电反应和交联作用。非共价相互作用主要包括静电作用、嵌插作用和沟槽结合三种方式。生物分子的非共价键一般被称为次级键，主要包括氢键、离子键、范德瓦耳斯力和疏水键。上述弱相互作用键在分子水平的生命现象中是一种决定性的因素，形成了各种生物大分子生物功能所要求的空间结构，因而决定了基因转录、调控的主要分子机制。药物的生物靶标 80% 以上是蛋白质，包括膜表面的各类受体和离子通道、胞内受体、酶、细胞因子和信号转导分子等。而细胞毒性抗肿瘤药物则多以 DNA 为靶标。药物通过与靶分子的相互作用，在体内、外发挥各种药理功能，也是药物产生毒副作用的原因。无论是在靶标发现还是在新药筛选开发的过程中，检测药物分子与生物靶标的相互作用都是研究药物作用机制、靶标确定及改造和优化药物先导化合物的关键步骤。下文将以两类细胞毒性金属抗肿瘤药物为例总结、评述药物与生物靶标相互作用及其药理、毒理功能研究的进展。

10.4.1 铂类金属抗肿瘤药物的分子作用机制

以顺铂、卡铂、奥沙利铂为主的铂类抗肿瘤药物在肿瘤的临床治疗中应用广泛，被用于治疗卵巢癌、宫颈癌、睾丸癌、非小细胞肺癌、头颈癌和许多其他的固体肿瘤。铂原子是铂类药物的反应中心，可以通过亲核配位或电荷-电荷相互作用与各种生物分子相互作用。根据软硬酸碱（HSAB）理论，Pt^{2+} 是一种软酸。与 HSAB 理论一致，顺铂及其水解产物可以与软碱形成稳定的配位键，例如半胱氨酸和谷胱甘肽等含硫亲核试剂。除此以外，它们也可以与某些临界碱反应，特别是含氮供体，例如 DNA 和 RNA 中的碱基,蛋白质和肽中的组氨酸残基等。尽管顺铂可以与多种生物分子结合,但通常认为DNA是其主要的药效靶标。早期在研究顺铂与DNA的相互作用时,更多的是应用光谱法(如紫外/可见分光光度法、拉曼光谱法、圆二色谱法等)、核磁共振谱(NMR)、色谱、X射线单晶衍射法(XRD)或传统的分子生物学技术等,在结合方式、结合位点鉴定、构型研究等方面获得了很多有价值的信息。随着基于软电离技术的基质辅助激光解吸电离质谱(MALDI-MS)和电喷雾电离质谱(ESI-MS)等的发展,质谱分析以其灵敏度高、耗时短、所需样品少等优点,成为研究药物与生物大分子相互作用的有力工具。通过质谱分析,我们不仅能够鉴定出药物与DNA、蛋白质等生物大分子的作用位点和作用方式,还可以结合同位素标记的方法,获取药物与靶标结合的定量信息,为药物分子作用机理研究提供丰富的化学和生物信息。

顺铂的细胞毒性主要归因于与嘌呤残基上的N7原子配位形成交联复合物,包括1,2-链内交联复合物(约90%)和1,3-链内交联复合物(5%~10%),此外还有少量的单配位加合物和链间交联复合物(图10-4)。在这些交联复合物中,1,2-GG和1,2-AG链内交联复合物在很大程度上决定了顺铂的细胞毒性。而反铂由于立体化学的限制,主要形成1,3-链内交联和链间交联复合物,因此在临床上是一个无效异构体。顺铂的1,2-交联会显著改变靶DNA的结构,并且可以被高迁移族蛋白1(HMGB1)识别,最终形成DNA-Pt-HMGB1三元复合物,从而阻止DNA的复制和转录,导致细胞周期停滞[19]。顺铂交联的DNA复合物也可以被DNA损伤应答蛋白和其他核蛋白识别,激活DNA修复和其他信号转导途径。最终,DNA可能被成功修复,导致对顺铂耐药。如果修复失败,则会启动细胞凋亡过程,铂类药物因此发挥治疗癌症的作用。

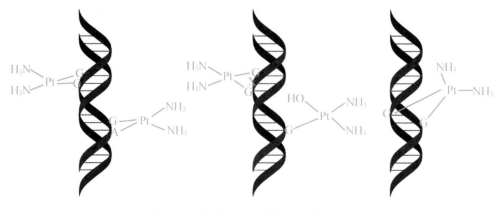

图10-4 顺铂与DNA的结合方式示意图

如前所述,由于胞内、外的众多蛋白质中存在一些暴露于溶剂的含硫和咪唑氮的氨基酸残基,如半胱氨酸(Cys)、甲硫氨酸(Met)和组氨酸(His),静脉注射的铂类抗肿瘤药物在与胞内的有效靶标 DNA 结合之前,也可能会与蛋白质形成稳定的金属-蛋白质复合物。我们课题组的研究表明,血液中含量丰富的人血白蛋白(human serum albumin,HSA)[20]、转铁蛋白(Transferrin,Tf)[21]、细胞内的金属硫蛋白(metallothionein,MT)[22]、铜伴侣蛋白[23, 24]等都能在不同程度上与顺铂结合,影响顺铂的细胞摄入和代谢。与核苷酸不同,含硫亲核试剂的高反应活性使得它们可以直接取代顺铂上的氯配体与铂形成 Pt‐S 复合物,而无需事先通过顺铂的水解活化。分子水平的研究已经表明,顺铂能够与人血清白蛋白结构域Ⅰ的 His67 和结构域Ⅱ的 His247 残基交联,占据蛋白质上金属锌的主要结合位点,进而可能导致人体缺锌症的发生[20]。通过 FT‐ICR‐MS 的方法,我们还发现,顺铂能够与 Cox17 蛋白上的 Cys26 和 Cys27 两个铜离子结合位点结合,这些发现将有助于我们进一步了解 Cox17 如何促进线粒体中顺铂的积累,以及顺铂如何干扰铜离子的转运[25]。

除了能与 DNA 和蛋白质结合,铂类药物在细胞内还能与 RNA 和一些含硫的小分子结合。在酵母中,虽然每个 DNA 碱基上铂的结合量比 RNA 上的结合量多出约 3 倍,但是由于 RNA 相对于 DNA 具有更高的丰度,因此 RNA 表现出的铂积累量比 DNA 高4～20 倍。高比例的铂与 RNA 结合表明 Pt‐RNA 复合物可能在此类药物的作用机制中有一定的作用。鉴于铂类药物在碱基水平上是有一定选择性的,对鸟嘌呤碱基的亲和性最高,因此富含 G 碱基的 RNA 序列也许更容易结合铂类药物,进而影响其功能发挥,如与 tRNA、mRNA、rRNA 结合会使得蛋白质的合成受阻。而与一些含硫小分子的结合则可能会使得铂类药物失活,甚至代谢成有毒物质。如顺铂在谷胱甘肽‐S‐转移酶π(GSTπ)的催化下可与谷胱甘肽(一种存在于肾小管细胞中的含量丰富的内源性抗氧化剂)结合形成谷胱甘肽结合物。接下来,在被转运至肾小管细胞后,γ‐谷氨酰转肽酶(GGT)和氨基转移酶 N(APN)将谷胱甘肽结合物裂解为半胱氨酸-甘氨酸-铂复合物和半胱氨酸-铂复合物。半胱氨酸-铂复合物被转运到近端肾小管细胞后,被半胱氨酸‐S‐复合物β‐裂合酶进一步代谢为高反应性硫醇,成为更具毒性的物质,可能与近端肾小管细胞内的必需蛋白结合,导致严重的肾毒性。

除此以外,由于线粒体在细胞内担任着"能量工厂"的角色,因此铂类药物对线粒体的攻击损伤在这类药物发挥抗癌效果中具有重要作用。由于顺铂等药物在细胞内水解后带正电,而线粒体带负电,因此铂类药物还会选择性地结合在线粒体表面,对于线粒体的正常功能造成很大程度的干扰甚至是毁灭。目前有关铂类药物的研究表明,铂类药物可以通过与 Cox17 蛋白结合,进而转运至线粒体中[25]。最新的研究表明铂类药物还可以通过带电荷的亲脂性配体被动运输进入线粒体内[26]。由于线粒体 DNA 上没有组蛋白的包裹保护,以及线粒体中没有 DNA 修复机制,因此进入线粒体的铂类药物是否会对线粒体 DNA 造成损伤,将直接决定线粒体的最终命运。有研究利用 HMGB1 蛋白探针捕获鉴定发现顺铂在线粒体 DNA 上有明显的富集效应[27],但是也有研究利用 ICP - MS 测定细胞核 DNA 及线粒体 DNA 上的铂结合量,发现铂类药物更倾向于与细胞核 DNA 结合[28]。因此研究铂类药物能否攻击线粒体 DNA,将有助于进一步明确铂类药物的作用机制。

10.4.2　钌类金属抗肿瘤配合物的分子作用机制

由于铂类药物的水溶性差,临床上表现出诸如肾毒性、耳毒性等严重的毒副作用,近年来,其他过渡金属类抗肿瘤药物(如钌、锇、铱配合物)等显示出令人鼓舞的抗癌作用,有可能成为铂类药物的替代品。在庞大的非铂类抗肿瘤配合物库中,基于钌的配合物具有高细胞毒性、良好的水溶性和低毒性的特性,引起了越来越多的关注。目前,两种 Ru(Ⅲ)配合物 NAMI - A 和 KP1019 进入 Ⅱ 期临床试验,[(η⁶ - arene) - Ru(X)(Y)(Z)]类型的有机金属半三明治结构的 Ru(Ⅱ)配合物近年来也得到广泛研究。有机金属钌配合物具有八面体几何构型,其中三个配位点被芳烃(arene)配体占据,将钌中心稳定在 + 2 价氧化态,其他三个位点提供了与各种配体配位以调节其生物活性的可能性,例如疏水性、配体取代活性、对生物靶标的选择性等。

同样,作为金属类抗肿瘤配合物,钌类配合物的主要作用靶标也是 DNA。癌细胞中钌亚细胞分布的研究表明,DNA 钌化水平与抗癌药物顺铂的铂化水平相似,且与其细胞毒性呈正相关。顺铂与 DNA 的结合会引起 DNA 弯曲,最终诱导细胞凋亡。钌芳烃配合物对顺铂耐药细胞仍然表现出较高的细胞毒性,表明钌芳烃配合物与 DNA 结合的方式,及其引起的结构变形与顺铂显著不同。Sadler 等[29]研究了有机金属钌化合物 1([(η⁶ - tha)Ru(en)Cl]⁺,tha = 四氢蒽,en = 乙二胺)与六聚体寡聚核苷酸 d(CGGCCG)的相互作用。结果表明当用单链 d(CGGCCG)与过量的化合物 1 反应时,三个 G 碱基都被钌化,而当用等物质的量的化合物 1 与双链 d(CGGCCG)反应时,可以引起 G3 或 G6,以及 G9 或 G12 的单钌化,而 G2(或 G8)不能与钌配位。添加第二或第三等物质的

量的化合物 **1** 时，可以生成双钌化和三钌化复合物。NMR 数据表明 Ru - tha 单元特异性地与 G3 和 G6 配位结合，并且四氢蒽芳香环选择性地在两对碱基对 G3/C10 - C4/G9 和 G6/C7 - C5/G8 之间穿透性插入。与在 GpG 处插入相比，四氢蒽环在 GpC 处插入具有较低的能量损失，从而形成稳定的 π - π 堆积复合物。四氢蒽环的单层插入降低了 en - NH 和 GO6 之间的氢键强度，导致钌配合物单元与 DNA 碱基之间的氢键作用力降低。综上所述，Ru - tha 单元与 G - N7 的配位结合诱导的 DNA 结构变形与顺铂交联诱导的单一变形显著不同，这种差异可能导致钌抗肿瘤配合物与顺铂作用机理的差异，包括蛋白质对 DNA 金属化损伤的识别机理差异。所以钌基抗肿瘤配合物与顺铂没有交叉耐药性。

铂类药物与 DNA 的结合一旦形成，很少会再发生解离和迁移，但是钌基抗肿瘤化合物与 DNA 碱基的结合并非如此。我们的研究表明，单功能的 {(η⁶ - biphenyl) Ru (en)}²⁺ 对鸟嘌呤碱基的 N7 具有高度特异性，但是随着温度升高，可在鸟嘌呤碱基之间迁移[30]。{(η⁶ - biphenyl) Ru(en)}²⁺ 与鸟嘌呤结合的特异性得益于乙二胺的 NH 和鸟嘌呤的 C6 羰基之间的强氢键，以及联苯配体上非配位苯环与 DNA 碱基之间的 π - π 堆积。我们和 Sadler 教授的合作研究进一步证明，有机金属钌配合物基于 SN2 模式，从结合的一条 14 个碱基对的寡聚 DNA 链上中间区域的鸟嘌呤碱基，迁移到互补链邻近鸟嘌呤碱基上[31]。我们的研究还表明，有机金属钌上的芳烃配体插入 DNA 碱基之间产生的应力是导致结合在鸟嘌呤碱基上的钌发生解离和迁移的主要原因。这些研究结果为阐明有机金属钌配合物与顺铂不同的作用机制提供了分子证据，对于设计和开发具更高活性的有机金属钌抗癌配合物具有重要的指导意义。

如前所述，铂类抗肿瘤药物在体内除了能与 DNA 结合外，还能够与多种含硫的蛋白质及小分子结合，引起相应的生物学功能改变。同样地，钌类抗肿瘤配合物在体内也会与一些非 DNA 生物分子结合。我们研究发现，有机金属钌配合物能与人源谷胱甘肽-S-转移酶 π(GSTπ)上的半胱氨酸结合，进而诱导其配体硫醇盐氧化成亚磺酸盐。分子模型研究表明，钌配合物与 GSTπ 上 48 位半胱氨酸的配位改变了亲水性 G 位点的构象，可能阻止底物谷胱甘肽的正确定位，最终导致谷胱甘肽-S-转移酶 π 的活性降低[32]。铂类药物在体内有很大一部分与含硫的小分子结合，而有研究表明，即使存在 250 倍过量谷胱甘肽的情况下，钌类抗肿瘤配合物与 DNA 鸟嘌呤碱基的结合仍然占据主导，反应 72 小时达到 62%[33]。更进一步的研究表明，在钌基抗肿瘤配合物的作用机理中，谷胱甘肽对其与 DNA 的结合具有促进作用。有机金属钌配合物动力学上可能优先与谷胱甘肽结合形成硫醇钌配合物,该硫醇金属复合物可被氧气氧化,形成亚磺酸盐中间体,其中的亚磺酸基可被 DNA 中的鸟嘌呤碱基取代,形成稳定的鸟嘌呤-钌复合物[34],这可能也是钌基抗肿瘤配合物与顺铂没有交叉抗药性的原因之一。人源铜伴侣蛋白 Cox17 能与顺铂配位,促进铂类药物到线粒体的靶向传输,进而增强铂类药物抗肿瘤治疗效果。但是,我们的研究表明,Cox17 蛋白与钌类抗肿瘤配合物的结合能力远远弱于顺铂,表明 Cox17 蛋白可能没有参与钌类配合物的细胞摄入和传输[23]。金属硫蛋白(MTs)是一类相对分子质量较小的蛋白,含有高比例的半胱氨酸残基,因此可以与众多的金属离子结合。实验表明,顺铂在 pH = 3.0 和 pH = 7.4 下都能与 MT-Ⅰ 和 MT-Ⅱ 配位,并且对 MT-Ⅱ 的亲和力高于对 MT-Ⅰ 的亲和力。MT-Pt 复合物的含量随着溶液 pH 的降低而显著增加,表明顺铂会与锌竞争金属硫蛋白上的半胱氨酸残基,干扰锌与蛋白质的结合。钌芳烃抗肿瘤配合物在酸性 pH 下几乎不与 MTs 结合,在中性环境中与 MTs 配位的水平比顺铂低得多,这可能也是这类钌抗肿瘤配合物比顺铂的毒性小,且与顺铂没有交叉耐药性的另一个原因。

综合上述两类金属抗肿瘤药物(化合物)的研究成果,我们可以看到药物在进入体内后会与诸多的生物分子发生相互作用,而这些相互作用多是由分子间的相互识别和空间契合效应决定的。有些相互作用是我们期望看到的,如顺铂与癌细胞内 DNA 的相互作用,可以导致癌细胞的 DNA 损伤,进而诱导细胞凋亡,达到临床治疗的效果。但是,有些相互作用是我们不希望发生的,如顺铂与生长较快的正常细胞中 DNA 的结合,会导致药物出现各种毒副作用。而顺铂与其他含硫生物分子的结合导致药物被排除细胞外,或钝化药物,产生耐药性。因而,为了降低药物的毒副作用,避免细胞耐药性的发生,我们需要通过设计特殊的药物传输体系以提升药物的靶向输送,或设计合适的载药方式,实现药物分子的可控释放,进而在提升药物药效发挥的同时,有效降低药物的毒副作用。

10.5 药物传输体系的设计和优化

在理想情况下,药物将以精确的治疗浓度存在于体内,并精确地靶向疾病病灶和细胞内的药物靶标。但是,药物的靶向输送并不容易控制,药物释放速率、细胞和组织的特异性以及药物稳定性很难预测。另外，有些药物有明显的毒副作用，而一些新型生物药物，如多肽、蛋白质、基因药物等在人体环境中极易降解失活。为了解决这些问题，研究人员应用多种生物和化学策略设计了不同性质的药物传输系统（drug delivery system，DDS），以增加药物的生物利用度，降低毒副作用。

大多数药物传输系统都是基于化学生物学在疾病标志物和细胞微环境领域的研究成果进行理性设计。例如肿瘤微环境有以下特点：（1）随着肿瘤体积的增大会出现血管的生成；（2）相对正常组织，肿瘤组织渗透性和保留性增强（ERP），在实体瘤的中心肿瘤间质液压力（IFP）更高，外围压力偏低，从而形成远离肿瘤中心区域的质量流动，阻碍抗癌药物到肿瘤病灶的有效输送；（3）肿瘤组织和肿瘤细胞的 pH 低于正常组织和健康细胞。尽管肿瘤的 pH 可能随肿瘤区域的不同而变化，但肿瘤组织细胞外平均 pH 为 6.0～7.0，而正常组织和血液中，细胞外 pH 约为 7.4。因此，可以根据肿瘤组织和细胞的这些特点设计出受 ERP 影响较小的纳米载药体系，或 pH 响应型载药体系，通过主动靶向和被动靶向效应增强药效。

10.5.1　药物传输体系的材料

药物传输体系的性质要根据药物的理化特性和预期的给药途径进行调整。合成化学、材料科学、化学生物学和生物医学的发展推动了药物传输体系的研究开发，并且在临床上的应用越来越受到关注。现阶段药物传输系统中的载药材料有脂质体、水凝胶、纳米颗粒、胶束、微球、聚合物等。

1. 脂质体

1965 年报道了第一个封闭的双层磷脂系统，称为脂质体，并很快被用作药物输送系统。近年来，无数脂质体研究人员开创性的工作带来了重要的技术进步，例如远程药物装载、均匀尺寸脂质体的制备、聚乙二醇化脂质体、触发释放脂质体、含有核酸聚合物的脂质体、配体-靶向脂质体和含有药物组合的脂质体等都相继问世。这些体系已在抗癌药、抗真菌药、抗生素药、基因药、麻醉药和消炎药的递送等多个领域进行了临床试验，市场化脂质体的种类和应用都在迅速增加和扩展。纳米脂质颗粒是第一个从概念转变为临床应用的纳米药物传输系统，业已成为成熟的技术平台，具有相当的临床认可度。

2. 水凝胶

研究发现,水凝胶在药物传输方面有着出色的表现,已有多种易被生物酶降解或具有可水解性的生物降解水凝胶出现。水凝胶是由具有大量亲水基团或结构域的交联聚合物网络构成的。这些结构域对水具有高亲和力,但由于聚合物链之间的化学键或相互作用而不能溶解。水渗透到这些网络中使其膨胀,完全溶胀的水凝胶具有与人体组织相似的一些物理特性,包括柔软且具有橡胶般的稠度,以及与水或其他生物液体之间的低界面张力。已有研究表明,完全溶胀或水合的水凝胶植入体内后对周围组织的刺激很小。水凝胶表面和体液之间的界面张力低,可最大限度地减少蛋白质的吸附和细胞黏附,从而降低阴性免疫反应的可能。此外,水凝胶可以引入不同物理、化学性质的添加剂,使其成为出色的药物递送载体。许多用于水凝胶制剂的聚合物[例如聚丙烯酸(PAA)、PHEMA、PEG 和 PVA 等]具有黏膜黏附和生物黏附性,可延长药物的停留时间和组织渗透性。而且,水凝胶的尺寸可以在纳米到厘米的范围内进行调节,还可以相对变形,易贴合它们所处的任何空间[35]。另外,由于水凝胶的物理化学性质与天然细胞外基质相似,所以在药物传输的同时也可以充当细胞的支撑材料。

3. 纳米颗粒

用于药物传输系统的纳米颗粒可以是多种材料制成的亚微米级颗粒($3 \sim 200$ nm),包括聚合物(聚合物纳米颗粒、胶束或树枝状聚合物)、脂质(体)、病毒纳米颗粒、有机金属化合物等。

对纳米聚合物药物载体而言,根据制备方法的不同,药物可以物理包埋在聚合物基质中或与聚合物基质共价结合。所得聚合物可能具有胶囊(聚合物纳米颗粒)、两亲核 / 壳(聚合物胶束)或超支化大分子(树枝状聚合物)的结构。纳米聚合物药物载体中与药物结合的聚合物可以分为天然和合成聚合物两类。诸如白蛋白、壳聚糖和肝素之类的聚合物是天然存在的,已经成为递送寡核苷酸、DNA 和蛋白质以及药物的首选天然聚合物材料。HPMA 和 PEG 是使用得最广泛的不可生物降解的合成聚合物的代表。

到目前为止,科学家已开发出多种病毒纳米颗粒,包括豇豆花叶病毒、豇豆褪绿斑驳病毒、犬细小病毒和噬菌体,并用于组织靶向的药物递送。我们可以使用化学或基因工程技术在病毒衣壳表面上引入不同性质的靶向分子或多肽。如将几种配体或抗体(包括转铁蛋白、叶酸和单链抗体)与病毒缀合在一起,用于抗肿瘤药物体内特异性的靶向传输。除了靶向修饰之外,诸如犬细小病毒之类的病毒还对多种肿瘤细胞上调的受体(如转铁蛋白受体)具有天然亲和力。通过靶向热休克蛋白,已经开发出了具有特异性靶向和阿霉素包封的双功能蛋白笼药物传输体系[36]。

碳纳米管在生物医学研究中被广泛应用,如被用于构建 DNA 和蛋白质检测的传感器,用于制备运送疫苗或蛋白质的载体等。虽然碳纳米管完全不溶于所有溶剂,但对碳纳米管进行适当的化学修饰可以使其具有水溶性和功能性,从而可以与各种活性分子(如多肽、蛋白质、核酸和药物小分子)偶联。此外,碳纳米管的侧壁或尖端上的多个活性官能团使它们能够一次携带几个分子。如通过荧光试剂(FITC)将抗真菌剂(两性霉素 B)或抗癌药物(甲氨蝶呤)与碳纳米管共价连接。研究表明,与单独的游离药物相比,与碳纳米管偶联的药物可以被更有效地内化到细胞中,并具有高效的抗真菌活性。

10.5.2　药物传输和释放机制

药物功效通常会因非特异性细胞和组织分布而改变,并且由于某些药物会迅速从体内代谢或排出体外,因此对药物载体的需求是有效靶向体内疾病区域和细胞,并能有效控制释放。20 世纪 70 年代末期首次提出了刺激响应型药物输送的概念。刺激响应型载体可以对特定的内源性刺激敏感,例如组织间或细胞内降低的 pH,较高的谷胱甘肽浓度或某些酶(例如基质金属蛋白酶)的水平升高。在细胞水平上,pH 的改变可触发转运药物释放到晚期内体或溶酶体中,或促进纳米载体从溶酶体逃逸到细胞质中。在组织水平上,人们可以利用与疾病相关的特定微环境变化以及病理状况(例如局部缺血、炎性疾病或感染)或应用体外身体刺激设计药物载体。例如,可以使用基于氧化铁的超小纳米粒子用磁场引导药理活性分子向体内病变区域的靶向递送。持续释放药物也可以通过对热、光或超声敏感的载药系统实现。此外,不同的给药途径需要差异性地选择药物载体。

1. 外源性刺激响应性药物传输

(1)热响应药物递送是研究最多的刺激响应策略之一,并且在肿瘤学中已得到广泛研究。若要达到热响应性,构成载体的组分中至少有一种组分的性质可以随着温度非线性急剧变化。这种急剧的反应会随着周围温度的变化触发药物的释放。理想情况下,热敏载体应在体温(约 37℃)下保持其负荷,并在局部加热的肿瘤组织内(40~42℃)快速递送药物,以避免血液流动导致药物流出。热响应系统通常是脂质体、聚合物胶束或纳米颗粒等,具有较低的临界溶液温度。通常,热响应器件设计的挑战在于使用既安全又敏感的材料，还可以应对 37℃ 的生理温度附近的轻微温度变化。脂质体系统是目前最引人关注的热响应载药系统，具有最大的临床应用潜力。

（2）磁响应药物递送系统的优点在于磁刺激可以采用不同的操作方式。可以是在永久磁场下的磁引导，也可以是在施加交变磁场时的温度升高，还可以是两者同时实施。因此，磁响应系统可以使药物递送途径更加多样。此外，还可以进行磁共振成像，从而在单个系统内关联诊断和治疗。具体方式是在磁响应载体的注射过程中将体外磁场聚焦在生物靶标上进行靶向引导。由于改善了实体瘤模型内部的药物蓄积，该方法已在实验性癌症治疗中显示出巨大的潜力。用于这种治疗方法的候选系统是核壳纳米粒子（由包裹有二氧化硅或聚合物的 Fe_3O_4 制成磁芯）、磁脂质体（包裹在脂质体中的 Fe_3O_4 或 Fe_2O_3 纳米晶体）和多孔金属纳米胶囊。

（3）超声触发的药物递送可以穿透人体某些组织，达到病变部位，实现在时空上控制药物释放，从而减少药物对健康组织的毒副作用。超声波的使用有很多优势，它具有非侵入性，不存在电离辐射，而且可以通过调节频率、占空比和暴露时间来轻松调节组织穿透深度。推测超声波可通过空化现象或辐射产生的热和/或机械效应触发药物从多种载体中释放。事实上，已经证明与空化有关的作用力会引起载体的不稳定，以及药物释放和血管通透性的瞬时增加，从而导致细胞吸收治疗性药物分子。现已开发的超声响应型的药物传输体系包括全氟化碳（PFC）纳米乳剂、回声脂质体（也称为气泡脂质体）等。

（4）轻触发的药物传输（光响应、电响应）以响应特定波长（紫外线、可见光或近红外区）照射或响应电信号控制药物释放。过去几年，研究者们设计了多种光响应系统，例如，偶氮苯基团（及其衍生物）在紫外可见光区的可逆光异构化，包括在 300～380 nm 的辐射下从反式到顺式，以及在可见光区域中从顺式到反式的异构化，可实现对药物释放的光调节控制。另一种光响应策略是利用紫外线触发的螺吡喃-甲基花青素异构化。紫外线可以激活螺吡喃-聚乙二醇化脂质纳米颗粒中的可逆收缩，从而实现更深的组织渗透。弱电场（通常约为 1 V）可用于通过多种驱动机制实现脉冲或持续药物释放。例如，基于聚吡咯（一种导电聚合物）的纳米颗粒由于电化学还原-氧化和电场驱动带电分子运动的协同作用而显示出特定的药物释放曲线[37]。

2. 内源性刺激响应性药物传输

内源性刺激响应的药物传输系统主要包括 pH 敏感系统、氧化还原敏感系统、酶敏感系统和自我调节系统。

（1）pH 敏感系统利用生物体内的 pH 变化控制药物在特定器官（例如胃肠道或阴道）或亚细胞器内（例如内涵体或溶酶体）的传递，并在环境发生细微变化时触发药物释放。pH 敏感体系的构建有两种主要方法：① 采用具有可电离基团的聚合物，通过可电离基团响应环境 pH 的变化而发生构象和/或溶解度变化达到药物控制释放；② 利用具有酸敏感性键的聚合物，借助裂解后能够释放连接在聚合物主链上的分子，改变聚合物的电荷或暴露具有靶向能力的配体达到药物控制释放的目的。大量的抗癌药物递送系统都是基于健康组织和实体瘤细胞外环境之间的 pH 的微小差异进行设计。这主要是由于快速生长的肿瘤中不规则的血管生成，导致营养物质和氧气的缺乏，因此向糖酵解代谢转移，进而导致了肿瘤间质中酸性代谢物的产生，降低肿瘤细胞的 pH。因此，有效的 pH 敏感系统必须对肿瘤细胞微环境中 pH 的细微变化做出敏锐反应。例如，氨基质子化引起的壳聚糖溶胀导致在肿瘤组织的局部酸性环境中释放封装的肿瘤坏死因子α[38]。在细胞水平上，内涵体的酸化（pH 为 5～6）和它们与溶酶体的融合（pH 为 4～5）是另一个可用于细胞内有效药物积累的 pH 梯度。例如，利用可质子化的甲基丙烯酸二甲基氨基乙基酯单体，设计在弱酸性 pH 下膨胀使其内容物快速释放的纳米颗粒，即可实现抗肿瘤药物的靶向释放[39]。

（2）氧化还原敏感系统基于易被谷胱甘肽（GSH）还原裂解的二硫键而设计。谷胱甘肽在细胞外（2～10 μmol/L）和细胞内（2～10 mmol/L）的浓度显著不同，正常组织和肿瘤组织中的谷胱甘肽浓度也不同，基于此可以设计氧化还原敏感的药物传输系统。设计可还原降解的自组装两亲共聚物胶束，共聚物主链中含有二硫键疏水骨架或其他的谷胱甘肽敏感基团，在不同的谷胱甘肽浓度中，胶束快速分解，药物在特定的细胞内可控释放[40]。

（3）酶敏感系统利用在癌症或炎症病理状况下观察、检测到的特定酶（例如蛋白酶、磷脂酶或糖苷酶）表达谱的改变来实现酶介导的药物释放，并使药物靶向预期的生物学靶标。大部分专门用于酶介导的药物递送系统都利用了细胞外环境中存在的酶。最近研究报道了可被基质金属蛋白酶切割的短肽序列用作表面 PEG 链和功能化脂质体或纳米颗粒之间的连接肽。在肿瘤微环境中，金属蛋白酶切割连接肽，PEG 壳掉落，表面生物活性配体暴露即可与生物靶标作用。使用这种策略，载有 siRNA 的纳米颗粒可在荷瘤小鼠中产生近 70%的基因沉默活性。类似地，设计蛋白酶敏感的聚合物涂层或脂肽，可实现多孔二氧化硅纳米颗粒[41]或脂质体[42]的可控释放。

（4）自我调节系统能够响应特定分析物浓度变化，实现自我调节的药物输送。这种策略在糖尿病的非侵入性治疗中受到特别的关注，因其可根据患者自身血糖水平触发胰岛素释放。设计葡萄糖响应系统的常用方法是利用苯基硼酸(PBA)及其衍生物与顺式二醇单元可逆结合。当带电的 PBA 与葡萄糖复合时,水溶液中的 PBA 带电,亲水性增强,含 PBA 的聚合物膨胀。以此来激活胰岛素从聚乙二醇- b -聚丙烯酸-共-丙烯酰胺基苯基硼酸胶束[43]和聚乙二醇- b -聚苯乙烯环硼烷聚合物囊泡中释放胰岛素,即可实现针对糖尿病患者的个性化治疗。

3. 多种刺激反应的药物输送

多种刺激敏感性可以进一步改善药物的传递效率。例如,在某些病理条件下 pH 梯度和氧化还原差异性共存,因此可以将具有 pH 和氧化还原敏感性的系统结合使用。一个典型的例子是反义- bcl2 寡核苷酸和阿霉素与具有酸裂解和可还原断裂的四臂 PEG 偶联构建的药物传输释放系统。该系统可同时响应肿瘤组织和细胞内的弱酸性 pH 和强还原性环境,靶向释放药物,导致有效的癌细胞凋亡。

合成化学、材料科学、生物工程学和化学生物学的进步直接推动了近几十年药物输送和控释系统的发展。然而,这一领域的研究仍然存在许多挑战和未满足的临床需求。新型的治疗方法(例如生物制剂)和给药要求(例如口服给药的缓释装置和用于特定部位递送的可注射材料)需要先进的药物传输体系,这些体系必须能保护敏感分子,特别靶向身体的患病区域,并可以控制药物在整个疗程中的释放,满足慢性病治疗的需求[44]。临床医学已经不再满足于每天摄取两到三次口服制剂的治疗策略,而是迫切需要能作用于特定疾病部位,达到个性化治疗的临床解决方案,并希望采用支持其起源的生物学机制来管理和逆转疾病的进展。此外,虽然现阶段在寻找和发现疾病生物标志物上面取得了一些成果,但靶向特定细胞的材料仍然难以设计。其中亟待解决的关键科学问题是准确了解材料如何与人体相互作用,以及如何利用细胞特异性基因表达和疾病生理学方面的差异来提高药物传输的靶向效果。另外,尽管药物传输和可控释放体系研究还存在这些挑战,但数十年来的科学研究已经证明,化学、材料学、生物学和医学的结合是富有成果的,药物传输体系的进一步发展将对人类健康产生重大影响。

10.6　讨论与展望

化学生物学是一门涉及化学技术、工具和分析的新兴学科,采用合成化学或天然产物化学产生的具有生物活性的小分子操控和研究生物系统。药物分子作为一类特殊性质的生物活性小分子,通过调控生物靶标分子的生物活性,调节靶标分子介入的信号转导通路的通信,达到疾病治疗的目标。因此,化学生物学利用化学原理、化学技术调节生物系统,研究药物潜在的生物学意义或在调控生物系统中的功能,在药物发现研究领域起着关键作用。药物化学生物学强调化学生物学在药物发现中的重要作用,在化学生物学和传统药物化学理论的指导下,研究药物分子的作用靶点和作用机理,揭示疾病发生发展的基本规律,促进药物新发现。

药物化学生物学涉及化学技术、生物理论和药理基础,致力于研究合成化学或天然产物化学产生的具有生物活性的小分子在生物体内的作用靶点和作用机理,以期为药物研发、旧药新用及疾病诊断提供理论基础和实验依据。在过去的几十年里,从生物学到药物发现的各个领域,创新的化学生物学方法产生了许多有意义的结果。对药物进行基因组、蛋白质组及代谢组分析,阐明药物的直接作用靶点和分子机制,为药物的作用机理提供最直接的分子证据。新的分子成像技术(如 SIMS 成像方法)被广泛应用于可视化药物和候选药物在单个细胞中亚细胞分布情况,对药物的早期评价产生重要影响。Wedlock 等[45]通过透射电子显微镜与 NanoSIMS 成像联用技术研究金抗肿瘤化合物 Au(d2pype)$_2$Cl[d2pype = 1,2 − bis(di − 2 − pyridylphosphino)ethane]在人乳腺癌细胞中的分布情况,发现金化合物倾向于聚集在富含硫元素的区域内。他们由此得出结论,含硫的蛋白质参与金化合物的抗肿瘤作用过程。与 DNA 相比,含有硫元素(特别是巯基)的蛋白质更有可能是该化合物的直接作用靶点。SIMS 在医学和药理学上的应用仍处于初级阶段,但在阐明金属药物和候选药物的亚细胞分布方面已显示出巨大的潜力,这对合理设计新药和评价药物代谢和效率有很大的促进作用。

药物开发过程与配体和靶标的结合亲和力有关。目前计算机药物设计方法侧重于最大限度地提高配体对靶标的亲和力,通过优化计算工具可以实现这一目标。靶标发现和药物开发过程需要使用基于计算机技术的方法在数据库中搜索大量的序列和新分子。而所有靶标、分子或药物以及药物传递系统数据库到目前为止尚未完成集成和自动化,这导致药物开发需要从几个系统中选择和处理数据,是药物开发过程面临的巨大挑战之一。计算工具在加速靶标发现和药物开发过程,以及模拟药物传递系统方面发挥着重要作用。生物信息学的飞速发展将为药物开发和筛选提供有力的工具。虚拟筛选可以识别适合化学优化的分子,将其转化为临床候选药物,以达到寻找先导化合物的目的。基于计算机技术的虚拟筛选在很短的时间内能够针对一个靶标完成成千上万个分子筛选,根据每个分子与受体的结合亲和力,确定最有可能具有某种生物活性的先导化合物。该方法利用特定目标家族中特征明确的成员,将单一靶点/疾病转向以家族为基础的交叉治疗领域,将极大地提高先导化合物筛选效率。

DNA 是顺铂等细胞毒性药物的主要作用靶点,但在最近的研究中人们的研究重点已经发生了改变,试图寻找 DNA 以外的药物靶点,这预示着我们正从单一靶标转向多靶点。例如,卡铂与紫杉醇联用作为转移性鳞状非小细胞肺癌患者的一线治疗药物。利用联合化疗治疗多种癌症的成功推动了多靶点治疗的发展。然而,联合化疗有其局限性,因为每种药物都有自己的药代动力学特性,很难控制整个治疗方案。因此,设计靶向多种生物靶标的单分子多靶点药物可能会提升药物的可控性。目前有文献研究表明,单一药物分子靶向多种生物靶标的方法正在成为现实。FDA 批准的新分子实体(NMEs)的分析报告称,在 2015—2017 年批准的 NMEs 中,31%是蛋白质、多肽和单克隆抗体等生物技术药物,34%是单靶点药物,10%是组合治疗,而单分子多靶点药物则占 21%。铂类药物由单一靶点向"多靶点"转变,不仅以 DNA 为靶标,而且还含有以肿瘤细胞或其他细胞实体(包括酶、肽、胞内蛋白和丝裂软骨)为靶标的分子载体,如靶向线粒体、细胞表皮生长因子、丙酮酸脱氢酶等[46]。随着化学生物学技术的进步和对人类基因组更深层次的了解,我们现在可以在分子水平上更全面地研究癌症的发生、发展机制。金属配合物作为治疗癌症的一类重要药物实体,已经在临床或临床试验中作为化疗药物使用。现代化疗有关的全身毒性和化疗方案的耐药性问题可通过设计多靶点药物克服。多靶点药物能够避免对正常细胞的毒副作用,提高药物对病变部位的杀伤力,为患者提供更为安全有效的治疗方案。多靶点药物设计产生了许多创新的成果,为金属化疗药物进入临床应用提供了有力的实验依据。

优化药物传输是发挥药物疗效的重要环节,可避免药物选择性低和毒副作用大等问题。有靶向传输功能的药物传输体系,如药物运输车(drug carrier)、药物靶向传输(drug targeting delivery)材料、药物控制释放(drug controllable release)体系等,在提高药物的生物利用度、增加药物疗效、降低其毒副作用、改善病人耐受性等方面具有先进性。基于化学生物学在疾病生物标志物和细胞微环境研究领域的成果,设计、构建和优化兼具细胞微环境响应性和靶向功能的药物传输系统,是现代新药研发成功的关键步骤。

药物化学生物学是一个迅速发展的研究领域,已经显示出巨大的潜力,为研究人类疾病的发生和药物筛选奠定了理论基础,其与制药业的结合将会促进生命科学和现代药学的进一步发展。

参考文献

［1］ Bruno P M，Liu Y P，Park G Y，et al. A subset of platinum-containing chemotherapeutic agents kills cells by inducing ribosome biogenesis stress［J］. Nature Medicine，2017，23(4)：461－471.

［2］ Passarelli M K，Newman C F，Marshall P S，et al. Single-cell analysis：Visualizing pharmaceutical and metabolite uptake in cells with label-free 3D mass spectrometry imaging［J］. Analytical Chemistry，2015，87(13)：6696－6702.

［3］ Liu S Y，Zheng W，Wu K，et al. Correlated mass spectrometry and confocal microscopy imaging verifies the dual-targeting action of an organoruthenium anticancer complex［J］. Chemical Communications，2017，53(29)：4136－4139.

［4］ Totoki Y，Tatsuno K，Yamamoto S，et al. High-resolution characterization of a hepatocellular carcinoma genome［J］. Nature Genetics，2011，43(5)：464－469.

［5］ Jiang Z S，Jhunjhunwala S，Liu J F，et al. The effects of hepatitis B virus integration into the genomes of hepatocellular carcinoma patients［J］. Genome Research，2012，22(4)：593－601.

［6］ Frantzi M，Latosinska A，Kontostathi G，et al. Clinical proteomics：Closing the gap from discovery to implementation［J］. Proteomics，2018，18(14)：1700463.

［7］ Zhang M，Luo H，Xi Z R，et al. Drug repositioning for diabetes based on "omics" data mining ［J］. PLoS One，2015，10(5)：e0126082.

［8］ Lauro G，Masullo M，Piacente S，et al. Inverse Virtual Screening allows the discovery of the biological activity of natural compounds［J］. Bioorganic & Medicinal Chemistry，2012，20(11)：3596－3602.

［9］ Xing L，McDonald J J，Kolodziej S A，et al. Discovery of potent inhibitors of soluble epoxide hydrolase by combinatorial library design and structure-based virtual screening［J］. Journal of Medicinal Chemistry，2011，54(5)：1211－1222.

［10］ Budzik B，Garzya V，Shi D C，et al. Novel N-substituted benzimidazolones as potent，selective，CNS-penetrant，and orally active M1 mAChR agonists［J］. ACS Medicinal Chemistry Letters，2010，1(6)：244－248.

［11］ Schaller D，Hagenow S，Stark H，et al. Ligand-guided homology modeling drives identification of novel histamine H3 receptor ligands［J］. PLoS One，2019，14(6)：e0218820.

［12］ Taylor S J，Abeywardane A，Liang S，et al. Fragment-based discovery of indole inhibitors of matrix metalloproteinase-13［J］. Journal of Medicinal Chemistry，2011，54(23)：8174－8187.

［13］ Mitra K，Shettar A，Kondaiah P，et al. Biotinylated platinum(II) ferrocenylterpyridine complexes for targeted photoinduced cytotoxicity［J］. Inorganic Chemistry，2016，55(11)：5612－5622.

［14］ Basu U，Banik B，Wen R，et al. The platin-X series：Activation，targeting，and delivery［J］. Dalton Transactions (Cambridge，England：2003)，2016，45(33)：12992－13004.

［15］ Cheng Q Q，Shi H D，Wang H X，et al. The ligation of aspirin to cisplatin demonstrates significant synergistic effects on tumor cells［J］. Chemical Communications (Cambridge，England)，2014，50(56)：7427－7430.

［16］ Du J，Zhang E L，Zhao Y，et al. Discovery of a dual-targeting organometallic ruthenium complex with high activity inducing early stage apoptosis of cancer cells[J]. Metallomics, 2015, 7(12): 1573 - 1583.

[17] Zheng W, Luo Q, Lin Y, et al. Complexation with organometallic ruthenium pharmacophores enhances the ability of 4-anilinoquinazolines inducing apoptosis[J]. Chemical Communications (Cambridge, England), 2013, 49(87): 10224 - 10226.

[18] Zhang Y, Zheng W, Luo Q, et al. Dual-targeting organometallic ruthenium (II) anticancer complexes bearing EGFR-inhibiting 4-anilinoquinazoline ligands [J]. Dalton Transactions (Cambridge, England: 2003), 2015, 44(29): 13100 - 13111.

[19] Jung Y, Lippard S J. Direct cellular responses to platinum-induced DNA damage[J]. Chemical reviews, 2007, 107(5): 1387 - 1407.

[20] Hu W B, Luo Q, Wu K, et al. The anticancer drug cisplatin can cross-link the interdomain zinc site on human albumin[J]. Chemical Communications (Cambridge, England), 2011, 47(21): 6006 - 6008.

[21] Guo W, Zheng W, Luo Q, et al. Transferrin serves as a mediator to deliver organometallic ruthenium(II) anticancer complexes into cells[J]. Inorganic Chemistry, 2013, 52(9): 5328 - 5338.

[22] Zhang G X, Hu W B, Du Z F, et al. A comparative study on interactions of cisplatin and ruthenium *Arene* anticancer complexes with metallothionein using MALDI-TOF-MS [J]. International Journal of Mass Spectrometry, 2011, 307(1/2/3): 79 - 84.

[23] Li L J, Guo W, Wu K, et al. A comparative study on the interactions of human copper chaperone Cox17 with anticancer organoruthenium(II) complexes and cisplatin by mass spectrometry[J]. Journal of Inorganic Biochemistry, 2016, 161: 99 - 106.

[24] Xi Z Y, Guo W, Tian C L, et al. Copper binding promotes the interaction of cisplatin with human copper chaperone Atox1[J]. Chemical Communications (Cambridge, England), 2013, 49 (95): 11197 - 11199.

[25] Li L J, Guo W, Wu K, et al. Identification of binding sites of cisplatin to human copper chaperone protein Cox17 by high-resolution FT-ICR-MS[J]. Rapid Communications in Mass Spectrometry, 2016, 30: 168 - 172.

[26] Ong J X, le H V, Lee V E Y, et al. A cisplatin-selective fluorescent probe for real-time monitoring of mitochondrial platinum accumulation in living cells [J]. Angewandte Chemie International Edition, 2021, 60(17): 9264 - 9269.

[27] Shu X T, Xiong X S, Song J H, et al. Base-resolution analysis of cisplatin-DNA adducts at the genome scale[J]. Angewandte Chemie International Edition, 2016, 55(46): 14246 - 14249.

[28] Marrache S, Pathak R K, Dhar S. Detouring of cisplatin to access mitochondrial genome for overcoming resistance[J]. Proceedings of the National Academy of Sciences of the United States of America, 2014, 111(29): 10444 - 10449.

[29] Liu H K, Parkinson J A, Bella J, et al. Penetrative DNA intercalation and G-base selectivity of an organometallic tetrahydroanthracene RuII anticancer complex[J]. Chemical Science, 2010, 1 (2): 258.

[30] Liu H K, Berners-Price S J, Wang F Y, et al. Diversity in guanine-selective DNA binding modes for an organometallic ruthenium *Arene* complex[J]. Angewandte Chemie International Edition, 2006, 45(48): 8153 - 8156.

[31] Wu K, Luo Q, Hu W B, et al. Mechanism of interstrand migration of organoruthenium anticancer complexes within a DNA duplex[J]. Metallomics, 2012, 4(2): 139 - 148.

[32] Lin Y, Huang Y D, Zheng W, et al. Organometallic ruthenium anticancer complexes inhibit human glutathione-S-transferase II[J]. Journal of Inorganic Biochemistry, 2013, 128: 77 - 84.

[33] Wang F Y, Xu J J, Habtemariam A, et al. Competition between glutathione and guanine for a ruthenium(II) *Arene* anticancer complex: Detection of a sulfenato intermediate[J]. Journal of the American Chemical Society, 2005, 127(50): 17734 - 17743.

[34] Wang F Y, Xu J J, Wu K, et al. Competition between glutathione and DNA oligonucleotides for ruthenium(II) *Arene* anticancer complexes[J]. Dalton Transactions (Cambridge, England: 2003), 2013, 42(9): 3188 - 3195.

[35] Ladet S, David L, Domard A. Multi-membrane hydrogels[J]. Nature, 2008, 452(7183): 76 - 79.

[36] Flenniken M L, Liepold L O, Crowley B E, et al. Selective attachment and release of a chemotherapeutic agent from the interior of a protein cage architecture[J]. Chemical Communications (Cambridge, England), 2005(4): 447 - 449.

[37] Wårdell K, Sloten J V, Ecker P, et al. 46th ESAO congress 3 - 7 september 2019 Hannover, Germany abstracts[J]. International Journal of Artificial Organs, 2019, 42(8): 386 - 474.

[38] Deng Z W, Zhen Z P, Hu X X, et al. Hollow chitosan-silica nanospheres as pH-sensitive targeted delivery carriers in breast cancer therapy[J]. Biomaterials, 2011, 32(21): 4976 - 4986.

[39] You J O, Auguste D T. Nanocarrier cross-linking density and pH sensitivity regulate intracellular gene transfer[J]. Nano Letters, 2009, 9(12): 4467 - 4473.

[40] Ryu J H, Chacko R T, Jiwpanich S, et al. Self-cross-linked polymer nanogels: A versatile nanoscopic drug delivery platform[J]. Journal of the American Chemical Society, 2010, 132(48): 17227 - 17235.

[41] Singh N, Karambelkar A, Gu L, et al. Bioresponsive mesoporous silica nanoparticles for triggered drug release[J]. Journal of the American Chemical Society, 2011, 133(49): 19582 - 19585.

[42] Banerjee J, Hanson A J, Gadam B, et al. Release of liposomal contents by cell-secreted matrix metalloproteinase-9[J]. Bioconjugate Chemistry, 2009, 20(7): 1332 - 1339.

[43] Wang B L, Ma R J, Liu G, et al. Glucose-responsive micelles from self-assembly of poly (ethylene glycol)-b-poly (acrylic acid-co-acrylamidophenylboronic acid) and the controlled release of insulin [J]. Langmuir: the ACS Journal of Surfaces and Colloids, 2009, 25(21): 12522 - 12528.

[44] Tibbitt M W, Dahlman J E, Langer R. Emerging frontiers in drug delivery[J]. Journal of the American Chemical Society, 2016, 138(3): 704 - 717.

[45] Wedlock L E, Kilburn M R, Cliff J B, et al. Visualising gold inside tumour cells following treatment with an antitumour gold(i) complex[J]. Metallomics, 2011, 3(9): 917 - 925.

[46] Kenny R G, Marmion C J. Toward multi-targeted platinum and ruthenium drugs-A new paradigm in cancer drug treatment regimens? [J]. Chemical Reviews, 2019, 119(2): 1058 - 1137.

MOLECULAR SCIENCES

Chapter 11

第 11 章

单分子化学生物学

徐家超　刘维凤　袁景和　方晓红

11.1　引言

作为一门用化学方法研究生物学问题的交叉学科,化学生物学关注生命科学中重要分子事件的发生过程和规律[1],而在单分子水平对生命过程的研究,无疑是化学生物学的重要领域和前沿方向。传统的生物化学研究方法,通常是描述大量生物分子的平均行为。但是,看似均质的化学组成相同的生物分子,在生理条件下通常存在着分子间的显著差异,如构象、运动状态等。大量分子的系统研究方法,往往会掩盖生物分子在不同时间、空间的结构、动力学以及其他性质的异质性。单分子研究方法不仅具有最高的化学检测灵敏性,更重要的是能够高时空分辨地追踪单个分子随时间、空间的变化,无需对生物体系进行同步化处理,直接在生理条件或近生理条件下对处于不同状态的分子进行实时观测和统计分析。因此,通过检测和表征特定分子群体中每个分子的行为,单分子研究成为揭示生命过程的有效途径。

2014 年 7 月,*Nature Chemical Biology* 评述单分子研究技术将彻底改变人们以往对许多生命过程的认知[2],而在同年 10 月 *Nature Methods* 专刊中,单分子技术也被评为过去十年中对生物学研究影响最大的十种技术之一。基于单分子成像的超分辨显微成像技术更是获得了 2014 年诺贝尔化学奖。因此,发展单分子检测技术和基于单分子技术的化学生物学,其重要意义毋庸置疑。本章将主要介绍单分子检测技术的研究进展,及其在细胞信号转导机制和化学调控等化学生物学研究中的应用。

11.2　单分子研究进展简述

1989 年,W. E. Moerner 和 L. Kador 两位科学家首次在超低温环境下(液氮)检测到了晶体中单个荧光分子的吸收光谱[3],标志着光学单分子检测技术的诞生。此后,经过三十余年的发展,单分子光学成像技术取得了质的飞跃。一方面是成像设备硬件功能的不断提升,例如发展出了更加灵敏的探测器(如 EMCCD)、更加稳定的具有负反馈系统的成像平台等;另一方面,还发展了一大批可用于单分子标记成像的荧光蛋白、荧光染料和标记方法,如光激活荧光蛋白、金和银的纳米团簇、纳米抗体、非天然氨基酸标记,以及各种标签(tag)介导的标记等[4]。目前研究人员已经可以在活细胞中实现三色甚至多色标记,进而进行单分子的荧光成像以及动态追踪。

与此同时,基于单分子光学成像的超分辨成像技术也逐渐成为领域研究热点。光学显微镜的分辨率受衍射现象的限制,阻碍了对活细胞内部微观结构的研究。长期以来,最好的光学仪器能够直接分辨的结构大小大约为 200 nm,然而参与重要的生命过程的很多亚细胞结构小于 200 nm,比如突触囊泡、受体蛋白复合物和细胞骨架的组装单元等的尺寸都为 50 nm 左右。蛋白质等生物大分子的尺寸更小,对它们结构和功能的解析需要更高分辨率的光学成像仪器。近几年超分辨率成像技术得到快速发展,目前分辨率较高的是光敏定位显微成像系统(photoactivated localization microscope, PALM)和随机光学重构显微成像系统(stochastic optical reconstruction microscopy, STORM),其分辨率可达 20 nm。这意味着可以在分子水平上观察细胞结构及在纳米尺度研究分子的运动过程,可以观察亚细胞结构精细的组装过程和生物分子共定位分析。光敏定位显微成像系统具有单分子探测能力,使得在分子水平研究蛋白质相互作用和蛋白复合物的构象成为可能。STORM 与 PALM 的原理相同,其区别是标记方法不同。PALM 利用光激活荧光蛋白(photoactivatable fluorescent protein, PAFP)标记靶蛋白分子,而 STORM 则是利用可反复激活的荧光染料分子对样品进行标记,两者都是对成千上万张精确定位的单分子成像图片进行算法重构,进而获得一幅超分辨图像。E. Betzig 等人通过结合 PALM 和单粒子追踪技术,又进一步发展了超分辨单分子追踪技术(single-particle tracking with photoactivated localization microscopy, sptPALM),获得了较常规单分子成像技术多达几个数量级的单分子运动轨迹[5]。而 X. Zhuang 等人则进一步利用双物镜 STORM 技术,在活细胞上实现了对 Alexa Fluor 568 标记的转铁蛋白(transferrin)与 Alexa Fluor 647 标记的网格蛋白 (clathrin)囊泡在细胞内共运动的超分辨追踪(X-Y 方向分辨率为 40 nm,Z 轴方向分辨率为 70 nm)[6]。

结构光照明显微成像技术(structured illumination microscopy,SIM)是近些年来发展的另一种超分辨成像技术。与 PALM 和 STORM 成像技术相比,它具有更高的时间分辨率,更适合对活细胞内高速动态变化的亚细胞结构(细胞器、细胞骨架)进行成像。D. Li 等在前期 TIRF-SIM 的基础上又开发了照明深度更深的掠入射式 SIM(grazing incidence-SIM,GI-SIM)[7],使其能够对基底细胞膜附近的动态事件进行 97 nm 分辨率和 266 帧/秒的速度进行成像;并采用了多色 GI-SIM 来表征各种细胞器与细胞骨架的快速动态相互作用,从而为这些结构的复杂行为提供了新的研究方法。通过分析内质网(endoplasmic reticulum,ER)与其他细胞器或微管的相互作用发现了新的内质网重塑机制,例如内质网在细胞器上搭便车行为等[8]。

单分子光学成像技术经过三十多年的发展,在理论和实验上均取得了极大的进步,同时,它也不断地与新的生物技术(如基因编辑技术)相结合,以更好地应用于生命科学问题的研究。

通常而言,当研究人员采用荧光蛋白标记靶蛋白时,会构建融合表达基因,再转入细胞中使其过量表达或诱导性表达。然而,这种表达量并不能真实地反映细胞内源性蛋白表达水平,过量表达也可能会导致靶蛋白无法正确折叠进而无法行使正常的生理功能,从而导致错误的研究结论。近些年来,新兴的基因编辑技术,特别是蓬勃发展的CRISPR-Cas9工具,改变了活细胞和组织中的标记策略。以CRISPR-Cas9基因编辑系统为例,首先,根据目的基因序列信息设计靶向性 sgRNA,进而在 Cas9 酶的作用下使基因组上的靶位点产生双链断裂,然后,生物体会根据外源提供的 DNA 修复模板,通过同源重组将目的基因插入,这使得所需的荧光蛋白特异性标记内源性蛋白。这种标记策略与单分子光学成像结合,实现了靶蛋白在天然生理表达水平上的定量研究。

Kirchhausen 等人利用全内反射荧光显微镜(total internal reflection fluorescent microscope,TIRFM),对基因编辑的 Dynamin2-EGFP 细胞进行单分子成像[9],发现 Dynamin2 以二聚体为单位,逐步组装到网格蛋白包被的囊泡中。通过单分子计数,发现约 26 个 Dynamin 足以使网格蛋白包被的囊泡与细胞膜连接的颈部形成一个环并产生断裂。这种定量研究结果推翻了生物学家先前提出的各向同性收缩模型,并提出了新的环状扭曲模型。而 K. He 等人结合单分子成像技术[10],利用基因编辑的 EGFP-Synj1、EGFP-OCRL、EGFP-PI3K-C2α、EGFP-Rab5a、EGFP-Rab5c、CLTA-TagRFP 等细胞系,系统研究了网格蛋白包被的囊泡在组装、出芽以及去组装过程中,相关蛋白以及脂类分子招募解离的先后顺序。发现在胞吞过程中,clathrin 包被的囊泡中脂类分子类型始终处于动态变化,且稳定存在的时间为 $1\sim5$ s。最终,在去组装过程中,脂类分子 $PtdIns(3,4)P_2$ 大量累积,并招募 Rab5 蛋白,介导下游信号通路。

基因编辑技术给人们提供了一种全新的标记策略,结合单分子光学成像技术,可使研究人员在活细胞水平实时动态定量地研究内源性表达的蛋白质性质、动力学特征,更加真实地反映生物体内生理及病理学过程。此外,基因编辑的细胞系具有较为统一的蛋白表达量,有利于不同细胞样品之间的定量比较,将在单分子化学生物学中得到更广泛的应用。

在单分子研究领域,除了利用光学显微成像技术监测荧光标记的单分子性质及其动力学变化,还可以利用原子力显微镜(AFM)的弹性悬臂梁或光镊、磁镊等外场非接触式操纵对生物系统施加张力或扭转力,检测其响应,或对生物单分子进行操纵、调控等。

随着单分子力学操纵技术近几十年的发展,已由过去在体外检测生物大分子的性质或进行操纵,逐渐发展到在生理条件下对活细胞中的靶标进行检测和分析。例如,Aramesh 等人在原子力显微镜上集成了固态纳米孔检测装置[11],并将其应用于感知分泌分子以及细胞内外任意位置的离子通道活性,在活细胞中实时观察到生物大分子和离子通过纳米孔的转运。这种方法的通用性使人们能够在受控的机械限制下检测特定的生物大分子,并监测单个细胞的离子通道活性。此外,还可利用这种显微镜进行高分辨率扫描离子电导率,进而对膜表面进行成像。2016 年,Johansen 等人则利用光镊首次实现了对斑马鱼胚胎内部的纳米级至微米级结构进行的主动微操纵[12],其操纵的结构包括注入的纳米颗粒、细菌以及天然存在的斑马鱼细胞(如红细胞和巨噬细胞)等,并且可以分析细胞的黏附特性和膜变形。这种非侵入性显微操作可以直接检测粒子与细胞间的相互作用,这对于其他方法是无法实现的。这种方法具有很好的应用前景,例如可对特定的化合物进行操纵,将其带入目标生物结构附近,用于测试局部细胞对化学物质的反应,也可通过操纵细菌、其他微生物或抗原,进行免疫细胞募集和活化的研究等。AFM、光镊、磁镊等力学操纵技术,具有无标记、高灵敏度或非侵入性等特点,通过实现在活细胞等生理条件下的应用,将给探索生命奥秘带来更多的突破。

11.3 单分子水平研究细胞信号转导及其化学调控

作为国内最早开展活细胞生物单分子研究的课题组,我们在发展生物单分子分析检测方法、单分子水平研究细胞信号转导蛋白激活和转运,以及信号转导的化学干预等方面不断取得重要进展。我们自主研发了适用于活细胞单分子检测的显微成像系统及多种联用系统,开发了相应的荧光探针及标记方法,建立了对信号转导通路相关蛋白的化学计量比、膜上受体的动力学、受体内吞和胞内转运动力学及细胞内信号蛋白上膜激活动力学等进行表征的分析方法,并开发出一系列高通量数据处理和定量分析算法。在此基础上,我们针对重要的膜上受体激活以及下游信号转导进行了单分子研究,发现了相关蛋白激活转运的新模式;并利用这些新方法和新激活模式,研究了多种小分子抑制剂以及抗癌药物的作用机理,为新的药物开发及筛选提供了新的研究策略[4,13-18]。相关研究工作综述如下。

11.3.1 单分子分析方法

我们建立了适用于活细胞单分子检测的显微成像平台,主要包括几种显微成像系统:① 全内反射荧光成像显微镜(TIRFM)和半全内反射荧光成像显微镜(quasi - TIRFM);② 受激辐射耗尽(stimulation emission depletion,STED)超分辨成像系统;③ AFM - STED 等联用系统。同时,我们还发展了单分子成像标记方法以及信号转导蛋白的单分子分析方法。

1. 单分子显微镜

(1) TIRFM 及 quasi - TIRFM 荧光显微成像系统

TIRFM 是一种用于观察两种折射率不同的介质之间界面的技术,最常用于研究细胞膜区生物学行为的活细胞单分子成像。TIRFM 利用全内反射产生的窄激发深度的隐失波来激发界面样品荧光,使距离界面一定范围内的荧光团受到激发,而不会影响范围以外的荧光分子,因此相比于宽场成像显微镜,TIRFM 具有很高的信噪比。其原理简述如下[19]。

全内反射荧光显微镜中的激发光从高折射率的光密介质(n_1)入射到低折射率的光疏介质(n_2),当入射角足够大[超过临界角 $\theta_c = \sin^{-1}(n_2/n_1)$]时会发生全反射现象,而不发生折射,但会有一部分能量以隐失波的形式进入低折射率的介质。不同于直射光以直线传播,隐失波平行于界面传播,其强度在垂直于界面方向上呈指数衰减。而隐失波的存在则可以对玻璃表面的样品如细胞膜进行成像以实现对细胞膜表面的观察。通常活细胞 TIRFM 成像实验以可见光为激发光源,隐失波的激发深度通常为 100～

200 nm。因此，TIRFM 的激发区域局限于细胞膜区的荧光分子，减少了对细胞内荧光分子的激发，从而显著提高了信噪比，使之成为研究细胞膜上单分子行为的最重要的工具。

我们自行搭建了物镜型 TIRFM 显微镜，该显微镜配有四路激光，具备双通道分光器件、Z 轴防漂移模块以及活细胞培养小室，可对活细胞进行多色单分子荧光成像。利用自行搭建的 TIRFM，我们成功实现了体外以及活细胞单分子荧光成像，系统地研究了受体分子在细胞膜上的聚集状态、受体化学计量比的动态变化、受体的内吞与上膜、细胞内信号分子上膜激活等一系列过程。

quasi‐TIRFM 是在 TIRFM 基础上发展的技术，探测深度比 TIRFM 更深。当全内反射显微镜的入射光的入射角度 θ_c 等于或大于临界角时，其产生的隐失波能够激发的深度通常小于 160 nm，而 quasi‐TIRFM 的入射光角度略小于临界角 θ_c 时，折射光能以近似于平行的方式斜入照射细胞，这种照明方式下照射的深度与 TIRFM 成像相比有所增加，能照亮原本隐失波覆盖不到的细胞内区域。使用 quasi‐TIRFM 成像得到的图像信噪比介于 TIRFM 成像和宽场成像之间。相比于 TIRFM，quasi‐TIRFM 牺牲了一些信噪比，以换取更深成像深度，从而可对细胞内分子进行成像。

我们在自行搭建的 TIRFM 成像系统上进行光路改造，分别设计了两条独立的光路系统，从而实现全内反射照明和半全内反射照明及两种照明方式的交替切换（图 11‐1）[20]。采用此套成像系统，我们同时对细胞膜和细胞内生物大分子进行了快速、高信噪比成像，发现了细胞内新合成的 TGF‐β 受体分子通过后高尔基体囊泡的上膜转运。

（2）STED 超分辨成像系统

STED 作为第一个突破光学衍射极限的远场显微成像技术，其原理是基于受激辐射理论，主要采用两束严格共轴的激光同时照射样品，一束为激发光，另一束为损耗光（也称 STED 光）。激发光用来激发荧光分子，使艾里斑范围内的荧光分子处于激发态；同时，使用甜甜圈型（doughnut）的损耗光照射样品，使得处于艾里斑外围的激发态分子以受激辐射的方式释放能量回到基态，而位于艾里斑内部区域的激发态分子则不受损耗光的影响，继续以自发辐射的荧光方式回到基态。因此获得小于衍射极限的荧光发光点，从而提高了系统的分辨率。

我们采用单束超连续宽带光源产生的两束脉冲光作为激发光源，成功研制了超连

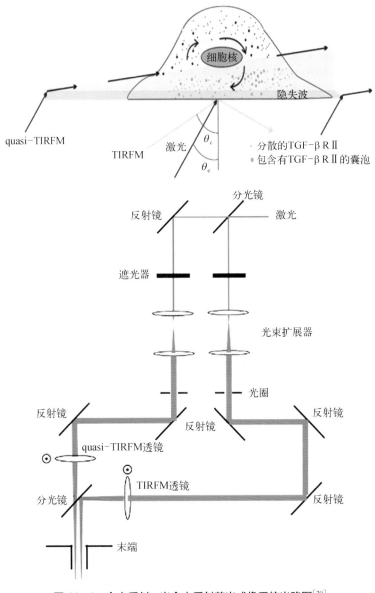

图 11-1　全内反射/半全内反射荧光成像系统光路图[20]

续脉冲激光激发的 SC-STED 超分辨显微成像系统,并对波长选择系统、同步调节系统和对准系统进行进一步的优化,研发了多光束的五维对准技术,提高了 STED 超分辨系统的稳定性和分辨率。与此同时,我们还发展了一种基于最大似然估计(maximum likelihood estimation,MLE)的盲反卷积算法,用于 STED 超分辨显微图像的处理,获得了更高的对比度[21]。利用所搭建的 STED 系统对荧光纳米球进行成像,其空间分辨率好于 40 nm,在 STED 图像中能够清楚地分辨出在共聚焦图像中未分辨的紧密间隔的纳米球。对 HEK293 细胞的微丝进行 STED 成像,可以清晰地分辨出相邻 5 条距离为 63 nm 的微丝(图 11-2)。

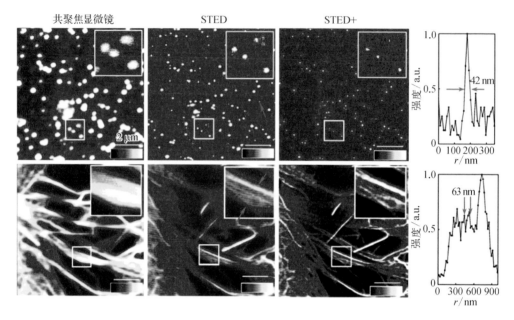

图 11-2　40 nm 荧光纳米球(上图)及荧光标记的细胞微丝(下图)的共聚焦显微成像、STED 显微成像及 STED 显微成像去卷积处理(STED+)图像和用以表征成像分辨率的荧光强度图[21]

在此基础上,我们进一步搭建了双色 STED 超分辨成像系统。双色 STED 成像面临的一个重要问题是如何解决通道间的串色问题并简化成像光路。故此,我们采用一台超连续脉冲激光器作为激光光源,该光源可提供所需的两束激发光及一束公用损耗光,这样既可实现双色同时成像,又可避免双通道成像时图像横向漂移等问题。针对串色问题,我们自主研发了不同通道间线切换扫描的方式实现门控多色成像,该方法在彻底消除串色问题的同时,还简化了点扫描时间门分离模式下装置复杂、难以控制的问题。我们对红、绿两种荧光微球进行成像[22],分别可获得 40 nm(发射波长为 660~680 nm)和 80 nm(发射波长为 620~660 nm)的空间分辨率,成功地实现了双色 STED 超分辨成像,对细胞微管进行双色 STED 成像结果显示,两个通道存在较好的共定位(图 11-3)。该双色 STED 成像系统可进一步应用于细胞内蛋白质相互作用的研究。

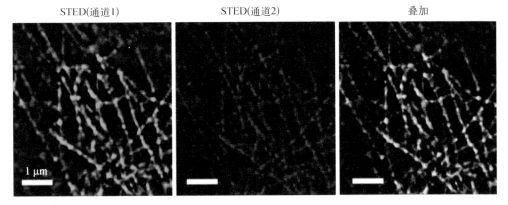

STED(通道1)　　　　　　　STED(通道2)　　　　　　　叠加

1 μm

图 11-3　细胞微管双色 STED 共定位成像[22]

（3）联用成像系统

为了更加全面地获得样品的综合特性，将多种显微镜联用是显微成像领域的发展趋势。我们开发了 STED 与 AFM 联用成像系统、STED 与荧光相关光谱技术等联用成像系统。

光学显微镜与 AFM 联用成像能够同时获得样品的光学和力学信息。然而，AFM 具有纳米数量级的高分辨成像能力，而传统的光学显微镜存在衍射极限，其空间分辨率低于 AFM，两者不兼容的成像分辨率阻碍了它们的联合应用。我们将具有更高空间分辨率的 STED 显微镜与 AFM 联用成像，从而实现在纳米尺度对样品进行多参数表征。

我们在自行研制的 STED 显微镜的基础上，将其与商用 AFM 集成，并利用 AFM 控制器控制荧光信号收集和样品扫描，开发了同时成像和 STED 引导成像两种联用成像模式，在国际上首次实现了荧光和力学信号的同时同步获取[21]。同时成像模式是在样品扫描期间同时用 STED 检测每个像素点的光信号，并利用 AFM 检测力信号，从而对相同区域进行联用成像。而 STED 引导 AFM 成像模式则是首先通过 STED 显微镜对大面积的样品成像以找到较小的目标区域，然后通过 AFM 获得小目标区域的形态特征和力学参数等。相比于之前文献报道中的先分别进行 STED 和 AFM 成像，然后再将图像叠加的方法，我们实现了真正意义上的 STED-AFM 联用同时成像，可以同时获取样品每个像素点的光学、形貌和力学信息。

我们利用同时成像模式实现了对宫颈癌 CaSki 细胞伪足进行表面形态成像和原位肌动蛋白微丝的超分辨 STED 成像（图 11-4）。相比于共聚焦显微成像，STED 成像可以揭示更加精细的微丝细节,且 AFM 同时给出细胞伪足的高度图[21],这表明 STED 及其联用系统可以有效地应用于细胞的多种结构性质的同时表征研究。

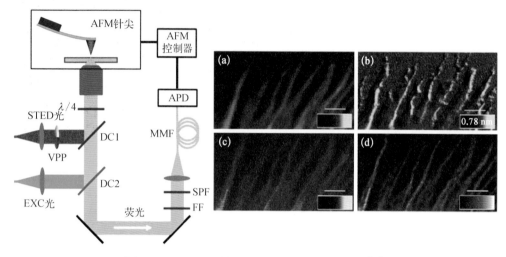

图 11-4 STED 显微镜与 AFM 联用的原理示意图[18]

左边为联用光路示意图;右边为细胞伪足的原位光学信息和形态特征:(a) 共聚焦图像;(b) AFM图像;(c) STED 图像;(d) STED 去卷积图像

我们还通过在 STED 系统中引入时间相关单光子计数方法,在光子计数的同时记录探测光子相对于实验开始的时间延迟及探测光子相对于激发光脉冲的时间延迟,实现了在超分辨条件下的荧光相关光谱(STED-FCS)、荧光寿命成像(STED-FLIM)及荧光寿命相关光谱(STED-FLCS)测量,将 STED-FCS 的探测体积减小到了共聚焦-FCS 探测体积的十分之一,可以探测小于光学衍射极限体积内的单个分子的运动和分子微环境的变化,拓展了 FCS 在活细胞中应用的动态测量范围,并可用来表征样品的三维超分辨结构、分子扩散系数、荧光寿命及分子构象变化等参数。

2. 活细胞单分子荧光标记新方法

数十年来,各种荧光探针和标记方法被开发并应用于多种活细胞生物体系的单分子荧光成像实验,蛋白质的荧光标记和成像逐渐成为研究细胞和亚细胞水平生物过程的重要技术。融合表达的荧光蛋白因其生物相容性好和标记特异性高等特点被大量应用于目标蛋白分子的标记和单分子成像,但它们仍有一些缺点,包括体积大、荧光强度低、光稳定性差以及有可能会对靶蛋白的功能产生干扰等。

近年来,生物正交反应与遗传密码扩展策略相结合的方法是一种有价值的蛋白质标记的替代方法。带有生物正交基团 UAA(某些具有叠氮基、炔基或羰基等特殊化学基团的非天然氨基酸)可以通过遗传密码扩展策略位点特异性地整合到目标蛋白上,这些特殊基团可通过点击化学反应(Click 反应)等生物正交反应与含有互补基团的小分子荧光探针连接,实现对目标蛋白的特异标记,从而进行生物成像。这种方法的特点是在标记过程中具有高特异性和低干扰性,可以探测活细菌、哺乳动物细胞甚至动物体内的目标蛋白结构和功能。此外,利用光稳定性高的有机染料标记目标蛋白,可以对目标分子进行更长时间的追踪,可应用于生物大分子的结构探测和相互作用等的研究,拥有探测单个蛋白质分子的巨大优势。

　　我们将含有炔基的非天然氨基酸引入 TGF-βⅡ型受体,并采用无铜催化的 Click 反应将小分子染料(DBCO545)与其特异性连接,实现了在哺乳动物活细胞中非天然氨基酸标记。此后,我们利用单分子成像对标记的 TGF-βⅡ型受体进行化学计量比以及动力学研究[23],观察到了活细胞膜上 TβRⅡ单体与二聚体之间的动态转换过程,并计算了二聚体的解离速率常数。通过生物正交反应进行蛋白分子特异性标记,这为单分子荧光成像研究活细胞中膜蛋白的功能和动力学提供了一种具有广阔前景的研究策略。

　　此外,我们也积极探索适用于 STED 成像的、具有强光稳定性和抗漂白性的荧光染料。STED 成像可实现突破衍射极限的超分辨成像,能够对细胞结构和动力学进行高时空分辨成像。但是,并非所有荧光基团都适用于 STED 成像。高强度的 STED 损耗光很快使常用有机荧光基团漂白,故不利于长时间 STED 成像。我们开发了耐光漂白的导电高分子聚合物荧光纳米颗粒(polymer dots, Pdots)作为荧光标记物。Pdots 具有出色的光稳定性、高亮度、较大的斯托克斯位移和易于表面功能化等优势。我们将 Pdots 标记肿瘤细胞中的内吞囊泡,实现了 70 nm 的分辨率和长达 2 h 的长时间 STED 追踪成像,可以实时动态观察内吞囊泡的融合和分离过程(图 11-5)。Pdots 是目前所报道的 STED 成像荧光探针中抗光漂白性能最高的,这种纳米探针在活细胞超分辨成像领域有着良好的应用前景,也有望在长时间单分子成像追踪领域发挥重要作用[24]。

3. 单分子检测参数及分析算法

　　通过单分子荧光成像技术,研究人员可以检测单个荧光分子的荧光强度及其随时间和空间的变化,这些检测参数反映了分子结构、相互作用或微环境等信息,能够在单分子水平揭示目标生物大分子结构变化和功能行为。除了单分子荧光成像技术,我们还建立了基于 AFM 单分子力谱的单分子检测分析法。

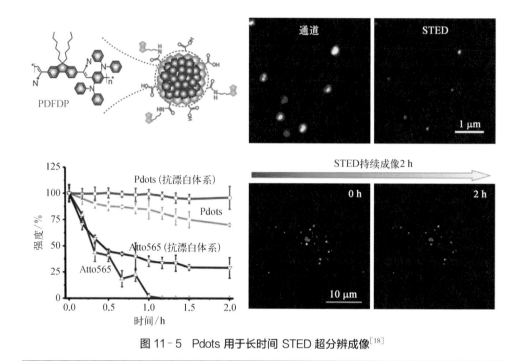

图 11-5　Pdots 用于长时间 STED 超分辨成像[18]

（1）单分子化学计量比分析

生物体内，许多重要的蛋白质以多聚体或复合物参与诸多生理过程，如信号转导、离子转运、免疫响应等[25-27]，蛋白质的化学计量组成与其在细胞内功能的调控密切相关[28]。另外，蛋白质的聚集状态非正常的改变也与众多人类疾病相关，如阿尔茨海默病[29]、帕金森病[30]等。因此，定量表征蛋白质的化学计量比对于研究蛋白质结构-功能及调控的分子机制具有十分重要的意义。

我们建立了对细胞信号转导相关蛋白进行单分子计量比的分析方法，主要包括以下几种方法：荧光强度分布法及荧光蛋白光漂白事件计数法[14,31,32]等。

光漂白事件计数法是基于偶联在目标蛋白上的荧光基团漂白时，呈现出分离的阶梯状荧光信号变化进行计数[28]。每一个荧光漂白步数的下落被认为是一个荧光基团漂白事件，通过计数漂白台阶的步数即可得知蛋白复合物是几聚体或由多少亚基构成[33]。

除了光漂白事件计数法，也可采用荧光强度分布法进行化学计量比分析。首先需制备单个荧光分子的标准品，获得其荧光强度的分布，再对荧光分子标记的蛋白的荧光强度分布进行分析，采用多峰高斯拟合的方法，即可获得标记蛋白亚基组成的相对比例[14]。

我们利用了单分子计量比的分析方法,研究了 TGF-βⅠ 型、Ⅱ 型和 Ⅲ 型受体在 HeLa 细胞膜表面的化学计量比组成。结果表明,三种受体在 HeLa 细胞中低表达时均以单体为主,在配体刺激后,Ⅰ 型和 Ⅱ 型受体二聚化,而配体刺激并不会引起 Ⅲ 型受体的二聚化[14,34]。同时,对比研究了 HeLa 细胞中 EGFR 受体在 EGF 刺激后化学计量比变化。结果表明,单体比例由刺激前的 87% 下降到 57%,而二聚体比例升高至 43%(图 11-6)。

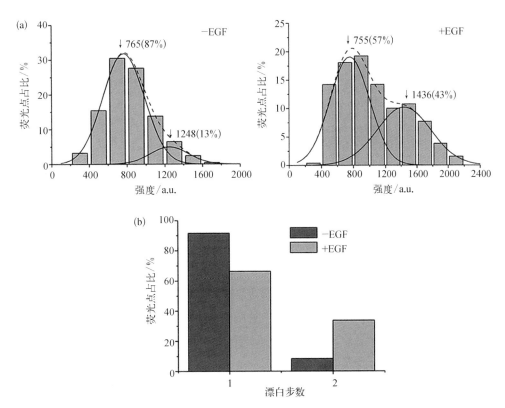

图 11-6　HeLa 细胞中 EGFR 受体激活前后聚集状态的变化情况[14]

(a) 活细胞中 EGF 刺激前后 EGFR-GFP 荧光强度分布情况;(b) EGF 刺激前后 EGFR-GFP 单步漂白和多步漂白事件所占百分比统计分布

在应用这些单分子检测手段研究生物学过程的同时,我们根据单分子成像数据特点,开发了一系列数据分析处理算法。

单分子光漂白事件计数法在定量蛋白的化学计量组成上应用得最为广泛,然而由于单分子信号弱,易被噪声所掩盖,故此如何有效提取荧光强度呈台阶状下降这一光漂白特征,成为算法分析处理的难点。另外,荧光闪烁(blinking)事件同样会对光漂白信号造成严重干扰。荧光闪烁事件是荧光分子固有的一种性质,其表现为荧光分子随机地亮暗。荧光闪烁事件发生时，也会出现荧光强度呈台阶状下降，与光漂白事件类似，因此会对光漂白事件判定造成干扰，但不同之处在于，其荧光强度在随后又会恢复。

针对这两个问题，人们已经发展出了许多方法。最简单的方法即是利用滤波器来过滤噪声，从而降低人眼识别荧光漂白台阶的难度。然而这仍然需要人们逐个地手动判断，而判断过程有很强的主观性，并且十分耗时。故人们提出了许多更加客观、自动化的方法，包括阈值法、多尺度产物分析法、运动 t-test 检验法、隐马尔可夫模型（Hidden Markov model，HMM）等。其中 HMM 应用得最为广泛。但是 HMM 本身有很多局限性。首先，HMM 需要大量数据训练从而得到准确的参数；其次，基于 HMM 的算法需要预先确定光漂白事件的数目。然而，活细胞单分子光漂白数据很难有足够长的轨迹（数据采样点）以满足 HMM 训练需求，同时由于生物大分子化学计量比是未知的，光漂白事件的数目也就无从确定。我们针对传统 HMM 算法的局限性，开发了一种基于最大相似度聚类（maximum-likelihood clustering）的 HMM 新算法。我们先利用最大相似度聚类方法初始化 HMM 的发射概率分布，再利用扩展 Silhouette 聚类标准估计单分子所处的态数，通过使用这种方法，可自动确定光漂白事件的数量以及每个事件持续时间。这种方法为处理单分子数据提供了一种无偏见且高通量的途径，可以克服标准 HMM 和常用的手动计数方法的局限性[35]。

然而在实际分析过程中，我们发现，荧光分子不仅有快速的闪烁现象，也有较长时间的暗亮转换事件，即处于暗态时间较长，而 HMM 通常对短时间事件记忆效果较好，而对长时间事件记忆效果较差。另外，HMM 需要使用者设定很多参数，例如初始态数、跃迁矩阵等。而前面提到的其他方法也通常需要用户设定一些参数，例如取样窗口大小、台阶的高度以及其他阈值。这对使用者而言是十分不友好的，而这些参数设定合适与否会显著影响这些算法对漂白事件计数的准确性，不同实验室很难根据实际数据的不同来确定合适的预设算法参数。

我们针对已有 HMM 及其他算法存在的问题，结合深度学习相关技术方法，提出了全新的深度学习架构 CLDNN，用于光漂白事件的计数分析。该模型使用具有强大特征提取能力的卷积层（convolution layers）来准确提取阶梯状光漂白特征，并利用长短记忆（long short-term memory，LSTM）循环层（LSTM layers）的来区分正常光漂白事件和荧光闪烁事件，排除荧光闪烁事件的干扰。同时，用于训练 CLDNN 的数据集不仅包含合成的数据集以满足深度学习对大数据的训练需求，同时加入了人工标注的实验数据集，使 CLDNN 模型更具有实用性。经过训练的 CLDNN 模型分析准确率可以达到92.1%。

此外，CLDNN 模型具有较好的推广性和扩展性，可以对除训练水平外不同信噪比的数据以及包含更多光漂白事件的数据进行有效分析，用户也可根据自己的研究体系重新训练 CLDNN，使其更加满足个性化分析需要，甚至可用于其他时间序列数据的特征提取以及分析工作。与传统算法相比，CLDNN 分析准确率高，不需要用户预设参数并且将运算效率提高了至少两个数量级。而对实际样品（单个 Cy5 分子标记 ssDNA 和 EGF 刺激下 EGFR 受体）测试也表明，CLDNN 对两个已知体系的数据分析结果是合理可信的，可用于对实际实验样品数据分析[36]。

基于深度学习的算法将会更加广泛地应用到单分子光漂白事件计数分析中，从而更好地帮助人们研究生物大分子以及其他复合物的化学计量比。

（2）AFM 应用于化学计量比研究

我们在应用 AFM 单分子力谱检测时发现，不同化学计量比的蛋白复合物具有不同数量的结合力分布状态，因此发展了 AFM 单分子力谱进行蛋白质化学计量比研究的新方法，扩大了 AFM 单分子力谱技术的应用范围。

核心蛋白二聚化是病毒衣壳组装结构的关键，阻止核心蛋白二聚体的形成可以有效抑制病毒颗粒的组装，成为目前抗 HCV 药物研发的新途径。因此，核心蛋白二聚体的高灵敏度检测具有重要意义。我们利用 AFM 单分子力谱测定核心蛋白与其抗体或核酸适配体（aptamer）的相互作用力，通过分析相互作用力的分布，发现在不同条件下（固定方法、修饰浓度），核心蛋白不管是与抗体还是与 aptamer 结合时，都有两个特异性的结合力。这两个结合力分别是核心蛋白单体与抗体 aptamer 的相互作用力和核心蛋白二聚体与抗体/aptamer 的相互作用力。这一结果表明核心蛋白在溶液中以单体和二聚体的形式存在。将核心蛋白还原或加入二聚体阻断剂，只能测到核心蛋白与抗体的相互作用的一个结合力，即核心蛋白单体与抗体的结合。

利用 AFM 单分子力谱检测蛋白化学计量比时具有耗样量少、无需标记、灵敏度高的显著优势，同时还能表征该蛋白与抗体结合复合物的稳定性，并可用于阻断剂药物的筛选。

（3）单分子动力学分析

Sako 等人最早利用 TIRFM 显微镜实时追踪了活细胞上单个 EGF 分子二聚化过程[37]，从单分子成像到单分子运动追踪，逐渐成为单分子检测的发展趋势。通过检测单分子的荧光位置随时间的变化，得到单分子的运动轨迹，可定量分析生物分子的扩散速度、扩散类型和扩散半径等参数，而这些参数的变化，反映了在不同生理、病理条件下的生物分子构象变化、其所处的微环境的改变（如不同细胞膜微区或细胞器）或与其他蛋白的相互作用。单分子荧光追踪技术为表征活细胞体系生物分子间相互作用的动态变化提供了有效的手段。

我们在哺乳动物活细胞中利用非天然氨基酸标记了TβRII,并进行单分子荧光成像与追踪[23],成功观察到了活细胞膜上 TβRII单体与二聚体之间的动态转换过程,并计算了二聚体的解离速率常数。此外,我们也定量研究了不同配体刺激后,TGF-β家族成员动力学变化,结果发现脂筏在促进 TGF-β通路信号转导过程中起重要的调节作用[38]。

我们开发了新的单分子追踪分析算法。对于活细胞体系信噪比较低的单分子信号而言,利用全局最优的追踪算法,尽可能准确地将相邻帧之间的单分子点连接成完整的轨迹。单分子追踪的第一步是将帧与帧之间的单分子点连接起来,建立基于线性任务分配(LAP)的目标矩阵,根据待追踪分子的运动行为,选择自由扩散或自由扩散加线性运动,通过空间及时间最优的算法,将相邻帧之间的点连接成片段;第二步是考虑片段的三种可能连接(连接空隙、融合和分离),通过全局最优的算法将片段连接起来,形成完整的单分子追踪轨迹。

基于得到的单分子位置及强度信息,我们建立了一种活细胞单分子轨迹分析方法,能够用于定量分析生物分子扩散速度、扩散类型和扩散半径等动力学参数,我们认为蛋白在细胞膜上运动的位移随时间变化一般符合瑞利分布,可利用基于瑞利分布的隐马尔可夫模型来分析膜蛋白运动。该分析方法主要采取两个步骤进行数据分析处理:① 通过最大似然估计来估计每个状态的扩散状态数、瑞利混合比以及瑞利分布;② 将①得到的结果值作为 HMM 的初始参数,利用 HMM 计算出该状态与其他扩散状态的转移概率。也就是说,我们的单分子分析方法能够将分子运动分为不同的扩散状态,对应于不同的结合或相互作用状态,计算得到的转移概率对于定量分子相互作用动力学具有至关重要的作用。此外,该方法还能推导出每个分子最可能的状态路径、状态混合比以及停留时间,即不同状态下延时单分子扩散状态轨迹、种群和寿命。因此该方法能为研究生物分子相互作用和生物学过程提供重要的动力学信息,相比于过去用未知运动分布的隐马尔可夫模型,我们的方法更准确、快速,已被成功运用到 TGF-β信号转导活细胞单分子成像的数据分析,对受体分子的扩散速度、荧光强度、运动方向等进行了高通量的定量表征[39]。

4. 配受体结合力分析

生物大分子在行使其生物学功能时,主要依赖于不同分子之间的相互作用。相互结合的生物大分子种类、结合力的大小、结合解离的时间周期等是研究的重点。传统生物学方法如 pull‑down、酵母双杂等只能定性地检测不同分子间的相互作用,表面等离子共振、等温滴定量热法虽可以定量分析,但无法在生理状态下对活细胞上的生物大分子进行检测,其应用范围受限。而原子力显微镜(AFM)具有 pN 级的高灵敏度力学分辨率,可直接对活细胞上的单个生物大分子进行实时成像和相互作用力测定,已逐渐成为生物学领域必不可少的研究工具。我们在早期研究工作中,主要利用 AFM 对不同的核酸适配体和蛋白质相互作用进行了定量研究,随后应用 AFM 单分子力谱测定了活细胞体系配受体间相互作用,使得测定得到的结果更接近生物分子真实的生理状态。

核酸适配体是近年来发展的一种新型的能高特异性结合目标物配体的单链 DNA或 RNA,它大多由 20～60 个碱基组成,通过体外筛选的方法从人工构建的随机单链寡聚核苷酸文库筛选出来,核酸适配体对蛋白质结合的特异性可与蛋白质抗体相媲美,且与抗体相比具有许多优越性,如合成简单、容易储存、对组织的渗透速度快、容易修饰等。作为一种新型的蛋白质探针,核酸适配体有可能在诊断与治疗方面代替抗体。因此,研究核酸适配体与其配体的相互作用力及作用机制也是一个新的研究热点。

我们首先利用 AFM 测定了人免疫球蛋白 E(IgE)等几种蛋白与其核酸适配体间的单分子相互作用力,并与抗原/抗体间作用力相比较,发现核酸适配体与配体间作用力能与抗原/抗体相媲美甚至更高[13]。接下来,进一步比较了 IgE 和两个与之结合的核酸适配体的相互作用,通过 AFM 动力学力谱得到了形成复合物的解离途径等信息[40],还测定了 α‑凝血酶与两个不同核酸适配体分别作用及同时作用的解离顺序和途径[41],为进一步了解核酸适配体与蛋白相互作用机制提供了新的信息。

在此基础上,我们进而在活细胞体系中利用 AFM 单分子力谱测定了核酸适配体与其配体间的相互作用。

蛋白酪氨酸激酶(PTK7)是与细胞生长发育、肿瘤发生相关的一种重要蛋白质,核酸适配体 Sgc‑8c 有潜力作为肿瘤靶向治疗的运输载体,因此需对其与配体 PTK7 的结合力进行定量研究。我们在活细胞中利用 AFM 单分子力谱法测定了 PTK7 与其核酸适配体 Sgc‑8c 的单分子相互作用力,并比较了 PTK7/核酸适配体与 PTK7/PTK7 抗体间的相互作用力。结果发现 Sgc‑8c 与 PTK7 间相互作用力为(46±26)pN,核酸适配体结合 PTK7 的能力与 PTK7 抗体相当[42]。

接下来,我们发展了在活细胞表面利用 AFM 与荧光显微镜联用技术测定转化生长因子TGF‑β1 与其受体结合的方法,研究了膜蛋白配体受体信号转导复合物的形成和稳定性。

TGF‑β 与其受体的结合是启动整个 TGF‑β 信号转导通路的关键。将配体 TGF‑β1

修饰的 AFM 针尖移动到转染表达 TβRII- GFP 融合蛋白的细胞上进行单分子力谱测定（图 11-7），发现虽然 TGF-β1 不与单独表达 TβRI 的细胞结合，但当细胞共表达两种受体时，TGF-β1 与 TβRII 的作用力大于单独表达 TβRII 的作用力，并且 TGF-β1/TβRII 复合物的解离只跨越一个能垒，而 TGF-β1/TβRI/TβRII 的解离则需跨越两个能垒，经过一个中间态到达终态，表明 TGF-β1 与 TβRII 结合后招募 TβRI，能提高受体/配体信号复合物的稳定性。细胞的信号转导首先要通过配体与细胞膜上受体的结合实现，研究配体/受体相互作用的单分子力谱方法为在活细胞水平研究信号转导机制提供了新的方法和途径[43]。

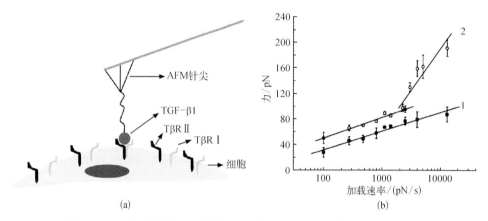

图 11-7 （a）用 TGF-β 修饰的 AFM 针尖在活细胞上进行单分子测力的示意图；（b）结合力随加载速率的变化关系[43]

AT1R 是一种 GPCR，其参与调节人体心血管系统功能，是心血管疾病治疗的重要靶点。AT1R 有三类配体：平衡性配体、G 蛋白偏向性配体和 β-arrestin 偏向性配体。β-arrestin 偏向性配体通过抑制 AT1R 的过表达降低心血管疾病的发生，同时又保留具有心肌保护作用的 β-arrestin 通路，发展基于偏向激活的副作用小的药物具有重要意义，但由于缺乏生理条件下的实时研究方法，目前 AT1R 偏向激活的分子机制还不清楚。

我们采用 AFM 单分子力谱技术和荧光显微镜技术联合使用的方法，实现了活细胞上 AT1R 与配体相互作用的研究。结果发现不同偏向性配体与 AT1R 受体的结合力和结合稳定性不同。平衡性配体 AngⅡ 与 AT1R 受体的作用力大于 G 蛋白偏向性配体与 AT1R 受体的作用力（图 11-8）。动力学力谱表明 G 蛋白偏向性配体结合受体的复合物在解离过程中存在一个中间过渡态，需要跨越两个能垒，而 β-arrestin 偏向性配体结合受体的复合物的解离过程没有中间态，只需要跨越一个能垒。AT1R 受体结合 β-arrestin 偏向性配体后经历的构象变化较少。这些结果表明不同偏向性配体与 AT1R 受

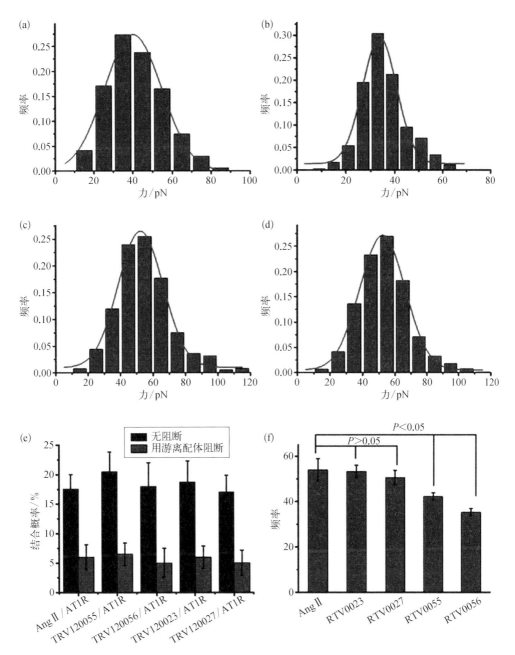

图 11- 8　AFM单分子力谱测定偏向性配体与AT1R受体的相互作用力[44]

(a~d) G蛋白偏向性配体 TRV120055(a)、TRV120056(b)和β- arrestin 偏向性配体 TRV120023 (c)、TRV120027(d)与 AT1R 受体的相互作用力的统计分布图；(e) 游离配体加入前后，不同偏向性配体 与 AT1R 受体的结合概率；(f) 不同偏向性配体与 AT1R 受体的相互作用力的比较体的结合机制是不相同的。AT1R 受体与不同的偏向性配体结合,经历不同的构象和结构变化,不同程度地激活下游两条信号通路,产生不同的生物学效应。活细胞上的单分子力谱为 AT1R 受体偏向激活分子机制的研究提供了新的信息,同时也提供了一种研究 GPCR 与其配体相互作用机制的新思路[44]。

11.3.2 信号转导蛋白分子机制

细胞外因子通过与受体(膜受体或胞内受体)结合,引发细胞内的一系列生物化学反应以及蛋白间相互作用,直至细胞生理反应所需基因表达、各种生物学效应形成的过程称为细胞信号转导。细胞信号转导系统是一个复杂的信号网络,包含了多种具有不同功能的信号蛋白。这些蛋白分子通过与上、下游蛋白之间瞬时或较稳定的相互作用来传递信息,这些相互作用在时间和空间上都具有动态变化的特性。另外,级联的信号蛋白在相互作用的同时,其构象或结构也发生快速的动态变化。这使得信号蛋白具有普遍的异质性和不均一性。如何高效、准确地获取信号通路蛋白间动态相互作用的信息及其结构变化,是阐明细胞信号转导分子机制的关键。

我们在建立和发展了生物单分子检测分析平台的基础上,主要针对转化生长因子 TGF-β信号通路和β2-肾上腺素受体(β2-AR)信号通路相关的受体激活以及下游信号转导过程进行了定量表征,从活细胞单分子水平系统研究了其分子机制,得到了许多不同以往的重要结论,提出了新的生物学模型。这些研究为更加深入地了解这两类分子介导的病理过程奠定了基础,也为发展有效的诊断治疗方法提供了新的依据。

1. 转化生长因子(TGF-β)介导的信号通路

转化生长因子β(TGF-β)隶属于生长因子超家族,主要由调节性 T 细胞、巨噬细胞以及嗜中性粒细胞等多种细胞产生。它是一种多功能型细胞因子,并在诸多生物学过程中发挥关键作用,如细胞分化、细胞衰老、细胞凋亡、免疫抑制和血管形成等。TGF-β信号通路的紊乱和失调将会导致诸多发育相关疾病以及各种其他疾病,包括癌症、组织纤维化、自身免疫性疾病。深入了解 TGF-β介导的相关受体激活、下游的信号转导过程等对于发展重大疾病诊断和治疗新方法具有非常重要的意义。

(1)转化生长因子受体激活

对于 TGF-β介导的信号转导而言,两种细胞膜上的受体——Ⅰ型 TGF-β受体

(TβRⅠ)和Ⅱ型 TGF-β 受体(TβRⅡ)是必需的。它们都属于丝氨酸/苏氨酸激酶家族,具有富含半胱氨酸的胞外结构域和激酶活性的胞内结构域。TGF-β首先与 TβRⅡ 结合,进而招募 TβRⅠ形成异源聚合物。在复合体中,TβRⅡ 先磷酸化 TβRⅠ的 GS 区域,再招募下游的 Smad 蛋白。激活的 Smad 蛋白会聚集在细胞核中并调节靶基因的表达。

由于 TGF-β 与 TβRⅡ 的结合是起始 TGF-β 信号转导的关键,研究人员做了大量工作研究该配体-受体的相互作用过程以及复合物形成的分子机制。其中,一个重要问题是在 TGF-β 结合前、后以及复合物形成过程中,TβRⅡ 的化学计量比(聚集状态)的变化情况。而已有研究表明,当配体不存在的情况下,TβRⅡ 可自发形成同源二聚体,并且 TGF-β 与它结合进而招募 TβRⅠ形成异四聚体(两个 TβRⅡ 和两个 TβRⅠ)。这种受体激活模式与已有的酪氨酸激酶受体的激活模型相反,即酪氨酸激酶受体以单体形式存在于静止细胞中,在配体刺激下二聚化进而激活。由于先前的研究结论是在受体过量表达状态下或体外生化实验分析得到的,这些结果能否反映在生理条件下活细胞中 TGF-β 信号转导过程,这还是一个未知问题。

我们利用 TIRFM 对 EGFP 标记的 TβRⅡ 受体进行单分子荧光成像。通过荧光强度分布以及光漂白事件分析发现,TβRⅡ 受体在低表达量时,在细胞膜上主要以单体形式存在,TGF-β 刺激后,TβRⅡ 二聚化比例显著增加[图 11-9(a)][14]。这表明TβRⅡ与酪氨酸激酶受体一样,静息状态下主要以单体形式存在,在配体刺激下,会发生受体二聚化,进而激活下游信号通路。我们还发现当 TβRⅡ 过量表达时,它可自发聚集并形

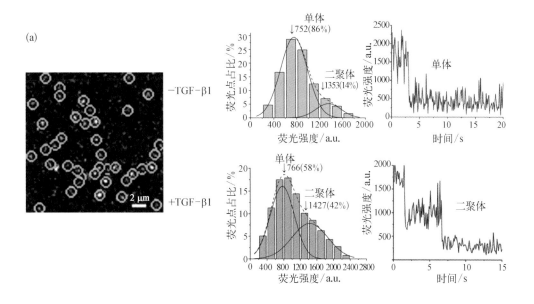

(a)

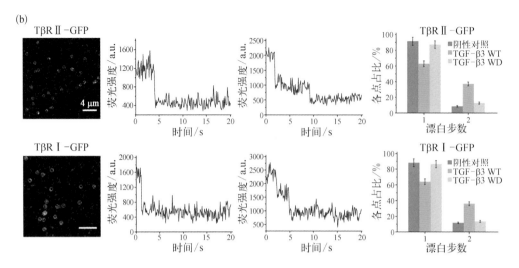

图 11-9 （a）单分子荧光成像揭示配体诱导 TGF-β 受体单体二聚化激活的新模式[14]；（b）单分子荧光成像分析表明突变体 TGF-β3 不能诱导 TβRⅠ 和 TβRⅡ 二聚体比例增加[45]

成寡聚体。这可能解释了以往基于过量表达体系的结论由来。

在此基础上，我们对该家族参与 TGF-β 信号转导过程中的 Ⅰ 型 TGF-β 受体（TβRⅠ）和起辅助功能的Ⅲ型 TGF-β 受体（TβRⅢ）进行了单分子荧光成像。结果表明在低表达状态下，两种受体也主要以单体形式为主，但经配体 TGF-β 刺激后，TβRⅠ 发生二聚化，而不会引起非丝氨酸/苏氨酸激酶 TβRⅢ 的二聚化[34]。这进一步说明丝氨酸/苏氨酸激酶类受体也是由单体形成二聚体进而激活的。

此后，我们进一步研究了 TβRⅠ：TβRⅡ 异四聚体复合物对 TGF-β 信号转导的必要性。首先，我们找到了一种只能和一个 TβRⅠ 及一个 TβRⅡ 结合的 TGF-β3 突变体（TGF-β3 WD）。通过单分子光漂白事件计数分析发现，TGF-β3 WD 并不能像野生型 TGF-β3 一样引起 TβRⅠ 或 TβRⅡ 二聚化程度增加。但生化实验表明，它仍可以激活下游信号。这表明 TβRⅠ 和 TβRⅡ 异二聚体即可独立激活下游信号通路，而并非需要 TβRⅠ：TβRⅡ 异四聚体或两对 TβRⅠ 和 TβRⅡ 异二聚体相互作用[45][图 11-9(b)]。

此外，我们也利用单分子追踪技术，动态监测转化生长因子受体在膜上的运动状态，进行定量分析。

首先，我们将非天然氨基酸 ACPK 引入 TβRⅡ 受体中，再通过 Click 反应将小分子染料 DBCO545 与其偶联，实现了 TβRⅡ 受体特异性标记。接下来，我们对活细胞膜表面的 TβRⅡ-DBCO545 分子进行了长时间的单分子追踪成像。通过对单分子荧光轨迹及荧光强度分析,我们发现 TβRⅡ 可处于单体和二聚体动态转化过程中,TGF-β1 刺激后,TβRⅠ 和 TβRⅡ 在细胞膜上的扩散速度都显著降低,TβRⅠ 的扩散系数从 $0.049\ \mu m^2/s$ 降到 $0.015\ \mu m^2/s$,运动范围也由 $(0.98\pm0.21)\mu m$ 减小到 $(0.45\pm0.09)\mu m$,运动速率整体变慢。然而,配体刺激前后,二聚体的解离速率常数无显著性差异[23]。这与已有的认知模型并不相同。传统模型认为配体结合可以稳定受体二聚体,二聚体的解离速率常数减小,存在时间更长。针对这一问题,我们做了更为深入的探索。研究发现,虽然 TβRⅡ 二聚体解离速率常数相比于 TGF-β1 刺激前并无显著变化,但是 TβRⅡ 受体在细胞膜上的密度显著增加。随后,为了进一步探究受体密度增加的原因,我们发展了荧光漂白恢复(fluorescence recovery after photobleaching,FRAP)和单分子活细胞成像(single-molecule live cell imaging,SMI)相结合的方法(FRAP-SMI)来实时跟踪新上膜驻留的受体,在单分子水平定量表征 TβRⅡ 受体的化学计量比和动力学。应用此方法,我们发现在低表达量条件下,TβRⅡ 主要以单体的形式运输到细胞膜上,而 TGF-β1 的刺激可以延长新转运上膜的 TβRⅡ 在细胞膜上的停留时间(图 11-10)。因此,我们提出了 TGF-β1 诱导 TβRⅡ 激活的新机制,即 TGF-β1 刺激后可延长膜上 TβRⅡ 受体的停留时间,进而增加 TβRⅡ 在细胞膜上的密度,这大大增加了形成二聚体的概率,进而激活下游信号通路[46]。

此外,我们还开发了用于单分子追踪的光活化定位显微镜(single-particle tracking photoactivated localization microscopy,sptPALM)来研究活细胞中高密度受体单分子成像和追踪。在许多肿瘤细胞中,TβRⅡ 表达量较高,光学衍射极限中包含大量的受体分子,从而使我们无法分辨各自的动力学特征。在这种条件下,传统的单分子追踪(SPT)会导致不精确甚至错误的结果。而基于超分辨成像的 sptPALM 采用随机活化部分荧光蛋白的方法,使我们可以追踪高密度表达细胞中的单个受体分子[5],是适合追踪高表达 TβRⅡ 的新工具。

(2) TGF-β受体内吞转运新途径

有研究表明,被 TGF-β刺激后,细胞膜上的受体并非全部参与到下游信号的激活过程中,一部分 TGF-β受体由网格蛋白(clathrin)介导的途径运输至早期内体进而激活下游 Smads 分子,而另一部分则通过 caveolae 介导的途径进入胞内 caveosomes 并发生降解。然而,一些病毒学的研究则表明 clathrin 和 caveolae 两种途径之间在某些阶段或许存在相互作用。但 clathrin 和 caveolae 内吞通路之间的相互作用是否是细胞一个固有

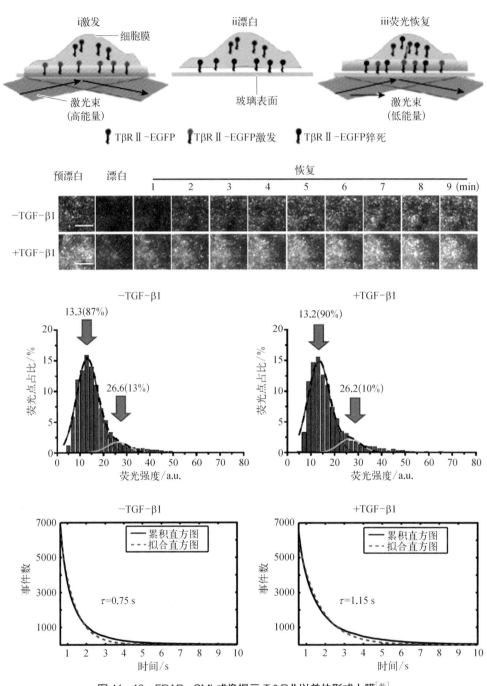

图 11-10 FRAP-SMI 成像揭示 TβRⅡ以单体形式上膜[46]

行为,还是由于病毒入侵和毒素释放所导致的仍然未知。而 TGF-β 受体在内吞转运过程中,这两条通路之间是否存在交互作用也仍然未知。

我们利用活细胞荧光成像和单粒子追踪技术,首次实时观察到细胞膜上的 TGF-β 受体分别在 clathrin 和 caveolae 介导下的内吞。受体内吞进入细胞后,在细胞内近膜区,我们观察到 clathrin 包被囊泡和 caveolae 囊泡之间能够发生半融合,并在 Rab5 介导下,融合后的囊泡进一步与早期内涵体相互作用,将内吞后的 TGF-β 受体转运至 caveolin-1 阳性早期内涵体。这也证实了 caveolin-1 阳性早期内涵体是一个多组分的细胞内结构,参与了 TGF-β 信号转导、TGF-β 受体的循环与降解。因此,我们提出了一条新的 TGF-β 受体内吞转运模式,即通过 clathrin 和 caveolae 两种内吞通路的融合介导受体在细胞内的内吞转运和信号转导(图 11-11)[47]。

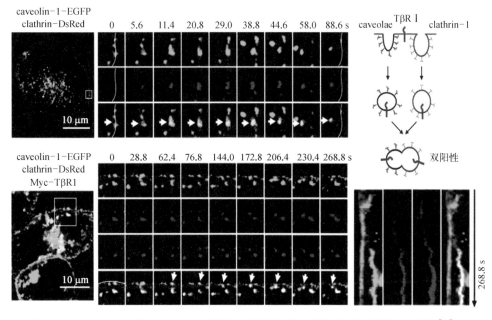

图 11-11　caveolae 和 clathrin 内吞囊泡在细胞内的融合介导 TGF-β 受体内吞转运[47]

此外,我们利用自主设计并搭建的双色 STED 超分辨显微镜进一步研究两条内吞途径在细胞内的融合及 TGF-β 信号通路相关蛋白在细胞内囊泡上的定位[48],观察到了介导 TGF-β 受体内吞的 clathrin 和 caveolae 半融合囊泡的结构,并实现了早期内涵体的超分辨成像。我们发现许多在共聚焦模式下处于共定位的囊泡,在 STED 超分辨模式下并不存在共定位,表明双色 STED 超分辨成像技术提供了一种更加精确的方法来研究亚细胞器尺度的相互作用。

（3）Smad 蛋白的上膜激活机制

在发现 TGF-β受体新的内吞转运途径的基础上，我们进一步对 TGF-β信号通路下游信号分子 Smad3 激活机制进行了研究。Smad3 在 TGF-β信号转导过程中发挥着非常重要的作用，激活的 Smad3 蛋白会从细胞质进入细胞核中，并通过结合目的基因启动子区以及其他区域，来调控目的基因的表达。然而，Smad3 是在细胞膜上还是在受体内吞囊泡中激活、其调控分子种类及调节机制等，这些问题都尚不明确或存在较大争议。

我们结合活细胞单分子荧光成像及高通量的单分子追踪算法，定量分析了 TGF-β信号通路下游信号分子 Smad3 的动态上膜过程，研究了其激活机制。我们发现在没有TGF-β配体刺激的状态下，Smad3 即可在细胞质和细胞膜之间进行动态穿梭，并可通过与细胞膜上的 TβRI 结合而上膜。在被 TGF-β刺激后，Smad3 和激活的受体复合物结合，其解离速率常数从 1.96 s^{-1}下降至 1.67 s^{-1}，扩散速率也从$(0.032\,8 \pm 0.000\,3)\mu m^2/s$下降到$(0.027\,5 \pm 0.000\,5)\mu m^2/s$。其后，Smad3 在细胞膜上被磷酸化，这一过程导致 Smad3 在细胞膜上停留时间增长。Smad3 的上膜及膜上的磷酸化过程，并不受受体内吞的影响（图 11-12）[49]。

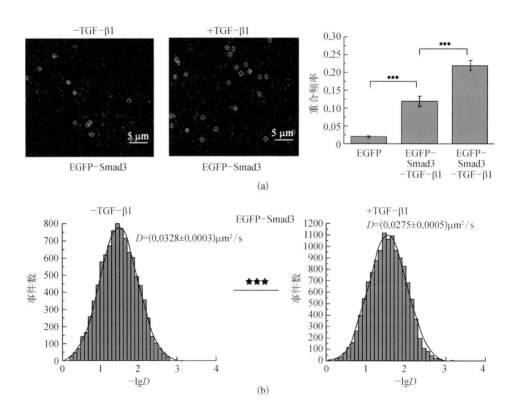

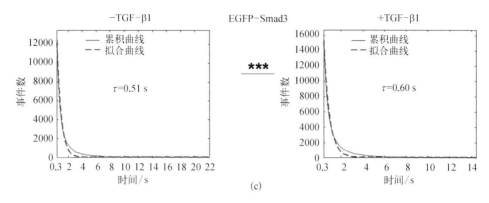

图 11-12 活细胞单分子荧光成像和单分子追踪揭示动态上膜的 Smad3
分子在配体刺激前后存在两种运动状态[49]

我们通过活细胞单分子荧光成像和单分子跟踪方法,实现了对 TGF-β信号通路下游信号分子 Smad 上膜动力学过程的单分子表征和定量分析,解决了传统生物学方法难以检测 Smad 蛋白瞬时、动态上膜的问题,并提供了一种研究细胞内信号蛋白的新方法,可帮助我们更好地了解其在信号转导中的功能。

2. β2-肾上腺素受体(β2AR)信号通路的激活及转激活

G 蛋白偶联受体(GPCR)家族是人类中最庞大的膜蛋白家族,是药物研发的重要靶点之一,因为它们参与和调控多种细胞信号传导过程,而且在细胞表面具有可以成药的靶点,据统计,目前所开发的临床药物中有 50%是以 G 蛋白偶联受体作为靶点的。而最近对 GPCR 偏向激活的研究开辟了全新的 GPCR 靶向药物研发策略。对受体激活机制的深入研究让研究人员可以设计出偏向激活特定细胞内信号通路的激动剂,从而减少因激活其他信号通路产生的副作用。作为一种典型的 GPCR,β2-肾上腺素受体(β2-adrenergic receptor,β2AR)调控着机体的诸多生理过程,深入研究β2AR 信号转导通路在理论和临床方面均具有重要意义。我们应用单分子成像技术,对 GPCR 家族的β2AR信号转导通路的偏向激活及β2AR 信号转导通路对其他信号转导通路的转激活进行了研究。

(1)β2AR 受体偏向激活

β-肾上腺素受体(β-adrenergic receptor,βAR)是 GPCR 家族中典型的一员,其介导的儿茶酚胺效应在心血管功能调节中发挥着极为重要的作用。随着研究的深入,人们发现β2AR 中除了 G 蛋白介导的信号通路之外,还存在一种非 G 蛋白依赖信号途径,即β-arrestin介导的信号途径。依赖β-arrestin介导的信号通路的发现,颠覆了人们以前对GPCR单一依赖G蛋白信号通路的传统认识,出现了"偏向激活"的概念,即配体激活受体后能够选择性地激活相应的信号通路。也就是说,不同配体与β2AR结合,可以分别激活细胞内的G蛋白或β-arrestin介导的信号通路,从而产生不同的生物学效应。儿茶酚胺类激动剂与β2AR结合所激活的G蛋白信号通路为β2AR的经典信号通路,但该信号通路的持续激活会带来一定的心脏毒性。最近发现一些传统意义上G蛋白信号通路的拮抗剂[如卡维地洛(Carvedilol)等]具有偏向激活效用,即在有效阻断G蛋白信号通路的同时却能够选择性激活β-arrestin所介导的信号通路,呈现出一定的心脏保护作用,明确这些药物对信号通路的作用机制将有望指导新一代选择性抗心血管疾病药物的研制。

我们首次将活细胞单分子荧光成像技术应用于β2AR偏向激活研究中,利用单分子技术研究了β2AR受体在细胞膜上的聚集状态及不同配体(完全激动剂、偏向激动剂和拮抗剂)刺激下,下游分子β-arrestin对其聚集形式的影响。将β-arrestin信号通路偏向激活的生物学功能与β2AR在细胞膜上的二聚化现象联系起来,提出了β2AR通过受体二聚化实现偏向激活的新观点[50]。

(2) β2AR转位激活EGFR及TGF-β受体的机制

许多研究发现EGFR可以被GPCR转位激活,进而调节许多重要的生理或病理过程,例如细胞增殖和心血管疾病的发展。β2AR通过转激活EGFR产生一定的生理病理效应,但是转激活的机制目前仍存在争议。通过活细胞单分子检测表征转激活过程中被激活受体的动力学行为,对于揭示受体之间的相互作用具有重要意义。

我们通过单分子荧光成像和单粒子追踪技术,在单分子水平上直接研究GPCR介导的EGFR转位激活过程,揭示β2AR在EGFR转位激活过程中的化学计量和动力学。我们发现EGFR在静息条件下主要以单体形式存在,在β2AR的完全激动剂Isoproterenol刺激下,会逐渐向二聚体转化并且扩散速率变慢。我们还对GPCR介导EGFR的转位激活机制是否需要依赖配体(即是否需要激活络氨酸激酶Src)进行了探究,发现降低Src的表达会减弱Isoproterenol诱导EGFR二聚体的形成能力,说明了Src调节了β2AR介导的转位激活过程中EGFR的二聚化。也就是说,在配体刺激的早期,β2AR的EGFR反式激活不是由两种受体之间的直接相互作用引起的,而是由Scr激酶依赖性的EGFR二聚化调节的,而EGFR的二聚化导致EGFR的磷酸化和活化(图11-13)[51]。这些结果为研究GPCR介导EGFR转激活机制提供了新依据。

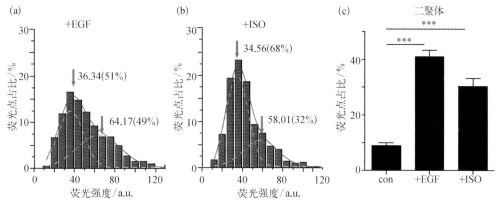

图 11-13　β2AR 激动剂 Isoproterenol 引起 EGFR 二聚体增多[51]

此外,我们还发现β2AR 还可以激活 TGF-β受体,发现在静息条件下,两种受体分布在细胞膜上,在加入β2AR 的完全激动剂 Isoproterenol 后,β2AR 和 TGF-β两种受体发生聚集和内化,出现了明显的共定位现象,而 TGF-β受体激动剂 TGF-β1 仅对 TGF-β受体的聚集状态和分布产生影响,对β2AR 则无明显影响。

3. 其他受体激活

（1）肿瘤坏死因子受体（TNFR）

细菌群体感应自诱导剂是一类小分子化合物,用于控制微生物群落的行为。N-(3-氧十二烷酰)高丝氨酸内酯(3oc)是铜绿假单胞菌（*Pseudomonas aeruginosa*）的自诱导剂,它可引起宿主淋巴细胞大量死亡。

我们的合作者发现这种小分子可插入到哺乳动物的细胞膜中并破坏脂质结构域,从而导致肿瘤坏死因子受体 I（TNFR1）释放到无序脂质相中[52]。在此基础上,我们进一步采用单分子成像技术对其作用机理进行研究。研究发现肿瘤坏死因子受体 I（TNFR1）可在其配体 TNF-α 以及 3oc 分子的作用下,发生三聚化（图 11-14）。通过对量子点标记的 TNFR1 受体进行长时间单分子追踪,分析其动力学性质,发现 3oc 分子及其类似物作用下皆可使 TNFR1 受体的运动速度变快,其运动类型也由不动及受限运动一定程度上转变为自由扩散以及定向运动。这大大增加了 TNFR1 受体的结合概率,使其更容易发生三聚化,进而激活下游信号通路,引发宿主细胞的凋亡。这项工作揭示了微生物与哺乳动物宿主之间未知的通信方法,并提出了通过拦截群体感应信号从而预防细菌感染这种新的疾病预防策略。

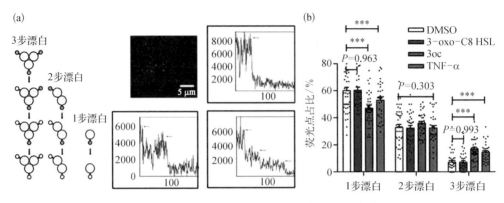

图 11-14 （a）TNFR1 不同低聚状态的单分子漂白示意图；（b）HeLa 细胞在
TNF-α、3oc-C8 以及 3oc 刺激前后光漂白步数的统计图[52]

（2）植物细胞受体

PIP2；1 是一种可促进水跨细胞膜运输的跨膜蛋白。为了解决拟南芥 PIP2；1 在水调控过程中的作用，通过 TIRFM 及 quasi-TIRFM 显微成像和荧光相关光谱法（FCS）对绿色荧光蛋白标记的 PIP2；1 分子进行追踪，结果表明，PIP2；1 扩散系数的分散性很大，呈现四种扩散模式（图 11-15）。同时，PIP2；1 可以进入或离开膜微区。而胁迫实验表明，为了响应盐胁迫，PIP2；1 分子整体扩散系数增加，同时受限运动所占百分比增加，这表明 PIP2；1 内化得到了增强。PIP2；1 的内化过程中涉及两个信号通路：酪氨酸激酶 A23 敏感的网格蛋白依赖性途径和甲基-β-环糊精敏感的膜筏相关途径，并且在NaCl 刺激下，第二条通路被有效激活。因此，单分子研究表明 PIP2；1 分子在细胞膜上呈异质性分布，并通过网格蛋白途径和膜筏途径协同作用介导它的细胞内运输，PIP2；1 动态分配和再循环途径可能参与了多种调节水渗透压的方式[53]。单分子技术在植物细胞学研究中有着广泛的应用前景。

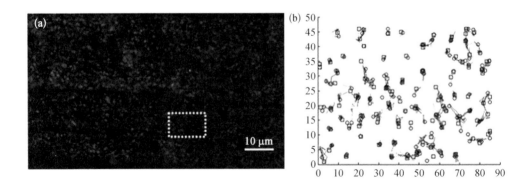

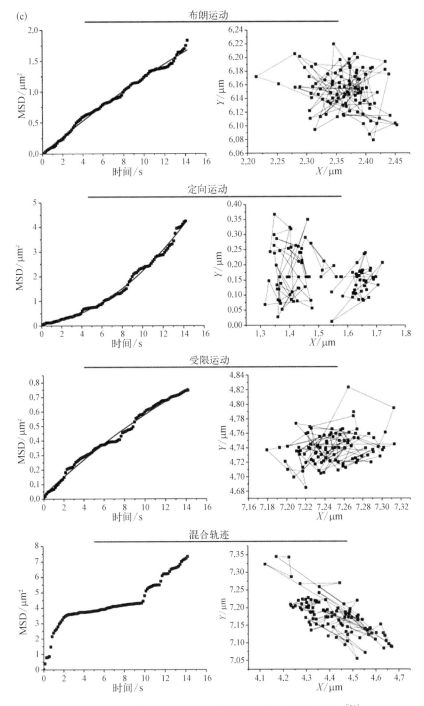

图 11-15　GFP-PIP2;1 在质膜的自动追踪和统计分析[53]

(a) GFP-PIP2;1 的 EWM 图像;(b) 在(a)图白框区域 GFP-PIP2;1 分子轨迹;(c) 通过 MSD 分析各种轨迹并分类为不同的扩散模式

11.3.3　小分子抑制剂及药物作用机制研究

小分子抑制剂以及抗癌药物在许多疾病治疗过程中发挥了重要作用,目前对于多种药物的作用机理还有待研究。我们针对柚皮素、二甲双胍等小分子抑制剂,以及曲妥珠、帕妥珠等肿瘤治疗药物,结合单分子显微成像技术和基于 AFM 的单分子力谱,在活细胞单分子水平上研究了它们的作用机理。这为小分子抑制剂和抗癌药物的分子机制研究提供了一种新的方法,同时也为新的药物开发及筛选提供了新的研究策略。

1. 柚皮素

柚皮素(Naringenin)是一种葡萄柚中常见的黄酮类化合物,具有抗氧化、抗炎、抗癌、预防和治疗肝病、抑制血小板凝结等作用,被广泛地应用于医药、食品等领域。我们将单分子荧光和单分子力谱联用技术应用到柚皮素抗癌机理研究中。通过活细胞荧光成像实验和光漂白步数分析,发现柚皮素能够抑制配体诱导的 TβRⅡ 二聚化(图 11-16)。我们进一步利用活细胞单分子力谱法,发现柚皮素可以降低 TGF-β1 与 TβRⅡ 的结合概率,但不影响其结合力的大小[54]。通过分子对接和分子动力学模拟柚皮素对 TGF-β1 与 TβRⅡ 结合的影响,发现柚皮素能够结合 TβRⅡ 的胞外段,从而增加 TβRⅡ 的变构概率。正是这种变构概率的增加会导致 TβRⅡ 与 TGF-β1 结合概率的降低,从而抑制它们的结合。这与目前已报道的 TGF-β1 信号通路小分子抑制剂的分子机制完全不同,因此柚皮素是一类新的 TGF-β1 信号通路抑制分子。而与其结构类似的白藜芦醇没有这种功能,这与柚皮素具有抗肿瘤作用而白藜芦醇没有抗肿瘤作用的动物实验结果一致,表明了利用活细胞单分子技术进行抗肿瘤药物筛选的可行性。

2. 二甲双胍

二甲双胍(Metformin)在临床上主要用于治疗 2 型糖尿病,而现有研究表明,二甲双胍也可抑制 TGF-β1-Smad3 信号通路,并有效地缓解心肌肥大的症状,可作为老药新用。前期研究发现 TβRⅡ 二聚化升高与心肌肥大有关,在此基础上,我们进一步研究了二甲双胍是不是通过抑制 TGF-β1 诱导的 TβRⅡ 二聚化来达到抑制 TGF-β1 信号通路的效果。

利用 TIRFM 对二甲双胍处理后的细胞进行单分子成像,并用分析漂白步数的方法

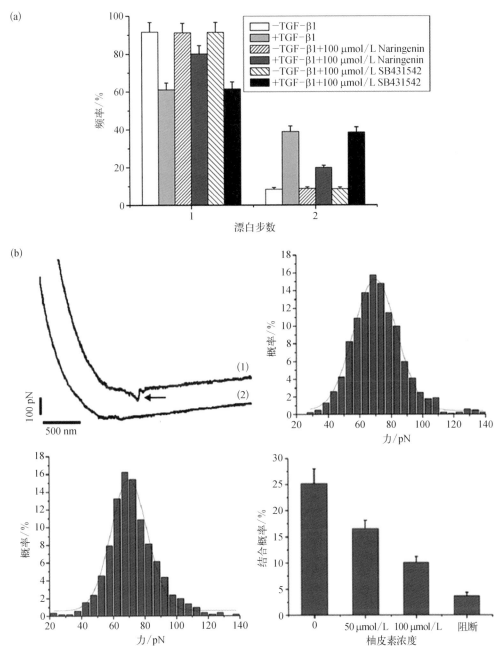

图 11-16 （a）柚皮素抑制配体诱导的 TβRⅡ 二聚化；（b）柚皮素降低 TGF-β1 与 TβRⅡ 的结合概率[54]

来计算其二聚化比例变化,研究发现二甲双胍能够显著抑制配体刺激引起的 TβRⅡ 二聚化,而且二甲双胍抑制 TβRⅡ 二聚化的程度存在浓度依赖性,由此提出二甲双胍可以通过抑制 TGF-β1 诱导的 TβRⅡ 二聚化来抑制 TGF-β1 信号通路,从而抑制心肌肥大。这些结果为这种老药新用的临床应用提供了依据[55]。

3. 卡维地洛

β2AR 在调节心脏收缩及速率方面起着重要作用。β2AR 的激活可以通过不同的下游信号通路产生不同的甚至相反的生物学效应。而现有的治疗高血压、心力衰竭的 β2AR 拮抗剂药物都是针对受体本身的调控,在阻断了受体介导的病理性信号通路和功能的同时,也阻断了受体介导的正常生理性信号通路和功能,造成了严重的毒副作用。有临床试验表明卡维地洛(Carvedilol)与其他传统抗心衰药相比,可显著降低心衰患者的死亡率,其机制可能正是 Carvedilol 在阻断依赖 G 蛋白信号通路的同时还激活了依赖 β-arrestin 的信号通路,从两个方向来保护心脏功能。因而,进一步发现或研制能选择性阻滞 β2AR 的 G 蛋白信号通路同时能保留 β-arrestin 信号通路的药物对于治疗心脏疾病具有重要意义。临床上像 Carvedilol 等能够引起 β2AR 偏向激活的药物表现出了一定的心脏保护功能,明确这些药物对信号通路的作用机制将有望指导新一代选择性抗心血管疾病药物的研制。

我们选用了四种临床常用药物,分别为完全激动剂 Isoproterenol、拮抗剂 Propranolo 及偏向激动剂 Carvedilol 和 ICI118551,利用单分子成像技术[50],研究了活细胞细胞膜上 β2AR 的聚集状态及这些偏向配体和非偏向配体对其聚集状态的影响。发现在低表达量条件下,β2AR 主要以单体形式存在于细胞膜上,偏向激动剂 Carvedilol 和 ICI118551 可以诱导细胞膜上 β2AR 的二聚化(图 11-17)。而完全激动剂 Isoproterenol 和拮抗剂 Propranolol 却不会对细胞膜上 β2AR 的聚集状态产生影响。用偏向配体 Carvedilol 刺激敲减 β-arrestin1 的细胞后,β2AR 二聚化的增多比例相对未敲减细胞明显降低,而其刺激敲减 β-arrestin2 的细胞后,β2AR 的二聚化程度不再增高,表明偏向配体 Carvedilol 诱导细胞膜上 β2AR 的二聚化需要 β-arrestin 分子特别是 β-arrestin2 的参与。通过 TIRFM 对不同荧光标记的 β2AR 和 β-arrestin 进行双色单分子荧光成像,我们发现细胞质中的 β-arrestin 在完全激动剂 Isoproterenol 和偏向激动剂 Carvedilol 刺激后被招募上膜,并与 β2AR 发生共定位,且 Carvedilol 刺激下 β-arrestin 与细胞膜上 β2AR 二聚体的共定位比例明显高于 Isoproterenol 刺激的情况,佐证了偏向激活需要

β2AR的二聚化。通过多色荧光共定位成像和生化实验的进一步验证,我们提出了β2AR通过受体二聚化实现偏向激活的新观点。

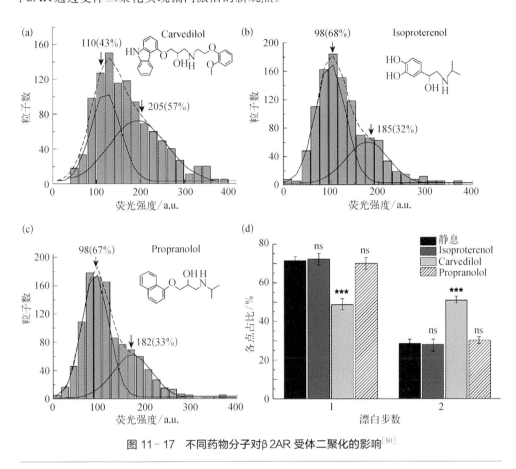

图 11-17　不同药物分子对 β 2AR 受体二聚化的影响[50]

4. 曲妥珠单抗和帕妥珠单抗

　　HER2 是表皮生长因子受体(ErbB)家族的成员,在许多癌症中均过量表达。曲妥珠单抗(Trastuzumab)和帕妥珠单抗(Pertuzumab)是两种靶向 HER2 不同细胞外结构域的单克隆抗体,用于癌症临床治疗。帕妥珠单抗可结合到 HER2 的二聚化臂上,阻断 HER2 异源二聚化,进而阻断 ErbB 信号转导。曲妥珠单抗是否具有相同的功能尚不清楚。

　　我们在活细胞上利用单分子力谱(SMFS)研究曲妥珠单抗以及帕妥珠单抗对 HER2 调节的 EGF-EGFR 相互作用的影响[图 11-18(a)]。结果表明 EGF 在共表达 EGFR 和 HER2 的细胞中与 EGFR 更稳定地结合,然而这一过程被曲妥珠单抗或帕妥珠单抗抑制。尽管曲妥珠单抗不直接与 HER2 的二聚化臂结合,但通过单分子力谱发现[图 11-18(a)(b)],曲妥珠单抗对 HER2/EGFR 二聚化的作用与帕妥珠单抗类似。活细胞单分子力谱检测为研究抗癌药物的分子机制提供了一种新的方法[56]。

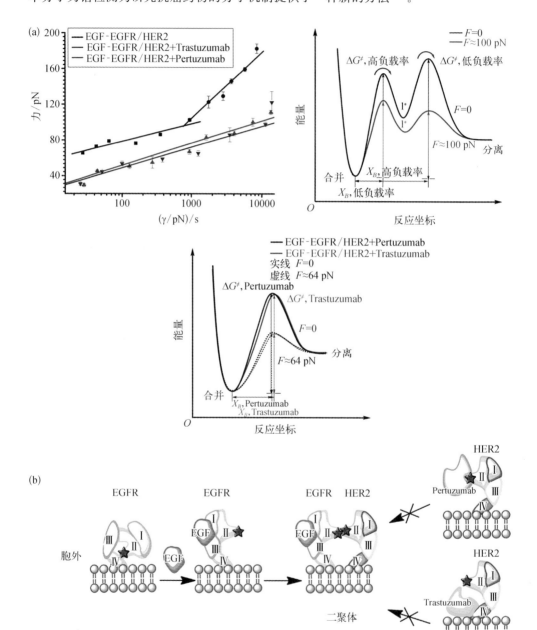

图 11-18 (a) 曲妥珠单抗和帕妥珠单抗处理下 EGF-EGFR 的动态力谱和能垒图;(b) HER2 抗体作用的分子机制示意图[56]

5. 香烟烟雾提取物

吸烟可导致心血管等诸多疾病。吸烟会引起血管内皮功能障碍,导致止血功能激活和血栓形成。但是,吸烟如何促进血栓形成的机理尚未完全了解。血栓形成与由于内皮功能障碍引起的凝血系统失衡有关。作为重要的抗凝血辅助因子,位于内皮细胞表面的血栓调节蛋白(thrombomodulin, TM)能够通过与凝血酶结合来调节血管内凝血,从而抑制血栓形成。

我们利用单分子力谱技术研究香烟烟雾提取物(cigarette-smoke extract,CSE)对凝血酶和 TM 相互作用的影响。体外和活细胞实验结果表明,CSE 可以显著降低 TM 和凝血酶的结合概率。该研究增加了对 CSE 诱导血栓形成机理的理解,表明 CSE 抑制凝血酶/TM 结合。首次在单个分子水平研究了 CSE 对血栓形成的作用机理。CSE 降低了凝血酶与其特异性受体 TM 的结合概率。通过 AFM 定量测定凝血酶和血栓调节蛋白的相互作用力,为了解吸烟引起的血栓形成提供了新的证据[57]。

然而,由于 CSE 是多种成分的混合物,因此,具体哪些成分可对凝血酶/TM 结合产生抑制作用需要进一步研究。故此,我们研究了香烟致癌物 4-(甲基亚硝基氨基)-1-(3-吡啶基)-1-丁酮(NNK)及其代谢物 4-(甲基亚硝基氨基)-1-(3-吡啶基)-1-丁醇(NNAL)对凝血酶和 TM 间相互作用的影响(图 11-19)[58],发现 NNK 和 NNAL 可以降低凝血酶和 TM 的结合概率,进一步通过分子动力学模拟的方法验证了 NNK 和 NNAL 对凝血酶和 TM 结合的抑制及可能的作用机制。结果表明香烟致癌物可通过抑制凝血酶和血栓调节蛋白的结合来诱发血栓。

11.4 总结与展望

建立在生物单分子检测技术上的单分子化学生物学是化学与生命科学交叉的前沿领域,也是最具挑战性的研究方向之一。单分子检测以其极高的灵敏度和分辨率为生命过程的研究提供更为准确的研究手段。通过单分子检测,研究人员可以在活细胞甚至活体单分子水平实时动态地研究生理及病理学过程,阐述生命过程的分子机制,极大地促进了化学生物学的研究发展。

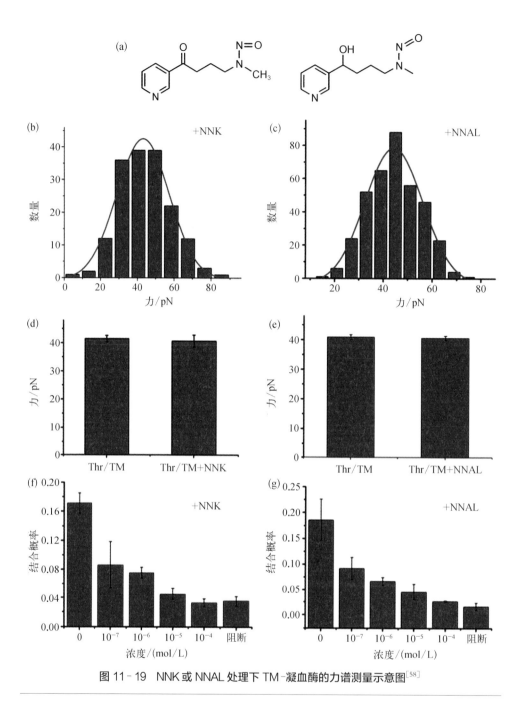

图 11-19　NNK 或 NNAL 处理下 TM-凝血酶的力谱测量示意图[58]

　　生物单分子研究目前仍面临许多挑战：需要进一步提高时间及空间分辨率，并使之更适合于生理条件下的研究；需要开发更高特异性及稳定性的分子探针及标记方法，在活细胞乃至活体水平进行三维、大范围的单分子实时动态研究；需要发展更加精确可靠的单分子数据分析方法，通过大数据分析，研究生物分子的结构和功能变化。随着化学、生物、物理、信息和纳米科学等领域新技术的不断发展和学科的交叉融合，必将为生物单分子检测和单分子化学生物学的发展带来新的突破。

参考文献

［1］ 中国科学院. 中国学科发展战略-化学生物学［M］. 北京：科学出版社，2015.

［2］ Kusumi A，Tsunoyama T A，Hirosawa K M，et al. Tracking single molecules at work in living cells［J］. Nature Chemical Biology，2014，10(7)：524－532.

［3］ Moerner W E，Kador L. Optical detection and spectroscopy of single molecules in a solid［J］. Physical Review Letters，1989，62(21)：2535－2538.

［4］ Li N，Zhao R，Sun Y H，et al. Single-molecule imaging and tracking of molecular dynamics in living cells［J］. National Science Review，2017，4(5)：739－760.

［5］ Manley S，Gillette J M，Patterson G H，et al. High-density mapping of single-molecule trajectories with photoactivated localization microscopy［J］. Nature Methods，2008，5(2)：155－157.

［6］ Jones S A，Shim S H，He J，et al. Fast，three-dimensional super-resolution imaging of live cells ［J］. Nature Methods，2011，8(6)：499－505.

［7］ Li D，Shao L，Chen B C，et al. Extended-resolution structured illumination imaging of endocytic and cytoskeletal dynamics［J］. Science，2015，349 (6251).

［8］ Guo Y T，Li D，Zhang S W，et al. Visualizing intracellular organelle and cytoskeletal interactions at nanoscale resolution on millisecond timescales［J］. Cell，2018，175(5)：1430－1442.

［9］ Cocucci E，Gaudin R，Kirchhausen T. Dynamin recruitment and membrane scission at the neck of a clathrin-coated pit［J］. Molecular Biology of the Cell，2014，25(22)：3595－3609.

［10］ He K M，Marsland III R，Upadhyayula S，et al. Dynamics of phosphoinositide conversion in clathrin-mediated endocytic traffic［J］. Nature，2017，552(7685)：410－414.

［11］ Aramesh M，Forró C，Dorwling-Carter L，et al. Localized detection of ions and biomolecules with a force-controlled scanning nanopore microscope［J］. Nature Nanotechnology，2019，14(8)：791－798.

［12］ Johansen P L，Fenaroli F，Evensen L，et al. Optical micromanipulation of nanoparticles and cells inside living zebrafish［J］. Nature Communications，2016，7：10974.

［13］ Jiang Y X，Zhu C F，Ling L S，et al. Specific aptamer-protein interaction studied by atomic force microscopy［J］. Analytical Chemistry，2003，75(9)：2112－2116.

［14］ Zhang W，Jiang Y X，Wang Q，et al. Single-molecule imaging reveals transforming growth factor-beta-induced type Ⅱ receptor dimerization［J］. Proceedings of the National Academy of Sciences of the United States of America，2009，106(37)：15679－15683.

［15］ Liu J L，Li W H，Zhang X J，et al. Ligand-receptor binding on cell membrane：Dynamic force spectroscopy applications［J］. Methods in Molecular Biology（Clifton，N J），2019，1886：153－162.

［16］ Qin G G，Li W H，Xu J C，et al. Development of integrated atomic force microscopy and fluorescence microscopy for single-molecule analysis in living cells［J］. Chinese Journal of

Analytical Chemistry，2017，45(12)：1813－1823.

［17］ Xia T，Li N，Fang X H. Single-molecule fluorescence imaging in living cells［J］. Annual Review of Physical Chemistry，2013，64：459－480.

［18］ 阮贺飞，吴亚运，袁景和，等.受激辐射耗尽超分辨显微成像的研究进展及应用［J］.分析科学学报，2019，35(6)：723－731.

［19］ Sako Y，Uyemura T. Total internal reflection fluorescence microscopy for single-molecule imaging in living cells［J］. Cell Structure and Function，2002，27(5)：357－365.

［20］ Luo W X，Xia T，Xu L，et al. Visualization of the post-Golgi vesicle-mediated transportation of TGF-β receptor Ⅱ by quasi-TIRFM［J］. Journal of Biophotonics，2014，7(10)：788－798.

［21］ Yu J Q，Yuan J H，Zhang X J，et al. Nanoscale imaging with an integrated system combining stimulated emission depletion microscope and atomic force microscope［J］. Chinese Science Bulletin，2013，58(33)：4045－4050.

［22］ 阮贺飞. 双色受激辐射耗尽超分辨显微成像系统的研制及应用［D］. 北京：中国科学院大学，2017.

［23］ Cheng M，Zhang W，Yuan J H，et al. Single-molecule dynamics of site-specific labeled transforming growth factor type Ⅱ receptors on living cells［J］. Chemical Communications (Cambridge，England)，2014，50(94)：14724－14727.

［24］ Wu Y Y，Ruan H F，Zhao R，et al. Ultrastable fluorescent polymer dots for stimulated emission depletion bioimaging［J］. Advanced Optical Materials，2018，6(19)：1800333.

［25］ Atanasova M，Whitty A. Understanding cytokine and growth factor receptor activation mechanisms［J］. Critical Reviews in Biochemistry and Molecular Biology，2012，47(6)：502－530.

［26］ Gurevich V V，Gurevich E V. How and why do GPCRs dimerize? ［J］. Trends in Pharmacological Sciences，2008，29(5)：234－240.

［27］ Park B S，Lee J O. Recognition of lipopolysaccharide pattern by TLR4 complexes ［J］. Experimental & Molecular Medicine，2013，45(12)：e66.

［28］ Ulbrich M H，Isacoff E Y. Subunit counting in membrane-bound proteins［J］. Nature Methods，2007，4(4)：319－321.

［29］ Ross C A，Poirier M A. Protein aggregation and neurodegenerative disease［J］. Nature Medicine，2004，10(7)：S10-S17.

［30］ Cole N B，Murphy D D，Grider T，et al. Lipid droplet binding and oligomerization properties of the Parkinson's disease protein alpha-synuclein［J］. The Journal of Biological Chemistry，2002，277(8)：6344－6352.

［31］ Ji W，Xu P Y，Li Z Z，et al. Functional stoichiometry of the unitary calcium-release-activated calcium channel［J］. Proceedings of the National Academy of Sciences of the United States of America，2008，105(36)：13668－13673.

［32］ Felce J H，Davis S J，Klenerman D. Single-molecule analysis of G protein-coupled receptor stoichiometry：Approaches and limitations［J］. Trends in Pharmacological Sciences，2018，39(2)：96－108.

［33］ Ulbrich M H，Isacoff E Y. Subunit counting in membrane-bound proteins［J］. Nature Methods，2007，4(4)：319－321.

［34］ Zhang W，Yuan J H，Yang Y，et al. Monomeric type Ⅰ and type Ⅲ transforming growth factor-βreceptors and their dimerization revealed by single-molecule imaging［J］. Cell Research，2010，20(11)：1216－1223.

［35］ Yuan J H，He K M，Cheng M，et al. Analysis of the steps in single-molecule photobleaching traces by using the hidden Markov model and maximum-likelihood clustering［J］. Chemistry — An Asian Journal，2014，9(8)：2303－2308.

［36］ Xu J C，Qin G G，Luo F，et al. Automated stoichiometry analysis of single-molecule fluorescence imaging traces via deep learning［J］. Journal of the American Chemical Society，2019，141(17)：6976 – 6985.

［37］ Sako Y，Minoghchi S，Yanagida T. Single-molecule imaging of EGFR signalling on the surface of living cells［J］. Nature Cell Biology，2000，2(3)：168 – 172.

［38］ di Guglielmo G M，le Roy C，Goodfellow A F，et al. Distinct endocytic pathways regulate TGF-beta receptor signalling and turnover［J］. Nature Cell Biology，2003，5(5)：410 – 421.

［39］ Zhao R，Yuan J H，Li N，et al. Analysis of the diffusivity change from single-molecule trajectories on living cells［J］. Analytical Chemistry，2019，91(21)：13390 – 13397.

［40］ Yu J P，Jiang Y X，Ma X Y，et al. Energy landscape of aptamer / protein complexes studied by single-molecule force spectroscopy［J］. Chemistry — An Asian Journal，2007，2(2)：284 – 289.

［41］ Ge L，Jin G，Fang X H. Investigation of the interaction between a bivalent aptamer and thrombin by AFM［J］. Langmuir：the ACS Journal of Surfaces and Colloids，2012，28(1)：707 – 713.

［42］ O'Donoghue M B，Shi X L，Fang X H，et al. Single-molecule atomic force microscopy on live cells compares aptamer and antibody rupture forces［J］. Analytical and Bioanalytical Chemistry，2012，402(10)：3205 – 3209.

［43］ Yu J P，Wang Q，Shi X L，et al. Single-molecule force spectroscopy study of interaction between transforming growth factor beta1 and its receptor in living cells［J］. The Journal of Physical Chemistry B，2007，111(48)：13619 – 13625.

［44］ Li W H，Xu J C，Kou X L，et al. Single-molecule force spectroscopy study of interactions between angiotensin Ⅱ type 1 receptor and different biased ligands in living cells［J］. Analytical and Bioanalytical Chemistry，2018，410(14)：3275 – 3284.

［45］ Huang T，David L，Mendoza V，et al. TGF-β signalling is mediated by two autonomously functioning TβRⅠ：TβRⅡ pairs［J］. The EMBO Journal，2011，30(7)：1263 – 1276.

［46］ Zhang M L，Zhang Z，He K M，et al. Quantitative characterization of the membrane dynamics of newly delivered TGF-β receptors by single-molecule imaging［J］. Analytical Chemistry，2018，90(7)：4282 – 4287.

［47］ He K M，Yan X H，Li N，et al. Internalization of the TGF-β type Ⅰ receptor into caveolin-1 and EEA1 double-positive early endosomes［J］. Cell Research，2015，25(6)：738 – 752.

［48］ Ruan H F，Yu J Q，Yuan J H，et al. Nanoscale distribution of transforming growth factor receptor on post-Golgi vesicle revealed by super-resolution microscopy［J］. Chemistry — An Asian Journal，2016，11(23)：3359 – 3364.

［49］ Li N，Yang Y，He K M，et al. Single-molecule imaging reveals the activation dynamics of intracellular protein Smad3 on cell membrane［J］. Scientific Reports，2016，6：33469.

［50］ Sun Y H，Li N，Zhang M L，et al. Single-molecule imaging reveals the stoichiometry change of β2-adrenergic receptors by a pharmacological biased ligand［J］. Chemical Communications (Cambridge，England)，2016，52(44)：7086 – 7089.

［51］ Zhang M L，He K M，Wu J M，et al. Single-molecule imaging reveals the stoichiometry change of epidermal growth factor receptor during transactivation by β_2-adrenergic receptor［J］. Science China Chemistry，2017，60(10)：1310 – 1317.

［52］ Song D K，Meng J C，Cheng J，et al. *Pseudomonas aeruginosa* quorum-sensing metabolite induces host immune cell death through cell surface lipid domain dissolution［J］. Nature Microbiology，2019，4(1)：97 – 111.

［53］ Li X J，Wang X H，Yang Y，et al. Single-molecule analysis of PIP2；1 dynamics and partitioning reveals multiple modes of *Arabidopsis* plasma membrane aquaporin regulation［J］. The Plant Cell，

2011，23(10)：3780－3797.

［54］ Yang Y，Xu Y C，Xia T，et al. A single-molecule study of the inhibition effect of Naringenin on transforming growth factor-β ligand-receptor binding［J］. Chemical Communications (Cambridge，England)，2011，47(19)：5440－5442.

［55］ Xiao H，Zhang J S，Xu Z H，et al. Metformin is a novel suppressor for transforming growth factor (TGF)-β1［J］. Scientific Reports，2016，6：28597.

［56］ Zhang X J，Shi X L，Xu L，et al. Atomic force microscopy study of the effect of HER 2 antibody on EGF mediated ErbB ligand-receptor interaction［J］. Nanomedicine：Nanotechnology，Biology，and Medicine，2013，9(5)：627－635.

［57］ Wei Y J，Zhang X J，Xu L，et al. The effect of cigarette smoke extract on thrombomodulin-thrombin binding：An atomic force microscopy study［J］. Science China Life Sciences，2012，55 (10)：891－897.

［58］ Liu J L，Zhang X J，Wang X F，et al. Single-molecule force spectroscopy study of the effect of cigarette carcinogens on thrombomodulin-thrombin interaction［J］. Science Bulletin，2016，61 (15)：1187－1194.

Chapter 12

第 12 章

生物催化去对称化反应

敖宇飞　　王德先

12.1 引言

生物催化是利用生物体系(如微生物或酶)作为催化剂实现化学反应的方法,是化学、生物学以及工程学等多学科交叉融合而形成的研究领域,是化学生物学的重要应用和延伸。最近几十年来,随着生物技术不断发展以及绿色化学理念深入人心,生物催化获得了飞速发展,已成为化学生物学研究的热点之一。与常规有机化学方法相比,生物催化反应具有反应条件温和、对环境污染小、高反应效率以及高区域和立体选择性的优点。

生物催化去对称化反应是采用生物催化途径合成手性化合物的一种重要方法。手性是自然界的基本属性之一,例如生命的基本组成物质(如氨基酸、核苷酸、多糖等)都是手性的。自 20 世纪 60 年代以来,如何获得高纯度手性化合物日益成为制药、农药及食品等行业的重点和难点问题,而手性化合物的不对称合成也日益成为有机化学的研究热点,其中常见的合成方法包括不对称金属催化法、不对称有机小分子催化法以及生物催化法。对映选择性的生物催化方法在手性化合物的合成领域中发挥着越来越重要的作用[1]。对映选择性生物催化包括动力学拆分和去对称化反应,动力学拆分反应是将外消旋底物中某一构型化合物选择性转化成手性产物的反应,该过程中不涉及新的手性中心的产生,理论产率仅为 50%;而去对称化反应属于一类特殊的不对称合成反应,它可以将具有对称中心或对称面的非手性底物分子进行去对称化而产生手性产物。这类反应根据底物不同可以分为两类(图 12-1),一类是以含有两个相同官能团的内消旋或前手性化合物为底物,在反应过程中其中一个官能团发生选择性转化从而导致化合物手性的产生,此过程中并没有新的手性中心的生成;另一类是将底物上的双键转化从而生成手性产物,反应过程中伴随有新的手性中心的产生。去对称化反应的理论产率为 100%,相比动力学拆分手段,其具有更广阔的应用前景,受到越来越多的关注[2]。特别是最近几年,该领域发展迅速,本章主

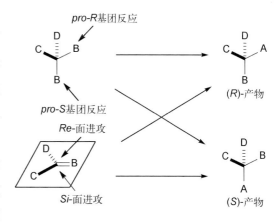

图 12-1 两类底物的去对称化反应

要对 2011 年以来国内外生物催化去对称化反应领域的发展动态进行概述。

12.2 生物催化水解反应及酰基化反应

生物催化水解反应或酰基化反应通常是由水解酶(hydrolasse)催化完成的,水解酶是一类被广泛应用于合成化学的酶,该类酶不需要敏感的辅因子协助反应的发生,且通常稳定性较高,有利于工业应用。水解酶通常采用如下催化机制:首先酶催化活性中心的一个亲核性氨基酸进攻底物上的待水解官能团(例如酯基、氰基、酰胺基等),形成以共价键相连的酶-底物复合物中间体,随后该中间体被水分子进攻导致底物与酶之间的共价键断裂并转化成相应的水解产物。特别值得一提的是,水解酶往往具有较高的底物宽泛性和催化反应类型多样性,既能容忍底物上具有不同的取代基,实现一些非天然底物的水解反应,也能够利用催化活性位点一些氨基酸能够稳定负电荷的特性,催化水解反应以外的其他反应(例如 Diels－Alder 反应、Baeyer－Villiger 反应、Michael 反应等)[3]。

12.2.1 醇类底物的去对称化酰基化反应

脂肪酶(lipase)具有较高的底物广谱性以及反应活性,大量不同来源的脂肪酶都已实现固定化及商品化,且较为稳定和易于获得。脂肪酶催化的酯水解逆反应已被大量应用于内消旋及前手性醇的去对称化酰基化反应中,近期该领域的报道更多关注于一些特殊结构手性的产生以及化学-酶法合成重要手性化合物方面。本小节将根据底物结构特点展开总结。

1. 链状前手性二醇底物

前手性二醇底物是含有一个前手性中心的线形链状分子。2011 年以后该类底物的去对称化反应报道集中在轴手性、硅手性这类特殊手性的构建以及重要活性化合物的手性中间体合成方面。

轴手性联烯类化合物是重要的有机合成中间体,但是其不对称合成具有较高难度,一方面因为联烯基团较为活泼,难以长期稳定存在,另一方面因为轴手性化合物的生成本身较为困难。2011 年，J. Deska 等人以前手性苯基联烯二醇 **1** 为底物，考察了在温和的反应条件下一系列脂肪酶催化的去对称化反应[4]，发现猪胰脂肪酶（porcine pancreatic lipase，PPL）能够以最好的催化效率和对映选择性得到三取代轴手性联烯产物 **2**，其 *ee* 值高达 98%，随后进一步考察含有不同取代基的底物，展示了该类反应的普适性。此外，J. Deska 等人发现反应溶剂对反应效率和选择性有显著影响，当以二氧六环作为反应溶剂时，反应能够顺利发生，当在水和丙酮的混合溶剂下发生反应时，反应效率提升，但是对映选择性降低，产物 *ee* 值仅为 34%，表明该类脂肪酶在非极性溶剂中具有较高的反应对映选择性和较低的反应效率（图 12－2）。2012 年，J. Deska 等人采用相似的策略又进一步实现了轴手性四取代联烯的合成，他们经过筛选发现来自荧光假单胞菌（*P. fluorescens*）的脂肪酶具有最高的反应对映选择性，随后他们利用该酶实现了一系列轴手性四取代联烯的合成，并展示了其在手性二氢呋喃类化合物合成上的应用。

1 (*R*)-**2**

1,4-二氧六环, 40℃, 24 h: 95% 产率, 98% *ee*
水/丙酮, 40℃, 6 h: 95% 产率, 98% *ee*

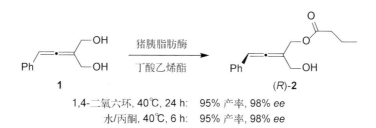

图 12－2 猪胰脂肪酶催化前手性苯基联烯二醇的去对称化反应

手性 2－哌啶酮 **3** 是一些具有生物活性功能分子（例如金雀花碱）的结构基元，其手性合成具有重要的意义。2016 年，Z. M. A. Judeh 等人以前手性二醇 **4** 为底物，以商品化的脂肪酶 lipase AK 为催化剂实现了去对称化反应，以最优 93% 的产率和 93% 的 *ee* 值得到相应 *R* 构型单酯产物 **5**。将产物 **5** 进行两步化学转化，得到了手性 2－哌啶酮 **3**（图 12－3）。

4 (*R*)-**5** (*R*)-**3**

93% 产率, 93% *ee* 80% 产率, 93% *ee*

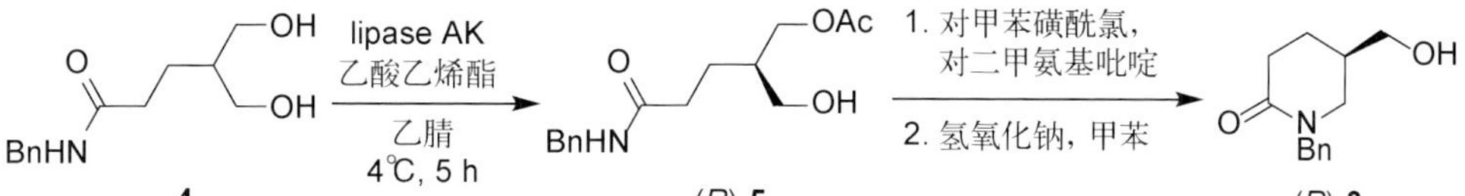

图 12－3 生物催化去对称化法合成手性 2－哌啶酮

碳手性中心在自然界中广泛存在，但是硅中心手性则极为罕见且合成困难。2015年，徐利文等人报道了一例利用生物催化去对称化反应合成手性有机硅化合物的方法(图 12-4)。他们利用商品化的南极假丝酵母菌脂肪酶 B(*Candida antarctica* lipase B, CALB)为催化剂，将前手性的含二羟基的有机硅底物 **6** 进行去对称化反应，以 99%的产率和 78%的 *ee* 值得到相应手性有机硅产物 **7**，展示了生物催化方法在硅手性中心合成上的应用。

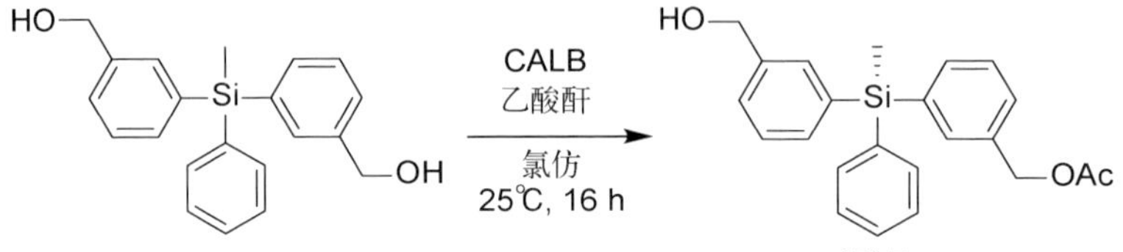

6

(*S*)-**7**
98% 产率, 78% *ee*

图 12-4　**生物催化去对称化法合成手性有机硅类化合物**

2. 环状内消旋二醇底物

内消旋二醇底物分子内具有面对称元素，因此分子内含有多个手性中心，且一般具有单环或桥环骨架。

氮杂环是大量天然产物的骨架分子，为了合成手性氮杂环状化合物，2013 年，J. Deska 等人考察了一系列商品化的脂肪酶催化内消旋氮杂环状二醇底物的去对称化反应，发现使用来自 *M. miehei* 的脂肪酶可以较好地实现去对称化反应，并以较高的产率获得 *ee* 值高达 99%的单酯产物(图 12-5)。

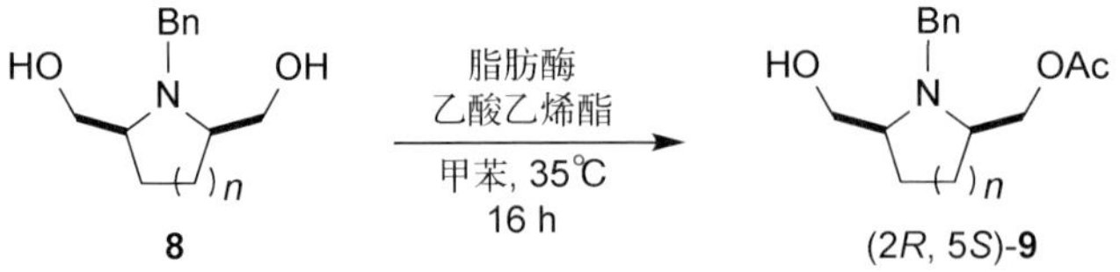

8　　　　(2*R*, 5*S*)-**9**

8a: *n* = 2　*M. miehei*脂肪酶　85%产率, >99% *ee*
8b: *n* = 1　*M. miehei*脂肪酶　74%产率, >99% *ee*

图 12-5　**生物催化去对称化法合成手性氮杂环状化合物**

生物素(biotin)属于维生素 B 家族，是一种维持人体生长发育和正常机能的必备营养物，因此生物素被大量用于药物和营养物，其合成具有较高应用价值。而化合物 **10** 是化学合成生物素的关键物质。2013 年,汪钊等人报道了利用脂肪酶催化去对称化水解二醇合成其关键中间体 **12**,他们以内消旋二醇 **11** 为底物,筛选了一系列商品化脂肪酶、乙酰源及溶剂,最终利用 Lipozyme RM IM[来源于米黑根毛霉(*Rhizomucor miehei*)的商品化脂肪酶]以及二氧六环和甲苯的混合溶剂以 87%的产率获得 *ee* 值达 99%的手性产物 **12**,随后经琼斯氧化和内酯化反应即得到生物素合成中间体 **10**(图 12-6)。

11 (4*S*, 5*R*)-**12** 87% 产率, 99% *ee* **10** 65%产率, 99% *ee*

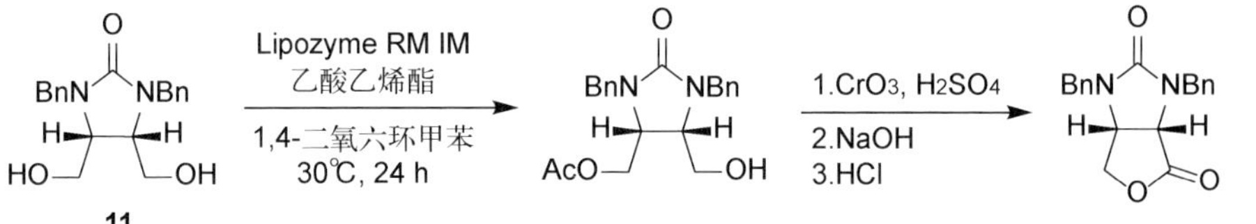

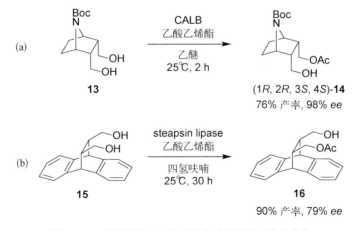

图 12-6 生物催化去对称化法合成生物素合成前体 10

7-氮杂降冰片烷(7-azanorbornane)是天然生物活性碱地棘蛙素(epibatidine)及其类似物的重要结构骨架,在制药工业上具有潜在应用价值。2011 年,R. Chênevert 等人利用脂肪酶催化去对称化水解二醇合成手性 7-氮杂降冰片烷,他们以内消旋二醇 **13** 为底物,以脂肪酶 CALB 为催化剂,以 76%的产率和 98%的 *ee* 值得到手性产物 **14**[图 12-7(a)],他们通过单晶培养解析确定了产物的绝对构型。

13 (1*R*, 2*R*, 3*S*, 4*S*)-**14** 76% 产率, 98% *ee*

15 **16** 90% 产率, 79% *ee*

图 12-7 生物催化去对称化法合成手性桥环类化合物

2015 年,A. V. Bedekar 等人利用脂肪酶催化去对称化水解二醇合成大位阻手性桥环化合物。他们以内消旋二醇 **15** 为底物,以胰蛋白酶脂酶(steapsin lipase)为催化剂,以

90%的产率和79%的 *ee* 值得到手性产物 **16**[图 12 - 7(b)]。

12.2.2 酯类底物的去对称化水解反应

脂肪酶或酯酶催化的酯水解反应和酯交换反应可以实现内消旋及前手性酯类化合物的去对称化水解反应。由于酯类底物的来源丰富易于合成，近期该方法常被用于化学-酶法来合成重要的手性化合物。

1. 链状前手性二酯底物

手性 3 -芳基戊二酸衍生物是一些药物以及生物活性化合物的结构单元[例如药物巴氯芬(Baclofen)、帕罗西汀(Paroxetine)]，因此其不对称合成具有重要的价值。2011年，J. M. Palomo 等人利用固定化的根霉菌脂肪酶(*Rhizopus oryzae* lipase，ROL)作为生物催化剂，实现了前手性 3 -苯基戊二酸二乙酯 **17** 的去对称化水解反应，他们对酶的固定化条件进行了大量筛选，发现以二硫苏糖醇(dithiothreitol)作为交联剂，在 pH = 7的条件下加入 1,4 -二氧六环溶剂(体积分数为 20%)制得的固定化脂肪酶具有最高的反应对映选择性，手性产物 **18** 的 *ee* 值可达 92%(图 12 - 8)。

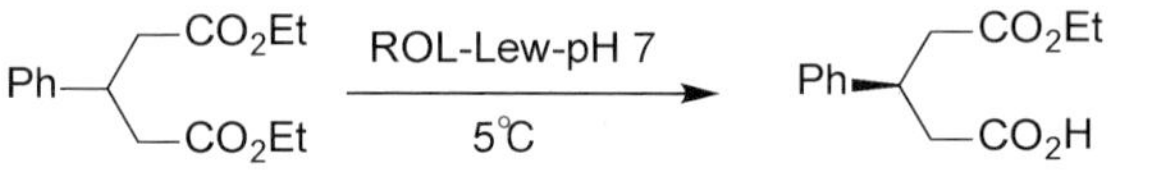

图 12 - 8　生物催化去对称化法合成手性 3 -苯基戊二酸酯衍生物

手性 3 -烷基戊二酸衍生物可以用来合成药物普瑞巴林(Pregabalin)及亲脂性 γ -氨基丁酸(GABA)类似物，因此其不对称合成引起了人们的广泛关注。2013 年，H. J. Ha等人合成了一系列前手性 3 -烷基戊二酸二酯底物，系统地考察了南极假丝酵母脂肪酶B(CALB)催化的去对称化水解反应，他们发现酯基结构对反应的对映选择性有重要影响，当底物含有烯丙酯基时，具有最高的反应对映选择性，其 *ee* 值可达 93%(图 12 - 9)。他们结合晶体结构进行了分子动力学(molecule dynamics，MD)模拟研究，揭示了其高对映选择性来源于底物上的烯丙基双键与酶催化活性空腔中 Trp104 /His224 之间的π -π 堆积作用。

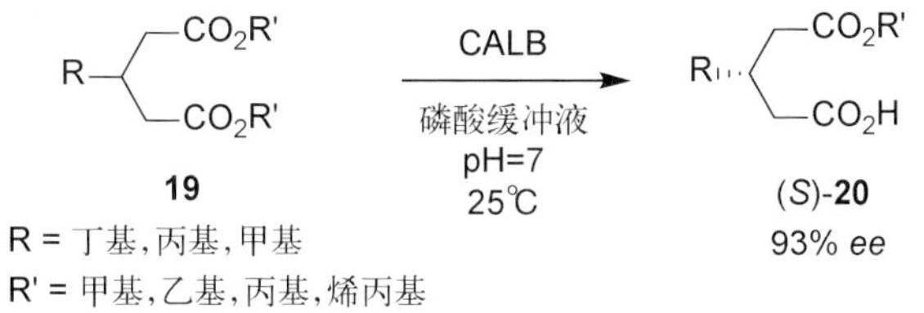

图 12-9　生物催化去对称化法合成手性 3-烷基戊二酸酯衍生物

手性多取代四氢呋喃类化合物是众多核苷类药物的结构骨架和合成前体。2013年,J. Deska 等人将生物催化去对称化反应与[1,2]-σ 重排反应串联,一锅实现了前手性戊二酸酯制备多取代手性四氢呋喃类化合物。他们将 3-苄氧基戊二酸二乙酯 **21** 作为底物,利用南极假丝酵母脂肪酶 B(CALB)催化去对称化反应,制得 *ee* 值大于 99%的 *S* 构型单羧酸产物 **22**,随后与重氮甲烷原位生成氧鎓叶立德中间体,经过有机铑催化的 σ 重排反应以 99%的 *ee* 值获得手性四氢呋喃类产物 **23**(图 12-10),随后他们进一步将反应拓展到含有其他芳环取代基的底物上,制备了一系列手性四氢呋喃类化合物。

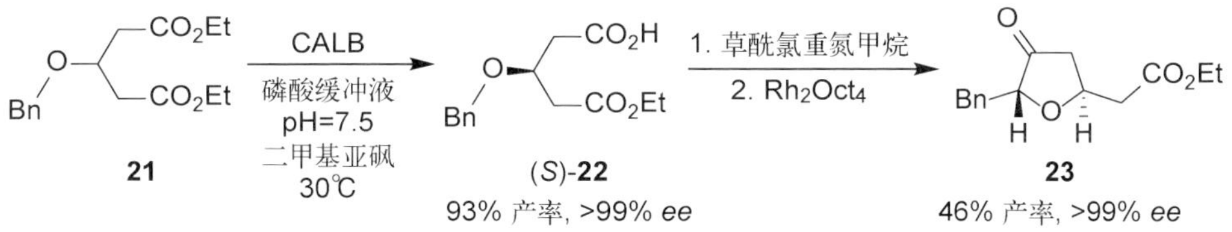

图 12-10　生物催化去对称化法合成手性四氢呋喃类化合物

受酶催化活性空腔结构限制,生物催化同一类底物的去对称化反应时往往具有相同的选择性,通常认为底物上距离反应位点较远端的取代基的变化对反应的对映选择性影响很小。2016 年,R. Kołodziejska 等人发现底物结构的微小改变造成了脂肪酶催化去对称化水解反应对映选择性的反转。他们以具有嘧啶单元的前手性二酯类底物在商品化脂肪酶 lipase Amano PS[来源于洋葱伯克霍尔德菌(*Burkholderia cepacia*)]的催化下进行去对称化水解,发现底物上远端具有不同构型的甲基取代基时,反应的对映选择性也不同,且产物(2*R*,8*R*)-**25** 的 *ee* 值可达 98%(图 12-11),为通过改变底物结构合成具有不同选择性的手性产物提供了新思路。

除了上述改变底物上取代基的构型可以造成生物催化反应对映选择性反转以外,2011 年,V. Gotor 等人报道了一种不同的策略来获得不同构型的手性产物。他们合成了具有相似取代基的内消旋二醇底物 **26** 和内消旋二酯底物 **27**,以商品化的 lipase AK

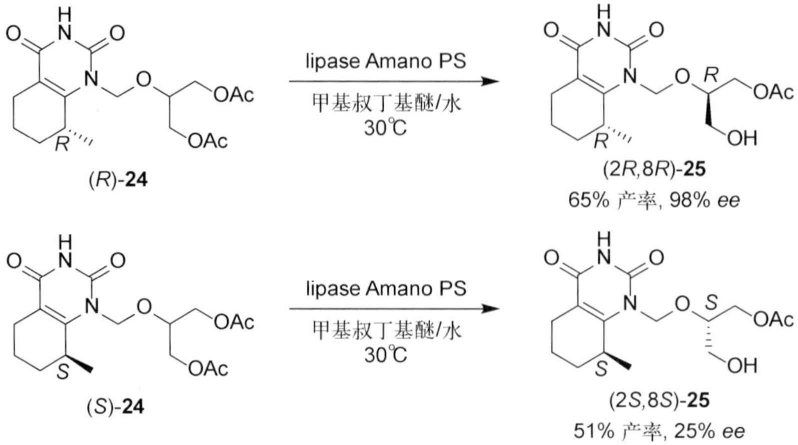

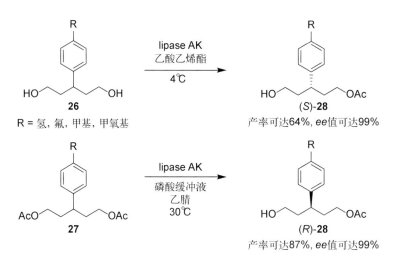

图 12-11 生物催化去对称化法合成手性非环核苷衍生物

为生物催化剂,分别催化二醇底物进行酯化反应,催化二酯底物进行水解反应,结果很高的 *ee* 值分别获得 *S* 构型和 *R* 构型的手性产物 **28**(图 12-12),这种策略只需要改变反应条件和底物类型,就可以分别获得互为镜像的手性产物,展示了脂肪酶催化去对称化反应的优势。

图 12-12 生物催化去对称化法合成互为镜像的手性化合物

除了脂肪酶,酯酶(esterase)也被用来催化酯类化合物的水解反应。2012 年,D. S. Masterson 等人利用猪肝酯酶(pig liver esterase,PLE)催化二取代丙二酸二乙酯底物 **29** 的去对称化反应,他们系统考察了助溶剂对反应对映选择性的影响,发现当向反应体系中加入体积分数为 2%的乙醇时，反应产物(*R*)-**30** 的 *ee* 值由 63%提高到 83%（图 12 - 13），展示了助溶剂在生物催化去对称化反应中的作用。

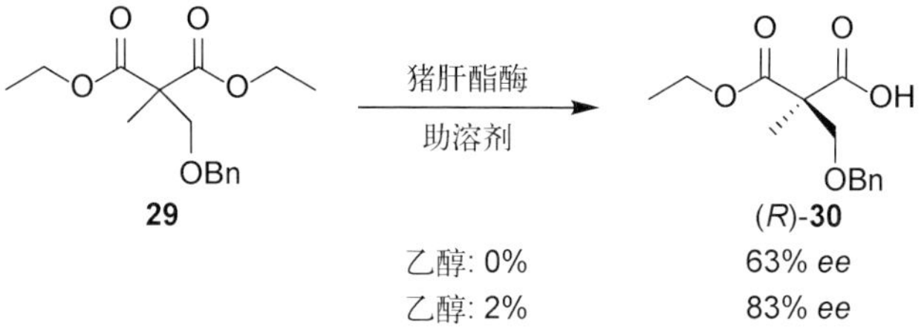

29

猪肝酯酶
助溶剂

(*R*)-**30**
乙醇: 0%　　　 63% *ee*
乙醇: 2%　　　 83% *ee*

图 12 - 13　酯酶催化前手性丙二酸二乙酯类底物的去对称化反应

2. 环状内消旋二酯底物

2014 年，M. Nakada 等人报道了猪肝酯酶（PLE）催化环状内消旋二酯 **31** 的去对称化反应，以 97%的产率和 99%的 *ee* 值得到相应水解产物 **32**（图 12 - 14），该类化合物可以用来合成萜类天然产物。

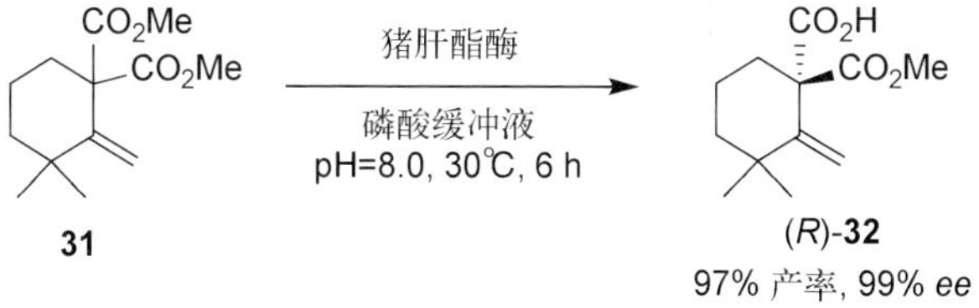

31

猪肝酯酶
磷酸缓冲液
pH=8.0, 30℃, 6 h

(*R*)-**32**
97% 产率, 99% *ee*

图 12 - 14　酯酶催化环状内消旋二酯类底物的去对称化反应

2016 年，J. Liang 等人报道了化学-酶法合成具有抗感冒病毒活性的化合物 **33**。他们以内消旋 1,3 - 环己二羧酸酯 **34** 为底物，使用商品化脂肪酶 lipase AYS 催化去对称化反应，以千克量级获得 *ee* 值高达 96%的手性羧酸产物 **35**，随后经过多步化学转化得到目标手性产物 **33**（图 12 - 15）。

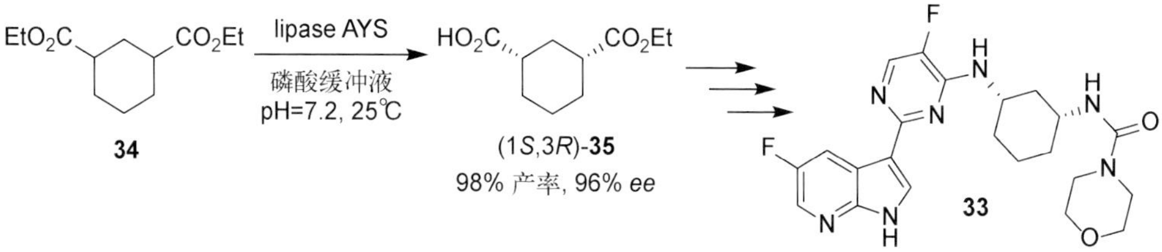

34

lipase AYS
磷酸缓冲液
pH=7.2, 25℃

(1*S*,3*R*)-**35**
98% 产率, 96% *ee*

33

图 12 - 15　化学-酶法合成手性化合物 **33**

手性药物依米他韦(Yimitasvir)具有抗丙肝病毒(HCV)活性,已作为潜在药物进行临床Ⅲ期实验,但是已报道的合成方法步骤烦琐且不够原子经济性。2019 年,Y. Zhang 等人利用脂肪酶催化内消旋二酯底物的去对称化反应,他们筛选了一系列底物上的取代基以及脂肪酶,发现脂肪酶 lipase L-3 催化二丁酯类底物 **36** 的反应表现出最高的对映选择性,可以获得 *ee* 值达 98%的依米他韦合成中间体 **37**(图12-16)。

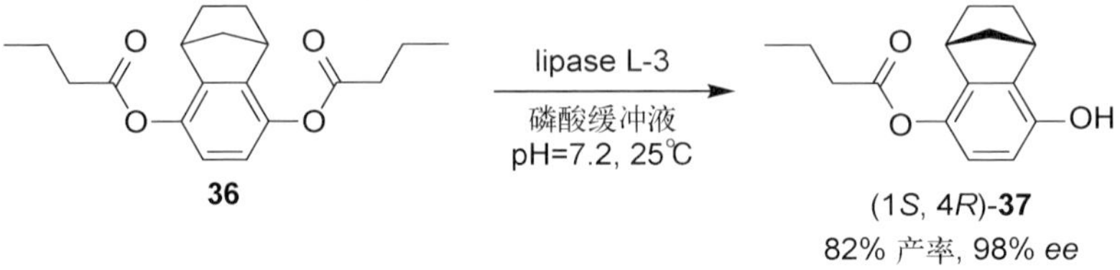

图 12-16 生物催化去对称化法合成手性药物 Yimitasvir 合成中间体

12.2.3 胺类底物的去对称化水解反应

脂肪酶不但可以催化上述醇的酰基化反应以及酯的水解反应,还能够催化胺类化合物的酰基化反应,生成相应的酰胺类化合物。虽然脂肪酶催化这种非天然底物的反应效率一般较低,但能够一步构建手性酰胺,由于胺类化合物的来源广泛且易于合成,近期人们也将脂肪酶应用于前手性二胺的去对称化酰基化反应,来合成手性酰胺及其衍生物。

2011 年,V. Gotor 等人实现了脂肪酶催化的 3-芳基-1,5-戊二胺的去对称化反应。他们经过反应条件优化,最终利用商品化脂肪酶 PSL-C I[来源于洋葱假单胞菌(*Pseudomonas cepacia*)],在二氧六环溶剂中 30℃下将一系列含有不同 3 位芳基的前手性 1,5-戊二胺 **38** 进行酰基化反应,得到相应手性产物 **39**[图 12-17(a)],升高反应温度有助于提高反应速率,但不利于 *ee* 值的提高。2014 年,该课题组又利用相似的办法,利用南极假丝酵母菌脂肪酶 A 和 B(CALA 和 CALB)作为催化剂,在 45℃下将一系列含有芳基取代基的内消旋乙二胺底物 **40** 进行酰基化反应,得到相应手性产物 **39**,他们发现,CALA 能够较好地实现含有甲基或氟取代基的底物的去对称化转化,而 CALB 则对含有氯或溴取代基的底物表现出较好的催化对映选择性[图 12-17(b)]。

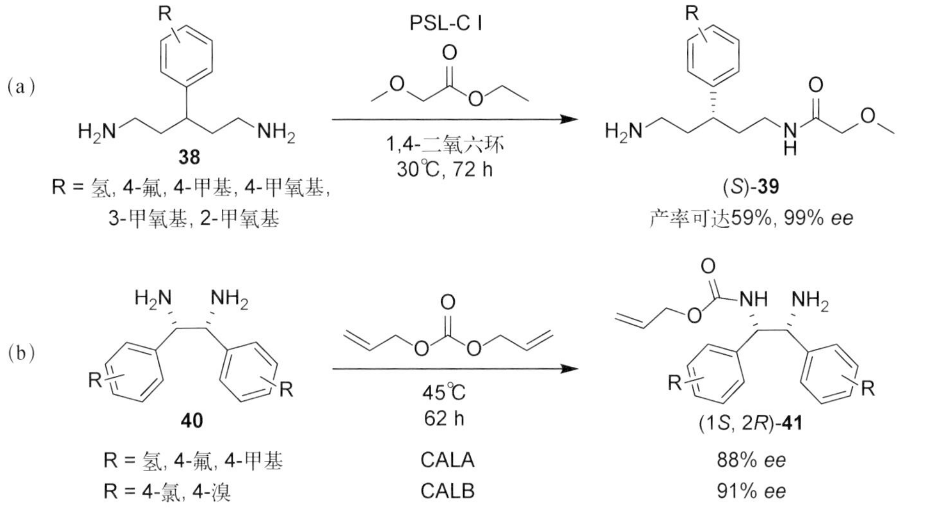

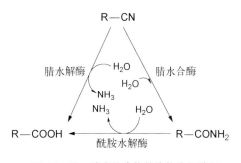

图 12-17 脂肪酶催化去对称化法合成手性酰胺类化合物

(a) **38** R = 氢, 4-氟, 4-甲基, 4-甲氧基, 3-甲氧基, 2-甲氧基

PSL-C I 1,4-二氧六环 30℃, 72 h → (S)-**39** 产率可达59%, 99% ee

(b) **40** R = 氢, 4-氟, 4-甲基; R = 4-氯, 4-溴

45℃ 62 h CALA CALB → (1S, 2R)-**41** 88% ee 91% ee

12.2.4 腈/酰胺类底物的去对称化水解反应

腈类化合物是一类重要的有机合成中间体,它们不仅可以通过多种途径容易地制备,还可以转化成含有不同官能团的化合物。在实验室和工业界,将腈进行化学水合或化学水解是合成羧酸及其衍生物的重要途径[5]。自然界中已发现腈/酰胺类化合物两种途径进行水解:一是在腈水解酶(nitrilase)的作用下,将腈直接水解成羧酸和氨气[5];二是在腈水合酶(nitrile hydratase)的催化水合得到酰胺,然后在酰胺水解酶(amidase)的催化下水解得到羧酸(图 12-18)。2011 年以后,腈/酰胺类化合物的去对称化生物水解反应被大量报道[6],本小节将根据水解途径进行介绍。

R—CN
腈水解酶 H_2O 腈水合酶
H_2O
NH_3
NH_3 H_2O
R—COOH ← R—CONH$_2$
酰胺水解酶

图 12-18 腈类化合物的生物水解途径

1. 腈水解酶催化的去对称化反应

腈水解酶催化去对称化反应目前只有一例报道,2013 年,朱敦明等人从实验室保藏的含有腈水解酶的菌株中筛选出对这一底物具有较高对映选择性的菌株 *Gibberella intermedia* WX12,考察了其催化前手性 3 -(4 -氯苯基)-戊二腈的去对称化水解反应,以 90%的产率和99%的 *ee* 值得到 *S* - 4 -氰基 - 3 -(4 -氯苯基)-丁酸这一巴氯芬的合成前体。随后,他们进一步报道了利用化学-酶法合成手性药物 *S* - Pregabalin 和 *R* - Baclofen 的研究工作,筛选一系列具有腈水解酶的菌株并发现其中的 BjNIT6402 和 HsNIT 具有很高的 *S* 选择性,分别将底物 **42** 与这两种酶反应,都可以以很高的转化率得到 *ee* 值高达 98%的羧酸产物 **43**,将其进行包括柯提斯(Curtius)重排反应在内的简单化学转化即可得到手性药物 *S* - Pregabalin 和 *R* - Baclofen[图 12 - 19(a)]。

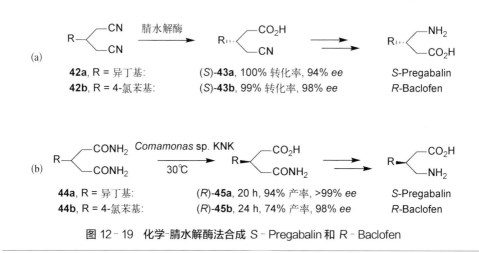

图 12 - 19   化学-腈水解酶法合成 *S* - Pregabalin 和 *R* - Baclofen

2. 腈水合酶／酰胺水解酶催化的去对称化反应

2013 年,M. Nojiri 等人也报道了化学-酶方法合成图 19 所示两种手性药物,与朱敦明等人采取的途径不同,他们使用含有腈水合酶／酰胺水解酶的整细胞 *Comamonas* sp. KNK 来实现前手性 3 -取代戊二酰胺 **44** 的去对称化生物转化,并以较高的产率和得到 *R* 构型的单酰胺单羧酸产物 **45**,然后各自通过包括霍夫曼重排反应在内的简单化学转化生成 *S* - Pregabalin 和 *R* - Baclofen[图 12 - 19(b)]。

2011 年,王梅祥等人使用含有腈水合酶／酰胺水解酶的整细胞 *Rhodococcus erythropolis* AJ270 实现了前手性二烷基取代丙二酰胺 **46** 的去对称化水解反应[7],以较高产率得到高光学纯的单酰胺单羧酸产物,为了便于测定 *ee* 值,将其酯化为羧酸酯产物 **47**[图 12 - 20(a)],降低生物转化反应的温度可以提高对映选择性,但是会降低反应速度和产率。当底物上取代基含有双键或苯环时,产物 *ee* 值较高;当取代基为位阻较大的基团时,反应效率和对映选择性都较低。随后,他们发现把取代基上的甲基换为氨基后可以大大提高反应的效率和对映选择性[8][图 12 - 20(a)]，且不论取代基上是否含有双键或苯环，都可以在 1 h 内完成反应得到 ee 值大于 95%的羧酸产物 48。分析比较生物转化产物 47 和 48 的构型可以发现，虽然产物都是 R 构型，但是显然酰胺水解酶与这两种底物的作用机制不同，当底物不含氨基时，底物取代基的立体效应和电子效应共同决定了酶与其手性识别作用；当底物含有氨基时，氨基与酶有更强的手性识别作用。

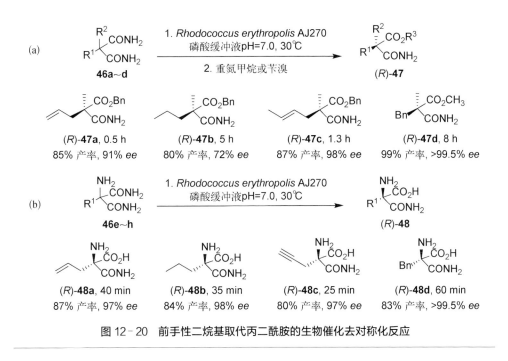

图 12 - 20　前手性二烷基取代丙二酰胺的生物催化去对称化反应

2018 年，敖宇飞等人使用同样的方法实现了前手性 3 - 取代戊二酰胺的去对称化生物水解反应[9]。他们以 *Rhodococcus erythropolis* AJ270 为催化剂催化含有不同取代基的戊二酰胺底物的水解反应，获得 R 构型水解产物（图 12 - 21）。在反应过程中，取代基的种类和位置对反应效率和对映选择性有着显著影响，当取代基为苯基时，反应效率较低，且对映选择性较差，产物 50a 的 ee 值仅为 21%；在苯基邻位引入取代基后，反应的对映选择性大大提高，产物 50b~50d 的 ee 值可达 99%。当取代基为苄基时，反应的效率和对映选择性都较高（50e）；而在苄基上引入取代基后，反应对映选择性几乎不受影响，而反应效率有所降低（50f~50h）。他们结合酰胺水解酶的晶体结构进行分子对接研究，揭示了底物上芳环与酶上 146 位苯丙氨酸残基之间的 π - π 堆积有利于 R 构型酰胺基的水解，对酶底物之间的手性识别起到了关键作用。

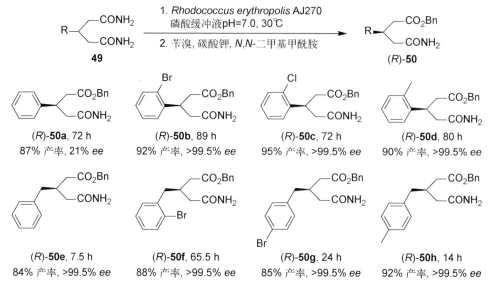

图 12 - 21　前手性戊二酰胺的生物催化去对称化反应

（R)-50a, 72 h
87% 产率, 21% ee

（R)-50b, 89 h
92% 产率, >99.5% ee

（R)-50c, 72 h
95% 产率, >99.5% ee

（R)-50d, 80 h
90% 产率, >99.5% ee

（R)-50e, 7.5 h
84% 产率, >99.5% ee

（R)-50f, 65.5 h
88% 产率, >99.5% ee

（R)-50g, 24 h
85% 产率, >99.5% ee

（R)-50h, 14 h
92% 产率, >99.5% ee

　　除了链状前手性二酰胺底物外，王梅祥等人也对环状内消旋二酰胺底物 **51** 的生物催化去对称化反应展开了研究（图 12 - 22）。2012 年，他们报道了 *Rhodococcus erythropolis* AJ270 整细胞催化内消旋氮杂环二酰胺 **51a～51c** 的去对称化生物转化反应[10]，反应以非常高的对映选择性生成单羧酸产物 **52a～52c**，随后，他们以相似的方法研究内消旋 1,3 -环戊/己二酰胺的去对称化生物转化反应[11]，反应的对映选择性普遍很高，能够得到光学纯手性羧酸产物 **52e～52l**（仅有 **52d** 例外），而反应效率受底物上 2 位取代基的数量和种类的显著影响[12]，而这种影响主要是通过位阻效应起作用的，位阻越大，反应速率越低。酰胺水解酶催化这类底物的反应一般具有很高的 1*S* 对映选择性，而底物上取代基类型和位置都不影响其非常高的对映选择性也说明这些取代基在酶底物手性识别过程中并没有起到关键作用。

(2*R*, 5*S*)-**52a**, 1 h
98% 产率, 96% ee

(2*R*, 5*S*)-**52b**, 1 h
96% 产率, >99.5% ee

(2*R*, 6*S*)-**52c**, 1 h
90% 产率, >99.5% ee

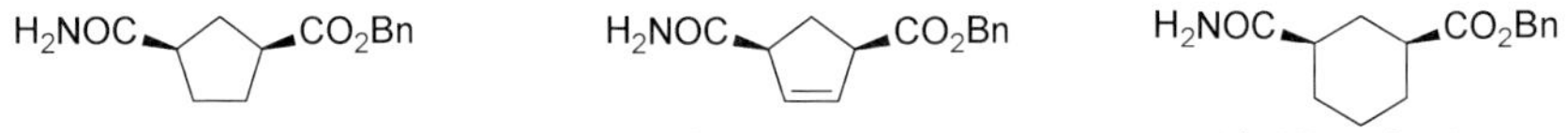

(1S, 3R)-**52d**, 0.5 h
95% 产率, 31% ee

(1S, 3R)-**52e**, 0.5 h
73% 产率, 91% ee

(1S, 3R)-**52f**, 0.67 h
91% 产率, >99.5% ee

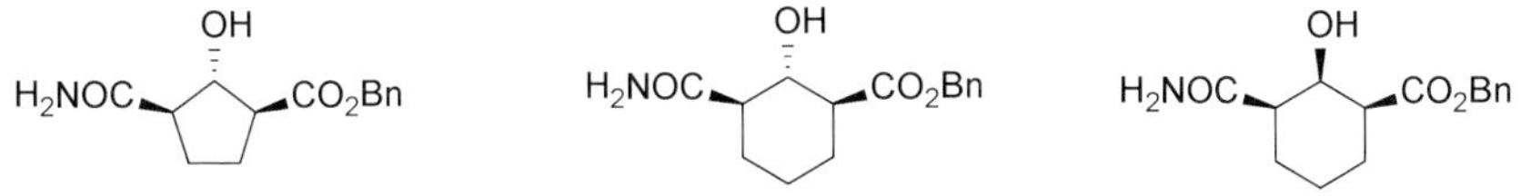

(1S, 2S, 3R)-**52g**, 5 h
81% 产率, >99.5% ee

(1S, 2S, 3R)-**52h**, 12 h
91% 产率, >99.5% ee

(1S, 2R, 3R)-**52i**, 12 h
66% 产率, >99.5% ee

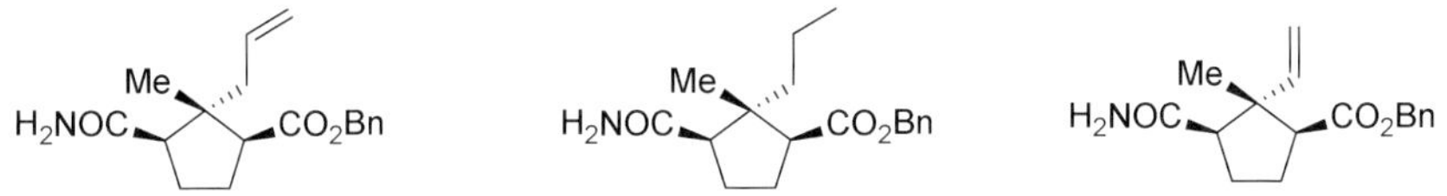

(1S, 2S, 3R)-**52j**, 42 h
93% 产率, >99.5% ee

(1S, 2S, 3R)-**52k**, 37 h
92% 产率, >99.5% ee

(1S, 2S, 3R)-**52l**, 38 h
92% 产率, >99.5% ee

图 12‑22　内消旋二酰胺的生物催化去对称化反应

12.3　生物催化氧化还原反应

除了生物催化水解反应以外,生物催化的氧化还原反应也被广泛应用在有机合成领域,能够催化该类反应的酶被统称为氧化还原酶(oxidoreductase)[13]。而这类酶与水解酶最大的区别是需要辅因子(cofactor)的参与才能完成反应,辅因子在氧化还原反应中起到在氧化底物和还原底物之间传递质子的作用,氧化还原酶的辅因子主要包括烟酰胺腺嘌呤二核苷酸(NADH)或其磷酸化衍生物(NADPH)以及黄素类辅因子(flavine,包括 FMN、FAD)等。氧化还原酶按照催化反应种类可分为三类:还原酶(reductase)、加氧酶(oxygenase)、氧化酶(oxidase)。其中还原酶催化的还原反应可以将一个平面型 sp^2 杂化碳转化成四面体型 sp^3 杂化碳,在这一过程中伴随有新的手性中心的生成,这类去对称化反应在生物催化手性化合物的合成上应用广泛;该反应的逆过程属于氧化反应,伴随有手性中心的消失,因此在不对称合成中应用有限。以下内容主要介绍酮类底物、烯烃类底物的生物催化还原反应以及前手性二醇类底物的生物催化去对称化氧化反应。

12.3.1　酮类底物的生物催化还原反应

自然界中脱氢酶(dehydrogenase)可以氧化乙醇、葡萄糖、甘油等醇类化合物生成相应的羰基化合物。在生物催化领域,人们通常利用醇脱氢酶(alcohol dehydrogenase, EC 1.1.1.X,也被称为酮还原酶 ketoreductase 或羰基还原酶 carbonyl reductase)催化羰基化合物的还原反应,从而生成相应醇类产物。在这一过程中,需要辅因子(NADH 或 NADPH)提供氢,而辅因子通常不稳定且价格昂贵,在反应中直接添加当量级的辅因子并不具有实用价值。为了克服这一难题,传统策略是采用整细胞催化,利用活细胞的代谢途径实现辅因子的循环再生,但是该策略有明显缺点:首先,细胞内其他酶,特别是其他还原酶,会对产物的产率和 ee 值造成很大影响;其次,底物和产物的大量存在可能会毒害活细胞造成反应不可持续,因此相比于生物催化水解反应在合成工业上的广泛应用,生物催化氧化还原反应的应用一直受限。为此,近年来人们在辅因子高效循环体系的构建上进行了大量研究并取得了较多进展,并利用这些方法实现了一些重要手性醇类化合物的绿色合成。

1. 芳基酮类底物

波立维(Plavix, clopidogrel bisulfate)是一种用于预防和治疗因血小板高聚集引起的心脑血管疾病的药物,年销售额高达百亿美元,而其合成的关键中间体是(R)-**54** (methyl (R)-o-chloromandelate)。2012 年,许建和等人报道了利用羰基还原酶以及人工建立的辅因子循环体系高效合成(R)-**54** 的工作[图 12-23(a)][14]。他们筛选到一种来自 *Candida glabratade* 的羰基还原酶 CgKR1 能够以最高的效率和选择性转化底物 **53**,此外他们在反应体系中加入来自 *Bacillus subtilis* 的葡萄糖脱氢酶 BsGDH 和葡萄糖 (glucose)来实现辅因子的再生,最终能够在不额外添加辅因子(NADP$^+$)的条件下实现 300 g/L 底物的生物催化还原反应。随后,许建和等人利用相似的办法合成了(R)-**56**, 该化合物是 Benazepril、Cilazapril 等药物的合成前体[图 12-23(b)][15]。他们利用筛选到的来自 *Candida glabratade* 的羰基还原酶 CgKR2,以及葡萄糖脱氢酶 GDH 和葡萄糖 (glucose)组成的辅因子再生系统,实现了底物 **55** 的高效转化,并以较高的时空产率 [700(g/L)/d]获得 ee 值大于 99%的产物(R)-**56**。

现已发现自然界中大多数醇脱氢酶的立体偏好性都遵守 Prelog 规则,而能够生成逆 Prelog 构型产物的醇脱氢酶较少(图 12-24)。2012 年,游松等人对图 12-23 中所示的羰基还原酶 CgKR1 和 CgKR2 的底物广谱性进行了系统考察,发现酶的立体偏好性与底物取代基的位置有很大关系,当苯乙酮类底物苯基的间位或对位含有卤原子取代基时,反应的立体选择性遵守 Prelog 规则,而当苯乙酮类底物苯基的邻位含有卤原子取

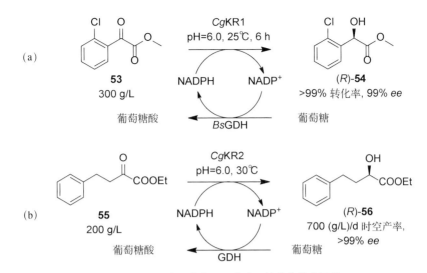

图 12‑23 酮类化合物还原合成手性药物的中间体

NADPH/NADP⁺—还原型/氧化型烟酰胺腺嘌呤二核苷酸磷酸;GDH—葡萄糖脱氢酶

代基时,反应生成逆 Prelog 构型产物。2013 年,许建和等人从 *Pichia guilliermondii* NRRL Y‑324 菌株中分离到一种底物广谱性很高的羰基还原酶 *Pg*CR,可以将多种芳基酮或烷基酮类化合物还原成具有逆 Prelog 构型的醇类产物,且其 *ee* 值高达 99%,该方法有望被用于多种药物合成中间体的合成。

图 12‑24 立体专一性醇脱氢酶的 Prelog 规则

手性 1,2‑二醇类化合物是一些重要药物及手性催化剂的合成子,但是其绿色合成方法有限。2013 年,D. Rother 等人将羟基苯乙酮类化合物醇脱氢酶催化还原生成手性 1,2‑二醇产物。他们筛选了多种醇脱氢酶并发现来自 *Ralstonia* sp.的醇脱氢酶 *R*ADH 具有最好的反应效率和选择性,可以将一系列含不同取代基的羟基苯乙酮底物 **57** 还原为二醇产物(*R*)‑**58**,反应具有非常高的对映选择性(*ee* > 99%)和非对映选择性(*de* > 99%)(图 12‑25)。

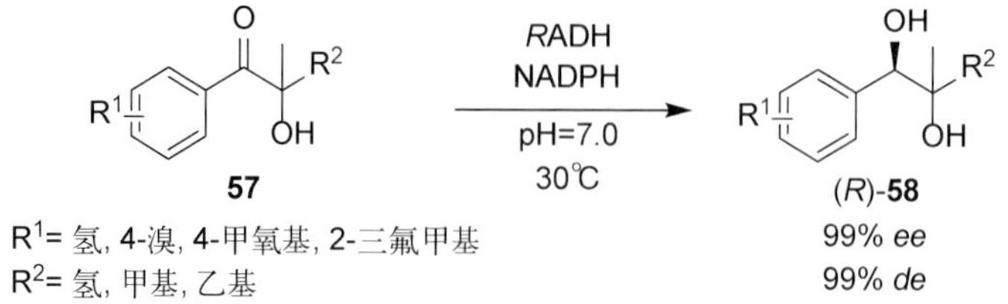

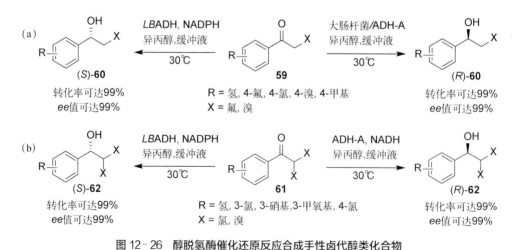

图 12-25　醇脱氢酶催化还原反应合成手性 1, 2-二醇类化合物

在药物分子结构中引入氟原子可以改善其生物相容性和脂溶性从而提高药效,其中含氟醇类化合物是一些天然产物的合成前体,但是其绿色合成方法有限。2013 年,V. Gotor 等人实现了醇脱氢酶催化还原生成手性含氟醇类化合物。他们发现含有醇脱氢酶 ADH-A(来自 *Rhodococcus ruber*)的重组大肠杆菌整细胞催化剂可以将含氟芳基酮类底物 **59** 对映选择性转化成相应的手性醇类化合物(*R*)-**60**;而来自 *Lactobacillus brevis* 的醇脱氢酶 *LBADH* 具有和 ADH-A 相反的对映选择性,可以将底物 **59** 还原为手性醇类化合物(*S*)-**60**,这两种催化剂都具有很高的对映选择性,且反应过程中都以异丙醇作为辅因子的再生循环底物,从而建立了一种醇脱氢酶催化方法来高效、高选择性合成光学纯含氟醇类化合物及其对映异构体[图 12-26(a)]。2014 年,V. Gotor 等人采用相似的方法实现了手性 β,β-二卤代醇类化合物的合成,这类化合物具有多官能团,因此具有丰富的反应性质,可以用来合成卤代环氧乙烷、α-羟基酸、卤代烯烃、炔烃等多种化合物,并可以作为抗肿瘤药物米托坦(Mitotane)的合成前体,因此其手性合成具有重

图 12-26　醇脱氢酶催化还原反应合成手性卤代醇类化合物

NADPH/NADH—还原型烟酰胺腺嘌呤二核苷酸磷酸/还原型烟酰胺腺嘌呤二核苷酸

要价值。他们合成了二卤代芳基酮类底物 **61**,随后分别以上述两种醇脱氢酶作为催化剂,得到了相应的手性 β,β-二卤代醇类化合物 **62**[图 12-26(b)],虽然底物分子具有较大位阻,但该反应仍然具有非常高的转化效率和对映选择性(*ee* 值高达 99%)。

2014 年,D. Romano 等人利用含有酮还原酶的 *Pichia glucozyma* CBS 5766 整细胞催化剂实现了一系列芳基酮类底物 **63** 的还原反应,生成相应手性醇(*S*)-**64**,反应具有非常高的效率和对映选择性[图 12-27(a)]。随后 2016 年,D. Romano 等人将该细胞中的关键酮还原酶基因克隆到大肠杆菌中并高效表达分离出 KRED1-Pglu 蛋白,并以之为催化剂实现了含氰基或卤原子取代的芳酮类底物 **65** 的对映选择性还原反应,生成相应醇(*S*)-**66**[图 12-27(b)]。

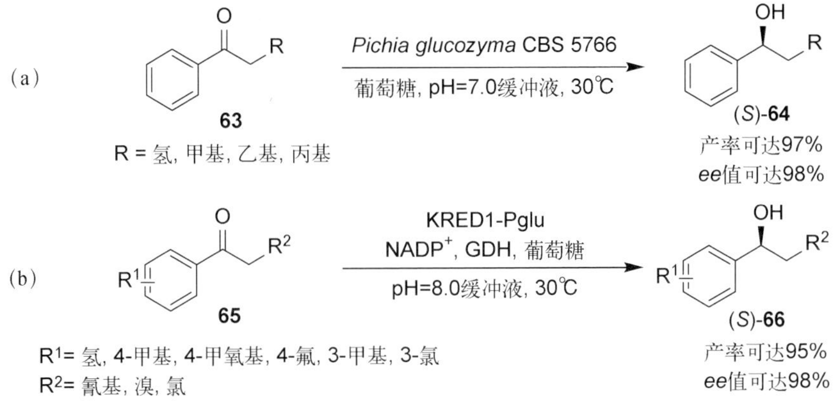

图 12-27 生物催化芳基酮类底物的还原反应

化合物 **67** 是一种具有潜在糖尿病治疗效果的手性化合物,2016 年,A. M. Hyde 等人利用化学-酶法实现了其手性合成(图 12-28)。他们首先用化学方法合成外消旋底物 *rac*-**68**,随后筛选了一系列酮还原酶,发现酮还原酶 KRED-208 可以将其对映选择性还原为(6*S*,7*S*)-**69**(该化合物为 **67** 的合成前体),且在该过程中,由于外消旋底物 **68** 能够消旋化,因此实现了动态动力学还原拆分(dynamic kinetic reductive resolution),产物(6*S*,7*S*)-**69** 的产率达 70%,*ee* 值大于 99%[此外生成 30% 的(6*R*,7*S*)-**69**]。为了进一步提高反应的非对映选择性,他们将酮还原酶 KRED 208 进行了多轮定向进化,获得了其突变体酮还原酶 KRED-264,在优化后的反应条件下可以高选择性地实现该反应且(6*S*,7*S*)-**69** 的产率达 93%,*dr* 值大于 30∶1,*ee* 值大于 99%。随后他们将化合物(6*S*,7*S*)-**69** 经 3 步化学转化合成了化合物 **67**。

图 12‐28 化学‐酶法合成手性化合物 67

Lanicemine 是一种 NMDA 通道阻断剂。2019 年，F. Rebolledo 等人利用化学‐酶法实现了其合成(图 12‐29)。他们筛选了一系列酮还原酶,发现 KRED‐P2‐G03 可以将芳基酮类底物 **70** 对映选择性还原为(R)‐**71**,随后经过简单的化学转化反应实现了 Lanicemine 的高效合成。

图 12‐29 化学‐酶法合成手性化合物 Lanicemine

上述化学-酶法合成中,酶催化反应与化学催化反应是分步进行的,不可避免涉及中间产物的分离,而一锅法将酶催化与化学催化串联,则具有更大的应用前景。2013年,V. Gotor 等人利用一锅法实现了串联酶催化和金属催化反应获得手性醇类产物(图 12‐30)。他们以含有叠氮基的芳基酮底物 **72** 与炔基酮类底物 **73** 为原料,以重组醇脱氢酶的大肠杆菌作为还原反应催化剂,分别将两种底物对映选择性还原为相应的手性醇类化合物,随后升高温度,并加入铜线和硫酸铜,原位制得一价铜作为 click 反应催化剂,实现三唑基团与炔基的环加成反应,最终以高产率和高 ee 值获得手性醇产物 **74**。

图 12‐30 一锅法化学-酶串联催化合成手性醇类化合物 74

将酶进行固定化（immobilization）可以提高催化剂的稳定性，也利于酶的回收和反复使用，是一种重要的生物催化应用技术。2015 年，H. Li 等人利用固定化酮还原酶实现了止吐药物 Aprepitant（EMEND）关键中间体(S)-**76** 的合成（图 12-31）。他们将酮还原酶与交联剂共价结合并加入 NADP 实现固定化，该催化剂在有机溶剂中仍然具有较高活性和稳定性，通过条件筛选确定了 90%异丙醇和 10%水的混合溶剂反应体系，并最终以 98%的产率和大于 99%的 ee 值得到了产物(S)-**76**。

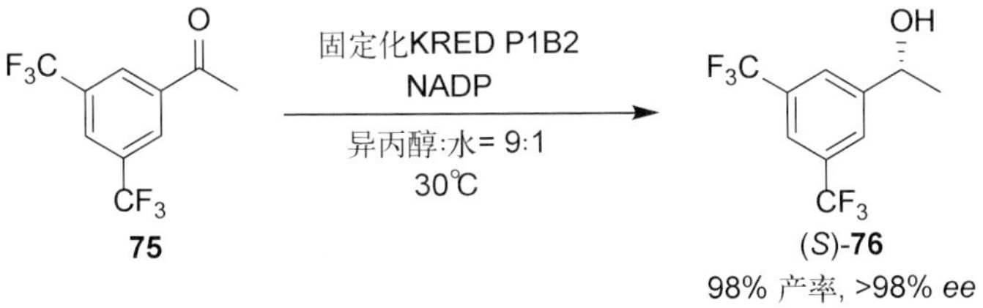

图 12-31　固定化酮还原酶制备手性醇

随着生物技术的不断发展，人们开始尝试将酶进行改造从而调控其催化能力，特别是随着蛋白质晶体结构的大量解析和催化机理认识的不断深入，人们利用酶结构指导针对关键催化位点的理性设计，实现了酶催化功能的快速高效改造，特别是反转其原有的对映选择性。2014 年，徐岩等人发现来自 Candida parapsilosis 的羰基还原酶 PCR 能够将芳基酮 **77** 催化生成 R 构型的芳基醇类产物(R)-**78**，遵守 Prelog 规则。为了将其对映选择性反转，他们通过计算机辅助结构模拟，并利用分子对接等手段理性设计改造位点，发现三个突变体 F285A、W286A 以及 F285A/W286A 可以实现对映选择性反转，并生成 S 构型产物(S)-**78**[图 12-32（a）]。2018 年，他们在获得了酶的晶体结构基础上，进一步扩展底物，并对底物库进行动力学研究分析，从而指导来自 Candida parapsilosis 的羰基还原酶的理性改造，从而得到四个突变体具有更高的底物广谱性，有望实现利用该酶催化获得一系列手性药物合成前体，并利用分子动力学模拟以及 QM/MM 计算等手段研究羰基还原酶催化反应机理[16]。

2016 年，游松等人将图 12-23 所示酮还原酶 CgKR1（来自 Candida glabratade）进行改造使其对映选择性发生反转[图 12-32（b）][17]。他们根据酮还原酶 CgKR1 的晶体结构以及酶和底物的分子对接计算理性设计突变位点，并发现对酶上的 F92 和 Y208 位点进行突变可以实现卤代苯乙酮类底物 **79** 对映选择性的反转，且产物(S)-**80** 的 ee 值高达 99%。2018 年，游松等人对来自 Lactobacillus fermentum 的短链脱氢酶（LfSDR1）

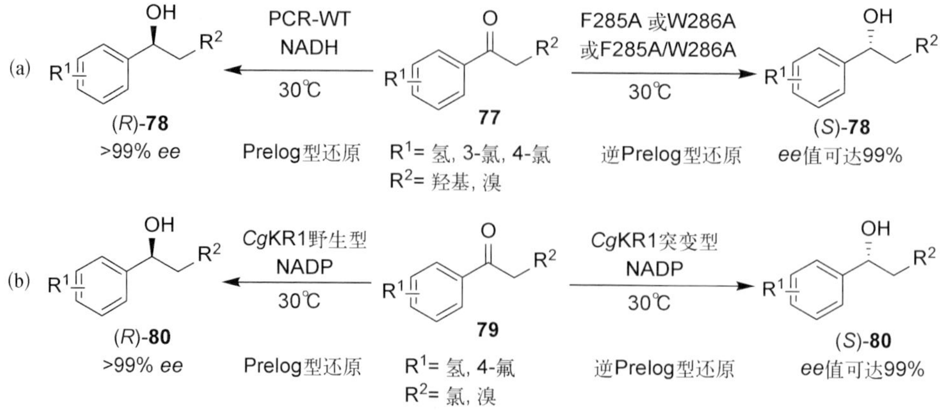

图 12‑32　羰基还原酶的理性改造实现对映选择性反转

进行理性改造,使其对氯代苯乙酮底物的对映选择性发生反转,生成逆 Prelog 构型产物。

2. β‑羰基酯类底物

除了芳基酮类化合物,β‑羰基酯类底物也可以作为羰基还原酶的优良底物,特别是当该类底物 α 位含有一个取代基时,由于羰基的烯醇互变异构容易导致底物消旋化,而还原产物则不会发生消旋化,因此该类底物在被羰基还原酶催化过程中,很容易实现动态动力学拆分过程,从而以高产率一步获得含多个手性中心的醇类化合物。2012 年,S. Nanda 等人以含有酮还原酶的整细胞 *Klebsiella pneumoniae*(NBRC3319)作为催化剂,将一系列含有不同取代基的外消旋 β‑羰基丁酸乙酯类底物 *rac*‑**81** 进行动态动力学还原,以高产率得到 *ee* 值大于 99% 且 *de* 值大于 99% 的 β‑羟基丁酸乙酯类产物(2*R*,3*S*)‑**82**,并展示该类手性产物在手性多羟基环烷烃合成上的应用[图 12‑33(a)]。2014 年及 2019 年,S. Nanda 等人又将该方法应用于一系列手性化合物的化学‑酶法合成上,展示了生物催化在不对称合成手性环状化合物上的应用[图 12‑33(b)]。

2012 年,I. Smonou 等人系统地考察了一系列酮还原酶催化底物 **83** 的还原反应,认识了这些酶催化效率和对映选择性的不同。在此基础上加入两种不同的酮还原酶,实现一锅两步分别还原两个羰基生成相应二醇产物,通过改变加入酮还原酶的种类和顺序,利用其反应效率和对映选择性的差异,分别实现四种异构体产物的高效合成(图 12‑34)。

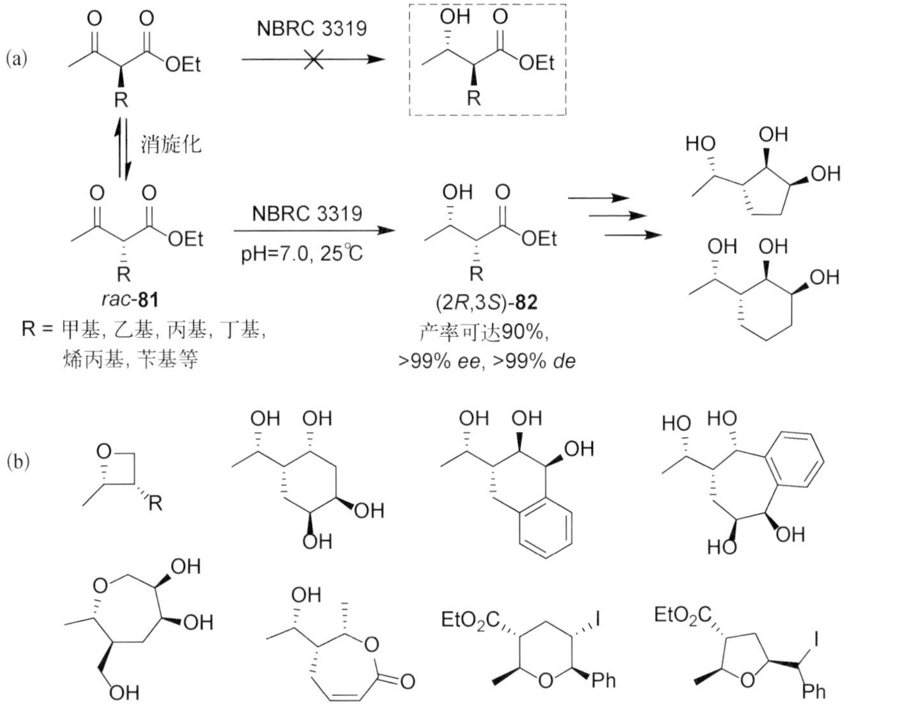

图 12-33 酮还原酶催化的动态动力学拆分及化学-酶法合成手性化合物

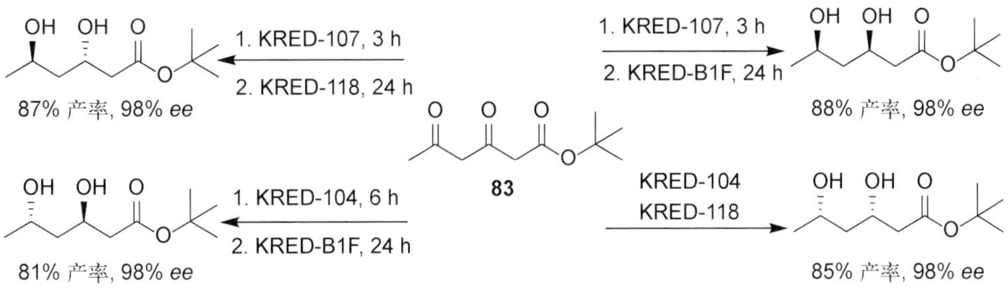

图 12-34 一锅两酶法实现四种异构体的分别合成

3. 其他酮类底物

芳基酮以及 β-羰基酯类底物中的羰基与取代基发生共轭，因此其还原反应相对容易发生，这两类底物还原反应被报道得较多。与之相比，非共轭羰基的生物催化还原反应被报道得较少。

α-硫辛酸是一种具有强抗氧化作用和生物活性得化合物，可被用作保健品或治疗糖尿病、阿尔茨海默病等的药物。2014 年，许建和等人利用羰基还原酶实现其重要前体

（S）-**85** 的高效大量制备（图 12 - 35）。他们从 *Rhodococcus* sp. ECU1014 中找到一种新的 NADH 依赖羰基还原酶 *Rh*CR，将其重组到大肠杆菌中高效表达，并利用葡萄糖脱氢酶 *Bm*GDH 再生辅因子 NADH，可以将底物 **84** 高效高选择性地还原为 α -硫辛酸的合成前体（S）-**85**，其 *ee* 值高达 93%，且时空产率高达 1 580(g/L)/d。

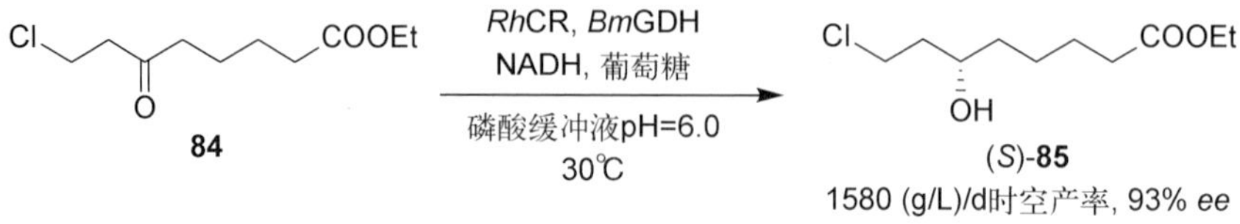

图 12 - 35　羰基还原酶催化高效合成（S）-**85**

来自 *Candida glabratade* 的酮还原酶 *Cg*KR1 能够催化芳基酮的还原反应（图 12 - 23），但是对于非共轭羰基底物，其表现出了非常低的还原活性。为了提高 *Cg*KR1 的催化活性和底物广谱性，2017 年，许建和等人基于计算机辅助设计了针对关键氨基酸 F92 和 F94 的突变，发现突变体 *Cg*KR1 - F92C/F94W 具有最高的反应活性，可以将 28 个不同底物高选择性地还原为相应的醇类化合物，其中 13 个底物的活力大于 50 U/mg，加入葡萄糖脱氢酶 *Bm*GDH 再生辅因子 NADH 后，产物 *ee* 值高达 99%，时空产率高达 583(g/L)/d(图 12 - 36)。并结合分子动力学模拟计算分析了 F92 和 F94 两个氨基酸所起的重要作用[18]。

图 12 - 36　改造羰基还原酶实现催化活性的提高

轴手性化合物的合成一直都是不对称合成化学的热点和难点。2013 年，M. T. Reetz 等人利用醇脱氢酶催化前手性酮类底物的还原反应生成手性醇（图 12 - 37）[19]。他们以一系列含不同取代基的环己酮 **86** 为底物，以一系列商品化的醇脱氢酶为催化剂，并加入葡萄糖脱氢酶和葡萄糖再生辅因子 NAD(P)，能够以高达 99% 的 *ee* 值获得相应轴手性产物（R）-**87**，且实验结果表明大多数酶都表现出 R 选择性。为了获得具有 S 选择性的醇脱氢酶，他们将来自 *Thermoethanolicus brockii* 的醇脱氢酶(TbSADH)进行半理性改造,结合其晶体结构信息,利用组合活性位点饱和突变筛选技术(CAST)进行定向进化筛选,获得了具有较高 *S* 选择性的醇脱氢酶突变体(I86A 或 W110T)。2017 年,S. Osuna 等人利用分子动力学模拟等手段研究了这些突变体对映选择性反转的原因,他们认为这是突变造成酶活性空腔的巨大变化从而使酶与底物的结合方式发生反转造成的。

图 12-37 羰基还原酶的理性改造实现对映选择性反转

甾体是一类重要的天然产物和药物分子的结构骨架,研究其高效的手性合成方法一直都是药物合成化学的研究热点。2016 年,D. Romano 等人利用酮还原酶去对称化还原 1,3-环戊二酮类化合物生成甾体的合成前体[图 12-38(a)]。他们发现重组酮还原酶 KRED1-Pglu 能够将底物 **88** 高效、高选择性地还原为相应醇类产物(13*R*,17*S*)-**89**,且其 *ee* 值大于 98%。2019 年,朱敦明等人以化合物 **88** 作为模型底物,结合酶晶体结构将来自 *Ralstonia* sp.的羰基还原酶 RasADH 进行改造,通过酶结构指导的迭代定

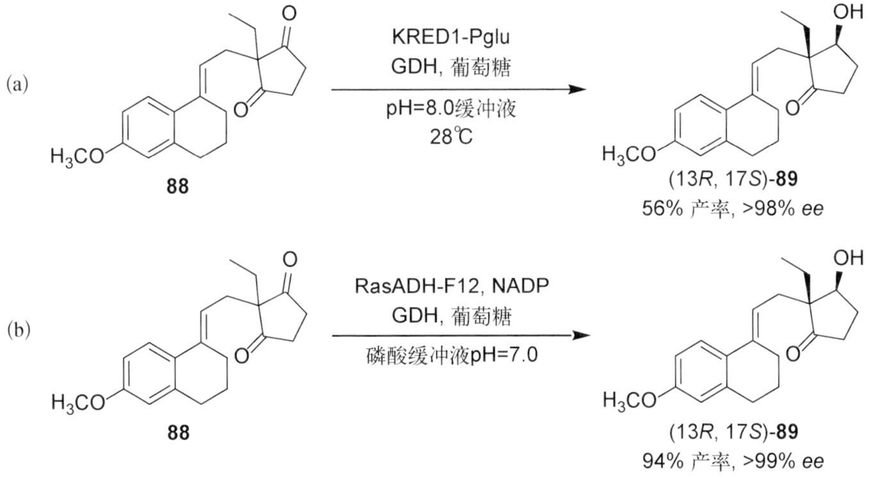

(a)

KRED1-Pglu
GDH, 葡萄糖
pH=8.0缓冲液
28℃

H₃CO—

88

(13*R*, 17*S*)-**89**
56% 产率, >98% *ee*

(b)

RasADH-F12, NADP
GDH, 葡萄糖
磷酸缓冲液pH=7.0

H₃CO—

88

(13*R*, 17*S*)-**89**
94% 产率, >99% *ee*

图 12-38 生物催化去对称化还原生成甾体合成前体 **89**

点饱和突变得到突变体 RasADH‑F12(I91V/I187S/I188L/Q191N/F205A),极大提地高了其催化效率(酶活提高 183 倍),并提高了其立体选择性,以 99% 的 *ee* 值获得单一构型手性产物(13*R*,17*S*)‑**89**[图 12‑38(b)]。他们通过蛋白晶体结构解析以及分子动力学模拟对这一改变的机制做出了解释,并对底物进行扩展,发现突变体 RasADH‑F12 对多种含有大位阻取代基的 1,3‑环戊二酮类底物都具有非常高的活性和对映选择性,展示了这种催化剂的底物广谱性[20]。

12.3.2 烯烃类底物的生物催化还原反应

碳碳双键的还原可以生成两个 sp^3 碳原子,因此其不对称还原可以一步获得含有两个手性中心的化合物,因此在不对称合成上具有重要意义。最近几十年,人们发展了过渡金属催化氢化方法,实现了碳碳双键的顺式加成,并可以通过加入手性配体实现对映选择性还原。但是,通过对烯烃进行还原反应实现其对映选择性反式加氢的例子还很少。

自然界中烯烃还原酶(ene-reductase,EC 1.3.1.X)可以将活化碳碳双键反式加氢还原生成碳碳单键。烯烃还原酶是黄素(flavin)依赖型氧化还原酶,属于老黄酶家族(old yellow enzyme family),其底物上的碳碳双键需要至少与一个吸电子取代基(醛基、酮基、硝基、酯基、羧基等)相连才能被烯烃还原酶催化还原[21]。其催化机理包括首先黄素辅因子提供一个氢负离子可以对映选择性进攻碳碳双键的 C$_\beta$,随后酶上的一个酪氨酸提供氢正离子从另一方向与 C$_\alpha$ 相结合。黄素辅因子的再生通常需要 NADH 和氢供体的参与,然而利用含有烯烃还原酶的整细胞进行活化烯烃的还原反应时,由于细胞体内含有其他酶(例如羰基还原酶、酯水解酶),往往有大量羰基被还原或酯被水解的副产物生成;此外一些烯烃还原酶对空气中的氧气非常敏感,这些都造成烯烃还原酶的应用例子相对较少。本小节将对这一领域的进展进行介绍。

2013 年,K. Faber 等人设计含有不同取代基的丙烯酸酯和苯乙烯酯类底物,考察取代基对烯基的活化/去活化效应如何影响烯烃还原酶的催化效率[图 12‑39(a)]。他们选择了几种烯烃还原酶,并加入 NADH 和葡萄糖脱氢酶 GDH 以及葡萄糖作为黄素循环再生系统,通过对 22 种底物 **90** 进行反应筛选,得到 *ee* 值高达 99% 的反式加氢产物 **91**,反应结果表明取代基可能通过电子效应影响碳碳双键的极化性质从而影响还原反应效率,例如当烯烃 α‑位含有卤原子时,反应效率大大提高;当烯烃 α‑位含有腈基时,反应速率很低;当在烯烃 β-位继续引入一个吸电子取代基时,反应速率大大降低。2015 年,K. Faber 等人又对烯基还原酶催化环状 α,β 不饱和内酯的还原反应进行了系统研究[图 12 - 39(b)]。他们利用分离并提纯的几种烯烃还原酶以及黄素辅因子循环再生系统,实现了一系列 α-/β-/γ-位含有不同取代基的底物 **92** 的对映选择性还原,以高达 99% 的 *ee* 值生成相应手性环状内酯产物 **93**,反应结果表明取代基的位置和种类、烯烃还原酶的种类以及辅因子循环系统的变化都能够显著地影响反应效率和对映选择性。对于 γ-位含有取代基的外消旋底物,该反应能够实现其动力学拆分或动态动力学拆分。

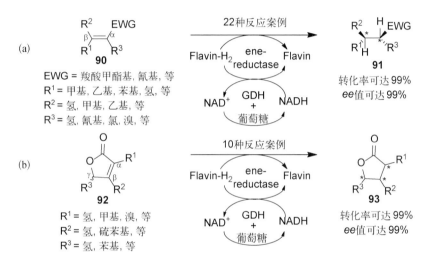

图 12 - 39　烯烃还原酶催化共轭烯烃的还原反应

Flavin - H$_2$/Flavin—还原型/氧化型黄素辅因子;NADH/NAD$^+$—还原型/氧化型烟酰胺腺嘌呤二核苷酸;ene-reductase—烯烃还原酶;GDH—葡萄糖脱氢酶

2013 年,E. Brenna 等人考察了烯烃还原酶催化 β-位含有腈基取代的 α,β 不饱和酯的还原反应,并探索了底物上取代基的位置和种类对反应效率和对映选择性的影响(图 12 - 40)。他们利用烯烃还原酶 OYE1 - 3 以及黄素辅因子循环再生系统,将一系列 α,β 不饱和酯类底物 **94** 对映选择性还原,以高达 99% 的 *ee* 值生成相应手性产物 **95**,该类化合物是手性 γ-氨基酸的合成前体,在合成上具有重要价值。反应结果表明,当双键处于 *E* 构型时,反应效率更高,且生成 *S* 构型产物,而双键上取代基的位阻增加不利于反应的发生。2013 年,E. Brenna 等人使用同样的酶 OYE1 - 3 实现了多取代 β-芳基烯酮的还原反应,也能够有大于 99% 的转化率得到 *ee* 值高达 99% 的产物。

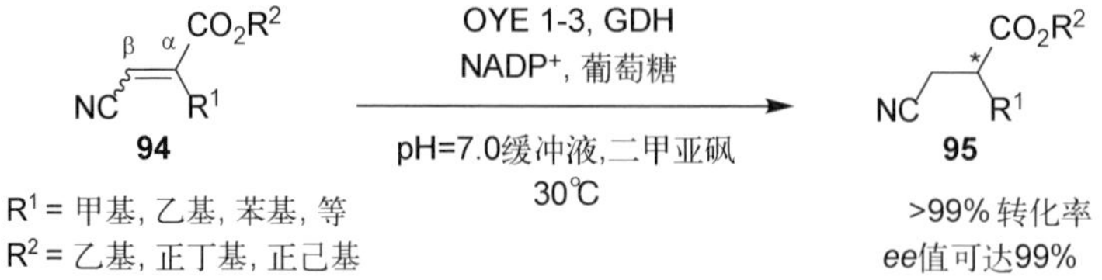

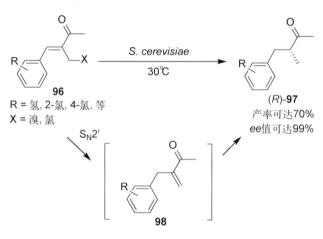

图 12‐40 烯烃还原酶催化共轭烯烃的还原反应

2013 年,P. J. S. Moran 等人使用含有烯烃还原酶的 *Saccharomyces cerevisiae* 整细胞催化多取代 α,β 不饱和烯酮底物 **96** 的还原反应,结果生成还原脱卤产物(*R*)‐**97**,其 *ee* 值高达99%(图 12‐41)。2017 年,P. J. S. Moran 等人对该反应的脱卤化机制进行了研究,认为经历了如图 12‐41 所示串联催化过程,即辅因子首先提供氢负离子与底物发生 S_N2' 反应生成异构化的烯酮中间体 **98**,随后在烯烃还原酶催化下继续发生烯烃还原反应,生成相应的产物(*R*)‐**97**。

图 12‐41 烯烃还原酶催化卤代烯酮的还原反应

上述例子表明,对于 α,β 不饱和烯酮或烯醛类底物,烯烃还原酶可以将其对映选择性还原生成相应酮或醛类产物,如果进一步发生羰基还原反应,则有望实现一锅串联多酶催化生成多手性中心醇类产物。2013 年,A. Sacchetti 等人利用烯烃还原酶和醇脱氢酶串联催化,实现了环状烯酮类底物 **99** 的连续还原,最终生成相应的手性醇产物 **101**(图 12‐42),该化合物是一些药物(例如 Rotigotine、Ebalzotan 等)的合成前体,因此该方法具有重要的潜在应用价值。

二氢香芹醇(dihydrocarveol)是一类重要的萜类天然产物,可以作为一些萜类药物

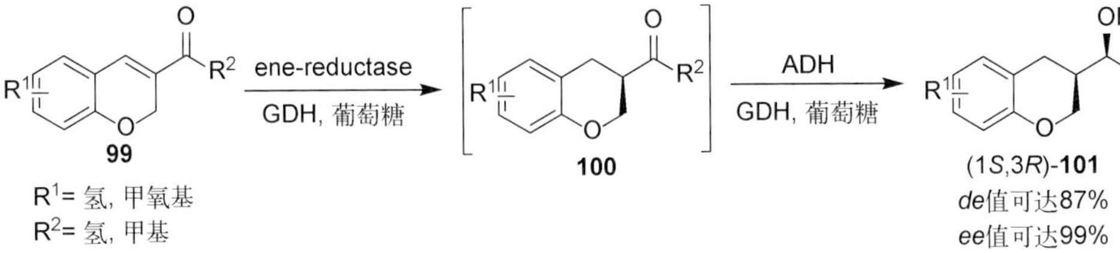

图 12‑42　烯烃还原酶和醇脱氢酶串联催化烯酮的还原反应

的合成子。2018 年，游松等人以手性香芹酮 102 作为原料，利用烯烃还原酶和酮还原酶串联催化，生成相应的手性二氢香芹醇产物 **104**（图 12‑43）。他们分别以 *R* 或 *S* 构型的香芹醇作为起始原料，将具有不同立体构型选择性的烯烃还原酶以及酮还原酶排列组合，最终分别实现了二氢香芹醇八个立体异构体的专一合成，且其 *de* 值高达 87%。

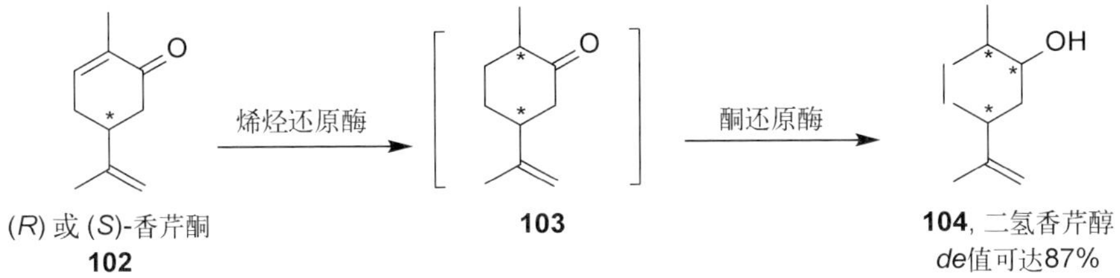

图 12‑43　烯烃还原酶和酮还原酶串联催化烯酮的还原反应

12.3.3　醇类底物的生物催化氧化还原反应

酮类化合物经还原生成醇类化合物的过程中有新的手性中心的生成，属于去对称化反应。与之相比，利用醇类底物的氧化反应实现去对称化过程的例子较少，这一方面是由于受限于氧化反应的固有特性（反应中没有新的手性中心产生），仅有前手性或内消旋二醇的去对称化氧化反应可被选择；另一方面是由于所生成的醛类产物较为活泼，容易与生物体内广泛存在的胺基基团相结合，且容易被继续氧化或缩醛化。

2013 年，F. Hollmann 等人以马肝醇脱氢酶（horse liver alcohol dehydrogenase，HLADH）作为催化剂，利用漆酶（laccase）实现了辅因子 NADH 的再生，实现了 3‑甲基戊二醇底物 **105** 的去对称化氧化内酯化反应，生成 *ee* 值高达 99% 的手性内酯产物（*S*）‑**106**［图 12‑44（a）］，该反应以氧气作为氧化剂，且水是唯一副产物。如采用水‑有机两相反应体系后可以有效降低内酯水解副反应的发生。2014 年, V. Gotor-Fernández 等人以同样的酶 HLADH 作为催化剂, 实现了一系列前手性 3-芳基戊二醇底物 **107** 的去对称化氧化反应。他们认为反应过程经历如下步骤: 首先底物被氧化生成相应的手性醛类化合物中间体, 随后发生原位半缩醛化后进一步被氧化生成环状内酯化合物(*S*)-**108**, 在加入少量四氢呋喃后, 反应的对映选择性大大提高, 产物 *ee* 值可达 97%[图 12-44(b)]。此外, 他们利用分子对接方法对反应机制进行研究, 发现底物上取代基的结合模式对反应的对映选择性有重要影响。

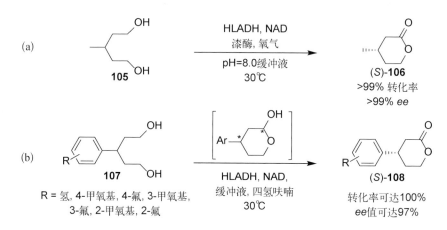

图 12-44　马肝醇脱氢酶催化戊二醇的去对称化氧化反应

2016 年, E. Brenna 等人使用含有氧化酶的 *Acetobacter aceti* MIM 2000/28 整细胞催化剂, 将一系列前手性 2-取代丙二醇底物 **109** 进行去对称化氧化生成相应的单羧酸产物(*R*)-**110**(图 12-45), 反应体系中加入少量的 DMSO 或乙醇作为助溶剂可以有效抑制产物 **110** 上的羟基被继续氧化。

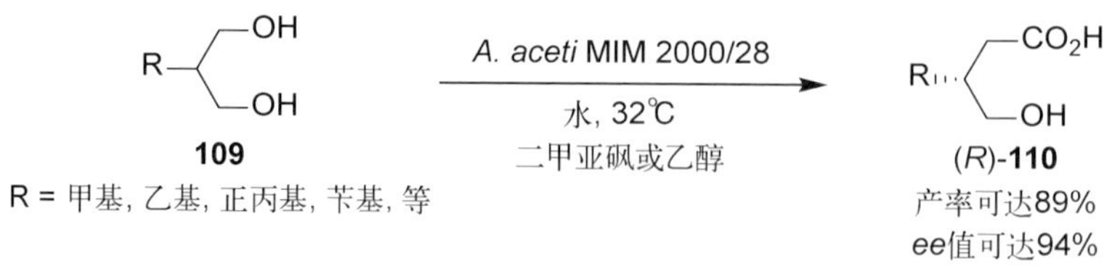

图 12-45　生物催化丙二醇的去对称化氧化反应

轴手性联苯类化合物常被用作不对称催化的手性配体, 在有机化学领域应用广泛, 但是其手性合成一直以来都是不对称合的热点和难点。2014 年, N. J. Turner 等人利用生物催化不对称氧化还原反应成功实现轴手性联苯的不对称合成。他们以半乳糖氧化酶（GOase）作为氧化剂，将含有联芳基骨架的前手性二醇底物 **111** 氧化生成相应的单醛基产物（*M*）- **112**，其 *ee* 值高达 99%[图 12 - 46(a)]，反应过程中有部分产物继续转化生成二醛副产物。此外他们以一系列酮还原酶（KRED）作为还原剂，将含有联芳基骨架的前手性二醛底物 **113** 氧化生成相应的单醛基产物（*P*）- **112**，其 *ee* 值高达 97%，且其绝对构型与氧化产物构型相反[图 12 - 46(b)]，展示了氧化还原酶催化去对称化方法在轴手性联苯类化合物合成上的应用。

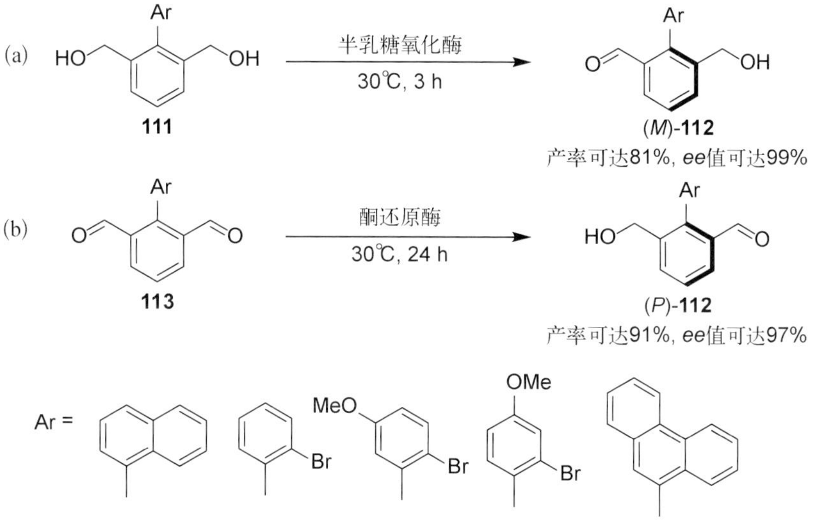

图 12 - 46　氧化还原酶催化去对称化反应生成轴手性联苯类化合物 **112**

除了上述氧化酶催化前手性二醇的去对称化氧化反应以外，氧化酶还可以与还原酶串联用于外消旋醇类化合物的去消旋化。2013 年，郑裕国等人利用生物催化的方法一锅实现外消旋 α-羟基酸 **114** 去消旋化生成（*R*）- α-羟基酸 **115**（图 12 - 47）。他们使

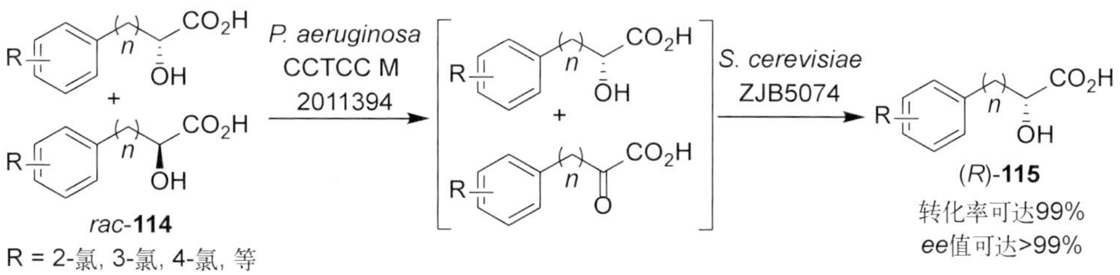

图 12 - 47　一锅串联催化外消旋 α-羟基酸的去消旋化反应

用含有氧化酶的 *P. aeruginosa* CCTCC M 2011394 整细胞催化剂对映选择性地将(*S*)-α-羟基酸氧化成相应酮酸中间体,随后经含有酮还原酶的 *S. cerevisiae* ZJB5074 整细胞将酮酸对映选择性还原为(*R*)-α-羟基酸 **115**,且其 *ee* 值大于99%[22]。

12.4　生物催化转氨化反应

酮类底物也可以被转氨酶(transaminase,EC 2.6.1.X)转化为相应的胺类化合物。转氨化反应需要一个氨基供体和一个羰基受体,此外需要维生素 B_6(pyridoxal-5'-phosphate,PLP)作为辅因子实现氨基转移,考虑到手性胺类化合物广泛存在于天然产物和药物分子结构中,转氨化反应在不对称合成上具有重要意义[23]。最近十余年来该领域发展迅速,特别是 ω-转氨酶(ω-transaminase,ω-TA)能够与大量不同结构的酮类底物反应,已成为生物催化合成胺类化合物的重要方法。

2013 年,J. S. Shin 等人利用 ω-转氨酶将一些含羰基化合物转化为非天然氨基酸(图 12-48)。他们设计并合成了含有不同取代基的酮酸底物 **116**,以廉价的异丙胺作为氨基供体,筛选了不同来源的 ω-转氨酶,最终制得相应手性氨基酸产物 **117**,对产物绝对构型鉴定后发现来自 *Ochrobatrum anthropi* 的 ω-转氨酶(OATA)具有 *S* 选择性,而来自 *Arthrobacter sp*.的 ω-转氨酶突变体(AR$_{mut}$TA)具有 *R* 选择性,表明此方法可以作为非天然氨基酸合成的普适方法。

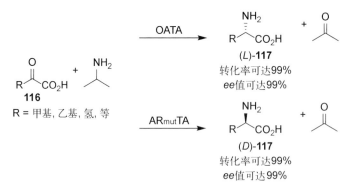

图 12-48　生物催化转氨化反应合成非天然氨基酸

生物催化的转氨化反应是可逆的,为了使平衡向产物生成方向移动,往往需要加入过量氨基供体,这限制了该方法的应用。2016 年,V. Gotor-Fernández 等人以氯化顺丁烯二氨为氨基供体,巧妙地利用其转化后产物容易异构化为热力学稳定的吡咯,使得只需加入当量氨基供体即可实现底物的完全转氨化(图 12-49)。他们以含有不同取代基的芳基乙酮 **118** 为底物,筛选了一系列具有不同立体选择性的转氨酶(TA),最终以较高的转化率分别生成 *R* 构型和 *S* 构型的胺基产物 **119**,其 *ee* 值高达 99%。

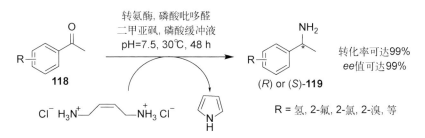

图 12-49 以氯化顺丁烯二氨为氨基供体实现转氨化反应

除了上述使用转氨酶催化的例子以外,人们也尝试将转氨酶与其他酶共同使用来实现一锅串联生物催化反应。2015 年,S. Riva 等人将烯烃还原酶与 ω-转氨酶串联催化实现了 α,β 不饱和烯酮的还原及转氨化反应生成具有多手性中心的胺类化合物(图 12-50)。他们以化合物 **120** 为底物,首先利用来源于 *S. cerevisiae* 的烯烃还原酶 OYE3 还原底物上碳碳双键生成 *S* 构型酮类产物 **121**,并引入葡萄糖脱氢酶辅因子再生系统;然后分别加入具有不同对映选择性的 ω-转氨酶,分别生成具有不同构型的胺基产物 **122**,且此步骤以异丙胺作为氨基供体。

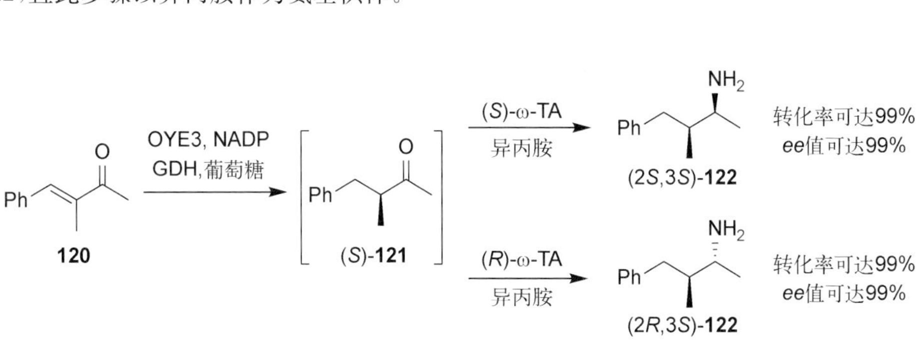

图 12-50 烯烃还原酶 OYE3 / ω-转氨酶 ω-TA 串联催化烯酮的还原转氨化反应

12.5　总结与展望

经过几十年的发展,去对称化生物催化反应因具有绿色环保、高转化率、高选择性等优势,已经成为合成手性化合物的重要方法,特别是在工业绿色改造升级背景下,该方法在手性药物、农药的合成以及精细化学品生产方面展示出巨大的潜力和应用前景。可以预见:未来去对称化生物催化领域除了发展建立新方法以外,将更加关注重要目标化合物的高效、高选择性合成,拓展该方法的应用;此外,生物催化机理的研究也加深了对酶-底物识别作用的认识,这无疑为新型酶抑制剂拮抗剂以及酶标记物的设计开发提供了新的思路。去对称化生物催化领域也面临着一些有待解决的问题:

(1) 如何利用新技术快速发现具有特定催化能力的新酶;

(2) 如何发展新的去对称化反应类型,例如基于碳氢键活化的惰性碳氢键官能化反应;

(3) 现有酶的分类方法是基于反应类型而分的,针对一些能同时催化多种反应类型的酶,现有分类方法无法满足需要,如何建立基于反应机理的更具有普适性的分类方法;

(4) 在理解酶催化机理的基础上,如何利用机器学习辅助酶结构预测手段或定向进化手段设计并获得具有新功能的酶,甚至具有可调控的多功能性的酶;

(5) 如何将去对称化生物催化方法与其他不对称合成方法(例如金属催化、有机小分子催化、光催化、电催化等)相互交叉融合,从而发展新的合成策略;

(6) 如何将组合化学理念引入生物催化反应中,实现多样性导向合成,从而加速化学小分子药物的发现过程;

(7) 如何建立一种更加普适的固定化或定向进化方法,从而提高酶的稳定性,使其更易于满足工业应用的要求;

(8) 如何构建自养型工程菌,并实现不同来源酶的异源高效表达,特别是来自植物和动物的酶。

我们相信,随着科研人员对上述问题的探究解决,随着人与自然和谐共处的绿色环保理念深入人心,随着化学、生物和工程学的不断交叉融合,去对称化生物催化领域将会迎来更加蓬勃的发展。

参考文献

［1］ Faber K. Biotransformations in Organic Chemistry［M］. Cham：Springer International Publishing，2018.

［2］ García-Urdiales E，Alfonso I，Gotor V. Update 1 of：Enantioselective enzymatic desymmetrizations in organic synthesis［J］. Chemical Reviews，2011，111(5)：PR110－PR180.

［3］ Palomo J，Cabrera Z. Enzymatic desymmetrization of prochiral molecules［J］. Current Organic Synthesis，2012，9(6)：791－805.

［4］ Sapu C M，Bäckvall J E，Deska J. Enantioselective enzymatic desymmetrization of prochiral allenic diols［J］. Angewandte Chemie International Edition，2011，50(41)：9731－9734.

［5］ Wang M X. Enantioselective biotransformations of nitriles in organic synthesis［J］. Accounts of Chemical Research，2015，48(3)：602－611.

［6］ Ao Y F，Wang Q Q，Wang D X. Biocatalytic desymmetrization of dinitriles in organic synthesis ［J］. Chinese Journal of Organic Chemistry，2016，36(10)：2333－2334.

［7］ Zhang L B，Wang D X，Wang M X. Microbial whole cell-catalyzed desymmetrization of prochiral malonamides：Practical synthesis of enantioenriched functionalized carbamoylacetates and their application in the preparation of unusual α-amino acids［J］. Tetrahedron，2011，67(31)：5604－5609.

［8］ Zhang L B，Wang D X，Zhao L，et al. Synthesis and application of enantioenriched functionalized α-tetrasubstituted α-amino acids from biocatalytic desymmetrization of prochiral α-aminomalonamides［J］. The Journal of Organic Chemistry，2012，77(13)：5584－5591.

［9］ Ao Y F，Zhang L B，Wang Q Q，et al. Biocatalytic desymmetrization of prochiral 3-aryl and 3-arylmethyl glutaramides：Different remote substituent effect on catalytic efficiency and enantioselectivity［J］. Advanced Synthesis and Catalysis，2018，360(23)：4594－4603.

［10］ Chen P，Gao M，Wang D X，et al. Practical biocatalytic desymmetrization of meso-N-heterocyclic dicarboxamides and their application in the construction of aza-sugar containing nucleoside analogs［J］. Chemical Communications (Cambridge，England)，2012，48(29)：3482－3484.

［11］ Hu H J，Chen P，Ao Y F，et al. Highly efficient biocatalytic desymmetrization of meso carbocyclic 1，3-dicarboxamides：A versatile route for enantiopure 1，3-disubstituted cyclohexanes and cyclopentanes［J］. Organic Chemistry Frontiers，2019，6(6)：808－812.

［12］ Ao Y F，Wang D X，Zhao L，et al. Synthesis of quaternary-carbon-containing and functionalized enantiopure pentanecarboxylic acids from biocatalytic desymmetrization of meso-cyclopentane-1，3-dicarboxamides［J］. Chemistry — An Asian Journal，2015，10(4)：938－947.

［13］ Hall M，Bommarius A S. Enantioenriched compounds via enzyme-catalyzed redox reactions［J］. Chemical Reviews，2011，111(7)：4088－4110.

［14］ Ma H M，Yang L L，Ni Y，et al. Stereospecific reduction of methyl o-chlorobenzoylformate at 300 g · L^{-1} without additional cofactor using a carbonyl reductase mined from *Candida glabrata* ［J］. Advanced Synthesis & Catalysis，2012，354(9)：1765－1772.

［15］ Shen N D，Ni Y，Ma H M，et al. Efficient synthesis of a chiral precursor for angiotensin-converting enzyme (ACE) inhibitors in high space-time yield by a new reductase without external cofactors[J]. Organic Letters, 2012, 14(8): 1982 – 1985.

[16] Nie Y, Wang S S, Xu Y, et al. Enzyme engineering based on X-ray structures and kinetic profiling of substrate libraries: Alcohol dehydrogenases for stereospecific synthesis of a broad range of chiral alcohols[J]. ACS Catalysis, 2018, 8(6): 5145 – 5152.

[17] Qin F Y, Qin B, Mori T, et al. Engineering of *Candida glabrata* ketoreductase 1 for asymmetric reduction of α-halo ketones[J]. ACS Catalysis, 2016, 6(9): 6135 – 6140.

[18] Zheng G W, Liu Y Y, Chen Q, et al. Preparation of structurally diverse chiral alcohols by engineering ketoreductase C_gKR1[J]. ACS Catalysis, 2017, 7(10): 7174 – 7181.

[19] Agudo R, Roiban G D, Reetz M T. Induced axial chirality in biocatalytic asymmetric ketone reduction[J]. Journal of the American Chemical Society, 2013, 135(5): 1665 – 1668.

[20] Chen X, Zhang H L, Maria-Solano M A, et al. Efficient reductive desymmetrization of bulky 1, 3-cyclodiketones enabled by structure-guided directed evolution of a carbonyl reductase[J]. Nature Catalysis, 2019, 2(10): 931 – 941.

[21] Toogood H S, Scrutton N S. Discovery, characterization, engineering, and applications of ene-reductases for industrial biocatalysis[J]. ACS Catalysis, 2018, 8(4): 3532 – 3549.

[22] Xue Y P, Zheng Y G, Zhang Y Q, et al. One-pot, single-step deracemization of 2-hydroxyacids by tandem biocatalytic oxidation and reduction[J]. Chemical Communications (Cambridge, England), 2013, 49(91): 10706 – 10708.

[23] Slabu I, Galman J L, Lloyd R C, et al. Discovery, engineering, and synthetic application of transaminase biocatalysts[J]. ACS Catalysis, 2017, 7(12): 8263 – 8284.

索 引

407,420

生物催化转氨化反应 389,423,424

生物燃料电池 232,233,237

生物正交反应 1,3－8,10－13,20,
24－27,39,42,67,76,88,114,117,357

生物正交剪切反应 1,5,6,25,27－34,
36,37,39－41,45

T

糖基化修饰 4,16,24,25,40,76

天然产物 66,67,83,88,106,113,115,
205,294,321,322,338,339,395,400,
409,416,419,423

酮类底物 389,406,407,409－412,
414,415,417,419,423

拓扑结构 54,60,61,73,252,253,
270,326

W

外泌体 280,300－303

X

烯烃类底物 389,406,417

细胞凋亡 70,85－89,91,99,100,
102－107,114,117,121,148,150,
203,231,269,285,311,326,328,330,
332,338,366

细胞工程化 29,37

细胞坏死 83,86,88,97－99,113－115

酰胺类底物 389,402

小分子药物 27,41,42,149,321,
322,425

循环肿瘤细胞 280,297,299,300

Y

亚细胞蛋白质组 47,50,51,56

衍射极限 352,355－357,369

药物靶标 70,198,201,216,309,312－
314,317－322,332

药物传输体系 309,332,333,335,336,
338,340

药物设计 269,309,314,321,323,324,
339,340

遗传密码子拓展技术 5,10,28,31,33,
37,39,42

异源二聚体 175,292,296,297,300

抑制剂 5,25,50,64,65,72,83,85,
87－90,99,102,107,108,111,113,
114,117,144,154－156,159,163,
165,196,198,204,205,210,214,216,
293,294,321,322,324,326,345,351,
378,425

远场显微成像技术 352

Z

脂质体载带 12,13,16,18－24,39

酯类底物 389,397,398,400,401,413,